ClimatePartner.com/53585-1805-1001

Selbstverpflichtung zum nachhaltigen Publizieren
Nicht nur publizistisch, sondern auch als Unternehmen setzt sich der
oekom verlag konsequent für Nachhaltigkeit ein. Bei Ausstattung und Produktion
der Publikationen orientieren wir uns an höchsten ökologischen Kriterien.
Inhalt und Umschlag dieses Buches wurden auf 100 % Recyclingpapier,
das mit dem FSC®-Siegel ausgezeichnet ist, gedruckt. Alle durch diese
Publikation verursachten CO_2-Emissionen werden durch Investitionen in ein
Gold-Standard-Projekt kompensiert. Die Mehrkosten hierfür trägt der Verlag.
Mehr Informationen finden Sie hinten im Buch und unter:
http://www.oekom.de/allgemeine-verlagsinformationen/nachhaltiger-verlag.html

Bibliografische Information der Deutschen Nationalbibliothek:
Die Deutsche Nationalbibliothek verzeichnet diese Publikation
in der Deutschen Nationalbibliografie; detaillierte bibliografische Daten
sind im Internet unter http://dnb.d-nb.de abrufbar.

© 2018 oekom, München
oekom verlag, Gesellschaft für ökologische Kommunikation mbH,
Waltherstraße 29, 80337 München

Layout und Satz: Reihs Satzstudio, Lohmar
Korrektorat: Maike Specht, München
Umschlagentwurf: Elisabeth Fürnstein, oekom verlag
Umschlagabbildungen: oben und Mitte © Pierre Ibisch; unten © tuomaslehtinen– Fotolia.com
Druck: Friedrich Pustet GmbH & Co. KG, Regensburg

Alle Rechte vorbehalten
ISBN 978-3-96238-011-3

Der Mensch im globalen Ökosystem

Eine Einführung in die nachhaltige Entwicklung

Inhaltsverzeichnis

Teil 4
Transformation zur Nachhaltigkeit

Geleitwort I

Ich möchte mit einem Zitat von Roger Willemsen beginnen, abgefasst in seiner letzten Schrift (2016) mit dem Titel »Wer wir waren«, dessen Erscheinen der Autor selbst schon nicht mehr erlebt hat: »Wir waren jene, die wussten, aber nicht verstanden; voller Informationen, aber ohne Erkenntnis; randvoll mit Wissen, aber mager an Erfahrung; so gingen wir, von uns selbst nicht aufgehalten« – eine düstere Vorschau, ein erschütternder Rückblick auf menschliches Unvermögen! Immer häufiger begegne ich Menschen, die beim Erleben, beim Begreifen des aktuellen Geschehens auf unserer Erde ähnliche Vorahnungen in sich tragen. Bei der gegenwärtigen Wucht der Eingriffe auf die uns tragenden Ökosysteme kann einem wirklich schon angst und bange werden. Die Einflussnahme unserer menschlichen Zivilisation auf das so wunderbar ökologisch gebaute Haus Erde wird insbesondere aus globaler Sicht immer zerstörerischer und in menschlichen Zeiträumen immer weniger reparabel. Die erdgeschichtliche Epoche des Anthropozäns hat begonnen. Dabei drängt sich zweifellos die Frage auf: Wird es *Homo sapiens*, dem Vernunftbegabten, dem aus dem Tierreich Herausgehobenen, gelingen, wieder Teil des Ökosystems Erde zu sein, sich in Naturgesetze einzuordnen? Derzeit scheint es nicht der Fall zu sein, unsere einmalige Biosphäre, diese dünne, belebte Haut, wird wie ein Steinbruch ausgebeutet.

Das Fazit: Die Erde altert vorzeitig, nicht mehr natürlich, nein, durch uns Menschen, durch unsere »Hochzivilisation« rasant und kaum noch zu stoppen. Die nicht mehr zu leugnenden dramatischen Veränderungen des Klimas, des Verlustes der natürlichen Fruchtbarkeit unserer Böden, des Verlustes der Biodiversität zwingen uns, den Umgang mit der Natur – die auch in Zukunft unsere Lebensgrundlage ist – neu zu denken, neu zu handeln. Das verlangt Wissen, verbunden mit Verantwortung, verbunden mit Umsetzung: Wissen über Vielfalt und Funktion der Ökosysteme auf unserer Erde und deren Zusammenspiel; auch Wissen, wie es die Natur vermag – von den Prinzipien der Evolution vorangetrieben –, sich immer weiter zu vervollkommnen, zu optimieren und damit zu wachsen, ohne zu scheitern; Wissen über das Adaptationsvermögen, das Regenerationsvermögen der Natur nach sogenannten Katastrophen.

Ich bin den Autoren dieses Buches sehr dankbar, dass sie – 25 Jahre nach dem Aufbau, der Entfaltung der Hochschule der nachhaltigen Entwicklung Eberswalde – sich dem Thema nachhaltige Entwicklung in seiner ganzen Komplexität widmen. Zunächst werden die Herausforderungen, wie sie sich uns gegenwärtig stellen, analysiert, daraus resultiert ein Konzept, eine Synthese zu einer dauerhaft umweltgerechten Interaktion Mensch-Natur, dem einzig zukunftsfähigen Pfad der menschlichen Zivilisation. Das verlangt eine Auseinandersetzung mit philosophischen, ethischen und psychologischen Fragestellungen des Verhältnisses Mensch-Natur. Darauf aufbauend, wird versucht, Ansätze, Lösungen für nachhaltiges Handeln in der ganzen Breite unseres gesellschaftlichen Systems aufzubereiten. Anschließend folgen Ausführungen zur so dringenden Transformation der Nachhaltigkeit in alle Bereiche unserer Gesellschaft. Ein mutiges Vorhaben, ein Eindringen in einen Prozess, der uns zukünftig noch weit stärker beschäftigen wird, beschäftigen muss. Dass eine so junge Hochschule sich diesen Herausforderungen der Nachhaltigkeit in seiner ganzen Komplexität in Lehre und Forschung stellt, zu einem Schwerpunkt erhebt, ist beispielhaft und verdient höchste Anerkennung. Die Studenten, die Absolventen werden es zu danken wissen. Unsere Hochschulabsolventen brauchen mehr denn je dieses umfassende Verständnis im Umgang mit unserer Lebensgrundlage, der Natur. Denn in der Natur, wie in unserer Gesellschaft, hängt alles mit allem zusammen. Immer mehr begreifen wir, dass das »Wunder« der Evolution (der Schöpfung) nicht der Verdrängungswettbewerb, das »Wachsen oder Weichen« ist, wie in unserem herrschenden Gesellschaftssystem – in Anlehnung an Darwin – allgemein verkündet, sondern das Zusammenspiel, das Zusammenwirken der einzelnen Kompartimente, zu denen auch wir gehören. Das gilt sowohl für den einzelnen Organismus wie auch für die sich daraus zusammensetzenden Ökosysteme. Das spiegelt die Erfolgsgeschichte der Evolution wider, die es immer wieder vermochte, Katastrophen zu meistern, sich aus den großen »Artensterben« vergangener geologischer Epochen immer wieder neu zu erschaffen.

Dieses Buch kann, muss helfen, über Funktion und Funktionstüchtigkeit des Naturhaushaltes aufzuklären, deren Belastbarkeit und deren Grenzen aufzuzeigen, seine Verwundbarkeit zu begreifen. In einer Zeit immer intensiverer Inanspruchnahme des Kapitalstocks Natur, sei es durch Naturressourcenverbrauch, Landnutzung oder Infrastruktur, darf die Natur nicht der Verlierer sein. Denn – seien wir uns dabei bewusst – das Projekt Natur wird weitergehen. Meine Sorgen begleiten zunehmend das Projekt Mensch, denn er wird letztendlich der Unterlegene sein.

Dieses Buch ist ein erster Ansatz, ein in Teilen schon überzeugender Versuch, nicht nur Wissen zu sammeln, zu komprimieren, sondern Wissen mit nachhaltigem Handeln, das heißt mit Verantwortung, zu verbinden. Es geht um die Zukunft unserer menschlichen Zivilisation, und das gelingt nur, wenn wir uns endlich wieder als Teil dieser unserer Biosphäre begreifen, und das ist nicht mehr und nicht weniger als Nachhaltigkeit oder, um es mit anderen Worten auszusprechen: Zukunftsfähigkeit, Enkeltauglichkeit.

Greifswald, im Vorfrühling des Jahres 2018

Prof. em. Dr. Michael Succow
Michael Succow Stiftung zum Schutz der Natur

Geleitwort II

Alles, was wir tun, beeinflusst unser Umfeld – unsere Kollegen, Kinder und Freunde, deren Freunde und die Freunde und Kollegen der Freunde unserer Freunde. Und was diese tun, beeinflusst uns. Wir sind Teil sozialer Netzwerke. Und damit meine ich nicht nur Netzwerke à la Facebook, sondern vielmehr die ohne technische Medien konstituierten Netzwerke und Systeme. Wie diese entstehen und funktionieren, haben in der Wissenschaft Max Weber, Niklas Luhmann und viele andere analysiert. Sie stellen fest, dass allein die Kommunikation von Ideen und Vorhaben wirksam zu ihrer Umsetzung beitragen kann. Überzeugung entsteht also vielfach durch Überzeugung.

Ich gehe noch weiter: Oft genügt das Stellen einer richtigen Frage. Das führt schnell zu der Erkenntnis, dass unsere Kultur oft gar keine Antwort, keine Idee hat. Dies ist derzeit der Fall im Hinblick auf die endlichen Ressourcen, auf die Klimaveränderungen und die vielen Aspekte bei der Energiewende, ganz bestimmt auch im Hinblick auf das Auseinanderdriften der sozialen Mitte unserer Gesellschaft und bei politischen Entscheidungen in der Rentenpolitik, die angesichts der Realität der demografischen Entwicklung genau die falsche Richtung einschlägt.

Hier ist das Stellen der richtigen Frage der eigentliche Mehrwert, den die Kommunikation liefern kann. Das ist eine notwendige Bedingung für Veränderung. Zu einer hinreichenden Bedingung wird das Finden der Antworten. Antworten werden aber nur von inter- und transdisziplinär arbeitenden Diskursansätzen in Wissenschaft und Gesellschaft zu erwarten sein. Leider fehlt es hier nach wie vor an der richtigen Koordination und der strukturellen Einbettung solcher Diskursansätze in das deutsche Wissenschaftssystem. Auf diese Koordination zu warten, das können wir uns nicht leisten. Umso wichtiger ist es, dass Einzelne vorangehen und sich trauen, Systeme zu verändern. Wie funktioniert das, in einem Kontext, der Wissen schafft und vermittelt? Die beiden Komponenten, Wissen und Veränderung, sind nicht linear voneinander abhängig. Weder verändert Wissen allein die Wirklichkeit, noch lässt eine veränderte Welt ohne Weiteres neues Wissen entstehen. Ihre gegenseitige Bindung ist weich und wechselhaft. Wann eine Gesellschaft aus Einsicht zu grundlegenden Veränderungen bereit ist oder auch wann eine gesellschaftliche Veränderung neue Anforderungen und Fragestellungen an die Wissenschaft richtet, ist offen – und damit gestaltungsfähig. Etwas anderes ist es, und das ist das Ziel der Bildung für nachhaltige Entwicklung, wenn ein drittes Element hinzutritt, das die beiden Komponenten aneinanderbindet und ihre Kräfte gemeinsam ausrichtet. Veränderung und Wissen verstärken sich positiv, wenn eine Einsicht und sinngebende Vision ins Spiel kommt. Hierfür brauchen wir individuelle und gemeinsame Erfahrungen, diskursive Prozesse und Umbildung. Umbildung ist in diesem Zusammenhang ein naheliegendes, aber auch passendes Wortspiel für das, was weniger zutreffend »Vermittlung« oder zu robust »Umsetzung« von Wissen genannt wird.

Denn im Wege seiner Anwendung und Berücksichtigung in der Praxis verändert sich das Wissen. Die Umbildung von wissenschaftlich-technischem, ökologischem und sozialem, auch ökonomischem Wissen in für die Gesellschaft handlungsrelevante Gewissheiten ist eine anspruchsvolle Aufgabe. Sie befreit von der buchhalterischen Bindung an Faktenwissen und ermöglicht es, Maßstäbe dafür zu entwickeln, wie Fakten einzuschätzen sind und wie man sie einordnen kann. Daher sind die Praxisbezüge bei der Nachhaltigkeit in Bildung und Forschung so unverzichtbar. Ich baue dabei nicht zuletzt auf die Aktivitäten der Hochschule für nachhaltige Entwicklung Eberswalde und ihre Vernetzung mit Gesellschaft und Politik.

Das Nachhaltigkeitshandeln in Politik, Wirtschaft und Gesellschaft kann durch klare Kommunikation, Koordination und strukturelle Neuerungen konkret gemacht werden. Wir müssen uns trauen und es muss sich lohnen, neue Wege zu gehen und Rahmenbedingungen für eine zukunftsfähige Gesellschaft zu setzen, die zum Erhalt der natürlichen Grundlagen beiträgt, anstatt zukünftige Generationen von der Nutzung ebendieser Grundlagen von vornherein auszuschließen.

Das vorliegende Buch setzt hier mit einer systemischen Perspektive auf die globalen Herausforderungen unserer Zeit an. Die strukturierte Darstellung der gegenwärtigen Systeme und Instrumente vermittelt einen guten Überblick und schafft Klarheit. Das Buch gibt darüber hinaus Antworten darauf, wie Systeme gestaltet sein müssen, um eine Transformation in Richtung einer nachhaltigen Entwicklung zu ermöglichen und umzusetzen.

9. März 2018

Marlehn Thieme
Vorsitzende des Rates für nachhaltige Entwicklung

Vorwort der Herausgeber*innen

»Nachhaltigkeit« ist ein unscharfer Begriff und noch lange nicht ein Wort in aller Munde. Dennoch hat der Begriff in den letzten drei Jahrzehnten eine gewisse Bekanntheit erreicht – mit allen Vor- und Nachteilen. Denn kaum ist »Nachhaltigkeit« etwas prominenter geworden, schon führt der regelmäßige Gebrauch zu Verwirrung und Skepsis – natürlich auch zu Kritik: »Das einst erhabene Carlowitz-Wort hat sich zu einer Werbefloskel gewandelt. […] Der Begriff ›Nachhaltigkeit‹ verführt leicht zum Etikettenschwindel, der in der Umweltpolitik durchaus üblich ist, meist ohne betrügerisch gemeint zu sein. […] Der Begriff ›Nachhaltigkeit‹ verschleiert die komplexen Zusammenhänge in der Natur und die zwischen Umwelt und Gesellschaft. Er liefert keine Antwort, sondern wirft Fragen auf. Der Begriff ist schädlich. Überlassen wir ihn listigen Verkäufern« (Bojanowski 2014). »Es ist bemerkenswert, wie schnell sich der Wert von Worten verflüchtigen kann. Vokabeln wie ›ökologisch‹, ›nachhaltig‹ oder schlicht ›verantwortlich‹ erscheinen dem aufmerksamen Konsumenten schon so abgenutzt wie die ›Qualität‹ auf Tütensuppen: Je mehr sie betont wird, desto weniger gibt es sie« (Hartmann 2015). Das Konzept der nachhaltigen Entwicklung ist für manche Kritiker*innen noch schwieriger, scheint es doch für einen Widerspruch in sich selbst zu stehen, ein Oxymoron (Patten 2013).

Immer noch gilt jedoch, dass etwas nicht dadurch schlecht wird, dass es missbraucht wird. Und wenn wichtige Begriffe, die einst für einen Paradigmenwechsel standen, durch längere und vielseitige Benutzung unscharf geworden sind, ist es gegebenenfalls keine gute Idee, sie leichtfertig aufzugeben. Beispielsweise wird die Vision, dass eine möglichst große Zahl von Unternehmen eine Nachhaltigkeitsstrategie haben solle, nicht dadurch schlecht, dass viele solcher Strategien zu wenig »echte Nachhaltigkeit bewirken« und vor allem zum *Greenwashing* benutzt werden. Vielmehr geht es dann umso mehr darum, die Deutungshoheit zu behalten – und zwar auf der Grundlage von Wissen und wissenschaftlichen Fakten ebenso wie unter Berücksichtigung historischer Entwicklungen. Und es muss verdeutlicht werden, welche Verantwortung jede*r trägt, wenn der Begriff »Nachhaltigkeit« benutzt wird. Dieses einführende Lehrbuch zur nachhaltigen Entwicklung will dies leisten.

Es ist gedacht als eine sachliche Beschäftigung mit dem Thema, als Überblick über relevante Diskurse, als Denkangebot mit neuen Vorschlägen für die Verteidigung und weitere Ausgestaltung des Konzeptes der nachhaltigen Entwicklung. Angelegt als studienbegleitendes und fachübergreifendes Lehrbuch für Studierende und Studieninteressierte, ist es zudem eine geeignete Lektüre für interessierte Laien und bereits aktive Unterstützer*innen einer nachhaltigen Entwicklung.

Das Buch spannt einen weiten Bogen von grundlegenden Fragen – z. B. woher die Idee der nachhaltigen Entwicklung herkommt und warum wir sie brauchen – bis hin zu aktuellen Ansätzen der politischen und ökonomischen Transformation. Es widmet sich der Position der Menschheit im globalen Welt(öko)system. Die Systemtheorie wird als Ansatz zugrunde gelegt, um Nachhaltigkeit disziplinenübergreifend zu verstehen. Dabei steht die Problemanalyse ebenso im Zentrum des Buches wie Lösungsansätze und notwendige Bedingungen für eine nachhaltige Entwicklung. Die vier Abschnitte des Buches stehen für wichtige thematische Komplexe. Nach einem einleitenden Teil (Teil 1) und der Beschäftigung mit dem Subjekt der Nachhaltigkeit, den Menschen und entsprechenden anthropologischen und psychologischen Aspekten (Teil 2) folgt die Darstellung ausgewählter Systeme und ihrer mehr oder weniger nachhaltigen Entwicklung (Teil 3). Abschließend werden wichtige Felder und existierende Ansätze einer nachhaltigen Transformation dargelegt (Teil 4).

Die Kapitel folgen alle einem ähnlichen Aufbau mit wiederkehrenden Strukturelementen:

- **Marginalien** am Außenrand des Buches führen in Stichworten durch die Kapitel und erleichtern die Orientierung bzw. Suche nach speziellen Themen.

- **Wichtige Begriffe** sind im Text hervorgehoben und werden nach dem jeweiligen Absatz in **Definitionskästen** erklärt bzw. noch einmal herausgestellt.

- Fachliche Exkurse bzw. **vertiefendes Wissen** werden in farbigen **Kästen** dargeboten, die mit einer großen **Lupe** gekennzeichnet sind. Verweise zu diesen Kästen sind teilweise im Text mit einer kleinen Lupe vermerkt.

- Besonders **wichtige Textaussagen** sind mit einer farbigen Schattierung hervorgehoben.

- Fotos, Diagramme und Schaubilder illustrieren und visualisieren die Inhalte der Kapitel und bieten wertvolle Zusatzinformationen.

Referenzen erleichtern das Weiterlesen und Einordnen des dargestellten Wissens. Sämtliche Literatur findet sich im Gesamtverzeichnis am Ende des Buchs. Über das Register können spezielle Themen und Begriffe gesucht werden.

Das vorliegende Buch ist aus einer fachbereichsübergreifenden Grundvorlesung zur nachhaltigen Entwicklung an der Hochschule für nachhaltige Entwicklung Eberswalde entstanden, die von einem Professor*innenteam entwickelt und beständig fortentwickelt wird. Diese Vorlesung ist verbunden mit dem Prozess der Umbenennung der Eberswalder Hochschule (im Jahr 2010) und einem auf diese folgenden einmaligen Prozess des strategischen Fokussierens und Umsteuerns. So resümiert das Buch auch einstweilige Ergebnisse eines fortlaufenden Suchprozesses, um die aktuelle Bedeutung von nachhaltiger Entwicklung zu verstehen und zu verdeutlichen.

Die Besonderheit des Buches ergibt sich nicht allein aus der gemeinsamen Konzeption und interdisziplinären Abstimmung des Buchinhalts und das mehrfache gegenseitige Kommentieren der Kapitelentwürfe durch die Herausgeber*innen mit ihren vielfältigen (inter-)disziplinären Hintergründen: Ökologie, Ökonomie, Politologie, Kulturwissenschaften und Physik. Zur Diversität der Konzeption und der Kapitel trugen zudem die verschiedenen an der Hochschule vertretenen Fachgebiete wie etwa Naturschutz, Umweltbildung und Bildung für nachhaltige Entwicklung, Transformation Governance oder Regionalmanagement und auch die recht unterschiedlichen Berufserfahrungen der Herausgeber*innen bei. Weitere Kolleg*innen der HNE ergänzten mit ihrer Expertise die Autorenkollektive etlicher Kapitel. Zusätzlich wurden alle Kapitel von weiteren Kolleg*innen und Studierenden der HNE begutachtet. Hierbei ging es nicht allein um die fachliche Solidität, sondern auch die Wahrnehmung der Texte durch Vertreter*innen einer der Zielgruppen des Buchs. Damit basiert das Buch auf einem intensiven Schaffensprozess, der geprägt ist von viel Austausch und Kommunikation – eine einzigartige Erfahrung. Was bleibt, ist unter anderem ein starker Eindruck, wie sehr das Konzept der nachhaltigen Entwicklung Menschen mit sehr diversen Hintergründen im Einsatz für eine große gemeinsame Sache einen kann. Außerdem auch ein besseres Gefühl für die Intensität, mit der wir notwendigerweise weiterhin um das unendlich breite Wissen, Verständnis füreinander und für die Entwicklung tragfähiger Lösungen ringen müssen.

Die Herausgeber*innen danken ihren Co-Autor*innen Prof. Dr. Norbert Jung, Prof. Dr. Benjamin Nölting, Prof. Dr. Hermann Ott, Prof. Dr. Martin Welp, Prof. Dr. Wilhelm-Günther Vahrson, Prof. Dr. Jan König, Prof. Dr. Hans-Peter Benedikt, Kerstin Kräusche, Prof. Dr. Vera Luthardt, Prof. Dr. Peter Spathelf, Prof. Dr. Martin Guericke und Hannah Mundry für ihre wertvolle Unterstützung. Ebenso gilt unser großer Dank den Gutachter*innen, die sämtlich an der Hochschule für nachhaltige Entwicklung tätig sind oder ihr nahestehen: Prof. Dr. Hartmut Ihne (Philosophie, Ethik), Prof. Dr. Horst Luley (Sozialwissenschaften, Regionalentwicklung), Prof. Dr. Carsten Mann (Waldressourcenökonomie), Dr. Dörte Martens (Psychologie), Prof. Dr. Udo Simonis (Politologie, Psychologie, insb. Umweltpsychologie), Prof. Dr. Martin Welp (Sozioökonomie) sowie den studentischen Gutachter*innen Alina Conrady, Sebastian Döring, Petra Heilig, Laura Koller, Stefanie Logge, Friedrich Mauel, Hannah Mundry und Fabian Rösch. Wir freuen uns in besonderem Maße über die Geleitworte von Prof. Dr. Michael Succow und Frau Marlehn Thieme. Der Hochschule für nachhaltige Entwicklung Eberswalde und ihrem Präsidenten Prof. Dr. Wilhelm-Günther Vahrson danken wir recht herzlich für die Unterstützung, ohne die dieses Vorhaben nicht zu realisieren gewesen wäre. Für zusätzliche finanzielle Unterstützung danken wir der Wissenschaftsstiftung der Sparkasse Barnim.

Die Herausgeber*innen

Eberswalde im April 2018

1

Die Herausforderung verstehen: die Systemfrage

Die Biosphäre:
ein kurzer Bericht zur Lage der Erde

Pierre L. Ibisch

Soweit wir wissen, ist die Erde im weiteren Umfeld unseres Sonnensystems ein recht einzigartiger Planet: Seine Größe, seine Umlaufbahn um die Sonne und der Abstand zu ihr, die Rotation um die eigene Achse, seine Atmosphäre, die Oberflächentemperatur und weitere miteinander in Verbindung stehende Eigenschaften bedingen, dass auf seiner Oberfläche Wasser in flüssiger Form vorliegt und damit eine wesentliche Bedingung für das Leben gegeben ist – zumindest für Leben, wie wir es kennen und uns vorstellen können. Wir Menschen sind inzwischen zu einem bestimmenden Faktor der Biosphäre geworden und nehmen auf ihre weitere Entwicklung derartig Einfluss, wie es zuvor nur kosmische, klimatologische und geologische Treiber taten. Wir gestalten die Biosphäre um – zum Teil gezielt nach unseren Bedürfnissen und Wünschen, aber in erheblichem Maße auch unbewusst und ungewollt durch unsere schiere Zahl, durch alles, was wir tun, in anschwellendem Ausmaß. Umweltwandel und Gesellschaftswandel nehmen beeindruckende Ausmaße an und beeinflussen sich gegenseitig. Wie groß ist also der Bedarf für eine nachhaltige Entwicklung?

Menschliches Leben und Wirken in der Biosphäre: Anthropozän und »Tachyzän«

Ein dünnhäutiger Planet

Die Erde ist in eine neue Epoche eingetreten, das Menschenzeitalter oder Anthropozän (Crutzen 2002; Bonneuil & Fressoz 2015). Die menschengemachten Veränderungen auf der Erde betreffen die Biosphäre, aber auch die Atmosphäre und zusehends sogar die Geosphäre (den geologischen Untergrund). Die Biosphäre – umschlossen von der luftigen Atmosphäre – umgibt die Erde wie eine dünne Haut, es ist eine Art makroskopischer Biofilm:

»Unsere im Durchmesser ca. 12.700 km ›dicke‹ Erdkugel besteht aus toter und überwiegend lebensfeindlicher Substanz. Diese Kugel wird auf zwei Drittel der Oberfläche von einer dünnen Wasserhaut umspült, die maximal kaum dicker als 10 km ist (mittlere Meerestiefe: nur 3,8 km; 0,003 % des Erddurchmessers). Dieses Wasserreservoir wiederum ist überwiegend lebensleer; in geringer Konzentration flottieren in ihm Lebewesen – nur bis in Tiefen von ca. 200 m ist diese ›lebende‹ Oberhaut des Ozeans nennenswert bioproduktiv. […] Er ist lückig und in vielen Regionen, nach wie vor von Mikroben gebildet, nur wenige Millimeter dick. Selbst in den Bereichen der mächtigsten Wälder entspricht die Vegetationshöhe weniger als 0,0005 % des Erddurchmessers. Dieser fragmentierte und zarte Film fängt einen kleinen Teil der Sonnenenergie ein, die auf die Erde trifft, wandelt sie in chemische Energie um, die direkt für Aktivität und Arbeit verwendet oder aber abgespeichert wird. Er beeinflusst auch maßgeblich die Zusammensetzung der Atmosphäre und den sogenannten Treibhauseffekt. Er ist unsere Heimat, Quell unserer Nahrung und Existenz – unser alles« (Ibisch 2016a, S. 91f.).

Seit einigen Hunderttausenden von Jahren ist *Homo sapiens* ein Akteur in dieser prekär dünnen, filmartigen Biosphäre – ein Zeitraum, der wiederum einen verschwindend kleinen Abschnitt der Geschichte des seit ca. 4 Milliarden Jahren existierenden Lebens ausmacht. Erst in den letzten fünf Jahrhunderten haben Menschen gelernt, dass diese Erde eine Kugel ist und dass es verschiedene Kontinente gibt, auf denen auch Menschen leben. Erst vor ca. drei Jahrhunderten hat sich die Menschheit auf die Reise der systematischen Erforschung und Vermessung des Planeten Erde gemacht und ein Zeitalter eingeläutet, das später als *Aufklärung* in die Geschichte eingehen sollte. Zu jener Zeit lebten etwas mehr als eine halbe Milliarde Menschen auf der Erde. Damals hatte es ca. 700 Jahre gedauert, bis sich die Zahl der im Mittelalter lebenden Erdbürger*innen verdoppelt hatte. Die Verdopplungszeit bis zur Erreichung der ersten Milliarde (im Jahr 1803) betrug ca. 260 Jahre. Dann nahm die rasante Entwicklung der Menschheit erst richtig Fahrt auf: Bis 1928, nach 125 Jahren, waren es dann schon 2 Milliarden und nach weiteren 76 Jahren 3 Milliarden. Die kürzeste Verdopplungszeit fiel auf die Phase bis 1987 – da waren es dann 6 Milliarden (Roser & Ortiz-Ospina 2018). Die höchste jährliche Wachstumsrate wurde mit 2,1 % im Jahr 1962 verzeichnet (Roser & Ortiz-Ospina 2018). Und nunmehr (im Jahr 2017) zählen wir über 7,5 Milliarden Erdbürger*innen (vgl. Abb. 1). Im Moment kommt im Takt von weniger als 15 Jahren eine weitere Milliarde hinzu; die Vereinten Nationen erwarten, dass die Menschheit bis 2030 8,5 Milliarden, bis 2050 9,7 Milliarden und bis 2100 11,2 Milliarden Menschen umfassen könnte (DESA 2015).

Das plötzliche Erscheinen der Menschheit

Der zeitlich und räumlich differenzierte demografische Wandel führt zur weiteren geografischen Verschiebung von geopolitischen Kräfteverhältnissen und auch zu neuen Herausforderungen. Zwischen 2015 und 2050 wird sich das Bevölkerungswachstum im Wesentlichen auf neun Länder konzentrieren: Indien, Nigeria, Pakistan, Demokratische Republik Kongo, Äthiopien, Tansania, USA, Indonesien und Uganda. Für zehn subsaharische Länder Afrikas wird erwartet, dass sich ihre Bevölkerung bis 2100 verfünffacht (Angola, Burundi, Demokratische Republik Kongo, Malawi, Mali, Niger, Somalia, Uganda, Tansania, Sambia; DESA 2015).

Demografischer Wandel ist räumlich differenziert

Die weltweite Bevölkerungsdichte (bezogen auf alle Staatsterritorien ohne Ozeane bzw. Gewässer) betrug 1960 weniger als 24 Menschen pro km². Bis 2016 war der Wert auf über 56 angestiegen, wobei bestimmte stark bevölkerte Regionen eine überdurchschnittliche Verdichtung erfahren haben (The

Bevölkerungsverdichtung

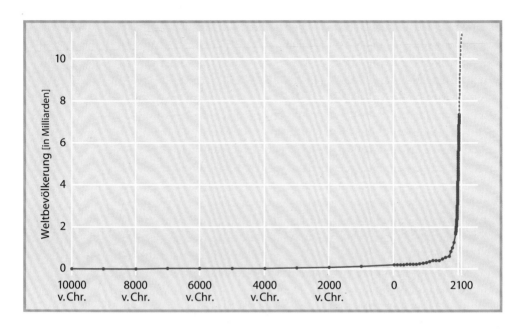

World Bank 2017c). Die Verdichtung erfolgte weltweit vor allem in den urbanen Zentren des globalen Südens: Einer Milliarde Stadtbewohner im Jahr 1960 stehen heute über 4 Milliarden gegenüber, und die Verstädterungsrate steigt weiter an (The World Bank 2017e). 1960 lebten knapp 14 % der Menschen in Städten mit einer Größe von mehr als einer Million Einwohnern; 2016 waren es nunmehr schon 23 % (The World Bank 2017d). Für viele Menschen bedeutete dies eine starke Veränderung der gesamten Lebensweise: Oftmals wurden aus Kleinbauern Slumbewohner, Selbstversorgende wurden Dienstleistende, übersichtliche ländliche Gemeinschaften wurden durch anonyme Großstadtsiedlungen ersetzt. Im Südsudan lebten 2014 96 % der Stadtbevölkerung in Slums, in der Zentralafrikanischen Republik 93 %, im Sudan 92 %, in Guinea-Bissau 82 %, in Mauretanien und Mosambik 80 % und in sehr vielen weiteren afrikanischen Ländern mehr als 60 bis 70 % (United Nations Statistics Division 2015).

Zunehmende
Ungleichheit

Eine wichtige Facette der globalen gesellschaftlichen Veränderungen betrifft die zunehmend ungleiche Verteilung von Ressourcen. Hierzu wird im *Weltungleichheits-Report* Bericht erstattet (Alvaredo et al. 2018): So erzielen z. B. die reichsten 10 % der Bürger*innen in Europa 37 % des Einkommens, im subsaharischen Afrika 55 % und im Mittleren Osten sogar 61 %. In den 1980er-Jahren lagen die Werte weltweit deutlich unter 40 %. Seitdem wächst die sozioökonomische Ungleichheit praktisch in allen Regionen der Erde, wenngleich mit unterschiedlicher Geschwindigkeit. In den USA ist die ungleiche

1 Die Herausforderung verstehen: die Systemfrage

Einkommensverteilung besonders stark gewachsen – hier verdient das eine Prozent der reichsten Bürger*innen 20 % des Einkommens (1980: 12 %). Die ärmsten 50 % verfügen nur über 13 % der Einkünfte (1980: 20 %). Als wesentlicher Treiber des Wachstums der Ungleichheit gilt die Konzentration von Kapital im Privatbesitz. Als eine weitere Kehrseite dieses Prozesses gilt das Schrumpfen des staatlichen Kapitals und der entsprechenden Investitionsmöglichkeiten. Zudem haben die Konzentration von Kapital und Einkommen sowie das Schrumpfen der öffentlichen Budgets erhebliche Auswirkungen auf die Armut.

Weltweit ist in den letzten Jahrzehnten vielen Menschen der Weg aus der Armut und die Integration in das globale Wirtschaftssystem gelungen, und Gesundheits- und Ernährungsprobleme konnten reduziert werden. Dies gilt v. a. für China und Indien. Allerdings sind derzeitig im globalen Mittel 60 % der jungen Menschen zwischen 15 und 24 Jahre arbeitslos – die Hälfte der Menschen dieser Altersgruppe lebt in Südasien und im subsaharischen Afrika (Barne & Khokhar 2017). Weltweit ist beispielsweise auch die Zahl unterernährter Kinder gesunken; nur im subsaharischen Afrika wuchs die Zahl von 45 auf 57 Millionen (von 1990 bis 2015). 2017 benötigten 83 Millionen Menschen in 45 Ländern Nahrungsmittelhilfe, was eine Steigerung zum Vorjahr von 70 % bedeutete (Barne & Khokhar 2017).

Beim Menschheitswachstum handelt es sich um ein hyperexponentielles Wachstum, da die Wachstumsrate nicht konstant ist, sondern sich beschleunigt (wobei in jüngerer Zeit die Wachstumsrate tatsächlich gesunken ist). In der Konsequenz sind nicht nur die Bevölkerungsdichten in vielen Teilen der Erde enorm angewachsen, sondern auch alles, was Menschen miteinander tun: Immer mehr »verdichtete« Menschengruppen mit besserem Zugang zu Bildung haben immer schneller Wissen geschaffen und sich mit einer größeren Zahl von Mitmenschen ausgetauscht und kommen dabei zusehends schneller auf neue Ideen, die vielerlei Aktivitäten nach sich ziehen. Immer neue Erfindungen und Technologien haben u. a. Infrastruktur, Energieumsatz und Mobilität anschwellen lassen, sodass immer mehr Menschen in kürzerer Zeit mit noch mehr Menschen interagieren, lernen, handeln, bauen, forschen … können – ein sich selbst befeuernder Vorgang. So ist es nicht überraschend, dass seit ca. 100 Jahren auch der Umfang der Wirtschaftsleistungen steil nach oben schießt. Insbesondere seit dem Ende des Zweiten Weltkriegs erlebt die Menschheit eine »Zeit der großen Beschleunigung«. Das globale Bruttoinlandsprodukt, das alle Wirtschaftsleistungen aller Länder umfasst, stieg von geschätzten 643 Milliarden internationalen Dollar im Jahr 1700 auf 108 Billionen internationalen Dollar im Jahr 2015 (Roser 2018a; vgl. Abb. 2). Damit ist es zu einer ca. 168-fachen Steigerung der Wirtschaftsleistung gekom-

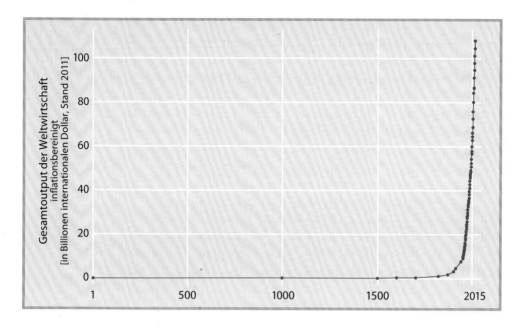

Abbildung 2:
Weltweites Brutto-
sozialprodukt der
letzten zwei Jahr-
tausende – geradezu
abruptes Eintreten
des globalen
Wirtschaftswachs-
tums in eine Phase
des hyperexponen-
tiellen Wachstums ab
der Zeit nach 1945
(Quelle: Roser 2018a).

men, während die Menschheit »nur« um den Faktor 12,6 wuchs. Die gezeigten Kurven hatten lange Zeit die Form eines Hockeyschlägers – entsprechend
wird oft regelrecht von einem »Hockeyschläger-Wachstum« gesprochen (z. B.
McCloskey 2013). Es liegt allerdings nahe, in manchen Kurven schon die Form
eines Bumerangs zu erkennen.

Viele Indikatoren zur wirtschaftlichen Entwicklung zeigen, dass das globale Wirtschaftswachstum in manchen Regionen schon lange anhält, aber
auch, dass manche Regionen erst verzögert daran teilhaben, dann aber oftmals sehr starke Wachstumsraten aufweisen. Beispielsweise wird die Touris-
musindustrie, deren Entwicklung viel über den wirtschaftlichen und politischen Status von Ländern und Regionen aussagt, schon über lange Zeit von
europäischen Reisezielen dominiert. Nach der stärkeren Einbeziehung der
amerikanischen Kontinente boomt in jüngerer Zeit vor allem der asiatische
Reisemarkt (Roser 2018b; vgl. Abb. 3).

Ein vergleichbarer Trend zeigt sich z. B. auch auf den Technologiemärkten.
Die Erfindung des Internets, der Mobilfunknetze und der Fortschritt der Digitalisierung haben v. a. ab den 2000er-Jahren weltweit einen Innovations-, Ver-
netzungs- und Globalisierungsschub ausgelöst. Die schon längere Zeit wirtschaftlich starken Regionen wie Europa und Nordamerika sind hierbei längst
von der asiatisch-pazifischen Region überflügelt worden. Das subsaharische
Afrika ist als Letztes in substanzielles Wachstum eingetreten (Murphy & Roser
2017; vgl. Abb. 4). Das Internet und die Informationstechnologie sind zudem

Innovations-,
Vernetzungs-
und Globali-
sierungsschub
durch das
Internet

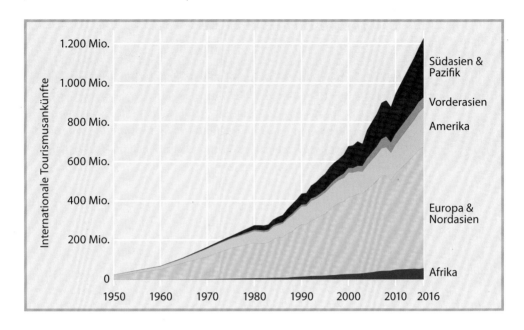

Internationale Tourismusankünfte

1.200 Mio.
1.000 Mio.
800 Mio.
600 Mio.
400 Mio.
200 Mio.
0

1950 1960 1970 1980 1990 2000 2010 2016

Südasien & Pazifik

Vorderasien

Amerika

Europa & Nordasien

Afrika

gute Beispiele dafür, wie das hyperexponentielle Wachstum von Technologie und Wirtschaft immer wieder neue Märkte hervorbringt – es wächst nicht nur der Konsum von althergebrachten Produkten wie Nahrungsmitteln, Kleidung oder Kosmetik, sondern es werden stetig neue Güter entwickelt, die das Wachstum weiter entfachen und beschleunigen.

Abbildung 3: Entwicklung des weltweiten Tourismus seit 1950 nach Ankünften in Regionen (Quelle: Roser 2018b).

Der Eintritt in die Epoche der »Großen Beschleunigung« markiert einen neuen Wendepunkt in der Geschichte der Menschheit und des Planeten; es ist das Zeitalter des »Tachyzäns« (griechisch *tachys* = schnell, beschleunigt). Diese Beschleunigung wird nicht nur subjektiv wahrgenommen und durch Medien und schnellere Transportmittel bewirkt, sondern die vielen hyperexponentiellen Veränderungen sind tatsächlich objektiv messbar. Im Falle der Informationstechnologie mit dem Internet und den durch dieses möglich gewordenen Instrumenten handelt es sich um einen Sektor mit Katalysator- und Beschleunigungswirkung, der anderen Sektoren neue Wachstumsmöglichkeiten verschafft. Internet, E-Mail, Skype und Social Media verknüpfen Akteure und Unternehmen, die zuvor nicht oder nur unter Aufwendung von hohen Kosten miteinander handeln und arbeiten konnten.

Tachyzän – das beschleunigte Zeitalter

Die sehr plötzlich einsetzende Revolution der persönlichen Kommunikation mit bislang nur in Ansätzen verstandenen, komplexen gesellschaftlichen Konsequenzen ergab sich auch durch die sogenannten sozialen Medien (z. B. Selbstdarstellung/-wahrnehmung; Veränderung der Informationsnutzung und Meinungsbildung, Li & Sakamoto 2014). Im dritten Quartal 2008 gab es

Veränderung von Information, Kommunikation, Bildung und Politik durch Digitalisierung

100 Millionen aktive Facebook-Nutzer*innen – nach zehn Jahren (3. Quartal 2017) waren es über 2 Milliarden (Statista 2018). Das mobile Datenvolumen wächst derzeitig um ca. 60 % pro Jahr (Andrae & Edler 2015). Das explosionsartig gewachsene »Weltwissen« und ein immer freierer Zugang zu Informationen erlauben theoretisch völlig neuartige Entwicklungs- und Bildungschancen. Ob dies zu einer größeren politischen Mündigkeit der Bürger*innen und einem verstärkten Engagement führt, ist noch nicht ausgemacht. Der *2017-Welt-Governance-Report* zeigt, dass Wahlen zusehends als unfair empfunden werden. Wahlbeteiligungen sinken seit den 1940ern weltweit. Global werden politische Parteien als die am wenigsten vertrauenswürdigen Institutionen angesehen (The World Bank 2017 f.). 2017 war das zwölfte Jahr in Folge, in dem in mehr Ländern eine Verschlechterung der Demokratie ermittelt werden konnte als eine Verbesserung (Freedom House 2017).

Risiken der Digitalisierung

Das Internet selbst ist inzwischen zu einem wesentlichen Treiber des Energieverbrauchs geworden. Schon 2010 wurden allein von den Datenzentren ca. 1 % der globalen Elektrizität verbraucht; 2030 wird der Wert zwischen 3 und 13 % liegen. Bis 2030 könnte die Kommunikationstechnologie unter bestimmten Szenarien insgesamt bis zu 51 % der Elektrizität beanspruchen und damit 23 % der Treibhausgasemissionen verursachen (Andrae & Edler 2015). Die rasch fortschreitende Digitalisierung erhöht aber nicht nur stoffliche und energetische Umsatzraten der Wirtschaft, sondern beschleunigt auch die Entwertung gültigen Wissens, das durch neue Forschungen infrage

Abbildung 4:
Entwicklung der Zahl der Internetnutzer*innen in den verschiedenen Weltregionen ab 1995 (Quelle: Murphy & Roser 2017).

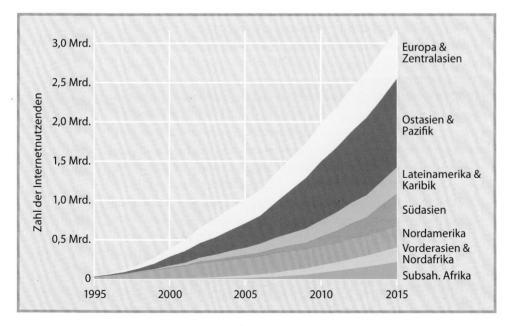

gestellt oder erweitert wird. Dies vergrößert wiederum die Verunsicherung von Menschen, die nicht zur Informationselite gehören, bzw. verstärkt die Neigungen, sich innerhalb von scheinbar gesicherten Informationsräumen zu bewegen. Die Kontrolle von Informationsfiltern, welche die sogenannten *Echoräume* umgeben, in denen Menschen sich bevorzugt solchen Informationen aussetzen, die zu ihrem Weltbild passen (vgl. u. a. Williams et al. 2015; Flaxman et al. 2016), wird zu einem neuartigen Machtfaktor. Dieses neue Machtinstrument befindet sich überwiegend in privatwirtschaftlichen Händen (v. a. Internetkonzerne und -plattformen). Weitere Prozesse des durch Digitalisierung getriebenen gesellschaftlichen Wandels betreffen Wandel und Verlust von Arbeitsplätzen durch die rasante Ausbreitung von Robotik und künstlicher Intelligenz. Schon wird von »menschlicher Obsoleszenz« gesprochen, immer mehr Menschen werden als Arbeitskräfte überflüssig – so wird unter Umständen schon vor 2030 ein Großteil des Personals in der Logistik und im Verkauf nicht mehr benötigt (Cross 2017). Die Wechselwirkungen mit Bildungssystemen, der gesellschaftlichen Verfasstheit, Ungleichheit, Wirtschaft und Politik lassen sich bereits erahnen – aber dürften vielfältige zukünftige Überraschungen bergen.

Wachstum von miteinander wechselwirkenden Umweltproblemen

Die hyperexponentiell wachsende Wirtschaftsaktivität erzeugt nicht nur vom Menschen geschätzte Werte, sondern auch immerzu neue unerwünschte und geradezu eskalierende Umweltprobleme (Schadschöpfung ▷ Kapitel 3.1). Bisher gibt es nicht nur wenige Beispiele für eine Entkopplung von Wirtschaftswachstum und Ressourcenverbrauch. Vielmehr sind die Folgen der virtuellen Globalisierung überaus real und materialisieren sich physisch z. B. in Form von wachsendem Transport- und Reiseaufkommen und entsprechenden Infrastrukturen sowie v. a. einem vermehrten Stoff- und Energieumsatz. Das weltweite Straßennetz verbindet Menschen und die von ihnen gehandelten Güter, zerschneidet aber die Natur mit erheblichen Auswirkungen für die Funktionstüchtigkeit der Ökosysteme (Ibisch et al. 2016; Alamgir et al. 2017). Ende 2017 waren auf der Datenplattform *OpenStreetMap* weltweit über 72 Millionen Straßenkilometer hochgeladen.[1] Eines der größten Entwicklungsprojekte, die jemals geplant wurden, ist Chinas Vorhaben »One Belt, One Road«,

Eskalation von Umweltproblemen

---

1 ESRI Deutschland; persönliche Mitteilung. 2013 waren es nur etwas weniger als halb so viele Straßenkilometer (Ibisch et al. 2016); etliche dieser Straßen wurden neu errichtet, die allermeisten aber nur erstmals digitalisiert und deshalb online sichtbar – ein Beispiel für das Wachstum der digitalen Vermessung der Erde.

das Eurasien und Afrika mit neuen Verkehrswegen überziehen soll, nicht zuletzt auch um Naturressourcen zu mobilisieren und wachsende Nachfragen und Bedarfe zu decken (Lechner et al. 2018).

Bauvorhaben verbrauchen Land, Energie und Wasser

Der Materialbedarf und -umsatz von Bauvorhaben erreicht inzwischen ungeahnte Ausmaße. Beispielsweise verbaute China 2011 bis 2013 mehr Zement als die USA im gesamten 20. Jahrhundert (Swanson 2015; vgl. Abb. 5). Nach einer 23-fachen Steigerung des Baustoffkonsums von 1900 bis 2010 kommt es inzwischen sogar zur Verknappung von Sand (Torres et al. 2017). Die Bautätigkeit ist nicht nur material-, flächen- und energieintensiv, sondern verbraucht auch große Mengen Wasser. 9 % des weltweiten Industriewasserverbrauchs gehen inzwischen auf das Konto der Betonproduktion; der Wasserverbrauch wächst zweimal so schnell wie die Bevölkerung, und im Jahr 2050 werden 75 % des Beton-Wasserbedarfs in Regionen mit akutem Wasserstress anfallen (Miller et al. 2018).

Süßwasserkrise

Die Versorgung mit Süßwasser dürfte über die Zukunft von Megastädten und die Lebensfähigkeit der Agrarindustrie in vielen Regionen der Erde entscheiden. 1999/2000 kam es in der in einem Trockental der bolivianischen

Abbildung 5: Neubauten in Weichang, einer werdenden Millionenstadt bei Chengde. In China werden innerhalb von wenigen Jahren regelmäßig neue Millionenstädte errichtet. Schon 2009 hatte China 221 Millionenstädte (im Vergleich Europa: 35; Swanson 2015). Die Umweltwirkungen betreffen die Vernichtung von produktiven Ökosystemen, die Bodenversiegelung, aber auch den großen und energieintensiven Materialverbrauch (Foto: P. Ibisch).

1 Die Herausforderung verstehen: die Systemfrage

Anden gelegenen Großstadt Cochabamba zum ersten »Wasserkrieg«, als die Wasserpreise im Zuge der Privatisierung der Wasserversorgung stiegen (Global Water Partnership 2017). Derzeitig wächst die Sorge beispielsweise in Kalifornien, wo im Zuge einer Jahrtausenddürre ab 2011 fast 2000 Brunnen ausgetrocknet sind (Stevens 2015; vgl. Abb. 6). In Südafrika drohte im Frühjahr 2018 die Wasserversorgung von Kapstadt zusammenzubrechen (Onishi & Senguptajan 2018). Australien litt von 2001 bis 2009 unter einer Jahrtausenddürre, die weitreichende sozioökonomische und auch ökologische Konsequenzen hatte – beispielsweise reduzierte sich die Nassreis- und Baumwollproduktion um 99 bzw. 84 %, aber auch über vielfältige soziale und gesundheitliche Probleme wurde berichtet (van Dijk et al. 2013). Ehemals große Seen wie der Tschadsee oder der Aralsee sind wegen Trockenheit und einer nicht nachhaltigen Wasserentnahme (im Bereich der Zuflüsse) fast ausgetrocknet. Inzwischen ist ein Großteil der Weltbevölkerung (80 %) hochgradig von unzureichender Wasserversorgung bedroht (Vörösmarty et al. 2010). Ein weltweiter Boom des Talsperrenbaus gefährdet Flussökosysteme und bringt diverse soziopolitische und ökonomische Risiken mit sich; es wird erwartet, dass sich weltweit die Zahl der frei fließenden Flüsse um 21 % reduziert (Zarfl et al. 2015).

Ein wichtiger Aspekt des globalen Wandels betrifft auch die Freisetzung von Stoffen, die in der Natur ohne menschliche Aktivität gar nicht oder nicht in derartiger Konzentration vorkämen. Beispielsweise wurde jüngst festgestellt, dass sich die Freisetzung von Quecksilber seit Beginn der industriellen Revolution verdreifacht hat. Schon vorher waren durch die Silbergewinnung 100.000 Tonnen Quecksilber emittiert worden (Stokstad 2014). Erst vor

Freisetzung von Natur und menschliche Gesundheit belastenden Stoffen

etwa 70 Jahren wurden nennenswerte Mengen Plastik produziert. Bis 2017 waren aber schon 6,3 Milliarden Tonnen Müll angefallen, von denen fast 80 % in der Umwelt freigesetzt wurden (Geyer et al. 2017b). Praktisch alle kommerziell verwendeten Kunststoffprodukte setzen beim Abbau hormonell wirkende Verbindungen frei (v. a. östrogene Wirkung) – hieraus ergeben sich subtile Gefahren für die Gesundheit von Tieren und Menschen (z. B. Wagner & Oehlmann 2009; Yang et al. 2011). Im weltweiten Durchschnitt befinden sich 44 μm Schadstoffe pro m^3 in der Luft (in Ägypten 105, in Südasien durchschnittlich 74, OECD-Staaten 15; Brauer et al. 2016). 2013 lebten 87 % der Menschen in Gebieten, in denen die Grenzwerte der Luftbelastung überschritten wurden (Brauer et al. 2016). In Städten wie Peking musste inzwischen mehrfach die Industrieproduktion gedrosselt werden, um überkritische Schadstoffwerte zu senken.

Bekanntlich sind auch solche Emissionen zu einem Problem geworden, die keine direkte Beeinträchtigung der Gesundheit des Menschen bedingen. Allen voran ist das an sich unschädliche Kohlendioxid zu nennen, welches als Treibhausgas indirekt begonnen hat, auf den Zustand der Erde und der Menschheit Einfluss zu nehmen. Die CO_2-Konzentration in der Atmosphäre steigt derzeitig jedes Jahr auf einen Rekordwert, wie er zumindest in den letz-

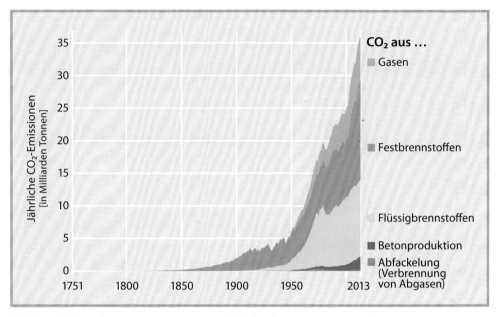

Abbildung 8: Wachstum der energienutzungsgetriebenen Kohlendioxidemissionen mit einem starken Anstieg ab 1950 aus Festbrennstoffen (z. B. Kohle), Flüssigbrennstoffen (z. B. Öl), Gasen (z. B. Erdgas), Betonproduktion und Abfackelung (Verbrennen von Abgasen) (Quelle: Ritchie & Roser 2017).

ten 800.000 Jahren nicht vorgekommen ist; zwischen 1990 und 2014 wuchsen die Emissionen um 60 % (Barne & Khokhar 2017). Der überwiegende Anteil stammt längst aus dem Verbrennen fossiler Energieträger (Abb. 8).

Die Treibhausgasanreicherung in der Atmosphäre führt zeitverzögert zu Klimawandel einer globalen Erwärmung und vielerlei weiteren Klimaveränderungen. Im Jahr 2017 lag die globale Mitteltemperatur bereits 1,1 bis 1,2 Grad über den Werten der vorindustriellen Zeit. Es war das 41. Jahr in Folge mit einer Temperatur über dem Durchschnitt des 20. Jahrhunderts. Das Jahr 2017 war nach 2015 und 2016 auch das drittwärmste Jahr seit Beginn der Wetteraufzeichnungen. Die Folgen in den Ökosystemen der Erde sind unabsehbar. Zum Beispiel kommt es in den jeweiligen Sommermonaten zur erheblichen Reduktion des arktischen und antarktischen See-Eises (2017 wurde ein bisheriger Negativrekord in der Antarktis erreicht), in mehreren Regionen gab es Rekorddürren (z. B. Portugal), und vielerorts richteten Starkregenereignisse und schwere Stürme große Schäden an (NOAA 2018). Klimamodelle projizieren einen weiteren jahrzehntelangen Anstieg der globalen Temperatur, selbst wenn es zu einem starken Rückgang der Treibhausgasemissionen kommen sollte; allein die Überflutungsrisiken bedeuten, dass v. a. in Nordamerika, Mitteleuropa und Teilen Afrikas erhebliche Anpassungsmaßnahmen benötigt werden (Willner et al. 2018). Im Vergleich zu den 1960er-Jahren hat sich die Zahl gefährlicher Naturkatastrophen vervierfacht; der stärkste Anstieg geht auf das Konto von klima- bzw. wetterbedingten Ereignissen. Sollte das antarktische Festlandeis komplett abschmelzen, ist für tausend Jahre mit einem Anstieg des Meeresspiegels von 3 cm pro Jahrhundert zu rechnen – dies könnte passieren, wenn die verfügbaren fossilen Energieträger weiter wie bisher verbrannt werden (Winkelmann et al. 2015).

Der Klimawandel ist eine zusätzliche Bedrohung für die globale Landwirtschaft, die bereits mit der nutzungsbedingten Ausbreitung von Wüsten (Desertifikation) und der Verschlechterung der Böden kämpft. Bei rasant steigender Weltbevölkerung und trotz fortschreitender Waldrodung stagnieren oder schrumpfen die verfügbaren landwirtschaftlichen Anbauflächen seit zwei bis drei Jahrzehnten (The World Bank 2017a). Nicht nur nutzungsbedingte Erosion, sondern auch die Ausbreitung von Siedlungsflächen fordert einen wachsenden Tribut an landwirtschaftlicher Fläche. Selbst in einem Land mit relativ stabiler Bevölkerung wie Deutschland werden seit vielen Jahren täglich bis zu 100 ha bebaut und versiegelt – meist auf Kosten von Agrarflächen. Zusehends gibt es Verschiebungen hin zu intensiveren Landnutzungspraktiken sowie

Abbildung 9: Intensivforstwirtschaft in Form einer Plantagen- und Kahlschlagwirtschaft: Eukalyptusplantage nach der Ernte in der Ökoregion des ursprünglich sehr artenreichen Atlantischen Küstenregenwaldes in Bahia, Brasilien (Foto: P. Ibisch).

ertragreicheren bzw. energiereicheren Anbaufrüchten. Beispielsweise weitete sich der Anbau von Getreide aus (The World Bank 2017b). Unter Berücksichtigung der derzeitigen Konsumgewohnheiten und der aktuellen Trends steigt der weltweite Bedarf an stärkehaltigen Nahrungsmitteln bis 2050 um 40 % und der Bedarf an Fleisch um 60 %; in großen Teilen Afrikas wächst der Bedarf um 100 bis 200 % und mehr (IFPRI 2017). Auch in anderen Systemen der Naturressourcennutzung wie etwa der Forstwirtschaft wird die Intensivierung vorangetrieben (Abb. 9). Die Intensivierung der Landnutzung bewirkt schwerwiegende Auswirkungen in den Ökosystemen (▷ Kapitel 3.1).

Daten zur biologischen Vielfalt auf allen Kontinenten verdeutlichen eine eskalierende Krise. Zwischen 2000 und 2013 verschwanden zum Beispiel 919.000 km^2 intakte Wälder (7,2 % Verlust; Potapov et al. 2017). Mindestens 36 % und ggf. bis zu 57 % der mehr als 40.000 amazonischen Baumarten müssen inzwischen als gefährdet gelten. Die Populationen der großen Pflanzenfresser brechen weltweit ein – ca. 60 % der Arten sind vom Aussterben bedroht (Ripple et al. 2015). Ebenso sind 60 % der Primatenarten – unsere nächsten Verwandten unter den Säugetieren – vom Aussterben bedroht; 75 % der Arten zeigen einen Rückgang der Populationsgrößen (Estrada et al. 2017). Aktuell sorgt der dramatische Rückgang von Insekten für große Besorgnis. Beispielsweise wurde festgestellt, dass in deutschen Schutzgebieten innerhalb von 27 Jahren 75 % der Insekten verschwunden sind (Hallmann et al. 2017).

Biodiversitätsverlust

Es dürfte schwerfallen, die vielen Negativtrends in der Umwelt nicht mit der Ausbreitung des Menschen und seiner Tätigkeiten auf dem Planeten in Verbindung zu bringen. Die wissenschaftlichen Befunde sind eindeutig, das Wissen ist hinreichend – die Menschheit ist gewarnt (vgl. Ripple et al. 2017: »World Scientists' Warning to Humanity: A Second Notice«). Die verschiedenen ökologischen und gesellschaftlichen Probleme greifen ineinander und verstärken sich gegenseitig. Ihr Ausmaß ist historisch ohne Vergleich, und niemand kann ernsthaft behaupten, dass die Situation noch unter Kontrolle wäre. Die aktuell steil nach oben schießenden – Wachstum, Verbrauch und Zerstörung beschreibenden – Kurven deuten Unheil an. Als 1972 die berühmte Studie zu den Grenzen des Wachstums publiziert wurde (Meadows et al. 1972) (▷ Kapitel 1.2), war nicht wirklich vorstellbar, dass sich die Ereignisse derartig überschlagen würden. Immerhin begab sich die Menschheit damals auf die Suche nach einem »Pfad in die nachhaltige Entwicklung«. Seit ca. 50 Jahren reagiert die Menschheit verstärkt auf die global anschwellende Krise; nicht nur die Probleme wachsen, sondern auch Einsicht, Wissen und Strategien zu ihrer Eindämmung: Nachhaltigkeit als Reaktion … (▷ Kapitel 1.2).

Warnung an die Menschheit

Nachhaltigkeit als Reaktion: Was bisher geschah

Heike Molitor und Pierre L. Ibisch

Politik Generationen
nachhaltige Entwicklung
Millennium Development Goals
Grenzen des Wachstums
Sustainable Development Goals
Nachhaltigkeit
Suffizienz Effizienz
Vereinte Nationen
Bedürfnisse
Modelle der Nachhaltigkeit
Carlowitz
Bildung
Nachhaltigkeitsprinzipien
Gesellschaft
global Weltgipfel
Brundtland-Bericht
international Konsistenz
Dimensionen
Forstwirtschaft

Das Konzept von Nachhaltigkeit und nachhaltiger Entwicklung ist im Grunde mehrfach als Reaktion auf drängende Probleme entstanden: Holzmangel, Ressourcenknappheit, Umweltverschmutzung, Armut, dann Klimawandel, globaler Wandel – immer wieder neue Herausforderungen. Die Menschheit läuft selbst gemachten Problemen hinterher – eine Kehrtwende ist noch nicht eingeleitet, obgleich es spätestens seit Mitte des letzten Jahrhunderts viele warnende Hinweise und nachhaltigkeitspolitische Meilensteine gegeben hat. Europa, dicht besiedelter Kontinent mit zum Teil seit Jahrtausenden veränderten Ökosystemen, ist eine Geburtsstätte des neuzeitlichen Konzepts der Nachhaltigkeit. Aber auch in anderen Weltregionen gab und gibt es Entwürfe für ein gutes Leben und eine bessere Zukunft. Wie ist der Stand? Ist der Nachhaltigkeitsdiskurs jetzt in allen Gesellschaften angekommen?

Ursprung der Nachhaltigkeit – die Reaktion auf die Holzverknappung in Europa

Historischer Ursprung

Begriff und Konzept der Nachhaltigkeit wurden vom sächsischen Oberberghauptmann Hans (Hannß) Carl von Carlowitz mit seiner Veröffentlichung »Sylvicultura oeconomica, oder haußwirthliche Nachricht und Naturmäßige Anweisung zur wilden Baum-Zucht« im Jahre 1713 als Antwort auf die Holzknappheit in Deutschland vorbereitet. Carlowitz hatte England und Frankreich bereist, wo bereits deutlich früher über das Nachpflanzen von Bäumen nachgedacht und geschrieben worden war.

Der Engländer John Evelyn schrieb 1664 eine Abhandlung für die Royal Society (»Sylva or a Discourse of Forest Trees and the Propagation of Timber in His Majesties Dominions« = »Sylva oder eine Abhandlung über Waldbäume und die Vermehrung von Holz auf den Ländereien seiner Majestät«), in der er beklagte, dass die nützlichen Gehölze und Wälder zerstört würden, die die »klügeren Vorfahren« stehen gelassen hatten, um die entsprechenden Leistungen zu genießen (»… all those many goodly Woods and Forests, which our more prudent Ancestors left standing, for the Ornament and Service of their Country«). Er malte das Szenario der Schwächung – wenn nicht gar der »Auflösung« – der Nation aus, wenn es mit dem Verlust des Holzes weiterginge, welches für den Bau von Schiffen so dringend benötigt würde. Er erwähnte nicht nur die Ursachen der Entwaldung (Schiffsbau, Glashütten, Eisenherstellung, Ausweitung des Landbaus), sondern schlug auch das Anpflanzen von Bäumen vor:

1 Die Herausforderung verstehen: die Systemfrage

>> Truly the Waste and Destruction of our Woods has been so universal, that I conceive nothing less than a universal Plantation of all sorts of Trees will supply, and well encounter the Defect …« (Evelyn 1664, S. 3).

Unter Leitung des französischen Staatsrates Jean Baptiste Colbert erschienen im Jahr 1669 in Frankreich Anordnungen König Ludwigs XIV. (»Ordonnance sur le fait des Eaux et Forets« = Verordnung über die Tatsache der Gewässer und der Wälder), die Carlowitz und der Forstwirtschaft ebenso den Weg ebneten wie Evelyn. Carlowitz betrachtete die Holzkrise in Sachsen aus volkswirtschaftlicher Sicht:

>> Wenn die Holtz und Waldung erst einmal ruinirt / so bleiben auch die Einkünffte auff unendliche Jahre hinaus zurücke / und das Cammer=Wesen wird dadurch gäntzlich erschöpffet / daß also unter gleichen scheinbaren Profit ein unersetzlicher Schade liegt« (von Carlowitz 1713, S. 87).

Er differenziert hier deutlich zwischen kurzfristig erzieltem Profit und langfristigen Kosten. Sein zukunftsorientierter Ansatz empfahl einen pfleglichen Umgang mit Ressourcen.

>> Man soll keine alte Kleider wegwerffen / bis man neue hat / also soll man den Vorrath an ausgewachsenen Holtz nicht eher abtreiben / bis man siehet / daß dagegen gnugsamer Wiederwachs vorhanden. […] Wird derhalben die größte Kunst/Wissenschaft/Fleiß und Einrichtung hiesiger Lande darinnen beruhen / wie eine sothane Conservation und Anbau des Holtzes anzustellen / daß es eine continuierliche beständige und nachhaltende Nutzung gebe / weiln es eine unentberliche Sache ist / ohne welche das Land in seinem Esse nicht bleiben mag« (von Carlowitz 1713, S. 150).

Carlowitz sprach also streng genommen noch gar nicht von der Nachhaltigkeit, aber er verband den Begriff der »beständigen und nachhaltenden Nutzung« mit dem Konzept, Ressourcen für die Zukunft zu bewahren. Dies geschah hier nicht aus ökologischen oder ethischen Gründen, sondern aus Sorge um die Staatsfinanzen und die Versorgung mit wichtigen Ressourcen – so wie schon in England und Frankreich. Die alte Bedeutung von »nachhalten« ist »zurückhalten« bzw. »andauern/wirken« (Duden 2014, S. 582). Von »Nachhaltigkeit« wurde erst in späteren Jahrhunderten gesprochen. Festzuhalten ist, dass die Geburt der Nachhaltigkeit als Reaktion auf Knappheit und Krise erfolgte – und so sollte es mit der weiteren Ausgestaltung des Konzepts auch in modernen Zeiten weitergehen.

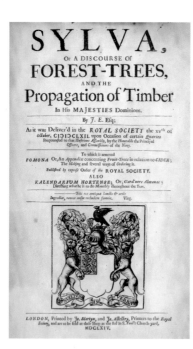

Abbildung 1: Historische Dokumente und Autoren zum Ursprung der Nachhaltigkeit in Europa.
Oben links: »Sylva or a Discourse of Forest Trees and the Propagation of Timber in His Majesties Dominions«
von Evelyn (1664) (Bildquelle: openlibrary.org); oben rechts: »Sylvicultura oeconomica, oder
haußwirthliche Nachricht und Naturmaßige Anweisung zur wilden Baum-Zucht« von von Carlowitz (1713)
(Bildquelle: eigener Scan aus Exemplar II-7c in Hochschulbibliothek HNE Eberswalde);
unten links: John Evelyn (Bildquelle: Wellcome Collection; CC BY); unten rechts: Hans Carl von Carlowitz
(Bildquelle: SLUB Dresden/Deutsche Fotothek/Hans Loos, Foto vor 1945, Johann Martin Bernigeroth:
»Bildnis Hans Carl von Carlowitz«, Inv. Nr. A 26171 im Kupferstich-Kabinett, Staatliche Kunstsammlungen
Dresden).

Begriffliche Entwicklung von »sustainable«

Im Lateinischen bedeutet das Wort *sustinere* »aushalten/ertragen/stand-halten«. Im Englischen ist das Wort *sustainable* seit den 1610er-Jahren bekannt, allerdings zunächst auch im Sinne von »erträglich/tragbar«. Ab 1845 wandelte sich der Sinn hin zu »vertretbar«. Ab den 1950/60er-Jahren wurde auch von Ökonomen immer mehr von *Sustainable Growth*, sich selbst erhaltendem Wachstum, gesprochen (vgl. Rostow 1956).

Entstehung eines Bewusstseins für die Umwelt und die Grenzen des Wachstums

Seit der frühen Neuzeit bildet sich schrittweise ein tieferes Verständnis für natürliche Grenzen heraus. Eine frühe kritische und provokante Arbeit wurde im Jahre 1798 vom Ökonomen und Sozialphilosophen Thomas Robert Malthus veröffentlicht. In seinem »Essay on the Principle of Population« wandte er sich gegen die Auffassung, die irdische Tragfähigkeit könne stetig weiterwachsen. Als erster Wachstumskritiker äußerte er die Befürchtung, dass die Überbevölkerung zum Problem für Gesellschaft und Ökonomie werden würde. Seine inhumanen und unmoralischen Formulierungen – es sei schlicht nicht Platz für jeden beim »großen Gastmahle der Natur« – sowie die Konsequenzen seiner Befunde führten zu jahrhunderteanhaltender Kritik. Letztlich gewann die Idee Oberhand, menschlicher Erfindergeist und technischer Fortschritt sowie ökonomische Mechanismen führten zur Möglichkeit, eine immer größere Menschheit zu ernähren. Das bis heute anhaltende exponentielle Wachstum der globalen Bevölkerung schien dieser Ansicht lange Zeit recht zu geben.

(Randspalte: Thomas Robert Malthus: Theorie der Überbevölkerung)

Zwei Jahrhunderte später, mit Einsetzen der Industrialisierung, verschärften sich die Probleme. Ressourcenausbeutung und -umsatz sowie die Verschmutzung der menschlichen Umwelt mit Abfällen und neuartigen Giftstoffen beschleunigten sich noch einmal massiv in den Jahrzehnten nach dem Zweiten Weltkrieg. Vielerorts wurde deutlich, dass die Segnungen des Lebens in der Industriegesellschaft ihren Preis hatten. In den 1960er- und 1970er-Jahren waren Wasser, Boden und Luft nicht nur in den industriellen Zentren Europas und Nordamerikas stark belastet. Flüsse verwandelten sich in Abwasserkanäle, schlechte Luftqualität führte zu Gesundheitskatastrophen. So kam es im Dezember 1952 zum *Great Smog of London*, in dessen Folge Tausende Menschen starben.

(Randspalte: Industrialisierung)

1962 veröffentlichte die Biologin und Schriftstellerin Rachel Carson (1907–1964) das Buch »Silent Spring« (dt.: »Der stumme Frühling«), das die Auswir-

**Rachel Carson:
Der Stumme
Frühling**

kungen des Pestizids Dichlordiphenyltrichlorethan (DDT) auf die Ökosysteme und das Anreichern in der Nahrungskette eindrücklich schilderte (Carson 2007). Das Buch wird aufgrund seiner damaligen Wirkung noch heute als Ausgangspunkt der weltweiten Umweltbewegung interpretiert. Bereits kurz nach dem Erscheinen wurde in Amerika DDT verboten. 1970 und 1972 wurden der *Clear Air Act* und der *Clean Water Act* in Amerika verabschiedet (von Weizsäcker 1994). Sechs Jahre später konnte die Weltgemeinschaft durch die Mondlandung das erste Mal Bilder der Erde aus dem All betrachten. Dieser Blick auf die Erde als »verwundbarer, winzig kleiner Planet« verdeutlichte, dass es für die Menschen nur einen Ort zum Leben gibt – diese Erde.

**Club of Rome:
Die Grenzen
des Wachstums**

1968 gründete sich der *Club of Rome* – heute bestehend aus maximal 100 Persönlichkeiten – als nicht kommerzielle Organisation zur Entwicklung einer nachhaltigen Zukunft der Menschheit. 1972 veröffentlichten Donella und Dennis Meadows sowie zwei weitere Herausgeber mit insgesamt 17 Autor*innen aus sechs Ländern den ersten Bericht an den *Club of Rome* »Die Grenzen des Wachstums« (Meadows et al. 1972). In dieser Studie projizierten sie verschiedene Szenarien von Rohstoffknappheit und Bevölkerungsrückgang bedrohlichen Ausmaßes auf Grundlage eines systemischen Weltmodells. Mithilfe eines für damalige Verhältnisse leistungsfähigen Rechners wurden u. a. Geburtenrate, Industrieproduktion, Nahrungsmittel, Rohstoffvorräte und Umweltverschmutzung berücksichtigt. Auch wenn die Studie in vielerlei Hinsicht insbesondere von den Ländern des Südens kritisiert wurde, regte sie die Weltöffentlichkeit zum Nachdenken über die Verfügbarkeit bzw. Endlichkeit der Ressourcen und den Zusammenhang zwischen Lebensstilen und Wirtschaftswachstum an (Grober 2010; Grunwald & Kopfmüller 2012).

**Planetare
Grenzen**

Das Konzept der planetaren Grenzen knüpft an die Grenzen des Wachstums an (Rockström 2009; Steffen et al. 2015). Es versucht allerdings nicht nur, die ökologischen Grenzen aufzuzeigen, sondern auch, inwiefern es bezüglich der verschiedenen menschengemachten Umweltprobleme wie Klimawandel oder Verlust der biologischen Vielfalt einen sicheren Handlungsraum für die menschliche Entwicklung geben kann.

Entwicklung: Ein Diskurs wird nachhaltig

**Fortschritt und
Modernisierung**

Jahrhundertelang strebte der Mensch nach Fortschritt und Erleichterung seines Lebens. Dieses Streben trieb die stetige technische Entwicklung voran. Besonders ab dem Zeitalter der Aufklärung wurde die Wissenschaft immer systematischer und bescherte vielen Gesellschaften nicht nur Möglichkeiten für die intellektuelle Entfaltung, sondern auch immer neue wissens- und technologiegetriebene Möglichkeiten der Modernisierung aller Lebensbereiche.

Fortschritt, Modernisierung, Wachstum und Entwicklung wurden praktisch zu Synonymen.

Das Konzept der menschlichen Entwicklung wurde v. a. ab der zweiten Hälfte des 20. Jahrhunderts geradezu neu erfunden, wissenschaftlich bearbeitet und politisiert.[1] Nach dem Zusammenbruch der Weltordnung nach den zwei Weltkriegen nahmen nach 1945 der Wunsch nach bzw. der Glaube an die Modernisierung und den Fortschritt rasch wieder Fahrt auf. Die USA setzten alles daran, die kriegsverursachende europäische Region, die in Trümmern lag, zu stabilisieren und wiederaufzubauen. Entwicklungshilfe wurde zum Vehikel der Friedenspolitik, schließlich aber auch zum Instrument zur Durchsetzung von geopolitischen und wirtschaftspolitischen Interessen.

Entwicklungs-hilfe

Die Bekämpfung von Hunger und Armut auch in anderen Weltregionen geriet in den Fokus. Bedeutsam waren auch der Prozess der Dekolonisierung[2] und die Schaffung einer neuen politischen Weltordnung. Es kam zur Konfrontation des Blocks der westlichen, kapitalistisch wirtschaftenden Länder (der Ersten Welt) und der sozialistischen Staaten (der Zweiten Welt), die sich antagonistisch gegenüberstanden. Zusehends wurden weniger industrialisierte Länder, die in der sogenannten Dritten Welt keinem der beiden Blöcke klar zuzuordnen waren, als *Entwicklungsländer* verstanden.

Drei Welten

Die *Vereinten Nationen* wurden als übergeordnete politische Instanz aufgebaut. Sie riefen die 1960er-Jahre zur ersten Entwicklungsdekade aus, um den Fortschritt zu einem weltweiten, sich selbst tragenden Wirtschaftswachstum zu beschleunigen: »accelerate progress towards self-sustaining growth of the economy« (Vereinte Nationen 1962, S. iii und 7). Auf diese Weise sollten Grundbedürfnisse befriedigt und der materielle Lebensstandard gesteigert werden. Wirtschaftswachstum war das verbindende Leitmotiv für globale Entwicklung. Gleichzeitig wurden mit den Institutionen der Bretton-Woods-Konferenz von 1944 die ökonomischen Weichenstellungen Richtung Globalisierung unter US-amerikanischer Führung vorgenommen: Weltbank, Weltwährungsfonds und Allgemeines Zoll- und Handelsabkommen (GATT).

Die Vereinten Nationen und erste UN-Dekade für Entwicklung

Die Komplexität des Entwicklungsdiskurses der zweiten UN-Dekade für Entwicklung (1970–1980) nahm deutlich zu, der rasch ansteigende Welthandel und die Internationalisierung der Märkte forderten die Steuerungsfähigkeit der Staaten heraus. Kritisch-pessimistische Stimmen trübten den vor-

Zweite UN-Dekade für Entwicklung

---

1 Der Inhalt der folgenden Abschnitte folgt Benjamin Knutsson (2009), der eine verdichtete Geschichte der Entwicklung verfasst hat.

2 Prozess der Abschaffung von Kolonien, die v. a. ab dem 15. Jahrhundert überwiegend durch europäische Länder besetzt und deren Herrschaftsbereichen zugeordnet worden waren, sowie Ermöglichung der (nationalen) Selbstbestimmung dieser Gebiete; Gründung von neuen, unabhängigen Staaten.

herrschenden Optimismus, die Bedeutung der sich stärker organisierenden sogenannten Dritten Welt wuchs. Die Ausbeutung armer Länder und ihr Abhängigmachen nach der Unabhängigkeit wurden zum Thema; zusehends wurden mehr soziale Gerechtigkeit, Beteiligung und die Berücksichtigung der Umwelt gefordert.

Umweltschutz-
konferenz
Stockholm
(1972)

Rückblickend waren die 1970er-Jahre auch die erste Dekade einer globalen Umweltbewegung. Vor dem Hintergrund der genannten Ereignisse und Studien sowie weiterer gesellschaftlich und politisch relevanter Umbrüche fand 1972 auf Initiative von Amerika und Schweden die UN-Konferenz über die menschliche Umwelt in Stockholm statt. Mit der Sorge um die Umwelt standen die westlich geprägten Länder und Japan allerdings fast alleine da.[3] Der globale Süden (damals noch die sogenannten Entwicklungsländer) kritisierte etwaige Restriktionen im Umweltbereich als »neokolonialistisch und völlig unzumutbar« (von Weizsäcker 1994, S. 17). Sie forderten nachdrücklich Maßnahmen zur Armutsbekämpfung. Das *Umweltprogramm der Vereinten Nationen (UNEP)* wurde auf den Weg gebracht. Nairobi wurde Sitz des Programms. Infolge der Konferenz richteten viele Länder nationale Umweltministerien ein (ebd.; Grunwald & Kopfmüller 2012).

Hungersnöte
und
Wirtschaftskrise

1972 bis 1975 kam es erstmals in der Neuzeit zu nicht kriegsbedingten schweren Hungersnöten; v. a. in Westafrika und Äthiopien, aber auch in Teilen Indiens und Bangladeschs starben Millionen Menschen. Nach einer wirtschaftlich boomenden Phase kam es zu einer weltweiten Wirtschaftskrise (wie später auch 2008 bis 2011), in deren Folge sich die Preise von international gehandeltem Getreide innerhalb von 20 Monaten verdreifachten; damit ergab sich ein Umbruch des globalen Getreidemarkts: Unter anderem wurde versucht, die Landwirtschaft in Ländern des globalen Südens zu kapitalisieren, und es erfolgte eine Abkehr von der klassischen Lebensmittelhilfe (Gerlach 2015).

Brandt-Report
der Nord-Süd-
Kommission
(1980)

Aufgrund der stagnierenden globalen Entwicklung und neuer Probleme wie Umweltkrisen regte der Präsident der Weltbank 1977 die Einrichtung einer Unabhängigen Kommission für Internationale Entwicklungsfragen, bestehend aus 20 Staaten, an. Unter dem Vorsitz des ehemaligen deutschen Bundeskanzlers Willy Brandt wurde 1980 der sogenannte Brandt-Report mit dem Untertitel »Ein Programm fürs Überleben« vorgelegt (ICIDI 1980). Hunger, Armut, Ungleichheit, Krieg und Aufrüstung wurden als Hauptrisiken für das

---

3 Obgleich in der DDR schon 1970 ein umfassendes Umweltrahmengesetz eingeführt wurde (als zweites Land in Europa) und sogar in der Verfassung der Schutz der Natur aufgenommen wurde, waren die Realität und der Zustand der Natur eine andere. Die Umweltbelastungen waren hoch und spätestens in der 1980er-Jahren überall sichtbar (BMUB 2015).

1 Die Herausforderung verstehen: die Systemfrage

menschliche Wohlergehen identifiziert. Bevölkerungswachstum und Überbevölkerung sowie Migration und Flüchtlingskrisen erschienen genauso auf
der Agenda wie das Wachstum der industrialisierten Volkwirtschaften. Die
Grenzen des Wachstums beeinflussten den Bericht, die Entwaldungsprob-
lematik und sogar der Klimawandel fanden eine deutliche Erwähnung. Es
gab einen klaren Ruf nach alternativen Energiequellen, und die Atomenergie
wurde erstmals als besorgniserregend eingestuft.

Vor dem Hintergrund sich weiter verschärfender ökologischer, sozialer und
ökonomischer Probleme (weltweite Rezession, internationale Schuldenkrise,
Arbeitslosigkeit usw.) arbeitete ab 1983 die UN-Kommission für Umwelt und
Entwicklung unter der Leitung der norwegischen Ministerpräsidentin Gro
Harlem Brundtland (sogenannte *Brundtland-Kommission*) weiter an Lösungen. 1987 erschien der Abschlussbericht »Unsere gemeinsame Zukunft«, der
einen Meilenstein in der Entwicklung des Nachhaltigkeitsdiskurses darstellt.

Brundtland-
Bericht (1987)

Erstmalig wurde der Begriff »nachhaltige Entwicklung« aus einer 🔍 **anth-
ropozentrischen Sichtweise** definiert. Diese Definition ist bis heute weltweit anerkannt. Demnach ist die Entwicklung »stabil« (»nachhaltig«), wenn
sie »die Bedürfnisse der Gegenwart befriedigt, ohne zu riskieren, dass
zukünftige Generationen ihre eigenen Bedürfnisse nicht befriedigen können« (Hauff 1987, S. 46).

Der anthropozentrische Ansatz

Anthropozentrische umweltethische Ansätze stellen den Mensch in den
Mittelpunkt moralischen Handelns. Nur dem Menschen wird ein Eigen-
wert zugesprochen. Daraus leitet sich der Schutz der Natur ab, die *für* den
Menschen zu schützen ist.

Pathozentrische Ansätze sprechen allen leidensfähigen Naturwesen
(Mensch und höheren Tieren) einen Eigenwert zu.

Bei *biozentrischen* Ansätzen haben alle Lebewesen einen moralischen
Status.

Physiozentrische oder holistische Ansätze nehmen den weitreichendsten
Standpunkt ein. Alles Existierende hat einen Eigenwert und ist potenziell
moralisches Objekt. »Nichts Natürliches existiert nur als Mittel für anderes« (Gorke 2000, S. 85).

Sustainable development: stabil, dauerhaft oder nachhaltig?

Das Kapitel 2 des *Brundtland-Berichts* widmet sich der nachhaltigen Entwicklung (Sustainable Development), die hier erstmals zitiert wird:

»Sustainable development is development that meets the needs of the present without compromising the ability of future generations to meet their own needs« (engl. Originaltext aus World Commission on Environment and Development 1987, S. 41).

Interessanterweise wurde im Deutschen nicht einheitlich von einer *nachhaltigen Entwicklung* gesprochen.

In der deutschen Übersetzung des DDR-Staatsverlages heißt es: »*Stabile Entwicklung* ist eine Entwicklung, die die Bedürfnisse der Gegenwart befriedigt, ohne aufs Spiel zu setzen, daß die künftigen Generationen ihre Bedürfnisse nicht befriedigen können.« (Weltkommission für Umwelt und Entwicklung 1988, S. 57).

Das bundesdeutsche Entwicklungsministerium übersetzt noch 2017 *sustainable* mit »dauerhaft«, basierend auf der bundesdeutschen Übersetzung: »*Dauerhafte Entwicklung* ist Entwicklung, die die Bedürfnisse der Gegenwart befriedigt, ohne zu riskieren, dass künftige Generationen ihre eigenen Bedürfnisse nicht befriedigen können« (Hauff 1987, S. 46).

Der Bericht stellte den Bezug zwischen Umwelt- und Entwicklungsproblemen in der Realisierung von Gerechtigkeitsfragen (inter- und intragenerativ) in einer globalen Perspektive dar. Aufgrund der Analyse der damaligen Situation zog die Brundtland-Kommission in ihrem Abschlussbericht das Fazit, dass es für eine nachhaltige Entwicklung grundlegender Veränderungen und Neuorientierungen in Politik und Institutionen bedürfe (Hauff 1987). Der Brundtland-Bericht wurde zuweilen dafür kritisiert, dass weite Implementierungsspielräume gelassen wurden und nur wenige konkrete Handlungsempfehlungen beschrieben wurden. Dies ermöglichte aber auch hohe Zustimmung. Letztendlich gelang es der Brundtland-Kommission, eine Problemanalyse mit Grundforderungen zu verknüpfen, die weltweit eine breite Diskussion über geeignete Wege zur Umsetzung einer nachhaltigen Entwicklung anstieß (Grunwald & Kopfmüller 2012). Hervorzuheben ist, dass Konzepte, die erst später an Relevanz in der Diskussion gewannen und auch fast

30 Jahre nach Erscheinen des Berichts überaus aktuell erscheinen, im Bericht schon deutlich angesprochen wurden. Hierzu gehören zum Beispiel die Bedeutung von qualitativem Wachstum, die Berücksichtigung des Wertes von »Naturkapital«-Beständen oder Umweltbelastungen als Konfliktquelle. Damit stand der Brundtland-Bericht am Ende eines Jahrzehnts des Wettrüstens und der wirtschaftlichen Liberalisierung, das aus entwicklungspolitischer Sicht rückblickend häufig als »verlorene Dekade« bezeichnet wird (Knutsson 2009).

Auf Empfehlung der Brundtland-Kommission richteten die Vereinten Nationen 1992 die bis dato größte UN-Konferenz für Umwelt und Entwicklung (den sogenannten *Erdgipfel*) in Rio de Janeiro aus. An der Konferenz nahmen rund 10.000 Delegierte aus 178 Staaten teil. Durch den »Verhandlungsgeist von Rio« gelang es, die nach wie vor drängenden globalen Entwicklungsprobleme im umweltpolitischen Zusammenhang zu behandeln. Auf der Konferenz wurden epochale Dokumente verabschiedet wie die Rahmenkonvention zum Klimawandel und die Konventionen zur biologischen Vielfalt, zur Bekämpfung der Wüstenbildung sowie die Agenda 21, die Wald-Erklärung und die »Deklaration von Rio über Umwelt und Entwicklung«. So wurde erstmals ein umfassender Anspruch auf nachhaltige Entwicklung verankert und von fast allen Ländern der Erde beschlossen.

Weltgipfel – Rio de Janeiro (1992)

In der Agenda 21 wurde festgelegt, dass die Staaten auf nationaler Ebene nachhaltige Entwicklung in Form von Strategien, nationalen Aktionsplänen umsetzen sollten. Kapitel 36 forderte eine Neuausrichtung der Bildung und rief Bildungsakteure dazu auf, nachhaltige Entwicklung in die Bildungsbereiche zu implementieren (BMU o. J.; engl. Originaldokument: Vereinte Nationen 1992b). Keines der in Rio verabschiedeten Dokumente enthielt jedoch überprüfbare Verpflichtungen für die Vertragsstaaten. Die Rio-Deklaration, die Wald-Erklärung und die Agenda 21 blieben gänzlich ohne völkerrechtliche Verbindlichkeit. Dennoch gingen von der Konferenz bis heute anhaltende weltweite Impulse aus (Grunwald & Kopfmüller 2012).

Agenda 21 Bildung

In den Folgejahren wurden die Leitideen der Rio-Konferenz in der internationalen Politik weitergetragen und ausdifferenziert. Im Jahr 2000 kam es zur »Jahrtausenderklärung« der Vereinten Nationen (*Millennium Declaration*, Vereinte Nationen 2000). Acht »Jahrtausend-Entwicklungsziele« – die *Millennium Development Goals* (MDGs) – wurden zur Agenda des Jahrzehnts und zur Grundlage einer neuen Architektur der Entwicklungszusammenarbeit (Knutsson 2009). Das siebte MDG war der Sicherung einer umweltgemäßen Nachhaltigkeit gewidmet. Zehn Jahre nach Rio (2002) traf sich die Weltgemeinschaft zum *World Summit on Sustainable Development* in Johannesburg, um die Pläne des ersten Erdgipfels zu präzisieren und weiterzutragen

Millennium Development Goals

(Rio+10). Das Ergebnis war ein Aktionsplan, der zur Lösung der grundlegenden Probleme der Menschheit und der weiter bestehenden Umweltprobleme beitragen sollte.

UN-Dekade »Bildung für nachhaltige Entwicklung«

Im Rahmen dieser Konferenz beschloss die Vollversammlung der Vereinten Nationen ferner, der Bildung eine besondere Rolle in der Nachhaltigkeitsentwicklung zukommen zu lassen und die Zeit von 2005 bis 2014 als *UN-Dekade Bildung für nachhaltige Entwicklung* (▷ Kapitel 4.4) auf den Weg zu bringen. Konkretes Ziel war die Implementierung von Bildung für nachhaltige Entwicklung in alle Bildungsbereiche und eben auch in die Hochschulen.

Weltgipfel Rio+20 – Rio de Janeiro, 2012

2012 (Rio+20) kamen erneut die politischen Vertretungen zum Weltgipfel in Rio de Janeiro zusammen – wieder, um endlich die dringliche Wende hin zu einer nachhaltigen Entwicklung zu erreichen. Als Ergebnis wurde das Dokument »The future we want« (Vereinte Nationen 2012) verabschiedet. Fortwährend blieb es schwierig, die Interessen der Länder des globalen Südens mit denen des globalen Nordens in Einklang zu bringen. Bereits im Vorfeld wurden die lauter werdenden Rufe nach einer sogenannten *Green Economy* (▷ Kapitel 4.3) von einigen Landesvertretungen des Südens kritisiert. Sie fürchteten Nachteile durch die Abschottung von Märkten der reichen Länder unter dem Vorwand der Nachhaltigkeitsziele mittels Umweltstandards. Vielen Industriestaaten hingegen, darunter auch Deutschland, gingen die Ergebnisse angesichts der weltweiten Lage nicht weit genug. Dennoch wurde das politische Bekenntnis zur nachhaltigen Entwicklung bekräftigt.

Agenda-2030-Ziele für nachhaltige Entwicklung (Sustainable Development Goals, SDGs)

Ein weiteres Ergebnis des Gipfels war die Verabschiedung eines Zielkatalogs durch alle Mitgliedstaaten bis 2015, um die acht Millenniumsziele (MDGs) durch 17 Ziele für nachhaltige Entwicklung (*Sustainable Development Goals*, SDG) abzulösen. Die SDGs sind unter dem Titel »Transformation unserer Welt: die Agenda 2030 für nachhaltige Entwicklung« (Vereinte Nationen 2015a; engl. Originaldokument: Vereinte Nationen 2015b) veröffentlicht (siehe Abb. 2) mit insgesamt 169 Unterzielen, die bis 2030 realisiert sein sollen (Bundesregierung 2017). Die MDGs waren letztlich nicht erreicht worden. Die Agenda 2030 bedeutete nicht nur eine Verschiebung der vorgesehenen Zielerreichung, sondern geriet auch umfassender und ambitionierter als die MDGs. Als wichtigstes Ziel steht an erster Stelle die vollständige Überwindung extremer Armut, formuliert als »no poverty« (»keine Armut«).

Die SDGs der Vereinten Nationen entstanden in einem beispiellosen globalen Prozess unter Beteiligung der Zivilgesellschaft. Auch dadurch wurden sie zwar allumfassend, aber repräsentieren eine nicht kohärente »Wunschliste« von Zielen, die sich teilweise deutlich widersprechen. Zu kritisieren ist, dass es keinen Ansatz der Priorisierung gibt – alle Ziele scheinen gleich relevant zu sein. Letztlich reflektieren sie ein Nachhaltigkeitsmodell, wel-

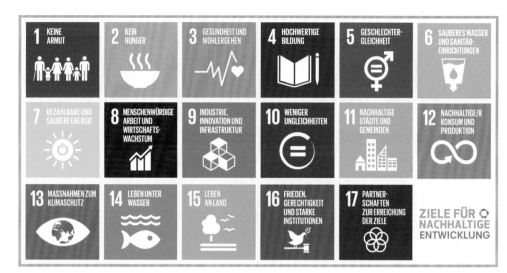

Abbildung 2: 17 Sustainable Development Goals wurden 2015 verabschiedet
(Vereinte Nationen 2017; Quelle der deutschen Icons: BMZ 2017).

ches dem europäischen Denken entstammt, nach dem sich Menschen und Umwelt im besten Falle gleichberechtigt gegenüberstehen. Gleichwohl konnten die SDGs in der internationalen Debatte bislang eine beträchtliche Wirkung entfalten.

Im Laufe der Zeit wurde der internationale Entwicklungsdiskurs deutlich pluralistischer. Die jahrhundertewährende Dominanz des westlichen, ursprünglich europäischen Entwicklungsmodells entfaltete sich auch in der Entwicklungs- und Nachhaltigkeitspolitik. Aber auf anderen Kontinenten hatte nicht nur Ressourcenschutz eine gewisse Tradition, sondern ein pfleglicher Umgang mit der Natur ist in anderen Kulturen stärker verankert. Parallel zur beschriebenen Politik der Vereinten Nationen bildeten sich weitere Diskursstränge heraus.

Ein wichtiges Beispiel stellt die (zentral)andine Kultur dar, aus der in jüngster Zeit auch international wahrgenommene Impulse kamen. In der andinen Kosmovision[4] spielt die Erde in Raum und Zeit eine große Rolle *(pacha)*, Mutter Erde *(pachamama)* genießt einen hohen Stellenwert. Vor allem die sozialistischen Regierungen in Bolivien und Ecuador haben in den vergangenen Jahren Elemente der traditionellen Kulturen mit dem modernen Nachhaltigkeitsdiskurs verknüpft. Die neuen Verfassungen beinhalten weitreichende Innovationen (Gudynas 2009). Die neue Verfassung des Plurinationalen

Entwicklungsdiskurs wird pluralistischer

Nachhaltige Entwicklung in den modernen Verfassungen von Bolivien und Ecuador

Das gute Leben: Vivir bien / Buen vivir

---

4 Weltsicht; kulturell geprägte Art und Weise der Betrachtungsweise der Welt sowie Erklärungsansätze der kausalen Zusammenhänge und Phänomene.

Hat der Diskurs zur nachhaltigen Entwicklung die Bevölkerung erreicht?

Der Diskurs zur nachhaltigen Entwicklung ist über Jahrzehnte erheblich gereift und von der internationalen politischen Bühne nicht mehr wegzudenken. Allerdings sollte man nicht zur Überschätzung des Erreichten neigen. In der breiten Bevölkerung spielen die Überlegungen zu tief greifenden Veränderungen für eine nachhaltige Entwicklung eine deutlich untergeordnete Rolle bzw. sind gar nicht bekannt. Gemäß Google Trends (auf der Grundlage von Google-Suchanfragen im Laufe der Zeit) zeichnet sich eher ein Abwärtstrend in der öffentlichen Aufmerksamkeit ab (Abb. 3) – daran hat auch die UN-Agenda 2030 zumindest im deutschsprachigen Raum nichts geändert. Im englischsprachigen Raum (Google-Suchen zu »sustainable development«) könnte sich ab 2015 eine gewisse Trendumkehr andeuten. Unter Umständen könnte der Rückgang der Anfragen natürlich auch damit erklärt werden, dass die Begriffe besser bekannt sind und im Laufe der Zeit durch spezifischere Suchen ersetzt werden oder auch andere neue Begriffe mehr Aufmerksamkeit erhalten. Im Falle des relativ neuen, aus Lateinamerika kommenden Begriffs des »guten Lebens« – häufig auch in der spanischen Originalform *buen vivir* verwendet – erfolgte im vergangenen Jahr ein deutlicher Anstieg des Interesses.

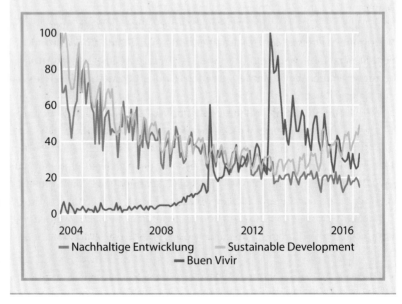

Abbildung 3: Google-Trend-Analyse von »Nachhaltiger Entwicklung«, »Sustainable development« und »Buen vivir« auf der Grundlage von Google-Suchen nach den entsprechenden Begriffen seit 2004 (www.trends.google.de).

Staates Bolivien[5] (2009) ist nicht nur auf die Verbesserung der Lebensqualität und das *Vivir Bien*, das »Gute Leben« aller Bolivianer*innen, ausgerichtet, sondern bekennt sich auch explizit zur Nachhaltigkeit.

Auch die ecuadorianische Verfassung von 2008 kombiniert diese Elemente. Sie sieht sogar vor, dass Natur oder *Pachamama* das Recht besitzt, »dass die Existenz, der Erhalt und die Regenerierung ihrer Lebenszyklen, Struktur, Funktionen und Evolutionsprozesse respektiert werden« (Art. 71). Pachamama habe auch das »Recht auf eine vollständige Wiederherstellung« (Art. 72). Die Verfassung konzipiert auch ein neues Entwicklungsregime *(Régimen de desarrollo)*. Zu den allgemeinen Prinzipien (Art. 275) gehört die Beschreibung des Entwicklungsregimes als organisierte, nachhaltige und dynamische Gesamtheit der ökonomischen, politischen, soziokulturellen und umweltlichen Systeme, die das gute Leben (*sumak kawsay* in der Quechua-Sprache) garantieren. Dies ist ein neuartiger, umfassender, dynamischer und systemischer (▷ Kapitel 1.3) Ansatz der nachhaltigen Entwicklung.

Es zeigt sich, dass es in der Entwicklung der früheren Entwicklungsländer nicht nur zu einem Überspringen von Entwicklungsphasen kommt – dies wird etwa im Zuge der Ausbreitung von Telekommunikation und Digitalisierung beschrieben –, sondern sie werden teilweise auch zu konzeptionellen Vorreitern, von denen Industrieländer lernen können. Das globale Bekenntnis zu den Sustainable Development Goals ist auch das Eingeständnis derjenigen Staaten, die sich vormals schon für »entwickelt« hielten, dass alle Länder zumindest in Bezug auf einige der 17 Ziele erheblichen Entwicklungsbedarf haben.

Vorreiter und Entwicklungsbedarf

Im Zuge eines sich in der Gesellschaft stärker verankernden Nachhaltigkeitsdenkens kommt auch spirituell-religiösen Aspekten eine wichtige Rolle zu. Bolivien gehörte zu den Staaten, die sich dafür einsetzten, dass sich die Vollversammlung der Vereinten Nationen mit der Bedeutung des Lebens in Harmonie mit der Natur beschäftigt, um eine nachhaltige Entwicklung zu erreichen. Einzelnen Weltregionen wird zugeschrieben, in besonderem Maße zu befördern, dass sich Menschen als eingebetteter Teil der Natur fühlen – dies gilt etwa für den Buddhismus (Grunwald & Kopfmüller 2012, S. 227). Auf dem Weltgipfel 2002 in Johannesburg wurde eine islamische Erklärung zur nachhaltigen Entwicklung (Vereinte Nationen 2002) verabschiedet, die deutlich macht, dass die Umwelt als Geschenk Allahs zu verstehen sei. Papst Franziskus erregte 2015 mit seiner Enzyklika *Laudato si'* große Aufmerksamkeit, die in »Sorge um das gemeinsame Haus« ein Manifest für die Nachhaltigkeit darstellt:

Spirituellreligiöse Ansätze

---

5 Offizielle Bezeichnung des neu begründeten Staates: *Estado Plurinacional de Bolivia* (= Vielnationenstaat Bolivien).

>>Wenn wir uns der Natur und der Umwelt ohne diese Offenheit für das Staunen und das Wunder nähern, wenn wir in unserer Beziehung zur Welt nicht mehr die Sprache der Brüderlichkeit und der Schönheit sprechen, wird unser Verhalten das des Herrschers, des Konsumenten oder des bloßen Ausbeuters der Ressourcen sein, der unfähig ist, seinen unmittelbaren Interessen eine Grenze zu setzen. Wenn wir uns hingegen allem, was existiert, innerlich verbunden fühlen, werden Genügsamkeit und Fürsorge von selbst aufkommen. Die Armut und die Einfachheit des heiligen Franziskus waren keine bloß äußerliche Askese, sondern etwas viel Radikaleres: ein Verzicht darauf, die Wirklichkeit in einen bloßen Gebrauchsgegenstand und ein Objekt der Herrschaft zu verwandeln« (Papst Franziskus in Libreria Editrice Vaticana 2015, S. 14).

Dalai-Lama: Ethik wichtiger als Religion

Im gleichen Jahr ging der Dalai-Lama noch einen Schritt weiter in seinem Appell an die Welt »Ethik ist wichtiger als Religion«:

>>Angesichts der Probleme unserer Zeit reicht es nicht mehr, Ethik nur auf die Werte von Religionen zu gründen. Es ist vielmehr höchste Zeit, für unser Verständnis von Spiritualität und Ethik in der globalisierten Welt einen neuen Weg jenseits der Religionen zu eröffnen.« (Dalai-Lama XIV 2015, S. 35).

Abbildung 4: Spiritualität und Natur: jahrhundertealte, in Fels gemeißelte Buddhastatue in einem Tempelwald unweit des Bongam-sa-Klosters in Südkorea (Foto: P. Ibisch).

1 Die Herausforderung verstehen: die Systemfrage

Modelle der Nachhaltigkeit

Zur Konkretisierung nachhaltiger Entwicklung sind mehrere Modelle konzipiert worden, von denen hier einige vorgestellt werden. Häufig werden drei Dimensionen der Nachhaltigkeit (Ökologie, Ökonomie, Soziales) herangezogen, die integrativ betrachtet, aber sehr unterschiedlich gewichtet werden (können). Die ökologische Dimension meint die ökologische Tragfähigkeit des Planeten, die soziale Dimension umfasst die soziale Gerechtigkeit für die Menschen, und die ökonomische Dimension bedeutet die ökonomische Wirksamkeit. Nachhaltige Entwicklung findet dann statt, wenn diese drei Dimensionen Berücksichtigung finden.

Drei Dimensionen der Nachhaltigkeit

Im Kontext nachhaltiger Entwicklung stellt das Drei-Säulen-Modell ein gleichzeitiges und gleichberechtigtes »harmonistisches« Umsetzen von ökologischen, sozialen und wirtschaftlichen Zielen für den Erhalt der Leistungsfähigkeit einer Gesellschaft dar. Dieses Modell beschreibt nicht das unauflösbare Konfliktpotenzial, welches aus der Tatsache entsteht, dass die sozialen Systeme abhängige Komponenten des globalen Ökosystems darstellen (▷ Kapitel 1.3, 3.1, 3.2, 4.1). Unvereinbarkeiten werden nicht thematisiert und damit auch keine Integrationsschritte (SRU 2008). Das Modell geht davon aus, dass die Stärkung einzelner Säulen die Schwächung anderer kompensieren könnte. Es setzt sich nicht damit auseinander, dass selbst aus anthropozentrischer Sicht die langfristige Funktionstüchtigkeit der ökologischen Lebensgrundlagen der Menschheit wichtiger sein muss als die Bedürfnisse einzelner Menschen oder bestimmter sozialer Systeme.

Drei-Säulen-Modell und Kritik

Abbildung 5:
Schematische
Abbildung des
Drei-Säulen-Modells
der Nachhaltig-
keit (links) und des
Nachhaltigkeitdreiecks
(rechts).

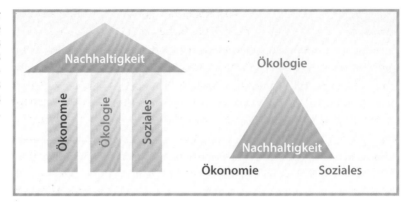

>>Nachhaltigkeit ist und bleibt eine regulative Idee zum langfristigen Umgang mit natürlichem Kapital. Das in Deutschland politisch einflussreiche Drei-Säulen-Konzept hat zunächst zu einer Aufwertung der Umweltbelange geführt, da es die Gleichrangigkeit von ökonomischer, ökologischer und sozialer Entwicklung postuliert. Ergebnisse von Forschungsprojekten, die mit diesem Konzept arbeiten, wie auch der politische Umgang mit diesem Konzept machen allerdings deutlich, dass das Drei-Säulen-Konzept zu einer Art Wunschzettel verkommt, in den jeder Akteur einträgt, was ihm wichtig erscheint. Das Konzept begünstigt damit zunehmend willkürliche Festlegungen« (SRU 2002, S. 21).

Nachhaltigkeits-dreieck

Eine etwas andere Perspektive ergibt sich aus den drei Dimensionen des integrativen Ansatzes des sogenannten Nachhaltigkeitsdreiecks. Die Enquetekommission »Schutz des Menschen und der Umwelt« des 13. Deutschen Bundestages präferierte diesen Ansatz und charakterisierte diesen damals nicht als »Zusammenführung dreier nebeneinanderstehender Säulen, sondern (als) Entwicklung einer dreidimensionalen Perspektive der Erfahrungswirklichkeit« (Deutscher Bundestag 1998, S. 13). Die drei Dimensionen sollen in der Gesellschaftspolitik gleichwertig und gleichberechtigt berücksichtigt werden.

Leitplanken-modell

Das Leitplankenmodell des *Wissenschaftlichen Beirats Globale Umweltveränderungen* (WBGU), eines Beratungsorgans der Bundesregierung, verfolgte die Idee, dass die zukünftige Entwicklung der Menschheit innerhalb eines begrenzten »Entwicklungskorridors« erfolgen müsse. Dieser Entwicklungskorridor wird von ökologischen Parametern zur Sicherung langfristiger stabiler Lebensbedingungen gebildet. Nur innerhalb dieses Korridors besteht ein Spielraum zur Umsetzung wirtschaftlicher und sozialer Ziele. Werden dessen Ränder überschritten, verliert die Entwicklung den Charakter der Nachhaltigkeit. Das Erkennen dieser »Leitplanken« für eine nachhaltige Entwicklung ist eine wichtige Aufgabe der Politikberatung zum globalen Wandel. Die Umsetzung solcher Erkenntnisse ist dann die Aufgabe der Politik (WBGU 1993).

Der systemische Ansatz zur Erklärung nachhaltiger Entwicklung beschreibt und visualisiert die Abhängigkeiten der Dimensionen voneinander. Die globalen Ökosysteme bilden die Grundlage für soziale Systeme (Gesellschaft). Darin eingebettet findet sich die Ökonomie mit einer »dienenden Funktion« für die Gesellschaft (Abb. 6). Dieses Modell wird in ▷ Kapitel 1.3 ausführlich begründet und dient als Grundlage für das vorliegende Lehrbuch. Systemischer Ansatz

Im Nachhaltigkeitsdiskurs werden zuweilen starke und schwache Nachhaltigkeitskonzepte als Beurteilungsmöglichkeit für die Substitutionsmöglichkeit von Naturkapital unterschieden (▷ Kapitel 4.3). Konzepte schwacher Nachhaltigkeit gehen davon aus, dass naturräumliche Strukturen grundsätzlich ersetzbar sind. Ein Wald wäre entsprechend auch durch eine Grünanlage zu ersetzen, da die Grünanlage die gleiche Erholungsleistung bietet wie der Wald (Ott & Döring 2001; SRU 2002; Grunwald & Kopfmüller 2012) – im extre- Starke und schwache Nachhaltigkeit

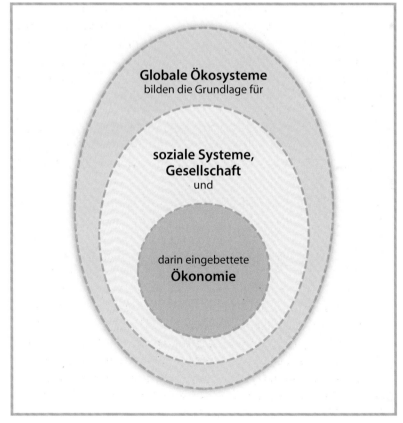

Globale Ökosysteme
bilden die Grundlage für

**soziale Systeme,
Gesellschaft**
und

darin eingebettete
Ökonomie

Abbildung 6:
Schematische
Darstellung
zum Verhältnis
von Ökonomie,
Gesellschaft und
Ökosystem
im systemischen
Ansatz nachhaltiger
Entwicklung.

men Falle könnte die Erholungsleistung auch durch Naturfilme oder virtuelle Natur geleistet werden. Starke Nachhaltigkeitskonzepte gehen von der Annahme aus, dass das Natur(kapital) über die Zeit hinweg konstant gehalten werden soll und nur sehr begrenzt (zeitweise) substituierbar ist. Ein Wald, der wegen eines Bauobjektes gerodet wird, kann nicht an anderer Stelle wieder so angepflanzt werden; im besten Falle benötigt er Jahrzehnte, wenn nicht gar Jahrhunderte, um einen vergleichbaren Wert zu erreichen bzw. die gleiche (ökologische) Funktion zu erfüllen.

Die genannten Nachhaltigkeitsmodelle lassen sich zwischen den Polen starker und schwacher Nachhaltigkeit einordnen. Das Drei-Säulen-Modell, welches die Dimensionen der Nachhaltigkeit nebeneinanderstellt, steht eher für die Idee einer schwachen Nachhaltigkeit, während das integrativ gedachte Nachhaltigkeitsdreieck in Richtung starke Nachhaltigkeit tendiert. Das Leitplankenmodell und der systemische Ansatz geben der ökologischen Dimension als Lebensgrundlage des Menschen einen Vorzug und stehen für eine starke Nachhaltigkeit (Abb. 7).

Abbildung 7: Einordnung verschiedener Nachhaltigkeitsmodelle zwischen starker und schwacher Nachhaltigkeit.

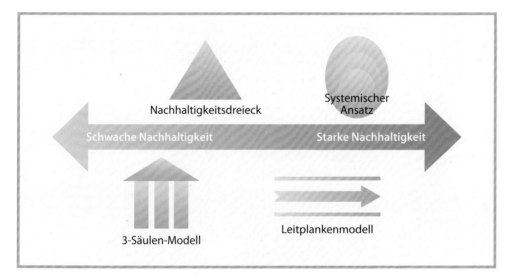

Grundlegende Prinzipien nachhaltiger Entwicklung

Die Umsetzung des Konzeptes nachhaltiger Entwicklung kann unterschiedliche Ansätze verfolgen, die in der Literatur vielfach als »Strategien« bezeichnet werden, aber eher grundlegende Prinzipien beschreiben. Schon recht früh in der Nachhaltigkeitsdebatte haben sich die Effizienz-, Suffizienz- und Konsistenzstrategie etabliert, die Bildungsstrategie wurde später in die Diskussion integriert. Bereits der Brundtland-Bericht zeigte Perspektiven auf, wie sowohl auf technischer als auch auf gesellschaftlicher Ebene eine nachhaltige Entwicklung gestaltet werden kann (Hauff 1987).

Die ▷ **Effizienzstrategie** verfolgt das Ziel, den Einsatz von Stoff- und Energieströmen pro Produktionseinheit zu verringern (Minimierung des Aufwandes) und die Produktion dabei konstant zu halten bzw. zu vergrößern (Maximierung des Ertrages). Ansatzpunkt sind technische Lösungen (Technologien) mit einem hohen Einsparpotenzial im Kontext eines effizienten Ressourcenmanagements, die eine deutliche Kostenersparnis mit sich bringen können. Es besteht allerdings die Gefahr, dass die Einsparungen durch Mengeneffekte egalisiert werden (Rebound-Effekt; ▷ Kapitel 3.4, 4.3). Das Einsparpotenzial wird zum Teil als so groß erachtet, dass der Ressourcenverbrauch um 90 % gesenkt werden könnte (Effizienzrevolution). Die Effizienzstrategie steht in der Tradition marktwirtschaftlichen Denkens und wird somit von der Wirtschaft präferiert (Huber 1995; Sachs 1997; Schmidt 2008; Grunwald & Kopfmüller 2012).

> **Effizienz:** Senkung des Ressourcenverbrauchs bei gleichbleibender Produktion.

Im Mittelpunkt der ▷ **Suffizienzstrategie** steht die kulturelle Frage nach einem Bedürfniswandel im Kontext von nachhaltigen Lebensstilen und anderen Wohlstandsmodellen. Ansatzpunkt ist die Reduzierung des individuellen Verbrauchs der Endkonsument*innen. Dies wird vielfach als Aufforderung zum Verzicht kritisiert, was als unrealistisch und nicht lebbar eingestuft wird. In diesem Spannungsfeld wird aber immer wieder die Frage aufgeworfen, die bereits im Brundtland-Bericht als Bedürfnisansatz anklang: »Wie viel ist genug?«. 1996 wurden in der Studie »Zukunftsfähiges Deutschland« von BUND und Misereor Leitbilder entworfen wie »gut leben statt viel haben«, die Suffizienzaspekte in den Mittelpunkt des Nachhaltigkeitshandelns stellten (BUND & MISEREOR 1996). Die Suffizienzstrategie scheint im Widerspruch

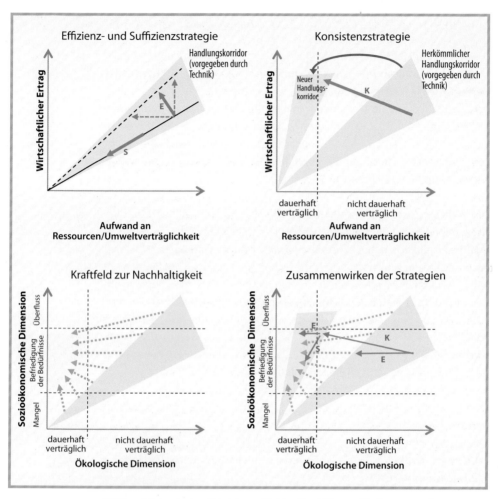

Abbildung 8: Strategien bzw. Prinzipien nachhaltiger Entwicklung und ihr Zusammenwirken (nach Schmidt 2008). Effizienz (E) und Suffizienz (S) allein können den Ressourcenverbrauch nur innerhalb eines vorgegebenen Handlungskorridors reduzieren (oben links). Die Konsistenzstrategie (K) schafft einen neuen Handlungskorridor durch alternative Produkte und Technologien mit einem geringeren Ressourcenverbrauch (oben rechts). Nachhaltigkeit (gelbes Feld) ist durch eine dauerhafte (ökologische) Verträglichkeit und eine ausgeglichene (gerechte) Befriedigung der menschlichen Bedürfnisse gekennzeichnet (unten links). Nur durch das Zusammenwirken der drei Strategien (K, S und E) kann Nachhaltigkeit (gelbes Feld) erreicht werden (unten rechts).

1 Die Herausforderung verstehen: die Systemfrage

zum heutigen marktwirtschaftlichen Handeln zu stehen, welches das Wirtschaftswachstum zur Wirtschaftsmaxime erhebt (▷ Kapitel 3.2, 4.3).

> **Suffizienz:** **Reflexion und Beschränkung des eigenen (überflüssigen) Konsums sowie das Respektieren von absoluten Grenzen (des Wachstums).**

Unter der ▷ **Konsistenzstrategie** wird die Substitution von umweltschädlichen Produkten, Stoffen und Technologien verstanden. Diese Substitution muss verträglich mit den natürlichen Stoffkreisläufen und eine »Anpassung der durch menschliches Wirtschaften erzeugten Stoffströme an die natürlichen Stoffwechselprozesse« (Grunwald & Kopfmüller 2012, S. 93) sein. Beispiele stellen die Verwendung nachwachsender Rohstoffe oder das Wirtschaften in geschlossenen Kreisläufen dar (Huber 1995).

Konsistenz

> **Konsistenz:** **Ersetzen umweltschädigender durch umweltfreundliche Stoffe und Technologien.**

Das Zusammenwirken der drei grundlegenden Prinzipien Effizienz, Suffizienz und Konsistenz zeigt Abb. 8 und unterstreicht die Bedeutung der Konsistenzstrategie. Während Effizienz- und Suffizienzstrategie zwar zu einem Weniger an Ressourcenverbrauch führen, kann in der Konsistenzstrategie das Potenzial eines dauerhaft niedrigen und damit verträglichen Ressourcen- und Umweltverbrauchs liegen.

Zusammenwirken der Prinzipien

Um die Jahrhundertwende wurde die Bildungsfrage intensiver im Kontext der Debatte diskutiert. Nachhaltige Entwicklung als Lern-, Such- und Gestaltungsprozess schließt das Lernen für Nachhaltigkeit in den Gesamtprozess mit ein (Stoltenberg 2009). Damit kommt Bildungskonzepten, die eine Neuausrichtung der Bildung auf nachhaltige Entwicklung, wie z. B. Bildung für nachhaltige Entwicklung, eine wichtige Bedeutung zu, sie sind als weiteres Prinzip (oder auch Strategie) in der Gestaltung einer nachhaltigen Gesellschaft unverzichtbar (▷ Kapitel 4.4).

Bildung

Schlussbemerkung

Die »Erfindung« der Nachhaltigkeit ist keine plötzliche Eingebung, sondern lässt sich international über Hunderte von Jahren zurückverfolgen. Das Bemühen um eine Entwicklung, die für alle, für Mensch und Natur, gerecht verläuft, begleitet die Menschheit schon lange und mit Nachdruck seit Mitte des letzten Jahrhunderts. Das Bemühen um die Umsetzung ist noch lange nicht am Ende und bedarf der Beteiligung aller – jetzt und in Zukunft. Anhand exemplarischer vertiefender Beispielbereiche wie der Energieversorgung oder des Wirtschaftssystems werden Systemfragen und Umsetzungsstrategien in den folgenden Kapiteln diskutiert und reflektiert.

Systemik:
ein Ansatz für das ganzheitliche und interdisziplinäre Verständnis von nachhaltiger Entwicklung

Pierre L. Ibisch

Das Konzept der Nachhaltigkeit ist von Hanns Carl von Carlowitz aus ökonomischem Interesse erfunden und Jahrhunderte später als eine ethische Verpflichtung gegenüber nachfolgenden Generationen bekannt geworden. Aus der aktuellen gesellschaftspolitischen Nachhaltigkeitsdefinition auf Grundlage der Idee der Generationengerechtigkeit entstehen eine konzeptionelle Unschärfe und ein ethisches Dilemma. Schließlich ist nicht klar, was zukünftige Generationen wirklich benötigen und wünschen. Vielleicht werden sie heute unlösbar erscheinende Probleme mithilfe von Technologie lösen, die wir noch gar nicht erahnen können. Es erscheint uns als ethisch nicht vertretbar, heutigen Generationen Entwicklungschancen vorzuenthalten oder sie gar leiden zu lassen, nur um Generationen zu begünstigen, die noch viel Zeit haben, sich auf veränderte Ressourcenverfügbarkeit einzustellen. Aus derartigen Überlegungen ergibt sich eine gewisse ideologische Aufladung des politischen Konzepts der Nachhaltigkeit. Aber lässt sich Nachhaltigkeit nicht vielleicht objektiver beschreiben? Wie könnte eine entsprechende wissenschaftliche Theorie der Nachhaltigkeit aussehen?

Suche nach einer wissenschaftlichen Theorie der Nachhaltigkeit

Nachhaltigkeit als langfristiges Existieren und Funktionieren von komplexen Gefügen

Was ist nachhaltig? Ganz einfach könnte zunächst gefordert werden, dass Nachhaltigkeit erst einmal ein möglich langfristiges Existieren und Funktionieren von mehr oder weniger komplexen Gefügen bedeutet. Tatsächlich existieren in der Welt ja viele Strukturen über relativ lange Zeiten – dies gilt für Atome und gewisse Stoffe genauso wie für bestimmte Ökosysteme, für das gesamte Leben auf der Erde oder Planetensysteme und Galaxien. Warum sind manche Gefüge relativ stabil und existieren »nachhaltig«, obwohl regelmäßig externe Störungen ihre Existenz und Funktion gefährden? Eine Schlüsselfrage ist, ob es unter Umständen gewisse Prinzipien oder Mechanismen gibt, die die fortgesetzte Existenz dieser gänzlich unterschiedlichen Gefüge erklären. Falls es so wäre: Könnte die menschliche Gesellschaft von derartigen Prinzipien lernen? Funktionieren menschliche Gefüge gar nach den gleichen Prinzipien?

Bei der Aufgabe der Beantwortung dieser Fragen handelt es sich um nicht weniger als die Suche nach einer umfassenden wissenschaftlichen Theorie der Nachhaltigkeit.

Seit Jahrhunderten hätten manche Wissenschaftler*innen – wie Goethes Faust – ihre Seele dafür gegeben, eine Antwort auf diese Frage zu erlangen.

Tatsächlich haben die diversen wissenschaftlichen Disziplinen bei der Erfassung und Beschreibung aller beobachtbaren Strukturen und Prozesse seit Goethes Zeiten große Fortschritte gemacht. Wir verstehen heute zum Beispiel recht gut, woraus Materie besteht: aus einer verwirrenden Vielfalt von kleinsten Elementarteilchen, die in unterschiedlichen Kombinationen Atome und Moleküle bilden, welche wiederum die Substanz von allem darstellen. Physik und Chemie beschreiben auch, warum bestimmte Bestandteile mit wiederum anderen in Wechselwirkung treten und dabei neue Strukturen mit neuen Eigenschaften entstehen lassen. Es handelt sich um energetische Wechselwirkungen, welche v. a. Kraft- und Energieübertragung bedeuten. Dank Albert Einstein wissen wir zudem, dass Masse letztlich nichts anderes als materialisierte Energie darstellt – die berühmte Energieformel zeigt den Zusammenhang zwischen Masse (m) und Lichtgeschwindigkeit (c): $E = m \times c^2$. Es wird deutlich, dass alles Seiende vor allem auch energetisch zu beschreiben und zu verstehen ist. Ohne hier zu tief in die physikalischen Details eindringen zu wollen, sei festgestellt, dass die Existenz bestimmter Atome, Moleküle und Stoffe mit energetisch günstigen Zuständen in Verbindung gebracht werden kann. Beispiel der Moleküle: Durch chemische Verbindungen wird in der Natur Energie gespeichert oder übertragen. Verschiedene Atome mit ihren geladenen Bestandteilen fügen sich zu einem Komplex zusammen, da in diesem Falle die potenzielle Energie minimiert wird. Um Verbindungen von Atomen zu lösen, muss teilweise Energie aufgewendet werden – z. B. durch Zufuhr von Wärme –, aber bei der Transformation wird oft auch Energie frei.

Der Kosmos:
Ordnung durch verschachtelte Bausteine

Elementarteilchen bilden die kleinsten Systeme: Die Teilchen der Materie – Leptonen, Eichbosonen, Quarks, Neutronen, Protonen, Atome, Moleküle und so weiter (vgl. z. B. Fritzsch 2004) – bilden durch die energetische Wechselwirkung miteinander Gefüge höherer Ordnung, die beobachtbar sind und über Eigenschaften verfügen, die sich nicht direkt aus den Eigenschaften der Einzelteile ergeben. Durch die Wechselwirkung der zwei Gase Wasserstoff und Sauerstoff entsteht so etwa Wasser, ein flüssiger Stoff mit physikalischen und chemischen Eigenschaften, die sich dramatisch von denjenigen der Bausteine unterscheiden. Das Ganze ist also in diesem Falle »mehr als die Summe seiner Teile«.

Planeten, Galaxien und kosmisches Netz: Verlässt man die Skala der Bausteine der Materie und schaut in die Weiten des Weltraums, ist der Befund ein ähnlicher. Durch die räumliche Konzentration von Materie entstanden diverse Himmelskörper. Diese Gefüge aus Materie mit zum Teil enormen Massen wirken aufeinander (indem sie Raumzeit beugen) und bilden dadurch neuartige übergeordnete Strukturen. So formen Planeten und Zentralgestirne Sonnensysteme und diese wiederum Galaxien. Diese sind nicht chaotisch angeordnet, sondern befinden sich an Knotenpunkten eines kosmischen Netzwerks aus Gasfilamenten (z. B. Bonjean et al. 2018). Die Einzelteile bilden gemeinsam geordnete bzw. strukturierte größere Gefüge. Am Beispiel unseres Planetensystems lässt sich die innere Dynamik erkennen, die für die zeitweilige Existenz der Einzelteile und des großen Ganzen Voraussetzung ist: So bedingen etwa die Bewegungen der Himmelskörper umeinander, dass mit einer gewissen Wahrscheinlichkeit zumindest zeitweise Kollisionen vermieden werden. Die Interaktion der Komponenten bewirkt einen gewissen Grad der Selbstorganisation und die Tatsache, dass das größere Ganze als eine eigenständige Einheit erkennbar wird, obwohl diese offene Grenzen hat und deshalb auch von außen beeinflusst wird – z. B. durch hereinkommende Strahlung oder Asteroiden. Tatsächlich kommen solche Kollisionen in Planetensystemen regelmäßig vor, nach denen sich das Gesamtsystem neu organisiert (vgl. z. B. Zuckerman et al. 2008).

Die Entdeckung der Systemtheorie Wissenschaftler*innen haben schon Mitte des vergangenen Jahrhunderts erkannt, dass es grundlegende Prinzipien gibt, die alles Seiende miteinander verbinden und die für die existierenden Ordnungen und Dynamiken verantwortlich sind. Es war der Österreicher Karl Ludwig von Bertalanffy (1901–1972), der durch das Nachdenken über »Formenbildung« in der Natur (1928) sowie über das »Gefüge des Lebens« (1937) und die Zusammenhänge »vom Molekül zur Organismenwelt« (1940) von einem »biologischen Weltbild« (1949) zu einer »Theorie der offenen Systeme in Physik und Biologie« (1950) gelangte. 1953 beschrieb er die »Biophysik des Fließgleichgewichts«, die eine weitere Grundlage für »moderne Entwicklungstheorien« (1962) und letztlich eine »generelle Systemtheorie« (1968a) bildeten. Er betrachtete Organismen als offene physikalische ☌ Systeme in einem scheinbaren Gleichgewichtszustand. Damit war das Fundament für eine revolutionäre Weltsicht geschaffen, die nicht nur Erklärungsansätze für Entwicklung und Funktion von sogenannten Systemen schuf, sondern auch isoliertes Wissen verschiedener Fachdisziplin integrierte.

1 Die Herausforderung verstehen: die Systemfrage

Die Systemtheorie (bzw. Systemik) wurde zur Quelle der Inspiration nicht nur in der Ökologie, sondern auch für Bereiche wie Regeltechnik oder Psychologie (vgl. u. a. von Bertalanffy 1968b). Ervin Laszlo unterschied 1975 sieben verschiedene Systemtypen: physiko-chemische und biologische Systeme, Organsysteme, sozioökologische und soziokulturelle Systeme, organisationale und technische Systeme.

Bei der Systemik oder Systemtheorie handelt es sich um ein wissenschaftliches Konzept, das nicht nur Brücken zwischen verschiedenen wissenschaftlichen Disziplinen baut *(interdisziplinärer Ansatz)*, sondern die Grenzen zwischen Disziplinen bzw. auch zwischen Wissenschaft und Praxis verschwinden lässt *(transdisziplinärer Ansatz)*.

Systemik vermittelt zwischen Disziplinen und zwischen Wissenschaft und Praxis

Die Systemtheorie ist das Fundament von Modellen der Entwicklung komplexer Gefüge und für die ○ Kybernetik, die Lehre von der Steuerung von Systemen. Auch für die Konzeption der Club-of-Rome-Studie zu den Grenzen des Wachstums (Meadows et al. 1972) hatte die Systemik eine Schlüsselbedeutung. Wachstumsprozesse wurden im Lichte von positiven Rückkopplungen analysiert. In einem zentralen Kapitel der Studie geht es um das »Weltsystem«. Eine empfehlenswerte Einführung in das Systemdenken stammt von der Co-Autorin der Club-of-Rome-Studie Donella Meadows (Meadows 2010).

Systeme und Kybernetik – frühe Wurzeln

Das Wort »System« geht auf das lateinische *systēma* zurück, ein Lehnwort aus dem Altgriechischen σύστημα für »Zusammensetzung«, »Gefüge«, welches ein Konzept beschreibt, das aus verschiedenen Teilen besteht. Der Begriff wurde ab dem 17. Jahrhundert v. a. im philosophischen Kontext benutzt. Hier ging es zunächst um zusammenhängende, koordinierte Regeln, Methoden und Praktiken (François 1999). Kybernetik, auf das altgriechische Wort für »Steuermann« zurückgehend, wurde erstmals 1843 verwendet – und zwar sowohl in einer Schrift über Regierungskunst (Ampère, »Essai sur la Philosophie des Sciences«, 1843) als auch in einem polnischen Buch über Management (Vallée 1993).

Grundlegende Einsichten der Systemtheorie (vgl. Laszlo & Krippner 1998) besagen, dass:

1. *Systeme* aus Elementen (Komponenten) bestehen,

2. diese Komponenten nicht unbeeinflusst für sich allein existieren, sondern in Beziehung zueinander treten, indem sie energetisch, stofflich und/oder informationell *interagieren*,[1]

3. diese Interaktionen eine Strukturierung, *Selbstorganisation* und die Ausbildung von (offenen) Grenzen bewirken, welche das System als ein größeres Ganzes erscheinen und wirken lassen,

4. dadurch Eigenschaften hervorgebracht werden, die nicht allein aus den Eigenschaften der Komponenten erklärbar sind, sondern erst durch deren Zusammenwirken entstehen. Diese werden als *emergente Eigenschaften* bezeichnet, die bedeuten, dass ein neues großes Ganzes entsteht und *das Ganze mehr ist als die Summe seiner Teile.*

Abbildung 1:
Emergenz: Bestimmte Systemelemente treten miteinander in Wechselwirkung, und dadurch entsteht ein neues größeres Ganzes mit Eigenschaften, die sich nicht (nur) aus den Eigenschaften dieser Elemente ergeben, sondern vor allem aus deren Interaktion.

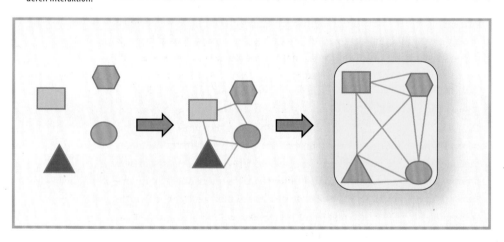

---

1 Nicht nur Materie, sondern auch Information kann energieäquivalent beschrieben werden (Pagel 2013). Insofern geht es in Systemen letztlich immer um energetische Wechselwirkungen.

1 Die Herausforderung verstehen: die Systemfrage

Funktionen durch unvorhersehbare Wirkungen im komplexen Weltsystem

Das planetare System der Erde ist ein komplexes System. Das Zusammenspiel der Bestandteile wie etwa Erdkern, Erdmantel, tektonische Platten, Gebirge, Ozean und Atmosphäre bedingen in Kombination mit der Erdrotation eine nicht vorhersagbare Dynamik, die sich z. B. in Form von emergenten Eigenschaften wie Plattentektonik, Erdbeben und Vulkanismus, Meeresströmungen oder Wetter und Klima manifestiert. Die Erdrotation führt unter Beteiligung des inneren Erdkerns aus Eisen zum Aufbau eines Magnetfeldes, welches wiederum die Atmosphäre vor schädlichen Wirkungen des Sonnenwindes schützt. Auf unserem Nachbarplaneten Mars scheint es sowohl eine Atmosphäre als auch Wasser gegeben zu haben – beides ist aber verloren gegangen. Am Beispiel des Erdsystems wird deutlich, wie ausschlaggebend auch die Einbindung des Erdsystems in ein System höherer Ordnung ist. Dabei bewirken z. B. die diversen Wechselwirkungen mit den anderen Planeten und der Sonne eine bestimmte Erdumlaufbahn und einen Energieinput. Dies wiederum bedingt, dass Wasser in flüssiger Form vorliegen kann und damit (neben der Atmosphäre) zu einem Schlüsselfaktor für die Evolution einer höheren Stufe komplexer Systeme wurde: Leben! Die komplexesten Systeme, die wir kennen, sind Lebewesen bzw. solche, die durch Interaktion von belebten Systemen zusammengefügt werden. Die einfachsten Organismen – also Bakterien – bestehen aus Abermillionen von Molekülen. Durch deren Wechselwirkung in wässrigen Lösungen organisieren sie sich als Zelle in der Form, dass Stoffe, Wasser und Energie kontrolliert aufgenommen werden können (Stoffwechsel) und die Zelle wachsen und sich vermehren kann. Dabei wechselwirkt die Zelle mit ihrer Umgebung – und kann dabei v. a. auch Information mit anderen Lebewesen austauschen, die wiederum zu Reaktionen in der Zelle führen.

Die emergenten Eigenschaften von Systemen werden umso überraschender und – im wahrsten Sinne des Wortes – unberechenbarer, je komplexer die Systeme sind. Die Komplexität von Systemen ist ein Maß für die Vielzahl von Interaktionen zwischen Systemkomponenten. Die Komplexität im Weltsystem wird dadurch gesteigert, dass sie sowohl in horizontaler als auch vertikaler Form vorliegt. Bei der *horizontalen Komplexität* geht es um die Interaktion der Systemkomponenten innerhalb eines Systems – also z. B. Individuen inner-

Komplexe Systeme

halb einer Population oder Arten innerhalb eines Ökosystems. Die *vertikale Komplexität* ergibt sich aus der Tatsache, dass Systeme ineinander verschachtelt sind; hier wird auch von »genesteten Systemen« gesprochen. So wird z. B. die Existenz eines Organismus einerseits von der Funktion seiner Komponenten bestimmt, die wiederum auch Systeme sind – also Organe bzw. Zellen oder Moleküle –, und andererseits von der Funktionstüchtigkeit der Systeme höherer Ordnung, von denen das System abhängt – z. B. Population oder Ökosystem. Es ist eine Besonderheit der vertikalen Komplexität, dass es sich nicht um eine Hierarchie handelt, in der die eingeschlossenen Systeme »Befehlsempfänger« des Systems höherer Ordnung sind. Vielmehr hängen eben Existenz und Funktion des Systems höherer Ordnung auch davon ab, wie sich die Systembestandteile verhalten. Der österreichisch-ungarische Schriftsteller und Denker Arthur Koestler (1905–1983) hat diesen Sachverhalt so beschrieben, dass alles ein großes Ganzes ist und zugleich Teil eines größeren Ganzen. Dafür prägte er den Begriff des *Holons* (Koestler 1967; Koestler & Smythies 1969; Koestler 1970)[2]. In einem aus solchen Holons zusammengesetzten System entstehen Ordnung und Funktion durch *Holarchie* – nicht durch *Hierarchie* (Abb. 2). Es werden keine Befehle von oben nach unten durchgestellt,

Abbildung 2:
Top-down:
In einer Hierarchie bestimmen höherrangige Elemente die niederen. Top-down und bottom-up:
In einer Holarchie sind Holone ineinander verschachtelt: ein größeres Ganzes und gleichzeitig ein Teil eines noch größeren Ganzen.

2 Es ist kaum bekannt, dass der Begriff erstmals von einem südafrikanischen General benutzt wurde (Smuts 1926); Koestler hat das Konzept wohl nur wiederentdeckt (François 1999).

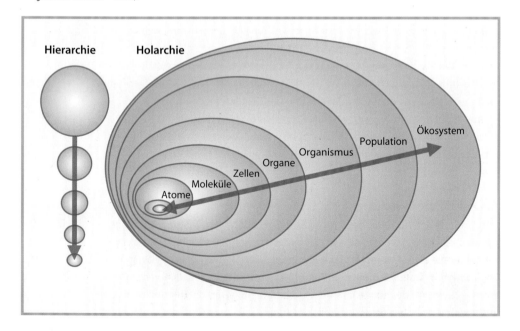

Hierarchie   **Holarchie**

Ökosystem
Population
Organismus
Organe
Zellen
Moleküle
Atome

und ein genestetes System einer bestimmten Ordnung kann nicht aus der Holarchie ausscheren – aber es kann die Funktionstüchtigkeit sowohl von Systemen niederer Ordnung als auch höherer Ordnung beeinflussen.

Das Grundprinzip des Lebens basiert auf einer Wechselwirkung eines auf der Erbsubstanz gespeicherten Codes und von Proteinen, die sämtliche Lebensleistungen organisieren. Das Leben an sich ist also eine emergente Eigenschaft eines hochkomplexen sich selbst organisierenden und selbst regulierenden Systems. Die modernen genetischen Methoden erlauben die Rekonstruktion von Stammbäumen aller Lebewesen und zeigen, dass alle Organismen auf der Erde von einem gemeinsamen Vorfahren abstammen. Dieses Urlebewesen wurde »LUCA« genannt *(Last Universal Common Ancestor)*, lebte vor 3,5 bis 3,8 Milliarden Jahren vermutlich im Bereich von heißen Quellen unter sauerstofflosen Umweltbedingungen und konnte Kohlendioxid und Stickstoff fixieren (Martin & Russell 2007). Die biologische Evolution, die im Laufe der folgenden Jahrmilliarden zur Entstehung von vielen Millionen Lebensformen geführt hat, kann als systemischer Prozess verstanden werden. Hierbei kam es allerdings nicht nur zur Differenzierung und Diversifizierung von Einzellern, sondern auch zur vorübergehenden oder ständigen Kooperation zwischen Einzellern. Es entstanden z. B. mehrzellige Organismen und symbiotische Doppel- und Mehrfachorganismen. So wurden etwa α-Proteo-Bakterien und Cyanobakterien als sogenannte Endosymbionten in andere Zellen integriert und wurden Mitochondrien bzw. Plastiden (Thrash et al. 2011) – ein bedeutender Schritt für die Entstehung komplexer organisierter Lebensformen. Es wurde ermittelt, dass Mitochondrien, die Kraftwerke der Zellen aller Eukaryoten, von α-Proteo-Bakterien abstammen, die als Plankton im Meer lebten und immer wieder mit anderen Zellen interagierten, unter Umständen auch als Parasiten. Als aus dem Gegeneinander ein Miteinander wurde, entstand ein überaus erfolgreicher neuer Systemtyp.

Im Laufe der Evolution und des Prozesses der Verdichtung von unterschiedlichen Lebenssystemen auf der Fläche wurden Integration und Kooperation von Systemen tatsächlich immer bedeutsamer und zu einem Faktor der Innovation, welche Systemen Vorteile verschaffte und die eine relativ nachhaltige Existenz sicherte. Symbiosen zwischen Organismen unterschiedlicher Arten können erhebliche Vorteile mit sich bringen (Mutualismus). Eine besondere Relevanz hat Kooperation für soziale Lebewesen – ein Schlüsselattribut auch in menschlichen sozialen Systemen (▷ Kapitel 2.1). Die Entwicklung des Lebens mit ihren Innovationen führte regelmäßig auch zur signifikanten Einflussnahme auf die Umwelt. Die Entwicklung der Photosynthese (bei der durch Nutzbarmachung der auf der Erdoberfläche geradezu unerschöpflich zur Verfügung stehenden Sonnenlichtenergie Kohlenstoffdioxid fixiert und

Leben und Evolution als emergente Eigenschaften komplexer Systeme

Innovation durch Integration und Kooperation von Systemen

Sauerstoff freigesetzt wird) führte zur Veränderung der Atmosphäre, die für bis dahin gut angepasste Lebewesen regelrecht toxisch wurde. Außerdem begann das Leben auf diesem Wege auf den natürlichen Treibhauseffekt und das globale Klima einzuwirken. Durch die Entstehung von Mehrzellern war der Weg frei für Arbeitsteilung und die Bildung von Organen innerhalb komplexer Organismussysteme. Dabei entstanden u.a. auch Mechanismen zur Umweltbeobachtung bzw. Sinnesorgane und Kommunikation. Das Ergebnis waren sogenannte selbstreferentielle Systeme, die mit sich selbst interagieren. Am vorläufigen Ende der Entwicklung komplexer Lebewesen stehen wir Menschen als Systeme, die sich selbst erkennen und sogar über sich selbst und die eigene Zukunft nachdenken können. Letztlich treten dabei im Gehirn gespeicherte Informationen miteinander in Wechselwirkung und erzeugen Ideen und neues Wissen (▷ Kapitel 2.1).

》Es gibt selbstreferentielle Systeme. Das heißt zunächst nur in einem ganz allgemeinen Sinne: Es gibt Systeme mit der Fähigkeit, Beziehungen zu sich selbst herzustellen und diese Beziehungen zu differenzieren gegen Beziehungen zu ihrer Umwelt« (Luhmann 1987, S. 31).

Systemische Effekte: Eskalation und Rückkopplungen

Am Beispiel eines Organismus, der mit seiner Umwelt interagiert, diese wahrnimmt bzw. gar mit ihr kommuniziert und eigene Lebensvorgänge aufgrund der entsprechenden Befunde aktiv oder passiv verändert, erkennen wir wichtige Prozesse der Systemfunktion. Es handelt sich hierbei um ▷ positive oder negative Rückkopplungen. Besonders greifbar wird das bei der Analyse der Selektion im Zuge der Evolution. Wenn z. B. eine Pflanze durch die Ausbildung von Stacheln vor Fraß geschützt ist, werden die Fraßfeinde ggf. Anpassungsleistungen entwickeln und die Pflanze dennoch fressen zu können, was ggf. dazu führt, dass die Stacheln noch zahlreicher und länger werden. Derartige wechselseitige Reaktionen können regelrecht zu einer evolutiven Eskalation und der Ausprägung von extremen Merkmalen führen. Einfache, aber durchaus folgenschwere Rückkopplungen gibt es allerdings auch bei deutlich weniger komplexen Systemen. Ein Beispiel stellt das beschleunigte Abschmelzen des arktischen See-Eises dar, welches durch die globale Erwärmung angestoßen wurde und die Wissenschaftler durch Ausmaß und Geschwindigkeit überraschte (Stroeve et al. 2007). Tatsächlich hatten die Modelle das Abschmelzen unterschätzt, weil ein Rückkopplungseffekt übersehen wurde: Der Verlust der weißen Eisoberfläche führt dazu, dass weniger Strahlung in den Weltraum reflektiert wird. Vielmehr wird sie vom dunklen Ozean aufgenommen und führt zu einer zusätzlichen Erwärmung.

> **Eine** positive oder negative Rückkopplung **entsteht, wenn sich ein Prozess dadurch verstärkt oder verringert, dass seine Auswirkungen über eine andere Systemkomponente auf ihn selbst zurückwirken.**

Es sind die beschriebenen rückkoppelnden und aufschaukelnden Wechselwirkungen zwischen Systemen und ihren Bestandteilen, die bedingen, dass sich Systeme in bestimmten Zuständen regelrecht einpendeln. Dieser Sachverhalt wird auch mit sogenannten Attraktoren beschrieben, die bewirken, dass Systeme scheinbar in einem »stabilen« Zustand verweilen (z. B. globale Mitteltemperatur, Populationsgrößen, Preis eines Wirtschaftsguts). Je komplexer und besser reguliert die Systeme sind, desto größer ist deren Fähigkeit, mit Störungen oder Umweltwandel umgehen zu können. Wenn aber ein System zu stark von außen »angestoßen« oder »gezogen« wird, rückkoppelnde Prozesse in eine bestimmte Richtung wirken und sogenannte Kipp-Punkte *(tipping points)* überschritten werden, steigt die Wahrscheinlichkeit, dass sehr

Systemische Effekte: Kipp-Punkte und nicht linearer Wandel

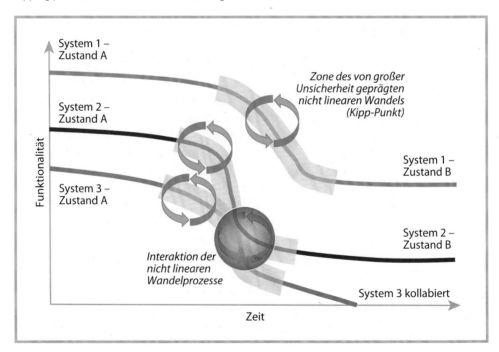

Abbildung 3: Schematische Darstellung des Wandels von Systemen. Nach Phasen von (scheinbarer) Stabilität kann Druck auf Systeme nicht linearen Wandel auslösen, der zur Erreichung eines neuen Zustands oder auch zum Systemkollaps führen kann. Dabei spielen oftmals Rückkopplungseffekte eine wichtige Rolle. Häufig interagieren sich nicht linear wandelnde Systeme, wobei sie gegenseitigen Druck aufeinander ausüben – dies kann zu unerwarteter Wandeldynamik führen.

rasch ein anderer Systemzustand eingenommen wird. Trügerisch ist häufig, dass ein gut reguliertes, resistentes System zunächst nicht offenkundig und allemal zeitverzögert auf eine Störung reagiert. Es gibt bei solchen Systemen häufig nur ein »Entweder-oder« und kein »Dazwischen«. Die Phasen der Zustandsveränderungen von einem Attraktor zum nächsten zeichnen sich oft durch nicht linearen Wandel aus. Ein typisches Beispiel für nicht linearen Wandel ist exponentielles Wachstum (▷ Kapitel 1.1). So wächst z. B. die Möglichkeit einer Population, größer zu werden, rasant mit der Zahl der entstehenden Individuen, die sich miteinander fortpflanzen können. Werden dabei wichtige Ressourcen verbraucht, kommt es ggf. zur selbstregulierten Bremsung des Wachstums (vgl. negative Rückkopplung: Hemmung einer Komponente durch ihre eigene Wirkung). Ein bekanntes Phänomen, das ein solches Geschehen verdeutlicht, ist die explosionsartige Algen-»Blüte« in einem Gewässer. Sobald immer mehr abgestorbene Algen zersetzt werden, kann es durch das schnelle Absinken des Sauerstoffgehalts regelrecht zum »Umkippen« des Gewässers kommen.

Systeme: von der Selbstorganisation und Selbstregulation zum Haushalten und zur langfristigen Funktionstüchtigkeit

Ökologie, Ökosystem, Systemökologie

Die einfache Vermehrung der ersten existierenden Organismen durch das Kopieren des Erbguts und Teilung aller anderen Zellbestandteile schuf die Komponenten eines Systems höherer Ordnung: die erste Population von Lebewesen. Gleichzeitig entstand das erste Ökosystem, da die Organismen begannen, Umweltressourcen zu nutzen und ein energetisches Gefüge zu bilden. Die Veröffentlichung der Evolutionstheorie 1859 durch Charles Darwin, die erstmals erklärte, wie es zur Mannigfaltigkeit des Lebens gekommen sein könnte, inspirierte den deutschen Zoologen Ernst Haeckel (1834–1919), über die Wechselwirkungen der Organismen mit ihrer Umwelt nachzudenken (Haeckel 1866). Er schuf das Wort »*Ökologie*« – als die Lehre vom Haushalt [in der Natur] (*Oikos*, altgriechisch οἶκος: Hausgemeinschaft/Haus). Das Wort »Ökosystem« selbst wurde erst sehr viel später in den 1930er-Jahren vom britischen Biologen Arthur George Tansley eingeführt (Tansley 1935). Der Amerikaner Eugene Odum war der Gründervater der Systemökologie (vgl. Odum 1964). Eine Kernfrage der Systemökologie stellte für Odum die Ökoenergetik dar (Odum 1968).

Keine Systeme ohne Energie

Ökosysteme sind komplexe Systeme, die dadurch entstehen, dass ihre Komponenten, die einzelnen Lebewesen, miteinander und mit nicht belebten Ressourcen in Wechselwirkung treten. Sie entwickeln dabei emergente

Eigenschaften, die ihre fortgesetzte Existenz garantieren oder gar befördern. Damit komplexe Systeme existieren und sich entwickeln können, wird Energie benötigt. Im Rahmen der Interaktion von Systemkomponenten, z. B. von Organismen oder Ökosystemen, wird Energie weitergegeben, umgewandelt, gespeichert und vor allem benutzt, um mit ihr Arbeit zu verrichten. Energie wird zum Beispiel für die Produktion von Biomasse und Wachstum, Temperaturregulation, Mobilität, Stofftransport oder Informationsverarbeitung durch Weitergabe von elektrischen Signalen benötigt. Sie kann nicht geschaffen oder zerstört werden (erster Hauptsatz der Thermodynamik), aber bei jeder »Benutzung« und dem entsprechenden Verrichten von Arbeit kommt es zur Verringerung ihrer Qualität – in der Physik heißt es auch: Die Entropie nimmt zu (zweiter Hauptsatz der Thermodynamik). Am Ende aller Energieumwandlungen steht Wärme, mit der nur noch unter Einsatz von zusätzlicher Energie Arbeit verrichtet werden kann: ▷ Exergie.

> **Die benutzbare Energie in einem System, mit der noch Arbeit verrichtet werden kann, heißt Exergie.**

Ilya Prigogine erhielt 1977 für seine Theorie der Schaffung von Ordnung durch sogenannte »energie-dissipierende« Strukturen den Nobelpreis (vgl. z. B. Nicolis & Prigogine 1977). Komplexe Systeme »stemmen sich« – unter Energiezufuhr – gegen den zweiten Hauptsatz der Thermodynamik. Selbstorganisation wird durch die Entstehung von Strukturen getrieben, welche zugeführte Energie länger im System halten bzw. die Entwertung von Energie verlangsamen.

Leben im Sinne der Entstehung von immer neuen komplexen Systemen, die arbeiten und miteinander interagieren, benötigt eine stete Zufuhr von Energie. Fast sämtliche Energie für das Leben auf der Erde wird durch die Photosynthese bereitgestellt. Dabei werden energiereiche Photonen genutzt, um aus einfachen anorganischen Verbindungen und Elementen mehr oder weniger komplexe organische Moleküle und Biomasse zu produzieren, die eine Doppelfunktion erfüllen. Sie bilden die Struktur der komplexen lebenden Systeme und gleichzeitig einen Vorrat qualitativ hochwertiger Energie im Ökosystem: Ökoexergie. Die Ökoexergie wächst mit der Biomasse, aber auch mit der Komponentenvielfalt im Ökosystem und den komplexen Wechselwirkungen. Biomasse, Diversität und Netzwerk sind deshalb die drei grundlegenden Attribute der Ökosystemfunktionalität (vgl. Jørgensen & Müller 2000; Jørgensen & Fath 2004; Jørgensen 2007). Durch ihre Zunahme wächst die Fähigkeit des Systems, weitere Energie aufzunehmen und diese länger im System zu halten. Durch die Verlängerung von Nahrungsketten und ein

Ökoexergie: Vorrat hochwertiger Energie in Ökosystemen, mit der noch Arbeit verrichtet werden kann

schnelleres Recycling durch höhere Zersetzungsraten im Ökosystem nimmt die Exergie zu (Jørgensen & Fath 2006). In diesem Zusammenhang ist auch die ▷ Biodiversität zu betrachten, die Vielfalt aller lebenden Systeme im globalen Ökosystem. Beispielsweise wurde gezeigt, dass die Artenvielfalt die Produktivität von Waldökosystemen weltweit begünstigt (Liang et al. 2016). Biodiversität und hierarchische Organisation dämpfen auch Störungen (Jørgensen et al. 2016). Die energetisch-thermodynamische Perspektive bedeutete einen wichtigen Fortschritt für das Verständnis des Funktionierens von Ökosystemen sowie der Nachhaltigkeit auf Grundlage eines Ökosystemansatzes (vgl. Kay & Schneider 1992; Schneider & Kay 1994; Kay 2008; Kay & Boyle 2008) (▷ Kapitel 4.1).

> **Biodiversität** oder »biologische Vielfalt« bedeutet gemäß der Definition des UN-Übereinkommens über die biologische Vielfalt die Variabilität unter lebenden Organismen jeglicher Herkunft, darunter unter anderem Land-, Meeres- und sonstige aquatische Ökosysteme, und die ökologischen Komplexe, zu denen sie gehören; dies umfasst die Vielfalt innerhalb der Arten und zwischen den Arten und die Vielfalt der Ökosysteme (Originalfassung: Vereinte Nationen 1992c).

Effizienz Arbeitende Systeme können also nur so lange anhaltend existieren, wie ihnen Exergie zur Verfügung steht. Exergie ist neben Wasser und sogenannten Nährstoffen für den Bau von Molekülen somit eine grundlegende Ressource für lebende Systeme. Nur diejenigen Lebewesen und Ökosysteme können funktionieren bzw. wachsen oder sich ausdehnen, die ▷ effiziente Energie aufnehmen und möglichst lange im System festhalten sowie entwerten. Ein effizientes Ökosystem nutzt Lichtenergie durch vielgestaltige Pflanzenformen mit möglichst großer Oberfläche für die Photosynthese. Außerdem wird in ihm die eingefangene Energie nicht »in einem Strohfeuer verbrannt«, sondern effizient in kleinen Schritten entlang von Nahrungsketten weitergegeben und für Arbeit genutzt. Der Zwang, nicht nur mit Energie, sondern auch mit Wasser und knappen stofflichen Ressourcen wie etwa Stickstoff, Phosphor oder Spurenelementen effizient umzugehen, ist ein wesentlicher Treiber der biologischen Evolution. Jegliches lebende System ist deshalb ein haushaltendes System, welches Aufnahme (Input) und Abgabe (Output) sowie den Bestand an Ressourcen austarieren muss (Ripl & Wolter 2002). Das systemische Haushalten geschieht entlang der gesamten Holarchie von den einzelnen Zellen zu Individuen und Arten bis hin zum globalen Ökosystem. Genauso spielt es für soziale Systeme aller Art eine entscheidende Rolle (▷ Kapitel 3.1).

> **Effizienz** ist die Fähigkeit eines Systems, mit Ressourcen (z. B. Energie, Stoffen und Wasser) haushalten zu können, d. h. den Ressourcen-Output (Verlust) gegenüber dem Input zu minimieren und einen Ressourcenvorrat aufzubauen bzw. zu erhalten.

Lebende Systeme werden allerdings nicht nur auf Effizienz hin selektiert, sondern müssen sich auch mit Störungen und Umweltwandel auseinandersetzen. Diese Störungen können im Ökosystem selbst entstehen, aber u. a. auch aus dem Weltall oder dem Erdinnern kommen (z. B. Veränderung von Strahlungsverhältnissen, Meteoriteneinschläge, Vulkanausbrüche). Die Fähigkeit, trotz Störungen fortgesetzt zu funktionieren, wird als ▷ **Resistenz** bezeichnet. Als Beispiel sei eine Palme genannt, die mit ihrem sehr biegsamen Stamm

Resistenz und (adaptive) Resilienz

Abbildung 4: Bei der Besiedelung einer Düne ist die durch positive Rückkopplungen vermittelte Veränderung der Funktionstüchtigkeit des Ökosystems beobachtbar: Das zunächst sehr offene System der unbedeckten Sanddüne kann kaum mit Ressourcen wie eingestrahlter Energie, Regenwasser oder Nährstoffen haushalten. Schon die ersten Pionierpflanzen wie der Strandhafer halten den Boden, Nährstoffe und etwas Wasser fest und nutzen das Licht zum Aufbau von Biomasse. Der Abbau von Pflanzenresten führt zur Bodenbildung und zur Verbesserung der Wasserrückhaltefähigkeit. Das System beginnt, effizient mit Ressourcen zu haushalten: Das Input-Output-Verhältnis wird kleiner – das System beginnt Energie (Ökoexergie), Nährstoffe zu speichern und anzureichern. Dadurch können immer mehr Pflanzen an dem Standort gedeihen, die dazu beitragen, dass ihr eigener Lebensraum erhalten bleibt und wächst. Die Vegetation wird dreidimensional und vielschichtig (Kiefernwald); es setzt eine effektive mikroklimatische Regulation ein (Beschattung, Kühlung, Wasserspeicherung), immer mehr Pflanzenbiomasse steht als Nahrung für Konsumenten zur Verfügung, das Leben eskaliert (Insel Amrum, Foto: P. Ibisch).

auch stärkeren Stürmen trotzen kann, ohne zu brechen. ▷ Resilienz wiederum ermöglicht Systemen, nach störungsbedingten Funktionseinbußen die Funktionstüchtigkeit wiederherzustellen oder weiterzuentwickeln. Ein Beispiel wäre die Wiederbewaldung einer abgebrannten Fläche (Abb. 5) oder die Erholung einer durch eine Epidemie stark verkleinerten Population. Sobald die Störungen anhaltend und gerichtet sind, werden sich die Systeme anpassen. Resilienz bedeutet nicht, dass Systeme in einen ursprünglichen Zustand zurückkehren, aber sie erlangen die meisten emergenten Eigenschaften und Funktionen zurück, ohne in einen gänzlich anderen Funktionszustand zu kippen. Letztlich ist – aus der Perspektive des Systems höherer Ordnung – auch das Kippen in einen anderen Zustand eine Art Anpassung. Wenn allerdings ein Wald durch Klimawandel hin zu trockeneren und heißeren Bedingungen sowie Feuer kollabiert und durch eine Steppe ersetzt wird, in der gänzlich andere Arten leben, ist dies keine Anpassung, sondern ein Systemwechsel. Auf der Ebene des globalen Ökosystems werden dadurch wichtige Funktionen (in veränderter Menge) wie etwa Kohlenstoffspeicherung und Regulation von Treibhausgaskonzentrationen erhalten.

> **Resistenz und (adaptive) Resilienz sind die Fähigkeit eines Systems, Störungen auszuhalten und sich an Wandel der (Rahmen-/Umwelt-) Bedingungen anzupassen, ohne zu kollabieren und derartige Einbußen an emergenten Eigenschaften zu erleiden, dass von einem Systemwechsel gesprochen werden muss.**

Damit kollabierende und ausfallende Systemkomponenten ersetzt werden können, spielen Vielfalt (Diversität) und Redundanz (Mehrfachvorhandensein von Systemkomponenten, die sich in einem gewissen Rahmen gegenseitig ersetzen können) im Ökosystem eine sehr wichtige Rolle. Durch beständiges Experimentieren sorgt die biologische Evolution durch Innovationen nicht nur für immer effizientere Systeme, sondern auch für »Ersatzspieler« und neue Komponenten, die sich unter veränderten Rahmenbedingungen bewähren können. Im Zuge der Entstehung von komplexen Systemen entstehen immer auch struktur- und funktionsbedingte Beschränkungen für die weitere Entwicklung, sogenannte Pfadabhängigkeiten. Rückblickend bedingen deshalb Systemzusammenbrüche immer auch das Potenzial für einen kreativen Neubeginn. Aufbau, Wachstum und Bewahrung komplexer Strukturen wechseln sich in Systemen in unzähligen adaptiven Zyklen mit Zerfall und Neuorganisation ab (Gunderson & Holling 2002; siehe auch Abb. 3, ▷ Kapitel 4.1).

Suffizienz   Solange Ressourcen zur Verfügung stehen, wachsen lebende haushaltende Systeme, was in der Regel mit einer Vermehrung von Funktionstüchtigkeit

Abbildung 5: Nach einem Waldbrand auf Teneriffa zeigt sich, dass die meisten Baumheide-Individuen *(Erica arborea)* unterirdisch überlebt haben und wieder austreiben. Es handelt sich um ein Beispiel für Ökosystemresilienz, hier eine Art Selbstreparatur, die darauf beruht, dass biologische Information abgerufen werden kann, um die oberflächlich zerstörte Vegetation vergleichsweise schnell wiederherzustellen, ohne dass das Ökosystem über lange Perioden sämtliche Sukzessionsphasen durchlaufen muss (Parque Rural Teno, Teneriffa, Spanien; Foto: P. Ibisch).

einhergeht. In größeren Populationen ergeben sich z. B. Möglichkeiten der Effizienzsteigerung durch Arbeitsteilung – dies lässt sich beispielsweise bei staatenbildenden sozialen Insekten beobachten. In größeren Populationen wird auch eine größere genetische Vielfalt vorgehalten, die unter Umständen eine Lebensversicherung gegenüber unerwarteten Störungen oder Krankheiten bedeuten kann. Auf der Ebene der Ökosysteme kann festgestellt werden, dass diese sowohl quantitativ durch die Steigerung der Biomasse als auch qualitativ in Form der enthaltenen Information und des Netzwerks zwischen allen Teilkomponenten wachsen. Wegen allgemein begrenzter Ressourcen konnten lebende Systeme sich allerdings nicht auf anhaltendes Wachstum verlassen, sondern mussten immer auch befähigt sein, bei Nullwachstum funktionstüchtig zu bleiben oder gar zu schrumpfen, ohne deshalb zu kollabieren. Die entsprechenden Fähigkeiten, die dahinterstehen, führen zur ▷ **Suffizienz**.

> **Suffizienz: Fähigkeit eines Systems, innerhalb von Grenzen bzw. auch bei Nullwachstum oder Schrumpfung zu funktionieren.**

Konsistenz Vor allem durch das Wachstum von Information und Netzwerk von komplexen Systemen ergibt sich die immer stärkere Integration und Kooperation der Systembestandteile. Das Aufeinanderabgestimmtsein und Ineinandergreifen von Prozessen führen dabei zu immer mehr Selbstorganisation, Funktion und Regulation.

> **Konsistenz oder Kohärenz: abgestimmtes Funktionieren von Systemkomponenten, welches zu verbesserter Selbstorganisation und -regulation führt.**

Die nunmehr beschriebenen emergenten Eigenschaften komplexer lebenden Systeme – Effizienz, Resistenz und Resilienz, Suffizienz sowie Kohärenz oder Konsistenz – ermöglichen und verstärken deren fortgesetzte ▷ **Funktionstüchtigkeit** auch unter sich wandelnden Rahmenbedingungen.

> **Funktionstüchtigkeit: Für Systeme kann Funktionstüchtigkeit als ein Zustand des Systems beschrieben werden, der sich durch inhärente Strukturen, Funktionen und Dynamiken auszeichnet, die dasselbe sowohl mit der notwendigen Effizienz als auch der Resilienz ausstatten, um sich ohne abrupte Veränderungen von emergenten Systemeigenschaften oder der geografischen Verbreitung entwickeln zu können und um flexibel mit externem Wandel umgehen zu können (nach Freudenberger et al. 2012). Funktionstüchtigkeit bedeutet deshalb im Ergebnis: höhere Energieaufnahme, mehr Exergiespeicherung, mehr Selbstregulation und mehr (regulierende) Beeinflussung der Umwelt sowie letztlich größere Beiträge zur Selbsterhaltung**

Effizienz, Resilienz, Suffizienz und Konsistenz sind auch wichtige Schlagworte bei der Beschreibung und Analyse von Nachhaltigkeitsstrategien (▷ Kapitel 1.2). Umso wichtiger ist ihre Erklärung vor dem Hintergrund einer systemtheoretischen Betrachtung ihrer Implikationen und Wirkungen.

Mensch, soziale Systeme
und die nachhaltige Entwicklung

Der Mensch ist als Tierart in den Savannenökosystemen Ostafrikas entstanden und unterlag dabei den gleichen physikalischen Grundgesetzen und systemischen Bedingungen wie alle anderen lebenden Systeme auch (▷ Kapitel 2.1). Die Besonderheit besteht darin, dass das Menschensystem – oder Anthroposystem – nicht nur aus einem biologischen System besteht, sondern auch aus einem kulturellen. Es handelt sich nicht allein um eine Population von sich miteinander fortpflanzenden Organismen (die DNA austauschen), sondern auch um intelligente, selbstreflektierte und besonders intensiv miteinander kommunizierende Individuen, die sich in unzähligen sozialen Systemen (vgl. u. a. Luhmann 1987)[3] organisiert haben.

Mensch als biologisches und kulturelles System

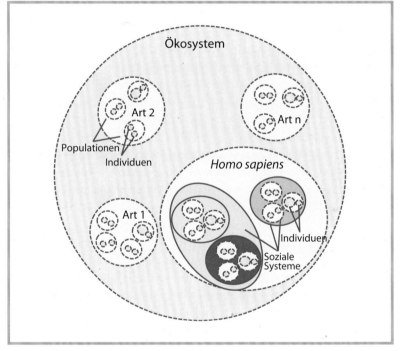

Abbildung 6:
Die Art *Homo sapiens* als Teil des globalen Ökosystems besteht aus einem biologischen System und komplexen, ineinander verschachtelten sozialen Systemen auf der Grundlage der Interaktion der menschlichen Individuen.

---

3 Der Soziologe Niklas Luhmann hat großen Einfluss auf das Verständnis von sozialen Systemen genommen. In seiner Theorie stand die Kommunikation der Menschen im Vordergrund. »Ein soziales System kommt zustande, wenn immer ein autopoietischer Kommunikationszusammenhang entsteht und sich durch Einschränkung der geeigneten Kommunikation gegen eine Umwelt abgrenzt. Soziale Systeme bestehen demnach nicht aus Menschen, auch nicht aus Handlungen, sondern aus Kommunikationen« (Luhmann 1986, S. 269). Dieser Definition wird hier nicht gefolgt. Kommunikation wird als ein Prozess der Interaktion von sozial aktiven Menschen als Systemkomponenten verstanden.

Soziale
Systeme:
extrem
komplex,
aber von
Ökosystemen
abhängig

Insofern ist das Anthroposystem deutlich komplexer als die Systeme (inter-agierender Individuen) anderer Arten. Durch Informationstechnologie erfolgt inzwischen auch eine generationenübergreifende Informationsweitergabe, eine globale Interaktion von physisch voneinander getrennten Individuen bzw. sozialen Systemen sowie die Interaktion von und mit »künstlichen Systemen« wie etwa Computern. Multiple Mitgliedschaften der menschlichen Individuen in teilweise nur kurzlebigen sozialen Systemen (z. B. Firmen, Vereinen) erhöhen die Komplexität drastisch. Das menschliche Gehirn befähigt Menschen zum Zukunftsbewusstsein. Dadurch interagieren Vorstellungen einer projizierten Zukunft mit aktuellen Entscheidungen. Eine weitere Besonderheit von sozialen Systemen ergibt sich also auch daraus, dass Menschen planerisch vorgehen. Soziale Systeme entstehen emergent aus Interaktionen, werden oft aber auch bewusst gebildet, um einen bestimmten Zweck zu erfüllen. Trotz aller Besonderheiten ist das Anthroposystem durch seine biologischen Individuen komplett in das ökologische System eingebettet. Sämtliche Kulturleistungen und Technologien beruhen auf den in der biologischen Evolution entstandenen kognitiven Fähigkeiten des Menschen. Zudem existieren jegliche geistigen und kulturellen Leistungen nur dank der Versorgung der einzelnen Menschen durch die Ökosysteme (▷ Kapitel 2.1). Alle sozialen Systeme unterliegen den gleichen Prinzipien wie die lebenden bzw. ökologischen: Sie sind offene Systeme, in denen Energie entwertet wird und entsprechend beständig »nachgeliefert« werden muss. Die sozialen Systeme beruhen zunächst vor allem auf dem Austausch von Information, vermitteln aber auch Stoff- und Energieströme. Ihre emergenten Eigenschaften können komplett dematerialisiert sein und lediglich die Verarbeitung von Information betreffen. Dennoch entstehen sie systemtypisch durch die dynamische Interaktion von Teilsystemen. Selbst die vom Menschen geschaffenen rein virtuellen Systeme – z. B. von Computern gesteuerte Systeme für den Handel mit virtuellen Finanzprodukten – entfalten durch das Lenken von Stoff- und Energieströme reale Wirkungen in den Systemen höherer Ordnung, also z. B. im globalen Ökosystem. In Ökosystemen funktionierende soziale Systeme werden auch als »sozialökologische Systeme« bezeichnet und gerade auch bezüglich ihrer Resilienz intensiv untersucht (z. B. Folke 2006).

Gruppen
sozialer
Systeme:
staatliche,
marktliche,
zivilgesell-
schaftliche und
kriminelle

Im Zuge seiner Entwicklung hat sich das Anthroposystem beständig weiter differenziert. Aktuell sind es im Wesentlichen drei Gruppen von Teilsystemen, die die Funktionstüchtigkeit des Anthroposystems bestimmen – also wie die Veränderung von Masse (Zahl der Menschen), Information und Netzwerk (zwischen den Individuen und den sozialen Systemen) im Ökosystem. Diese drei Gruppen sind staatliche Systeme, marktliche Systeme und zivilgesellschaftliche Systeme, welche bei der Bestimmung der Entwicklung des

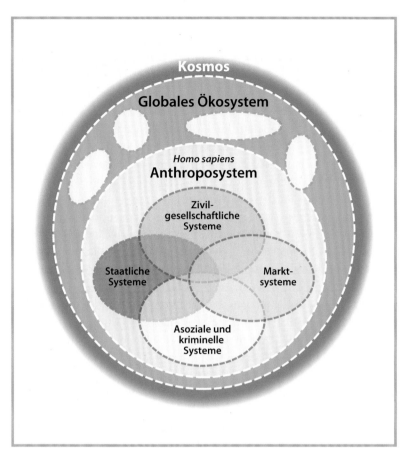

Abbildung 7: Systemische Einbettung und Unterteilung des aktuellen Anthroposystems. Die Entwicklung der menschlichen Gesellschaften besteht aktuell vor allem aus einem Ringen von vier fundamentalen Systemen – Staat, Markt, Zivilgesellschaft, organisierte Kriminalität –, wobei diese jeweils in den verschiedenen nationalen Staaten in unterschiedlicher Ausprägung vorhanden sind. Je nach vorherrschenden Ideologien und Staatsformen ergibt sich in der Regel die Dominanz einer dieser vier Systemtypen. Im Schnittfeld der jeweiligen fundamentalen Systeme sind die diversen institutionellen Systeme angesiedelt wie etwa zwischenstaatliche Organisationen, halbstaatliche Institute, NROs usw. Menschliche Individuen, aber auch Systeme niederer Ordnung wie etwa Unternehmen oder Vereine weisen oftmals Mehrfachmitgliedschaften in verschiedenen Systemtypen auf, was die Komplexität deutlich erhöht.

Anthroposystems teilweise kooperieren und teilweise auch konkurrieren (▷ Kapitel 3.2, 3.4, 3.5). Hinzu tritt eine vierte Gruppe, welche die anderen drei und deren Interaktionen beeinträchtigt und deshalb deren Entwicklung oft maßgeblich mitbestimmt – es handelt sich um asoziale und kriminelle Systeme. Diese treten ggf. als staatliche, marktliche oder zivilgesellschaftliche Systeme in Erscheinung, können aber auch gänzlich eigene Organisationsformen hervorbringen (z. B. organisierte Kriminalität, internationaler Terrorismus).

System-
theorie der
nachhaltigen
Entwicklung
Zusammenfassend kann eine systemische Theorie der nachhaltigen Entwicklung vorgeschlagen werden: Komplexe, Arbeit verrichtende und Energie umwandelnde Systeme bestehen aus interagierenden Komponenten. Aus der Interaktion entstehen emergente Eigenschaften, die eine Zunahme der Selbstorganisation und Selbstregulation bedeuten. Daraus ergibt sich in langfristig lebensfähigen (funktionalen) Systemen auch die Verstärkung von Effizienz, Resilienz und Kohärenz (Konsistenz). Die nachhaltige Entwicklung, die wesentlich auf der Bewahrung der Existenz bzw. Vermehrung der Funktionstüchtigkeit des Systems beruht, umfasst dabei auch den Umbau und Austausch von Systemkomponenten. Nachhaltige Entwicklung ist keinesfalls gleichzusetzen mit einem Wachstum (der Masse, der Ausdehnung oder des Umsatzes) des Systems. Ein sich nachhaltig entwickelndes System kann – oft auf Kosten von anderen, weniger nachhaltigen Systemen – durchaus wachsen, aber lediglich innerhalb von gewissen Grenzen der Ressourcenverfügbarkeit. Es handelt sich um eine stete qualitative Veränderung, die eine Verbesserung der Existenzsicherung und eine fortgesetzte Existenz bedeutet, auch wenn sich die Umweltbedingungen des Systems verändern. Nachhaltige Entwicklung ist kein Widerspruch in sich selbst, also kein Oxymoron, wie es z. B. Patten behauptet (Patten 2014), da Entwicklung eben nicht mit Wachstum gleichzusetzen ist.

Nachhaltigkeit
als Errungen-
schaft auf Zeit
Da sich alle komplexen belebten Systeme tatsächlich fortwährend im Wandel befinden, sich anpassen und dabei dynamisch haushalten müssen, kann somit festgestellt werden, dass sie sich nachhaltig entwickeln, bis das Gegenteil durch Systemzusammenbruch bewiesen ist. Nachhaltigkeit kann immer nur auf Zeit erreicht werden. Sie erfordert – gemäß den Gesetzen der Thermodynamik – fortgesetzte Zufuhr hochwertiger Energie. Wenn die Energieversorgung eines Systems dazu führt, dass zu ihrem Zwecke funktionstragende Komponenten beeinträchtigt oder zerstört werden, verzehrt sich ein System sozusagen selbst und kann nicht nachhaltig sein.

Die
nachhaltigsten
bekannten
Systeme
Das nachhaltigste System, dem diese Art Wandel sowie auch ein Wachstum innerhalb von klaren Grenzen seit fast 4 Milliarden Jahren gelungen ist, ist das Leben selbst und damit das globale Ökosystem. Im Laufe dieser Zeit ist die Exergie im System langfristig (bei kurzfristigen Rückschlägen) angewach-

sen; dies ist in erheblichem Maße der qualitativen Entwicklung zu verdanken, die durch das Wachstum an Information, Vernetzung und Intelligenz im System erreicht wurde. Die im energetischen Gefüge dieses globalen Systems aufgefangene und zirkulierende Energie wird auf immer zahlreichere Komponenten und immer längere und komplexere Pfade des Stoff- und Energiewechsels verteilt.

Eine sehr wichtige Einsicht ist, dass während der nachhaltigen Entwicklung des globalen Ökosystems alle Komponenten ausgewechselt und verändert werden. Tod von Individuen, Aussterben von Lebensformen und Umorganisation der vorhandenen Informationen und Beziehungen sind eine notwendige Bedingung für die Erhaltung der Wandel- und Anpassbarkeit. Die nachhaltigsten Komponenten des globalen Ökosystems sind nicht notwendigerweise auch die komplexesten. Die biologische Evolution hat sehr komplexe Lebensformen wie etwa Wirbeltiere hervorgebracht, die aber bislang deutlich kürzer am evolutiven Geschehen teilhaben als etwa Weichtiere oder Insekten. Auch unter den Wirbeltieren gibt es Formen, die schon über lange Zeit, seit Hunderten von Millionen Jahren, existieren wie etwa Fische oder Echsen; die junge Art Mensch ist noch keine Lebensform, die sich langfristig bewähren konnte. Vieles spricht aktuell dafür, dass die innerhalb weniger Jahrhunderte entstandene Hyperkomplexität des Anthroposystems zu einer geradezu abrupten Veränderung der globalen Umweltbedingungen führt, die die nachhaltige Existenz vieler erprobter Lebensformen infrage stellt.

Zu den nachhaltigsten Lebensformen gehören bisher v. a. die einfachsten wie etwa die Bakterien und Cyanobakterien. Sie sind seit ihrer Entstehung praktisch in allen (auch extremen) Lebensräumen in großer Zahl präsent, haben sich über viele Hunderte von Millionen Jahren strukturell und funktional kaum verändert und überstanden drastische Veränderungen von Atmosphäre, Weltklima und Biosphäre. Hochkomplexe und strukturierte Organismen können zwar unter Umständen zu schneller Blüte gelangen, weisen aber auch eine geringere Versatilität (Beweglichkeit, Wandelbarkeit) und erhebliche systemimmanente Vulnerabilität (Verwundbarkeit) auf, was ihnen v. a. bei rasch wechselnden Umweltbedingungen zum Verhängnis werden kann. In diesem Zusammenhang sollte die Menschheit aufhorchen. Sie wäre gut beraten, die Rezepte ▷ nachhaltiger Entwicklung von Ökosystemen zu studieren und auf die eigenen sozialen Systeme zu übertragen (▷ Kapitel 4.1).

Nachhaltige Entwicklung: Emergente Eigenschaft komplexer und (obligatorisch von außen zugeführte) Energie verarbeitender Systeme, die fortgesetzt funktionieren und existieren, indem sie sich (in der Regel) unter Vermehrung von Effizienz, Resilienz und Kohärenz (Konsistenz) wandeln. Der nachhaltige Systemwandel umfasst auch den Umbau und Austausch von Systemkomponenten. Er kann zeitweilig mit Wachstum innerhalb gegebener Grenzen verbunden sein, nachhaltige Entwicklung umfasst aber auch Stagnation und Schrumpfung, ohne dass es zum Verlust der Funktionalität des Gesamtsystems kommt.

2
Wir Menschen: das Subjekt der nachhaltigen Entwicklung

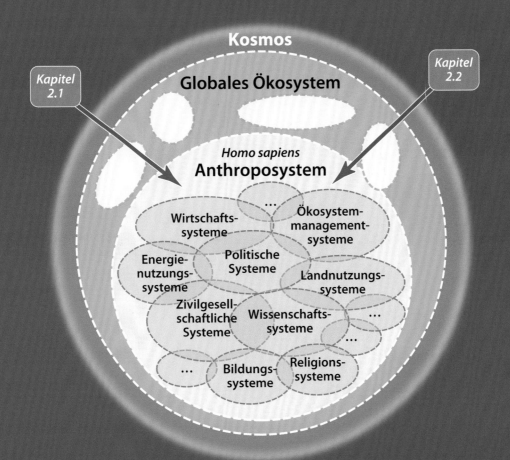

Gut oder böse –
können wir überhaupt nachhaltig sein?

Pierre L. Ibisch und Norbert Jung

Wir leben über unsere Verhältnisse, wir ruinieren unsere Lebensgrundlagen und diejenigen anderer Arten – die Menschheit ist zu einer den Planeten prägenden Kraft geworden. Gleichzeitig unternimmt sie zusehends Anstrengungen, eine Kehrtwende hin zu einer nachhaltigen Entwicklung einzuleiten. Offenkundig sind wir zu beidem befähigt: Probleme zu schaffen und Probleme zu lösen. Es stellt sich die Frage, wie diese Fähigkeiten entstanden. Um effektive Lösungen für eine Nachhaltigkeitstransformation zu entwickeln, müssen wir uns mit dem Subjekt der (Nicht-)Nachhaltigkeit beschäftigen – dem Menschen. Wie wurden wir zu einer naturgestaltenden globalen Macht? War es uns in die Wiege gelegt, die Erde zu beherrschen und das globale Ökosystem umzugestalten? Manch eine*r ist geneigt zu glauben, der Mensch sei ein Irrläufer der Evolution, der das Ergebnis einer Jahrmillionen andauernden Entwicklung zerstört. Sind wir »gut genug«, die von uns selbst entfesselten Kräfte wieder unter Kontrolle zu bringen, oder von Natur aus »zu böse«, um wirklich nachhaltig zu existieren? Und greifen diese moralischen Kategorien überhaupt, die sich als solche ja immer nur auf den Menschen selbst beziehen?

Einleitung: unsere Verwandtschaft

Mensch und Kultur als Ergebnis der biologischen Evolution – der Mensch als Teil der Natur

Um zu begreifen, wie wir Menschen sind und welchen Weg wir zukünftig vielleicht einschlagen, müssen wir verstehen, woher wir kommen. Zunächst ist eine grundlegende Einsicht, dass wir Menschen und unsere Kultur auf biologische Art und Weise im Zuge der Evolution entstanden sind. Wir sind »von Natur ein Kulturwesen« (Gehlen 2004, S. 80; siehe auch Voland 2007; Wessel 2015). Insofern können alles Menschengemachte und alle Kultur als ein Teil der Natur angesehen werden, selbst wenn der menschliche Geist neue Dimensionen eröffnet. Wir und unsere Kultur sind Ergebnis unserer Auseinandersetzung mit dem Ökosystem, das uns hervorgebracht hat, und mit uns selbst sowie mit unseren Ideen. Selbst unsere Fähigkeit, unseren eigenen Lebensraum zu beeinflussen, erhebt uns nicht über die Natur (Ibisch et al. 2010), sie ist ein Grundprinzip aller Lebewesen. Dies ist auch ein Schlüsselprinzip des sogenannten Ökosystemansatzes (▷ Kapitel 4.1).

Unsere nächsten Verwandten: Schimpansen und Bonobos

So wissen wir heute gesichert, dass wir zur Gruppe der Primaten gehören und dass die nächsten noch lebenden Verwandten die afrikanischen Schimpansen (Pan troglodytes) und die Bonobos (Pan paniscus) sind, mit denen wir 99,6 % der Gene teilen. Die letzten gemeinsamen Vorfahren lebten vor mehr als 4 Millionen Jahren (Prüfer et al. 2012). Dieser Befund ist deshalb von großer Bedeutung, da sich Lebensweise sowie Charakter von Schimpansen und

Abbildung 1:
Schimpansen (oben)
und Bonobos (unten)
sind die nächsten
lebenden Verwandten
des Menschen
(Zoologischer Garten
Berlin; Fotos:
P. Ibisch).

Bonobos sehr deutlich voneinander unterscheiden, aber jeweils Eigenschaften aufweisen, die uns nicht fremd sind.

Bei den Schimpansen sind die Männchen aggressiv, kämpfen um ihren Rang in der Gemeinschaft und Zugang zu Weibchen. Schimpansen kooperieren miteinander, um ihr Territorium zu verteidigen: Attacken auf andere Gruppen gehen nicht selten tödlich aus (Boesch et al. 2002). Gemäß einer Untersuchung im Gombe-Nationalpark gingen 20 % der Schimpansentodesfälle auf Schimpansengewalt zurück (Williams et al. 2008). Täter und Opfer sind meistens Männchen (Wilson et al. 2014). Auch Kindstötungen durch Männchen sind relativ häufig (Furuichi 2011). Bei den Bonobos wiederum hat die Evolution offenkundig dazu geführt, dass Aggressionen unterdrückt werden; die Männchen ordnen sich den Weibchen unter und streiten nicht um eine Rangfolge. Bonobos kooperieren nicht in Gruppen, und sie greifen andere nicht an. Sie sind eher verspielt und pflegen ein intensives Sexualverhalten auch ohne direkte Fortpflanzungsfunktion, oftmals mit den gleichen Partnern (Hare et al. 2012). Weibchen pflegen intensive soziale Beziehungen untereinander, was mit dem deutlich friedvolleren Zusammenleben der Bonobos in Verbindung gebracht worden ist (Furuichi 2011). Schimpansen jagen regelmäßig andere Tiere, auch Primaten. Ebenso ist bei Bonobos organisierte Jagd beobachtet worden, wobei auch Weibchen beteiligt waren (Hohmann & Fruth 2008), was bei Schimpansen nicht vorkommt. Dies ist also unsere Verwandtschaft, das evolutive Umfeld, aus dem wir stammen. Fragt sich, was uns bei allen Gemeinsamkeiten mit den afrikanischen Menschenaffen zum Menschen macht. Welche Richtung hat der Mensch eingeschlagen? Sind unser soziales Verhalten, der Hang zur Gewalt gegenüber unseresgleichen und der Umwelt eher schimpansenartig, oder kennzeichnet den Menschen (auch) das Potenzial eines bonoboartigen friedlicheren und »liebevolleren« Charakters? Mit dieser Frage soll nicht suggeriert werden, dass Bonobos die *guten* Verwandten sind und die Schimpansen die *bösen* – eine moralische Wertung von Tieren unter Anwendung von menschlichen Kategorien verbietet sich ohnehin. Allemal stammen wir nicht von ihnen ab, sondern haben gemeinsame Vorfahren. Es geht allein darum, für uns selbst und unsere evolutiven Wurzeln mehr Verständnis zu entwickeln sowie vor allem für jene Besonderheiten unseres Verhaltens, die als »typisch menschlich« gelten können.

Die Entstehung von Menschenartigen durch Umweltwandel Wie bei allen anderen Arten führte ein systemisches Geschehen im Zuge der Auseinandersetzung der Menschenaffen und der Menschenartigen mit ihren sich wandelnden und schwankenden Lebensbedingungen – sowie mit sich selbst und den Konsequenzen der eigenen Handlungen – zu einer ergebnisoffenen und dennoch auch gerichteten Evolution. Folgende Wechselwirkungen und Konsequenzen sind plausibel: Vor ungefähr 6 Millionen Jahren scheint es auf dem afrikanischen Kontinent zu einem langfristigen Trend der Austrocknung und v. a. auch zunehmender Schwankungen der Umweltbedingungen gekommen zu sein (verstärkt in den letzten 3 Millionen Jahren; Potts 2013). Zum einen führte dies zu einem Rückzug der vorher mutmaßlich weiter verbreiteten Regenwälder in den westlichen Teil des Kontinents sowie der Ausbreitung von Trockenwäldern und Savannen im Osten. Zum anderen deuten Sedimente darauf hin, dass sich im Osten des Kontinents, u. a. in der Region des afrikanischen Grabenbruchs, feuchtere und trockenere Bedingungen relativ schnell abwechselten. Die ökologischen Bedingungen haben eine Trennung der afrikanischen Menschenaffen in zwei Gruppen bedingt: die Familie der regenwaldbewohnenden Schimpansen und Bonobos im tropischen Westen und diejenige der Menschenartigen (Hominidae) in den östlichen Savannen.

Menschwerdung war nur durch Kooperation und Fairness möglich

Das Leben im offenen Savannenlebensraum beförderte den aufrechten Gang (McHenry 2004). Dieser machte eine neue Verwendung von Armen und Händen möglich, die motorische Geschicklichkeit nahm zu, der Gebrauch von Werkzeugen wie Stöcken und Steinen wurde vertieft, die Nahrung wurde vielfältiger, und energiereiche Fleischkost – vermutlich zunächst Aas bzw. von anderen Tieren getötete Beute (Aiello & Wells 2002; Stiner 2002) – spielte zunehmend eine wichtigere Rolle. Die größere Energiezufuhr ermöglichte das Wachstum des Gehirns, des Organs, das beim modernen Menschen bis zu 20 % des Energieumsatzes ausmacht (obwohl es nur einen Anteil von 2 % am Körpergewicht hat; Engl & Attwell 2015). Die Energieverfügbarkeit limitiert die Fähigkeit der Informationsverarbeitung. Eine klassische positive Rückkopplung: Sich verstärkende intellektuelle Fähigkeiten erleichterten die planvolle Nahrungsbeschaffung, und die zusätzliche durch die Nahrung aufgenommene Energie konnte in die Entwicklung von Gehirn und Intellekt investiert werden.

Evolutive Treiber führen zu Intelligenz und sozialer Lebensweise

Irgendwann wurden die koordinierte Jagd in der Gruppe sowie der Einsatz von Feuer und Waffen immer bedeutsamer. Die Zunahme des Gehirnvolumens führte zum Schädelwachstum. In Kombination mit einer sich durch den aufrechten Gang ergebenden Verengung des Geburtskanals der Frauen sowie physiologischen Gründen könnte sich hieraus ein Selektionsdruck hin zu einer immer früheren Geburt der Babys ergeben haben, ebenso wie die Notwendigkeit der Geburtshilfe durch Artgenossen (Rosenberg & Trevathan 1995; Trevathan 1996; Dunsworth et al. 2012). Die frühe Geburt von überaus hilflosem Nachwuchs ließ eine lange Mutter-Kind-Beziehung entstehen und beförderte den Zusammenhalt von (erweiterten) Familienverbänden. Letztlich dürfte es ein Selektionsvorteil gewesen sein, wenn Kinder aufziehende Frauen nicht nur den Vater länger an die Familie binden, sondern auch die Hilfe weiterer Familienmitglieder über längere Zeit in Anspruch nehmen konnten. Die ohnehin schon bei den Primatenvorfahren vorhandene soziale Lebensweise dürfte sich hierdurch verstärkt haben. Im Rahmen des langjähri-

Hilflose Neugeborene und intensives Familienleben bedingen ausgeprägte Kooperativität

gen engen Zusammenlebens, aber auch der koordinierten Jagd und der zusehends arbeitsteiligen Lebensweise verbesserte sich die Kommunikation stetig. Die Entstehung einer komplexen Sprache verstärkte wiederum rückkoppelnd nicht nur die Möglichkeiten der Zusammenarbeit und gegenseitigen Unterstützung, sondern auch die intellektuellen Fähigkeiten; die soziale Intelligenz hat uns letztlich zum Menschen gemacht (Shultz et al. 2012). Dem Aufziehen von hilflosen Neugeborenen scheint dabei eine Schlüsselrolle zugekommen zu sein (Piantadosi & Kidd 2016). Der Siegeszug des *Homo sapiens* wurde in der Evolution nicht durch Egoismus, sondern durch ▷ **Kooperativität** ermöglicht. Es war die menschliche Gruppenfähigkeit, die unter anderem soziale Regulative und Gemeinwesenhaltung einschloss.

> **Kooperativität ist die Befähigung zur Kooperation, die Eigenschaft, auf Kooperation zu setzen.**

Denken, Wissen, Symbolsysteme

Mit der Entstehung des menschlichen Gehirns und der Sprache wurden biologische Systeme auf eine neue Stufe der ▷ **Selbstreferentialität** und »Selbstobjektivierung« (Gritschneder 2005) gehoben, also die Fähigkeit, sich auf sich selbst zu beziehen und mit sich selbst in Wechselwirkung zu treten. Nunmehr konnten nicht nur Individuen besser miteinander interagieren, sondern es kam zu immer komplexerer Reflexion der Individuen über sich selbst, die eigenen Handlungen und Gedanken. Die Entwicklung von Sprache und Worten erlaubte überhaupt erst, über bestimmte Sachverhalte nachzudenken. Auf Grundlage der im Gehirn gespeicherten Information entwickelten sich völlig »entdinglichte« Gedankensysteme: Die Interaktion von Gedanken schuf – bewusst und unbewusst (!) – neue Ideen und beschleunigte damit das Wachstum von Wissen. Da das individuell errungene Wissen dank Sprache effektiver weitergegeben und zur Diskussion gestellt werden konnte, kam es auch zur beschleunigten kulturellen Entwicklung. Symbolsysteme und auch künstlerische Kreativität entstanden (Morriss-Kay 2010), die eine immer umfassendere Möglichkeit eröffneten, sich mit der Welt auseinanderzusetzen. Die neuen selbstreferentiellen Ideen und Kulturprodukte mussten allerdings um der eigenen Existenz willen immer wieder an der Lebenspraxis mit und in der Natur geprüft und von der Realität selektiert werden.

> **Selbstreferentialität ist die Eigenschaft, sich (rückkoppelnd) auf sich selbst zu beziehen und auf Veränderungen im System selbst zu reagieren, damit eine (stärkere) Identität auszuprägen, die das System deutlicher von der Umwelt abgrenzt.**

Von Beginn an dürfte das langfristige soziale Zusammenleben in der Gruppe bei allen Vorteilen auch eine Herausforderung dargestellt haben. Je enger und leistungsfähiger sich das soziale Zusammenleben einer Tierart gestaltet, desto stärker differenzieren sich auch Kommunikation (Mitteilen von Botschaften, differenzierte Abstimmung usw.) und Kooperation (zielgerichtetes Zusammenwirken von Handlungen zweier oder mehrerer Lebewesen). In den frühen sozialen Systemen der Menschenartigen mussten ohne Zweifel Aggression und Konkurrenzverhalten minimiert werden, um kooperieren zu können. Immerhin gehören die Primaten zu den Säugetieren mit der stärksten und häufig tödlichen Aggressivität unter Artgenossen (Gómez et al. 2016); auch bei unseren nächsten Verwandten, den Schimpansen, sind, wie eingangs erwähnt, gewalttätige Konflikte zwischen (v. a. männlichen) Individuen und auch zwischen Gruppen gut bekannt. Töten ist bei Schimpansen eine Strategie zur Beseitigung von Rivalen, die angewandt wird, wenn die »Folgekosten« relativ gering sind (Wilson et al. 2014). Zur Hemmung der Aggression diente die Entwicklung von persönlicher Beziehung und befriedenden Ritualen (z. B. Begrüßung, Tänze, Zeremonien). Mit zunehmender Intelligenz wurde die Selbstorganisation der Gruppen ausgefeilter, wobei wohl in der Regel die hierarchische Dominanz und Führung durch mächtige Individuen überwog.

Von der Kooperation zur Ethik

In den menschlichen Gruppen entstanden antagonistische Gefühle und Verhaltensweisen, die sowohl Aggression und machtvolle Unterdrückung als auch bedingungslose Liebe und Kooperation umfassten. Letztlich wurden die zu immer größerer Abstraktion befähigten Menschen auch reflektierte Geistwesen, die ihre unmittelbaren körperlichen Triebe hemmen und sachlich begründete Entscheidungen treffen konnten. Ausgehend von dieser Befähigung zur Sachlichkeit, wurde auch darüber nachgedacht, was sein sollte und wie Menschen sich verhalten sollten – die Grundlage der Entwicklung ethischer Festlegungen. Viele Philosophen wie Max Scheler (1874–1928; deutscher Philosoph, Anthropologe und Soziologe) gehen davon aus, dass der Mensch als geistiges Wesen sich völlig von seiner Biologie emanzipiert haben müsste:

Reflektierte Geistwesen

>> Ein ›geistiges Wesen‹ ist also nicht mehr trieb- und umweltgebunden, sondern ›umweltfrei‹ und, wie wir es nennen wollen, ›weltoffen‹. […] Ein solches Wesen vermag ferner die auch ihm ursprünglich gegebenen ›Widerstands‹- und Reaktionszentren seiner Umwelt, die das Tier allein hat und in die es ekstatisch aufgeht, zu ›Gegenständen‹ zu erheben, und das Sosein dieser Gegenstände prinzipiell selbst zu erfassen, ohne die Beschränkung, die diese Gegenstandswelt oder ihre Gegebenheit durch das vitale Triebsystem und die ihm vorgelagerten Sinnesfunktionen und

Sinnesorgane erfährt. Geist ist daher Sachlichkeit, Bestimmbarkeit durch das Sosein von Sachen selbst. Geist ›hat‹ nur ein zu vollendeter Sachlichkeit fähiges Lebewesen« (Max Scheler 1927 in Scheler 1978, S. 38).

Ethik als Überlebenssicherung

Sicherlich ist es nicht von der Hand zu weisen, dass es Menschen nur dann gelingt, (relativ) sachlich zu sein, wenn sie eigene Bedürfnisse und Umweltsachzwänge hintanstellen. Allerdings zeigen vielerlei Befunde z. B. aus der Neurobiologie, Evolutionsforschung, Psychologie oder den Wirtschaftswissenschaften, dass diese Sachlichkeit Menschen nicht immer »vollendet« gelingt (▷ Kapitel 2.1) Dies spricht aber nicht gegen die Entstehung von ▷ **Moral** und ▷ **Ethik** in einem funktionalen Zusammenhang. Da die menschliche Kulturalität ein Naturprodukt ist, sind es die Grundlagen seiner Moralität auch: Ein so hochsoziales und selbstreflexives Wesen bedurfte bzw. bedarf eines sozialen Verhaltensregulativs für ein koordiniertes Handeln. Ethik ist überlebenswichtig.

> **Moral** beschreibt das kontextabhängige sittliche Empfinden von einzelnen Menschen bzw. Gruppen bezüglich dessen, was als angemessen gilt und in einer Gesellschaft häufig zu einem Verhaltensmaßstab wird.

> **Ethik** ist die Lehre vom Sittlichen (Moral, Verhalten) sowie den Normen und wünschenswerten und verantwortbaren Maximen der Lebensführung und des menschlichen Handelns.

> **Normen** stehen für eine Werteordnung in einer Gesellschaft, die auf moralischen Vorstellungen bzw. formalisierten ethischen Prinzipien beruht. Sie sind gesellschaftlich mehr oder weniger festgelegte und oft auch juristisch verbindliche Verhaltensregeln.

Typisch Mensch: Fairness

Die Spieltheorie, eine Teildisziplin der Ökonomie, versucht zu ergründen, warum und unter welchen Umständen sich Menschen für bestimmte Verhaltensweisen wie etwa Kooperation entscheiden. Dabei ist stets auch eine Frage, wie selbstlos oder egoistisch Menschen agieren. Entsprechende spieltheoretische Experimente mit Affen und Kindern sind hierbei sehr aufschlussreich. Dabei geht es u. a. darum nachzuweisen, ob Individuen bereit sind, eigene Interessen zurückzustellen, ob sie gerecht und fair handeln und eventuell Bereitschaft zeigen, knappe Ressourcen mit anderen zu teilen. So müssen etwa Leckerbissen gerecht geteilt werden, damit überhaupt eine*r von zwei Beteiligten sie erhält. Es hat sich u. a. gezeigt, dass sich sowohl Schimpansen als auch Bonobos schwertun, (aus menschlicher Perspektive) gerechte Angebote zu unterbreiten und zu erkennen – sie sind im Ergebnis egoistische Maximierer, während Menschen soziale Normen und Regeln der Fairness kennen und generell respektieren (Jensen et al. 2007; Kaiser et al. 2012). Schimpansen können ungerechtes, ein Individuum übervorteilendes Verhalten zwar erkennen und soziale Enttäuschung zeigen, daraus aber kein faires Verhalten ableiten (Engelmann et al. 2017). Sie scheinen zwar soziale Normen verletzendes Verhalten wie etwa Kindstötungen zu erkennen, schreiten aber als Augenzeugen nicht ein (von Rohr et al. 2015). Bonobos sind zwar friedliebend, aber durchaus von asozial vorgehenden Individuen beeindruckt (Krupenye & Hare 2018). Schon bei jungen Menschenkindern wiederum kann beobachtet werden, dass sie sich regelrecht daran erfreuen, wenn anderen geholfen wird (Hepach et al. 2012). Beim Menschen ist das empathische Verhalten – die auch bei einigen Tieren vorkommende Fähigkeit, sich in ein anderes Wesen hineinzuversetzen und Partei zu ergreifen – besonders stark ausgeprägt. Da dies bereits bei Kleinstkindern zu finden ist, dürfen wir es als artspezifische biologische Verhaltenstendenz ansehen (Haidt 2001; Blohm 2010). Allerdings sind faires Verhalten und Hinnehmen von unfairer Behandlung auch deutlich kontextabhängig. Lokaler Wettbewerb erhöht bei Menschen die Bereitschaft, Fairness einzufordern und Ungleichheit abzulehnen (Barclay & Stoller 2014). Fairness beim Menschen ist wohl nicht um ihrer selbst willen entstanden, sondern zielt auf eine nachhaltige Kooperation mit Artgenossen ab (Brosnan & de Waal 2014).

Bei vermeintlich fairen oder unfairen Verhaltensweisen kann so lange nicht davon gesprochen werden, dass ein Verhalten gut oder böse ist, solange die Individuen sich ihrer Handlung und deren Folgen nur in beschränktem Umfang bewusst sind. Ein Regelverstoß entsteht erst dann, wenn es soziale Normen gibt und jemand bereit ist, diese bei Reflexion der Konsequenzen bewusst zu brechen (vgl. Spitzer 2009). Die Interaktion in menschlichen Gruppen wurde mit der Zeit immer komplexer. Zum einen müssen Individuen erkannt haben, dass es sich für die eigene Stellung in der Gesellschaft und den Zugang zu Ressourcen auszahlt, andere zu beschützen und ihnen z. B. als Häuptling zu helfen – Kooperation konnte damit auch planvoll eingesetzt werden. Zum anderen entwickelten sich folgerichtig in Gruppen, die deutlich über Familiengröße hinauswuchsen (Stammesgröße in der Regel bis zu 150 Mitglieder), die Notwendigkeit und das Bedürfnis, die eigene Stellung zu verdeutlichen.

Es dürfte kein Zufall sein, dass sich in unterschiedlichsten menschlichen Gesellschaften Anführer und Häuptlinge, aber auch andere Würden- und Funktionsträger fast überall regelrecht »mit fremden Federn schmückten«

Stellung in der Gesellschaft und Statussymbole

Abbildung 2:
»Mit fremden Federn schmücken«: Aus der Natur entliehene und kulturell gestaltete Statussymbole verleihen Menschen eine besondere Bedeutung in der Gesellschaft. Indigene Tracht aus Sarawak (Nationalmuseum von Malaysia, Kuala Lumpur; Foto: P. Ibisch).

Konsum und Besitz als Statussymbole

(Federschmuck, besondere Gewänder, Hüte, Kronen usw.; vgl. Abb. 2) oder sich mit Statussymbolen umgeben, um die eigene Bedeutung zu signalisieren (Ibisch et al. 2010). Im Zuge der Entwicklung der Kleidung nahm dies später sehr ausgefeilte Formen an. Damit wurden nicht nur Ästhetik und Kunstsinn weiterentwickelt, sondern wohl auch die Neigung, auffälliges Besitztum anzuhäufen, um die eigene Bedeutung zu untermauern. Dies war der Beginn eines nicht grundbedürfnisgetriebenen Konsums in materialistischen Gesellschaften – und damit auch eines weniger nachhaltigen Verhaltens. In bestimmten Gesellschaften definiert(e) sich die Zugehörigkeit und soziale Teilhabe immer stärker über symbolhaften Besitz wie etwa repräsentative Behausungen, Schmuck – oder auch Sportschuhe, Automobile und elektronische Geräte.

Die Entdeckung des Bösen und der Schuld

Mit der steigenden Bedeutung von Abstraktion und Symbolsystemen, die wiederum auch die intellektuellen Fähigkeiten befördert haben dürfte, lag es nahe, dass dissoziale Individuen versuchten, bestimmte Stellungen oder Sachverhalte nur vorzutäuschen. Für andere Mitglieder wurde es wiederum relevant, Täuschungen zu erkennen und zu beurteilen (Hamilton 1975). Der Wettbewerb von Schummlern und denjenigen, die die Betrügereien erkennen konnten, befeuerte die geistigen Fähigkeiten. Ab einem bestimmten Punkt führte die wachsende Intelligenz der Menschen zum Verlust ihrer »Unschuld«. Die Erkenntnis von sich selbst und der eigenen Vergänglichkeit (also Zukunfts- und Todesbewusstsein), aber auch die Entdeckung des Nicht-wissens (im Sinne des Erahnens, dass es sehr viele Zusammenhänge gibt, die man aber nicht begreift) führten zu einer zunehmenden Verunsiche-rung. Diese Verunsicherung und entsprechende Ängste könnten im Rahmen der entstehenden Moralsysteme durch Spiritualität und religiöses Verhalten in gewissem Maße kompensiert worden sein. Die Todeserkenntnis und die Identifikation mit Lebewesen durch Erkenntnis von Ähnlichkeit erweiterte die Empathie der Jäger, die nun Schuld auf sich luden, weil sie Tieren mit der gewaltsamen Tötung antaten, was sie selbst nicht würden erleiden wollen – auch dies mag eine Quelle von spirituellem und rituellem Verhalten sein und eine Wurzel der Kunst. Viele der ältesten Höhlenmalereien sind Abbildun-gen von Jagdszenen und Beutetieren. Selbst im modernen Jagdwesen wird Brauchtum erhalten, welches die Achtung vor dem erlegten Wild zum Aus-druck bringen sollen (z. B. »Strecke legen«).

Auch wenn die Zukunftsvorstellungen der Menschen regelmäßig zu fal-schen Vorhersagen führen (Gilbert & Wilson 2007), kam es zum Phäno-men, dass Ideen zu einer simulierten Zukunft konkrete Konsequenzen für gegenwärtige Entscheidungen und Ereignisse hervorbringen konnten. Die zukunftsorientierte Zielstrebigkeit und das komplexe planerische Vorgehen sind typisch menschliche Eigenschaften, die sowohl nachhaltiges als auch nicht nachhaltiges Verhalten befördern. **Die Entdeckung der Zukunft**

Zunehmende Sozialität und Selbstreflexion bedingten regelrecht die Selbstzähmung bzw. eben Zivilisierung dieses oft gewalttätigen Primaten *Mensch*. Frühe Staatenbildung war auch die Konsequenz von Gewalt in Stam-mesgesellschaften, die gegenseitig über sich herfielen (Fukuyama 2012). Bis zu einem gewissen Grad ist es für Individuen erträglicher, sich von hierarchi-schen Anführern unterdrücken zu lassen, als in Angst vor mordenden Hor-den zu leben. Zumindest befördert Autorität in der Gruppe Effizienz durch Rollenteilung und unterdrückt Konflikte. Tatsächlich ist belegbar, wie v.a. im Zuge der kulturellen Entwicklung und der Bildung immer komplexerer sozia-ler Systeme auch die Friedfertigkeit zunahm (Gómez et al. 2016). Noch nie in der gesamten Geschichte der Menschheit war es für Individuen so unwahr-scheinlich wie heute, gewaltsam zu Tode zu kommen. Überhaupt haben Pla-nungssicherheit, grundlegende Versorgung, Gesundheit und Lebenserwar-tung vor allem in jüngster Zeit rasant zugenommen. Allerdings wurde das Einhegen des Menschen in sich immer stärker selbst regulierende soziale und letztlich stark wachsende Systeme nur dank eines hohen Einsatzes möglich – nämlich auf Kosten der Funktionstüchtigkeit der Ökosysteme (▷ Kapitel 3.1). **Sozialität und Selbstreflexion führen zur Selbstzähmung**

Von der biologischen zur kulturellen Evolution und die Zunahme der menschlichen Macht

Kulturelle Evolution

Lange Zeit hing die Entwicklung des Menschen allein von Fortschritten im Zuge der biologischen Evolution ab. Dies änderte sich, als in den sozialen Systemen aus reflektiert miteinander kommunizierenden Individuen auch die kulturelle Evolution intensiviert wurde, die es ermöglichte, dass Überlebenstechniken erlernt und weitergegeben werden konnten, ohne dass Individuen in ihrem Leben alle Einzelheiten jeweils neu erfinden mussten. Die komplexen sozialen Systeme zeichnen sich durch emergente Eigenschaften aus (▷ Kapitel 1.3) – v. a. durch die Kultur inkl. Technologieentwicklung sowie zukunftsorientiertes und systematisch-planerisches Denken –, die für den Menschen gewisse ökologisch-evolutive Beschränkungen regelrecht außer Kraft setzten, welche für andere Tierarten gelten.

Weltweite Ausbreitung des Menschen

Besonders bedeutsam war die Fähigkeit der sehr schnellen Ausbreitung des Menschen über diverse Ökosystemgrenzen hinweg. Neue Fossilfunde des *Homo sapiens* legen nahe, dass nicht nur Afrika, sondern auch Südeuropa früh besiedelt wurde. Der bemerkenswerteste Unterschied zu anderen Tierarten ergab sich bei mehreren Menschenarten *(Homo erectus, Homo neanderthalensis, Homo sapiens)* durch die Befähigung des geradezu abrupten Ausbrechens aus der angestammten ökologischen Nische des opportunistisch jagenden und sammelnden Bewohners von Savannen. Die Nutzung von Kleidung, Feuer und Werkzeugen bzw. Waffen ermöglichte v. a. *Homo sapiens* in vergleichsweise kurzer Zeit die Ausdehnung seines Areals in praktisch allen Biomen der Erde – von den heißen Wüsten und ozeanischen Inseln bis in polare Bereiche und Hochgebirge. Vor 300.000 Jahren hatte er sich bereits in weiten Teilen Afrikas verbreitet (Hublin et al. 2017). Das Auftreten von *Homo sapiens* auf anderen Kontinenten führte zu weitreichenden Konsequenzen in den von ihm besiedelten Ökosystemen. Überlegene Technologie führte offenkundig zur Verdrängung anderer Menschenarten wie des Neandertalers, der bereits in Europa gelebt hatte, bis *Homo sapiens* vor vermutlich 80.000 Jahren eintraf. Außerdem trugen die einwandernden Menschen mutmaßlich zur Ausrottung von großen jagdbaren Tierarten bei (Barnosky et al. 2004; Lorenzen et al. 2011).

Der Mensch wird Landbesitzer und entwickelt eine »Ethik der Ehre«

Infolge des Verlusts von jagdlichen Ressourcen gelang es den modernen Menschen nicht nur (mehrfach konvergent auf verschiedenen Kontinenten), sich neue pflanzliche Nahrungsquellen zu erschließen, sondern auch Haustiere im Zuge der neolithischen Revolution zu domestizieren. Die Entwicklung der Landwirtschaft erhöhte die energetische Effizienz der sozialen Systeme. Mit weniger Aufwand und weniger Arbeitskraft konnte mehr Nahrungs-

Die noblen Wilden oder:
War es früher auch nicht besser?

Seit der Zeit der Aufklärung wird kontrovers diskutiert, ob die »Naturvöl-ker« noch im Einklang mit der Natur lebten und die Umweltzerstörung und das nicht nachhaltige Verhalten uns erst von der Kultur beschert wurden. Der deutsche Soziobiologe Eckhardt Voland bestreitet die Posi-tion eines Nachhaltigkeitsweltbildes bei traditionellen (»indigenen«) Völ-kern nachdrücklich (Voland 2006). Voland führt Beispiele von Raubbau auf, die zeigen, dass auch bei heutigen traditioneller lebenden Völkern, wie den Maya, Yanomami, Piru, u. a. eine »nachhaltige« Haltung nicht vorhanden sei, dass die Menschen ohne Rücksicht auf Bestandserhaltun-gen alles genutzt hätten, was sie erlangen konnten. Dabei hätten sie in einer Reihe von Beispielen auch eigene Existenzgrundlagen vernichtet. Unter Bezugnahme auf Ridley hält Voland »seriöse Belege für den öko-logisch ›edlen Wilden‹ …« für ausgesprochen rar. Die Vorstellung vom »edlen Wilden«, der aus Einsicht die Natur schont, sei moderner Roman-tizismus. Die berühmte »Verzeihung, Hirsch, dass ich dich töten musste«-Haltung stamme aus einem Film. Und selbst wenn es dieses Ritual gege-ben haben sollte, meint Voland: »Der Hirsch war in jedem Fall tot.« Schon der lakonische Ton Volands erweckt den Verdacht, dass hier etwas bewie-sen werden soll: Die traditionellen Völker waren auch nicht viel besser als wir …! Dagegen berichten Diamond (2006) und Roszak (1994) über zahl-reiche überzeugende Beispiele nachhaltigen Umgangs mit Naturressour-cen bei unterschiedlichen traditionellen Völkern bis hin zu entsprechen-den religiösen Verhaltensvorschriften.

Der Nachhaltigkeitsphilosoph Meyer-Abich weist dagegen auf etwas Wichtiges hin: Rituale von Naturvölkern hätten zumindest eine Übernut-zung gehindert oder verringert. Wenn in einer animistischen Kultur ein junges Paar einen Baum fällen wollte, um ein Haus zu bauen, so mussten sie dies vor dem Baum mit der Notwendigkeit rechtfertigen. »Die Recht-fertigungspflicht aber half all den Bäumen, die zu fällen unentschuld-bar gewesen wäre« (Meyer-Abich 1987, S. 73). Auch der grüne Zweig, den Jäger unserer Kultur in das Maul eines geschossenen Hirsches stecken, ist der Rest eines solchen Dankesrituals. Solche Rituale zeugen zumin-dest davon, dass naturbezogene Menschen wissen, dass die Natur ihnen etwas gibt und dass das wiederum ein inneres Verpflichtungs-, Verant-wortungs- und Dankbarkeitsgefühl nach sich zieht. Auch das christliche Ritual, zum Erntedankfest bedürftigen Menschen Früchte oder Nahrungsmittel zu schenken, dürfte ursprünglich dem inneren Bedürfnis entsprungen sein, etwas (irgendwohin) zurückzugeben, wenn man von der Natur (hier als göttlich verstanden) etwas geschenkt bekommt. Es gilt, nicht außer Acht zu lassen:

1. Die Naturvölker lebten in einer Vorstellung von der Welt, in der alles beseelt und wesenhaft war, die ihren Sinn in einem allumfassenden Weltgeist hatten, also ein systemhaftes Ganzes – eine ziemlich nachhaltigkeitsfördernde, weil systemische Haltung (siehe auch Haskell 2017).

2. Die psychologische Komponente der Befindlichkeit des Menschen in seiner Beziehung zur Natur beeinflusst das Handeln: Auch sensible heutige Jäger verspüren nach dem Töten eines Tieres das emotionale Bedürfnis, sich nach diesem Töten irgendwie entlasten zu wollen. Die europäischen Jagdrituale sind Reste dessen.

3. Voland erwähnt nicht, dass die von ihm erwähnten Untersuchungen zu einer Zeit gemacht wurden, in der der Einfluss der Industriegesellschaft bereits auch bei den Urwaldvölkern gegeben und industrielles Denken dort wahrscheinlich auch schon eingedrungen war. Die bei Diamond (2006) und Roszak (1994) erwähnten Beispiele stehen gegen Volands Aussagen. Die Mythologien der Ureinwohner waren aus Erfahrung mit der Natur so angelegt, dass der Kreislauf der Tragfähigkeit darin eingeschlossen war, eine vieltausendfache Erfahrung. Man nahm nur, so viel man brauchte, und die Natur gab es meist auch her (vgl. Jung 2006).

Ebenfalls vernachlässigt wird, welche Bedeutung die Sozialität und die Entwicklung von Weltbildern (die fast ausschließlich nachhaltig konzipiert waren, Kreislaufprinzip, Abhängigkeit usw.) und Mythen überhaupt hatten. Die animistischen Mythen, die die prähistorischen Gesellschaften Zehntausende Jahre getragen haben, zeichnen sich durch Mitwelthaltung (ich als Teil des Ganzen) und durch Aufforderung zum Dialog mit der Natur bzw. ihren Geistern, zu Geben und Nehmen (Opferrituale, einschränkende Riten, Verbote) aus. Insofern ist zu hinterfragen, ob nachhaltiges Handeln und Denken überhaupt mit den moralischen Kategorien »gut« und »böse« zu tun hat.

energie für mehr Menschen bereitgestellt werden. Frei werdende intellektuelle Kapazitäten von Menschen, die sich nicht der Landwirtschaft widmen mussten, wurden in den Aufbau immer komplexerer, geordneter sozialer Systeme investiert, die durch einsetzendes Bevölkerungswachstum auch erforderlich wurden. (Zugang zu) Landbesitz wurde eine zentrale Dimension menschlichen Wirtschaftens; Landraub und territoriale Invasion entstanden als neue Formen des Unrechts und schufen neue Gründe für Konflikte. Es entstand eine »Ethik der Ehre«, die häufig religiös untermauert wurde (Sumser 2016).

Die zunehmende Bevölkerungsverdichtung führte über sich beschleunigenden kulturellen Austausch zu immer differenzierteren Berufen und diversen Kulturtechniken, die rückkoppelnd dem Wohl der Menschen und der Gemeinschaften zugutekamen. Zu wichtigen Errungenschaften, die diese Entwicklung über positive Rückkopplungen weiter beschleunigten, gehörten nicht zuletzt die Entwicklung von Schriften und Rechensystemen sowie später die systematischen Wissenschaften. Durch Manipulation und Umwandlung von Ökosystemen gelang dem Menschen eine zielgerichtete Veränderung seiner Lebensbedingungen – es begann die Geschichte des Ökosystemmanagements; der Mensch erhob sich scheinbar über die Natur (▷ Kapitel 3.1). Das Streben nach Entwicklung war die Bemühung um das Abstreifen der Fesseln lokaler Ökosysteme. Kulturelle Techniken wie etwa Religion halfen den Menschen dabei, auftretende Widersprüche zu verarbeiten. Negative Rückmeldungen von übernutzten Ökosystemen konnten lange Zeit ignoriert werden, da die Menschen anpassungsfähig genug waren, immerzu neue Ressourcen und Weltgegenden zu erschließen. Aber dennoch ist es beim Menschen zweifelsohne so, dass die Folgen des eigenen Agierens im Ökosystem eher als bei anderen Arten zum Selektionsfaktor wurden (Kivinen & Piiroinen 2018).

Entwicklung als Emanzipation von den Fesseln der lokalen Ökosysteme

Von Revolution zu Revolution: immer schneller, mehr, größer und effizienter

Evolution im globalen Ökosystem verläuft immer ergebnisoffen als komplexer systemischer Prozess. Systemische Einheiten erreichen durch bestimmte Mechanismen – wie etwa Mutationen im Falle von Arten, Neukombination von Komponenten in Ökosystemen oder auch technologische Entdeckungen und Erfindungen in sozialen Systemen – eine Innovation, die dann im Wechselspiel mit anderen Systemen zu mehr oder weniger Effizienz, Widerstandsfähigkeit und Anpassungsfähigkeit führt und über nachhaltige Existenz oder Scheitern eines Systems entscheiden kann (▷ Kapitel 1.3). Die Innovationen bedingen oftmals die sprunghafte Weiterentwicklung von Systemen und

Systemevolution und Innovationen

ihrer Leistungsfähigkeit sowie ihrer geografischen Verbreitung. Derartige Sprünge kennzeichnen auch die biologisch-kulturelle Evolution des Menschen – einige werden oftmals »Revolutionen« genannt. Die Entwicklung von immer komplexeren erfolgreicheren sozialen Systemen führt zu einer erheblichen Beschleunigung dieser bahnbrechenden Innovationen und Revolutionen.

Revolutionen in der kulturellen Evolution des Menschen

Die ersten Revolutionen auf dem Weg zu dem, was wir heute sind, standen vor vielen Millionen Jahren u. a. mit dem aufrechten Gang und der Gehirnentwicklung in Verbindung. Hinzu kamen (schon vor *Homo sapiens*) vor wenigen Millionen Jahren systematischer Werkzeuggebrauch und die planvolle Nutzung des Feuers für Jagd, Kochen, Heizen und Herstellung von Produkten. Das führte z. B. zu einer Veränderung der Ernährungsphysiologie. Die Entwicklung der Landwirtschaft vor rund 10.000 bis 15.000 Jahren ebnete den Weg zum Bevölkerungswachstum und zur Entstehung von Hochkulturen, aber auch zur Veränderung des Pflanzenkleids der Erde und unserer konzeptionellen Entkopplung vom Ökosystem. Die Verdichtung der Bevölkerung befeuerte die kulturelle Evolution, die immer stärkere Ausnutzung des menschlichen Intellekts und die Entstehung der Wissenschaft. Rückkoppelnd wurden immer größere Bevölkerungsdichten möglich. Es kam letztlich zur Urbanisierung und ab Mitte des 18. Jahrhunderts zur industriellen Revolution mit den entsprechenden Folgewirkungen für Energienutzung, Produktion und Handel, Verkehr, Mobilität und Wohlstand der Menschen. Die Entwicklung der Wissenschaften umfasste auch die Entstehung von Theorien, Ideen und Diskursen, welche zusehends Wirkungen auf das Weltgeschehen und vor allem die weitere kulturelle Evolution entfalteten. Von besonderer Bedeutung sind in diesem Zusammenhang auch die Bemühungen, aus logischen Aussagesystemen (Theorien) normative Grundsätze für das Zusammenleben der Menschen und das menschliche Weltverhältnis zu konstruieren.

Anonyme Gesellschaften und Staaten führen zur Entfremdung, Übernutzung und zu Konflikten

Mit der Entstehung von anonymeren, komplexeren Gesellschaften und Staaten, in denen sich die Individuen nicht mehr persönlich kennen konnten, kamen neue soziologische und kulturelle Dimensionen ins Spiel: Gruppenterritorien und damit verbundenes Stammeswissen verringerten sich, Unterdrückung und Besitz von Menschen entwickelten sich, die Selbstbestimmung über das Erarbeitete und der Natur Abgerungene ging infolge entfremdeter Strukturen verloren. Nicht mehr die Notwendigkeit der Gemeinschaft allein war bestimmend, sondern die Möglichkeiten der Herrschenden: Luxus, Komfort und damit anonyme gesellschaftliche Kulturentwicklung forderten eine Steigerung der Naturnutzung. Kriege häuften sich. Damit entstand mehr und mehr eine Unüberschaubarkeit des Geschehens infolge der Größe der Population (Staatenbildung) und der Städtebildung, sodass die

2 Wir Menschen: das Subjekt der nachhaltigen Entwicklung

Herrschaft also auch praxisentfremdet wurde. Die durch Übernutzung entstehenden Mangelzustände wurden innerhalb des Populationssystems der Menschen (Raubzüge, Gebietseroberungen) kompensiert. Sowohl die Zunahme der Unüberschaubarkeit als auch der Tendenzen mächtiger Staaten, durch Kriege Einflussbereiche (d. h. Ressourcenzugänge) zu erweitern, hält bis heute an. Mit der daraus resultierenden Unüberschaubarkeit des menschlichen Einflusses auf die Natur, insbesondere durch die existenzielle Entfremdung des Menschen von seinen natürlichen und sozialen Existenzgrundlagen im Zuge der Industrialisierung und Kapitalkonzentration, verminderten sich die direkten Rückkopplungsmöglichkeiten, d. h. die Erfahrungen der Wirkungen des eigenen Tuns, immer mehr. Es entstanden Umwelteinflüsse, die keine sinnlichen Rückkoppelungen ermöglichen, weil sie nicht wahrnehmbar sind (CO_2, O_3, Dioxin, Klimawandel usw.).

Die Unüberschaubarkeit des vom Menschen entfachten Weltgeschehens ist allerdings noch lange nicht auf ihrem Höhepunkt angekommen. Vor wenigen Jahrzehnten erfolgte eine kybernetisch-informationelle Revolution auf der Grundlage einer automatisierten Verarbeitung von Information. Diese verursachte die derzeitig beobachtbare Wissensexplosion und – mithilfe von globalisierten Initiativen und Unternehmen wie Google und Wikipedia – die Entstehung eines internetbasierten Weltwissens bzw. einer Weltkultur. Es folgten vor wenigen Jahren virtuelle soziale Netzwerke und immerzu neue weltweite Echtzeit-Kommunikationsmöglichkeiten. Seit wenigen Jahren wird deutlich, wie sehr die Mensch-Computer-Interaktion immer stärker das Verhalten von Menschen beeinflusst, indem Informationsverhalten automatisiert gefiltert und manipuliert wird. Inzwischen hält das Internet sogenannte *Social Bots* vor, virtuelle Kommunikationspartner, die versuchen, unsere Entscheidungen zu beeinflussen. Und die Visionen einer künstlichen Intelligenz zumindest auf dem Niveau von selbstreferentiellen Algorithmen, die Entscheidungen treffen, ohne Menschen zu benötigen, sowie das *Internet der Dinge*, die ohne menschliche Steuerung wechselwirken, sind zum Greifen nah. Sie stellen ungeahnte neue Herausforderungen für unsere Moral- und Ethiksysteme dar, die nämlich mit unseren Errungenschaften und Fähigkeiten mitwachsen müssen. Kritische Wissenschaftler*innen weisen auf die Gefahr der Digitalisierung für die psychische und körperliche Gesundheit hin, also eine Überforderung der Natur des Menschen.

Die kybernetisch-informationelle Revolution

Die Menschheit schafft sich in großem Tempo immerzu neuartige soziale Systeme und Technologien, die den Wohlstand der Menschheit vergrößern und seine Abhängigkeit von den Unbilden der Natur verringern sollen. Sämtliche Technologien zeitigen aber auch unerwünschte und häufig unvorhersehbare Technikfolgen, die es zu bewerten und zu bewältigen gilt. Dabei ist

Technik-gläubigkeit, Natur-entfremdung, Selbstüber-schätzung

Abbildung 3: Leben in künstlichen Welten und eine Beziehungsstörung: Technische Machbarkeit und die künstlerische Emanzipation von natürlichen Formen können die Entkopplung des urbanen Menschen von der Natur verstärken. Das Gefühl für eine »unordentliche« organische Umwelt, die nicht vom Menschen geschaffen wurde, geht verloren (Bundestag in Berlin; Foto: P. Ibisch).

deutlich, dass nicht die Technologien wie Buchdruck, Raketenantrieb oder Internet an sich *gut* oder *böse* sind, sondern die sozialen Systeme, die sie für ihre Zwecke ausnutzen (ohne sich immer darüber im Klaren zu sein, welche Folgewirkungen sich ergeben), bzw. die Individuen, die soziale Systeme manipulieren oder Technologien für ihre Zwecke ausnutzen. Das Explodieren der technologischen Optionen v.a. in Bezug auf Digitalisierung und Virtualisierung lässt neue Pfadabhängigkeiten entstehen – also vorgezeichnete Bahnen der menschlichen Entwicklung, die nicht ohne Weiteres verlassen werden können. Vor allem haben die unaufhörlichen Technologieschübe zu einer großen Technikgläubigkeit geführt, zu immer größerer Entfremdung von der Natur und zur evolutionsvergessenen Selbstüberschätzung der Menschheit (»Hybris« bei Bateson 1985 [1972], S. 62 ff.). Auch Kunst und Architektur spiegeln die schrittweise Entfernung von der Natur und tragen dazu bei, dass heute ein großer Teil der Menschen immer weniger Möglichkeiten der Naturerfahrung hat (Abb. 3). Auch in unseren klimatisierten Behausungen umge-

Abbildung 4: Phalenopsis-Orchideen in Hotellobby als Zitate der Natur in unserem urbanen Lebensraum. Es gibt weiterhin die Sehnsucht, sich mit Naturelementen zu umgeben; aber der Sinn für Komplexität und Dynamik der Ökosysteme geht verloren (Foto: P. Ibisch).

ben wir uns noch mit Naturelementen wie Zierpflanzen oder Haustieren, die von Resten einer Natursehnsucht zeugen. Doch sie bestätigen uns auch unsere Dominanz, da ihr Wohlergehen von uns abhängt (Abb. 4).

Wir haben es inzwischen mit einer anthropogenen Umwelt zu tun, die global ist und hyperkomplex – und damit weit jenseits unseres pleistozänen Wahrnehmungshorizonts. Es ist eine von uns selbst geschaffene Welt, die uns zusehends mehr (über)fordert. Vor allem bedingen die vielen technologischen Möglichkeiten auch, dass die sozialen Systeme und die technologischen Anforderungen des Lebens immerzu größere Zeitressourcen beanspruchen. Es zeichnet sich zudem ab, dass immer mehr Menschen der modernen technisierten Gesellschaft nicht mit sich selbst im Reinen sind. Ein bedeutender Anteil der Bevölkerung leidet unter psychischen Störungen wie Angst, Schlaflosigkeit, Abhängigkeiten oder Depression (insgesamt 38 % der EU-Bevölkerung leidet pro Jahr an mindestens einer von 27 identifizierten Störungen; Wittchen et al. 2011). Der gefühlte bzw. diagnostizierte Stress in soge-

Überforderung durch die von uns selbst geschaffene Welt?

nannten entwickelten Ländern wie etwa den USA nimmt aus verschiedenen Gründen stetig zu (APA 2016, 2017b, a) – ein möglicher Hinweis auf Grenzüberschreitungen der Bedürfnis-und Fähigkeitsstruktur des *Homo sapiens*. Damit könnte auch der (nicht nur in den USA) verzeichnete Anstieg des Drogenkonsums in Verbindung stehen; Stress befördert Drogenabhängigkeit (Wand 2008). Eine zusehends wichtigere Stressquelle sind elektronische Medien (Kross et al. 2013).

Kommt dann noch die Nachhaltigkeitsrevolution?

Der Mensch als ambivalentes Wesen

Was ist nun von uns zu halten? Schaffen wir die ökologisch unerlässliche Vollbremsung bzw. die nächste Revolution hin zur Nachhaltigkeit, ohne Gesellschaften durch antihumanistische Aktionen ins Chaos zu stürzen? Wie es aussieht, sollten wir uns nicht blind auf das »biologische System Mensch« verlassen. Dieses ist – genetisch gesehen – optimiert auf das Leben in nicht anonymen Stammesgesellschaften, auf Bekanntheit und Beziehung. Menschliches Verhalten ist sowohl sozial und kulturell als auch biologisch bedingt – es ergibt sich »aus einer komplexen, dynamischen und hochgradig zufälligen Wechselwirkung von Umwelt, Organismus und Genom« (Kösters 1993, S. 331). Die biotische Komponente ist in diesem Falle die am wenigsten wandelbare. Änderungen im Erbgut ergeben sich relativ langsam; wir sind, biologisch gesehen, immer noch weitgehend der alte Menschenaffe des Pleistozäns, dessen Weg sich von den Schimpansen und Bonobos trennte. Wir sehen eine große Ambivalenz und geradezu eine innere Zerrissenheit, die sich aus den Anlagen ergeben und uns sowohl aggressiv-kriegerisch als auch empathisch-friedliebend, sowohl zerstörerisch als auch kreativ-konstruktiv machen. Aber unsere »pleistozäne« genetische Ausstattung hat uns zu erstaunlichem Lernen befähigt und vor allem zur sozialen Kooperation und zur Kultur. Dies sind zentrale Einsichten für unser 🔍 **Menschenbild**.

Menschenbild, Werte, Ethik als wichtige konzeptionelle Grundlagen nachhaltigen Lebens

Menschenbild: Die Frage nach Gut und Böse ist eine moralische. Moral ist die Grundgrammatik des menschlichen Sozialverhaltens, also des Verhaltens von Mensch zu Mensch bzw. zur Gruppe (Spitzer 2009 u. a.). Die Wurzeln solch pro- oder dissozialen Verhaltens liegen in biologischen Anlagen des Menschen (z. B. Bereitschaft zur Hilfeleistung, Gerechtigkeit, Fürsorge; Eibl-Eibesfeldt 1997; Blohm 2010 u. a.), können aber auf der modifizierenden kulturell-sozialen Ebene im Einzelnen unterdrückt oder gefördert (»Erziehung«, Indoktrination, normativer Druck) und auf der gesellschaftlichen Ebene zu Normen (formal oder informell) erklärt werden (Gesetze). Damit ist Moral primär keine Kategorie für Naturverbundenheit und umweltschonendes Verhalten.

Das *Menschenbild* umfasst die Hauptursachen menschlichen Verhaltens und damit auch die Möglichkeiten und Grenzen seiner Veränderung. So geht ein lerntheoretisches oder behavioristisches Menschenbild davon aus, dass grundsätzlich alles Verhalten von Geburt an gelernt werden muss (milieutheoretische Variante: Sozialisation als alleinige Ursache jeglichen Verhaltens). Das hat sich als reduktionistisch und zu einseitig herausgestellt. Aus interdisziplinärer Sicht (Biologie, Psychologie, Soziologie, Philosophie) ist heute das Bild des Menschen als einer biopsychosozialen Einheit das vollständigste (von Hayek 1979; Ciompi 1999 u. a.; Wessel 2015). Es besagt, dass jegliches Verhalten stets aus einer biologischen Grunddisposition, einer darauf aufbauenden kulturell-sozialen Modifikation und individualpsychologischen Entscheidungen besteht – und zwar rational und emotional (▷ Kapitel 2.2). Dies reflektiert die systemische Interaktion auf verschiedenen Ebenen und entspricht auch der für nachhaltige Entwicklung zu fordernden grundsätzlichen Interdisziplinarität. Praktisch hängt alles davon ab, ob wir den Menschen als fremd- bzw. außengesteuert (Lern- und Sozialisationsdogma) oder selbst- bzw. innengesteuert (Persönlichkeit) verstehen und entsprechend mit ihm umgehen wollen (Meyer-Abich 2012). Auch die Art politischer Einflussnahmen hängt davon ab.

Werte sind möglicherweise die komplexeste psychische Dimension, denn sie sind immer ein Konglomerat aus Emotion, Ratio und Verhaltensbereitschaft. Sie entstehen »passivistisch« durch Erfahrung mit Dingen, Menschen, Situationen (Joas 1999; Joas 2006). Werte sind die Kerne intrinsischer Motivation, also der Persönlichkeit. Für die nachhaltige Entwicklung besonders bedeutsam, da sie gegenwartsübergreifend sind, bilden sie auch in neuen, unvorhersehbaren Situationen eine Richtschnur für das Handeln. Man kann »niedere« und »höhere« Werte unterscheiden: Täglich zu essen, ein Dach über dem Kopf und Sicherheit zu haben sind sicher ganz praktische basale Werte. Basis solcher, aber auch sozialer Werte sind naturhafte Bedürfnisse, wie sie in der Bedürfnispyramide von Maslow wiedergegeben sind (vital-physiologisch, Sicherheit, soziale Beziehungen, Persönlichkeit, Selbstverwirklichung; Maslow 2016 [1954], siehe auch Heinrichs 2007, S. 182ff.). Inzwischen gehört auch das Bedürfnis nach Naturkontakt dazu (Gebhard 2009; Eser 2012; Skidelsky & Skidelsky 2013; Nussbaum 2014 [1999]). Nach Skidelsky & Skidelsky (2013) sind menschliche Grundbedürfnisse (»Basisgüter«) deutlich zu trennen von »Begierden«, die durch Indoktrination (Werbung usw. unbewusstes Lernen) künstlich erzeugt werden können (▷ Kapitel 2.2).

Bestimmte Werte können auf der gesellschaftlichen Ebene zu sozialen, ethischen oder rechtlichen Normen erklärt werden (z. B. gesetzliche Pflicht zur Nothilfeleistung, Verwandtenfürsorge oder das Tötungsverbot). Rechtliche und soziale Normen bedürfen im Gegensatz zu Werten nicht der inneren Überzeugung von Einzelnen und werden notfalls auch gegen diese durchgesetzt. In Bezug auf nachhaltige Entwicklung ist im Sinne des allseits geforderten Umdenkens zu prüfen, ob die derzeit in Politik und Öffentlichkeit propagierten Werte dafür überhaupt taugen. Die Werte Profitmaximierung, Wachstum und möglicherweise auch grundsätzliche Konkurrenz (»Wettbewerb«) dürften kaum dazugehören (vgl. Bateson 1970; Meadows & Seiler 2005). Wertschätzung der Natur bedarf allerdings emotionaler Erfahrung (Gebhard 2009; Jung 2012 u. a.).

Ethik muss für möglichst alle nachvollziehbar sein und ein gutes Leben verheißen können. Wer beispielsweise die nachhaltige Entwicklung anstrebt, hält es für unethisch, die natürliche Vielfalt (inkl. Ressourcen) durch wirtschaftliche Maximierungsinteressen und exzessiven Konsumismus rücksichtslos zu dezimieren und unseren Nachkommen so eine ärmere Welt zu hinterlassen. Immanuel Kant formulierte als (sozial-)ethische Maxime (»kategorischer Imperativ«), dass man so handeln solle, wie man will, dass die anderen es auch täten (Kant 2011 [1788]). Da dies zukünftige Folgen des eigenen Handelns nicht anspricht, folgerte Hans Jonas (2003 [1979]) einen neuen »ökologischen Imperativ«: »Handle so, dass die Wirkungen deiner Handlung nicht zerstörerisch sind für die künftige Möglichkeit solchen Lebens« (ebd, S. 36). Darauf aufbauend, wurden für die nachhaltige Entwicklung in der Folge der UN-Konferenz 1992 in Rio die Maximen (Verteilungs-)Gerechtigkeit, Verbundenheit, Mäßigung/Genügsamkeit, Erhaltung und Mehrung der Lebensvielfalt und Demut/Bescheidenheit benannt (Brown & Quiblier 1994). Der »Eigenwert der Natur« (Gorke 2010) ist demnach Bestandteil einer Nachhaltigkeitsethik. Dem steht derzeit gegenüber, dass die einst von Papst Gregor I. im 7. Jahrhundert erklärten Todsünden Habgier/Geiz, Völlerei, Neid, Hochmut, Wollust, Zorn (Aggression) und Trägheit des Herzens (»Gefühlskälte«) in der nicht nachhaltigen Gesellschaft infolge einer nicht hinterfragten und regelrecht entfesselten Liberalität geradezu gesellschaftsfähig wurden.

Unsere evolutionär entstandene prosoziale Bereitschaft zu Konformität und Indoktrinierbarkeit (Lorenz 1973) hat in der modernen Gesellschaft eine negative Kehrseite: Wir sind verführbar durch Meinungsmacht. Insofern ist es für die Nachhaltigkeitsdebatte eine Erfolg versprechende Idee, menschliche (Grund-)Bedürfnisse begrifflich abzugrenzen gegen Begierden, die durch Werbung, Verfügbarkeit, Moden usw. künstlich geschaffen werden können (Skidelsky & Skidelsky 2013). Am meisten sollten wir uns tatsächlich auf unsere soziale Intelligenz verlassen, die es uns ermöglicht hat, komplexe soziale Systeme zu bilden, welche uns helfen, unmittelbare Triebe in Schach zu halten und »das schimpansenartig Aggressive in uns« zu zähmen. Das gilt für überschaubare Gruppen. Es ist allerdings durchaus nachzuvollziehen, dass reziproker Altruismus (in der Stammesgesellschaft: »Wenn ich etwas für andere tue, bekomme ich sicher irgendetwas von denen zurück«) in einer anonymen »Weltgesellschaft« schwache biologische Triebkräfte hat, denn die entsprechende biologisch angelegte Verhaltenstendenz entwickelte sich ja ursprünglich für das Leben in der Stammesgesellschaft, wo alle sich erstens kannten (Bekanntschaftsbindung) und zweitens in einem bestimmten Raum lebten, also das stets wiederholte Zusammentreffen höchst wahrscheinlich war. Daher schließen sich auch andere der Position an, in der Bildung für Nachhaltigkeit nicht nur idealistisch auf moralische Pflichten zum Altruismus (eigener Vorteilsverzicht zugunsten anderer) zu pochen, sondern dies stets zu verbinden mit »Belohnungen« des Eigennutzes, d. h. unter Verbindung mit persönlichen Interessen (narzisstische Gratifikationen) (Mohrs 2002). Die Balance zwischen Altruismus und Egoismus ist mit Blick auf Nachhaltigkeit durchaus heikel.

Auf die soziale Intelligenz setzen

Die sozialen Systeme und die kulturelle Evolution erlauben uns die bestmögliche Nutzung unserer Anpassungs- und Lernfähigkeit sowie unserer »Zivilisierbarkeit«. Allerdings bleibt unsere soziokulturell moderierte Vernunft flatterhaft, ein Rückfall ins Barbarische ist jederzeit möglich (vgl. Welzer 2008). Deshalb müssen diese sozialen Systeme pfleglich entwickelt werden. Sie können spontan sich selbst organisierend entstehen, aber werden auch

Zivilisierbarkeit und politische Systeme

zielgerichtet geschaffen, um einem Zweck zu dienen. Die Geschichte der Menschheit zeigt die Entwicklung immer komplexerer sozialer Systeme auf immer neuen, ineinander verschachtelten Ebenen. Von der Ebene der einfachen miteinander konkurrierenden Horden führte die soziopolitische Evolution über Feudalherrschaft und Imperien zu Staaten und Organisationen, die in erheblichem Maße von Solidarität und Kooperation geprägt werden. Je kooperativer die unterschiedlichen sozialen Systeme interagieren, je ausgewogener vertikale und horizontale Komplexität vorliegen (▷ Kapitel 1.3), desto größere Chancen bestehen für Regulation und nachhaltige Steuerung. Auch wenn etwa komplexe demokratische Systeme die nicht nachhaltige und marktradikale Ausbeutung von Ressourcen organisieren können, ohne dass an das große Ganze gedacht wird (wie an den derzeitigen westlichen Staaten untersucht werden kann), so ist es doch wahrscheinlicher, dass pluralistische Systeme weitaus mehr Aspekte im Blick haben und entsprechende Checks and Balances[1] ausbilden (▷ Kapitel 4.2). Nicht umsonst gehen Demokratisierungs- und Ökologiebewegungen oftmals zusammen. Für die soziale Organisation darf aus dem Vorgenannten geschlossen werden, dass eine hohe Selbstbestimmung territorialer Gruppen (Kommunen) ein gutes Zukunftsmodell wäre.

Fluch und (möglicher) Segen der Staaten

In idealen staatlichen sozialen Systemen wiederum könnte es zu einer angemessenen Balance zwischen Schaffung individueller Freiheit und der Bewahrung von Unversehrtheit bzw. Funktionstüchtigkeit der sozialen und ökologischen Systeme höherer Ordnung kommen. Diese Balance ergibt sich allerdings nicht von allein und zwangsläufig, sondern muss wohl permanent durch Narrative (sinn- und orientierungsstiftende Erzählmotive) belebt werden. Alle Erfahrung zeigt, dass Systeme höherer Ordnung, die Moral und Ethik organisieren (wie etwa traditionell die Kirchen), sehr stark sein können. Sie können als Gegenspieler zu einseitiger Ausrichtung auf individuell angetriebene Profitmaximierung funktionieren, Ansätze eines kollektiven Altruismus organisieren und als »sozialer Kleber« fungieren. Es ist insofern unabdingbar, entsprechende zeitgemäße Systeme zu schaffen und zu bewahren, denen es gelingt, die guten Eigenschaften in uns hervorzubringen und zu fördern. Die vorherrschende marktradikale Ideologie (Randers & Maxton 2016), die davon ausgeht, dass die individuelle Bedürfnisbefriedigung auf freien Märkten der beste Motor für Entwicklung ist, befeuert eher unsere bösen Eigenschaften: Habgier, Gewinnmaximierung und Anhäufen von Statussymbolen ohne Rücksicht auf Verluste (von anderen).

---

1 Z. B. staatliche Gewaltenteilung, Zweikammer-Parlamente, Dezentralisierung/föderale Strukturen, Vielzahl von Instanzen.

Wir Menschen sind Wesen mit zwei Gesichtern – entsprechend wird uns Nachhaltigkeit wohl nur gelingen, wenn wir unser evolutives Erbe anerkennen und ein realistisches Menschenbild entwickeln. Die nachhaltigen Fähigkeiten wie etwa Prospektion und Proaktion, also die Möglichkeit, Szenarien zu entwickeln und in aktuelle Entscheidungen einzubeziehen sowie generell fair und moralisch zu denken, entfalten Menschen vor allem dann, wenn es ihnen erlaubt ist, in freien, ausgeglichenen und gerechten Systemen zu leben – und »wahrhaftig Mensch zu sein«. Die tiefe Einsicht in das Naturgefüge und die Folgen menschlicher Eingriffe wurde spätestens seit der Jungsteinzeit eine Fähigkeit des Menschen. Sie schuf die Möglichkeit nachhaltigen Wirtschaftens und Lebens durch Gewahrsein gegenüber den Prozessen in der Natur. Als zentrale These ergibt sich hieraus:

Unsere Nachhaltigkeitsbefähigung

> Der Mensch ist von Natur aus mit Verhaltensweisen und Denkstrukturen für pfleglichen »nachhaltigen« Umgang mit seinesgleichen und der Umwelt ausgestattet, er ist grundsätzlich »nachhaltigkeitsfähig«, v. a. wenn es die äußeren Lebensumstände erlauben. Die ausgeprägte Kooperativität gehört genauso zu den typisch menschlichen Eigenschaften wie die Befähigung zu Empathie und wie die Möglichkeit, sich die äußere Realität zum Denkgegenstand zu machen und Theorien zu entwickeln, das ausgeprägte »Selbstbewusstsein« und die »Verlebendigung des Geistes« (Scheler 1978) sowie die daraus entstehende Fähigkeit der »Selbstobjektivierung« (Gritschneder 2005, S. 112 f.).

Menschen sind in der Lage, ihre Triebe zu hemmen und sachlich begründete Entscheidungen zu treffen. Deshalb können sie auch eine Ökosystemethik entwickeln und umsetzen (▷ Kapitel 4.1). Dabei ist eine gut fundierte umweltpsychologische Erkenntnis zu berücksichtigen, nämlich dass rationale Einsicht (Wissen) allein weder veränderte Einstellungen noch geändertes Handeln erzeugt (vgl. Jung 2015) (▷ Kapitel 2.1). Ohne emotional verankerte Motivationen und Grundüberzeugungen (intrinsische Motivation) werden eine entsprechende Ethik und zugehöriges Handeln auf schwachen Füßen stehen.

> In unserer Natur liegt die Lösung. Wir müssen sie nur erkennen – und kultivieren. Kommt die Nachhaltigkeitsrevolution? Nur wenn wir sie erdenken, wollen und anstoßen.

Was bewegt Menschen zum nachhaltigkeitsorientierten Handeln?

Heike Molitor

Was bringt Menschen dazu, sich umweltfreundlich bzw. nachhaltig zu verhalten? Vielfach gehen wir davon aus, dass wir Menschen nur informieren müssen, und dann würden sie schon verstehen, dass ihr eigenes Verhalten so nicht optimal ist, und würden dann selbstbestimmt und einsichtig ihr Handeln ändern. Dass diese Annahme so nicht stimmt, zeigt uns die Realität. Viele Menschen kennen die Umweltprobleme unserer Zeit, wie z. B. Umweltverschmutzung, Ressourcenverbrauch oder den Klimawandel. Nicht alle Menschen verhalten sich allerdings deshalb umweltfreundlich oder nachhaltig. In bundesweiten Umfragen wird immer wieder bestätigt, dass die Deutschen ein ausgeprägtes Umweltbewusstsein haben. Dies führt aber eben nicht automatisch zu dem gewünschten Verhalten. Wie lassen sich die Erkenntnisse der (Umwelt-)Psychologie nutzen, um umweltfreundliches bzw. nachhaltiges Handeln zu fördern?

Was bewegt Menschen zum Handeln?

Blick in die Werbung

Um zu verstehen, was uns Menschen zum Handeln bewegt, hilft ein Exkurs in die Werbung von Produkten oder Ideen. Hier werden u. a. Bilder von Natur bzw. Naturelementen verwendet, wie z. B. bei einer Bierwerbung mit der Abbildung eines großen Sees mit Insel und dem Slogan »Eine Perle der Natur«.

Emotionale Ansprache

Diese Werbung, die die inszenierten Eigenschaften wie Reinheit, Unberührtheit, Klarheit, Unverfälschtheit – eben eine »Perle der Natur« – transportieren soll, »funktioniert« seit 1994. Das Bild scheint der Inbegriff von Natur – eine Idylle – zu sein, obgleich es sich um eine Talsperre handelt und eben nicht um unberührte, idyllische Natur. Natur wird nicht tatsächlich erlebt, sondern über die Betrachtung des Abbildes entstehen Gefühle erlebter Natur und damit positiver Emotionen (Spanier 2008).

Viele Naturdarstellungen in der Werbung symbolisieren eine Form von Idylle oder Erhabenheit. Mit dem Stilmittel der Erhabenheit – im Gegensatz zur Idylle – werden Zielgruppen angesprochen, die mit den »emotionalisierten Aufladungen von Freiheit, Abenteuer, Unabhängigkeit, Kraft usw. ansprechbar sind« (Spanier 2008, S. 38). Neben der sachlichen Ebene, die über das Bier informiert, werden durch symbolische Naturdarstellungen Emotionen angesprochen.

Werbung transportiert über positive Emotionen implizit Handlungsaufforderungen. Menschen sollen zum Kauf eines Produktes bewegt werden. Relevante Informationen oder fundierte Argumente sind selten zu finden, denn »Kultstatus erhält eine Idee nicht durch bessere Argumente, sondern dadurch, dass sie die Herzen erreicht« (Röchert 2008, S. 11). Wie lassen sich diese

2 Wir Menschen: das Subjekt der nachhaltigen Entwicklung

Erkenntnisse auf den Nachhaltigkeitskontext übertragen? Wie kann man im Naturschutz seriös arbeiten, ohne allein auf emotional aufgeladene Botschaften zu setzen? Welche Antworten können mithilfe der (Umwelt-)Psychologie gefunden werden? Mit psychologischen Konzepten wird das 🔍 **Mensch-Umwelt-Verhältnis** auf individueller Ebene untersucht. Die Aussagekraft der Psychologie und damit dieses Kapitels beschränkt sich demnach auf das Individuum und bezieht sich nicht auf die Gesellschaft, um die sich die Umweltsoziologie bemüht.

Abbildung 1:
Feldberger
Seenlandschaft –
ein mögliches Motiv
für Werbezwecke
(Foto: P. Ibisch).

Die Rolle der Psychologie in der Mensch-Umwelt-Interaktion

»Die Psychologie beschäftigt sich mit dem Erleben und dem Verhalten des Menschen in seiner Welt« (Bottenberg 1996, S. 2).

»Umweltpsychologie stellt eine psychologische Teildisziplin dar, die sich mit den Wechselwirkungen zwischen dem Menschen und seinen physischen und soziokulturellen Umwelten befasst. Gegenstände der Umweltpsychologie sind somit die Einflüsse der physischen und soziokulturellen

Umwelten auf Erleben und Verhalten von Individuen und Gruppen sowie ferner das Verhalten von Menschen das – gewollt oder ungewollt – Veränderungen von Umwelten bewirkt« (Hellbrück & Kals 2012, S. 13).

Umweltpsychologische Theorien in Deutschland stellen den Menschen mit seinen Gefühlen, Einstellungen, Werten, Meinungen u. a. in den Mittelpunkt der Betrachtung (Herkner 1993, S. 22). Es handelt sich um Phänomene, die allein der jeweiligen Person – subjektiv – zugänglich sind (Bottenberg 1996, S. 2) und erst dann erkennbar werden, wenn über diese kommuniziert wird.

Umweltbewusst-seinsforschung

Zentraler Fokus der Umweltpsychologie ist die Umweltbewusstseinsforschung. Diese lehnt sich an die sozialpsychologische Einstellungsforschung an, die folgende Fragen verfolgt (Rosch & Frey 1994, S. 296):

1. Was sind (soziale) Einstellungen?
2. Wie können Einstellungen verändert werden?
3. Welcher Zusammenhang besteht zwischen Einstellungen und dem gezeigten Verhalten?

Umwelt-bewusstsein als Einstellungs-konstrukt

Einstellungen werden klassifiziert in oberflächlich vertretene Meinungen bis zu lebensbestimmenden Grundeinstellungen. Je nach Verankerung in stabilen Grundhaltungen sind sie schwerer oder leichter zu verändern. In den frühen 1970er-Jahren bildete sich – ausgehend von der Forschungsarbeit von Maloney & Ward (1973) – in den Sozialwissenschaften eine Forschungstradition, die Umweltbewusstsein als individuelle Disposition und als Einstellungskonstrukt begreift (Fuhrer & Wölfing 1997, S. 21; Homburg & Matthies 1998, S. 49). In der Regel wird der Begriff »Umweltbewusstsein« unterschiedlich umfänglich betrachtet und bezieht individuelle und gesellschaftliche Aspekte mit ein.

Bedeutungs-umfänge von Umwelt-bewusstsein

Nach Spada sind folgende Kennzeichen für Umweltbewusstsein bestimmend: Umweltwissen, Umweltwahrnehmung, umweltrelevante Wertorientierungen, Umweltverhaltensintentionen und manifestes Umweltverhalten. Je nach Verwendungszusammenhang wird der Begriff »Umweltbewusstsein« in unterschiedlichen Bedeutungsumfängen bzw. Reichweiten definiert. Der enge Bedeutungsumfang beinhaltet die Dimension Wahrnehmung (Erleben und Betroffenheit). Dem mittleren Bedeutungsumfang werden zudem Umweltwissen, Wertorientierungen und Verhaltensintentionten zugeschrie-

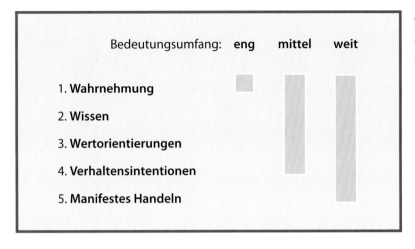

Abbildung 2:
Bedeutungsumfänge
von Umweltbewusstsein (nach Spada
1990, S. 623).

ben und dem weiten das Manifeste Verhalten (tatsächliches Verhalten) (Spada 1990, S. 623).

Der Begriff »Umweltbewusstsein« ist demnach nicht eindeutig definiert und bedarf einer Konkretisierung. Bedeutsam ist das Wissen über die Zusammenhänge von Einstellungen, Wissen, Wertorientierungen u. a., um wirksame Kampagnen oder Projekte ins Leben zu rufen, die eine Verhaltensänderung zum Ziel haben (Breit & Eckensberger 1998).

Wie umweltbewusst bzw. nachhaltigkeitsbewusst sind wir Deutschen eigentlich?

Aufschluss über das Bewusstsein und Verhalten hinsichtlich Umwelt- und Nachhaltigkeitsfragen bietet seit 1996 die im zweijährigen Rhythmus durchgeführte repräsentative Umweltbewusstseinsstudie des Umweltbundesamtes. Die deutschsprachige Wohnbevölkerung ab 14 Jahren wird zu Denk- und Handlungsmustern im Nachhaltigkeitskontext befragt, um »die Bedürfnisse unterschiedlicher Bevölkerungsgruppen vorausschauend in eine bürgernahe, partizipative, zukunftsweisende und nachhaltige Politik einfließen zu lassen« (Umweltbundesamt 2017c, S. 11).

*Repräsentative
Umweltbewusstseinsstudie*

Bei der Befragung der deutschen Wohnbevölkerung nach den aktuell wichtigsten Themen werden seit 2000 von ca. 20 % der Befragten der Umwelt- und Klimaschutz genannt. Je nach aktueller Problemlage waren im Jahr 2016 Zuwanderung, Migration sowie Kriminalität, Frieden und Sicherheit die dringlichsten Probleme (Umweltbundesamt 2017c). Im Jahr 2014 waren dies noch die Soziale Sicherung sowie die Wirtschafts- und Finanzpolitik (Umweltbundesamt 2015a).

*Umwelt- und
Klimaschutz
sind wichtige
Themen*

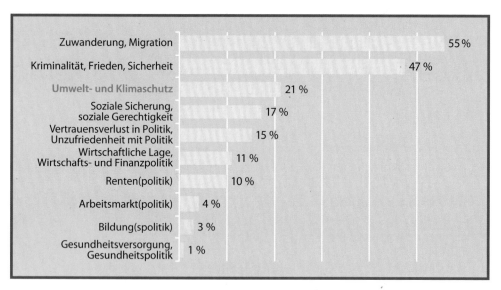

Abbildung 3: Frage nach den wichtigsten Problemen unserer Zeit in der Umweltbewusstseinsstudie 2016 (Umweltbundesamt 2017a, S. 15). Wortlaut der Frage: Was, glauben Sie, sind die wichtigsten Probleme, denen sich unser Land heute gegenübersieht? Bitte tragen Sie hier die zwei aus Ihrer Sicht wichtigsten Probleme ein. Offene Frage, maximal zwei Nennungen möglich.

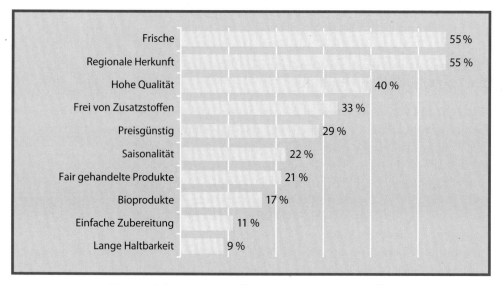

Abbildung 4: Frage nach den Auswahlkriterien beim Kauf von Lebensmitteln in der Umweltbewusstseinsstudie 2016 (Umweltbundesamt 2017a, S. 54). Wortlaut der Frage: Was ist Ihnen bei der Auswahl von Lebensmitteln besonders wichtig? Bitte wählen Sie die drei wichtigsten aus.

Bei einem konkreten umweltrelevanten Verhalten wie dem Ernährungs-verhalten der Menschen zeigt sich in der Umweltbewusstseinsstudie 2016, dass vor allem Kriterien wie Frische und regionale Herkunft beim Kauf von Produkten eine entscheidende Rolle spielen. Bioprodukte und fair gehandelte Produkte sind jeder fünften Person für eine Kaufentscheidung wichtig.

Frische und Regionalität

Aufgrund der erhobenen Daten konnten drei Einkaufstypen ermittelt werden, für die bestimmte Kaufkriterien von besonderer Bedeutung sind (Umweltbundesamt 2017a):

Einkaufstypen

1. Für gut die Hälfte der Befragten (54 %) sind ganz allgemeine und funktionale Merkmale wie günstiger Preis, einfache Zubereitung und lange Haltbarkeit besonders wichtig. Jüngere Altersgruppen sowie Männer (59 %) sind hier überdurchschnittlich vertreten.

2. Etwa ein Fünftel der Befragten (18 %) sind anspruchsvoll und qualitätsorientiert und achten bei Lebensmitteln vor allem auf Frische und Qualität. Diesen Typ findet man häufiger in gehobenen und jungen Milieus mit höherem Bildungsabschluss (insbesondere bei Männern).

3. Knapp ein Drittel (27 %) der Befragten lassen sich als nachhaltigkeitsorientiert beschreiben und legen bei ihrer Kaufentscheidung besonderen Wert auf Regionalität, Saisonalität, Bioqualität, fairen Handel und Lebensmittel ohne Zusatzstoffe. Dieser Einkaufstyp ist eher weiblich (35 %) und in der Altersgruppe ab 50 Jahren.

Die Ergebnisse zeigen, dass sich das Ernährungsverhalten im Laufe der Zeit langsam in Richtung Nachhaltigkeit verändert. Insbesondere Regionalität der Produkte und artgerechte Tierhaltung gewinnen zunehmend an Bedeutung als Kriterien beim Einkaufsverhalten von Lebensmitteln. Der Fleischkonsum ist insgesamt etwas rückläufig. Die Vermeidung von Lebensmittelabfällen stellt auf der Einstellungsebene ein neues Handlungsfeld dar. Dennoch hängt nachhaltiges Verhalten stark von sozialen, soziokulturellen und geschlechtsspezifischen Faktoren ab. Haushalte mit niedrigem Einkommen kaufen eher preisgünstig ein, junge Menschen konsumieren überdurchschnittlich mehr Fleisch, und Frauen verhalten sich in der Tendenz nachhaltiger als Männer (Umweltbundesamt 2017a).

Veränderungen in Richtung Nachhaltigkeit

An dieser Stelle wird deutlich, dass Einstellungen und Verhalten zu Nachhaltigkeit sehr divers sind und von sozialen Faktoren abhängen. Für eine Transformation der Gesellschaft zu mehr Nachhaltigkeit ist die Einbeziehung der sozialen Dimension vor diesem Hintergrund von besonderer Bedeutung. Ebenso deutlich wird, dass das Thema Nachhaltigkeit zunehmend wichtig wird und Maßnahmen, die umweltfreundliches bzw. nachhaltiges Handeln stärken, eine Mehrheit in der Bevölkerung finden. Vor diesem Hintergrund sind die folgenden Handlungsinterventionen mit dem Ziel, ebendieses Verhalten zu fördern, zu bewerten. Diese Maßnahmen zielen darauf, vorhandene proökologische Einstellungen zu stärken.

Wie kann umweltfreundliches bzw. nachhaltiges Handeln gefördert werden? – Handlungsinterventionen

Handlungsinterventionen

Um Menschen zum umweltfreundlichen Verhalten zu bewegen, können Maßnahmen (Interventionen) ergriffen werden, die dieses Verhalten wahrscheinlicher werden lassen. Dabei werden situationsbezogene und ▷ **normzentrierte** Ansätze bzw. Strategien unterschieden. Situationsbezogene Strategien sind konkrete Maßnahmen, die vor dem erwünschten Verhalten (antezendent) oder nach dem erwünschten Verhalten (konsequent) initiiert werden (Schahn 2008).

Abbildung 5: Situationsbezogene antezendente und konsequente Verhaltensdeterminanten (nach Schahn 1993).

> **Normen** sind so etwas wie eine »Richtschnur, Regel (bzw. ein) leitender, verbindlicher Grundsatz, Wertmaßstab« (Dorsch et al. 1987, S. 449). **»Die Gesamtheit der das Urteil und Verhalten bestimmenden Normen«** bezeichnet man als Moral (ebd., S. 425) (▷ **Kapitel 2.1**).

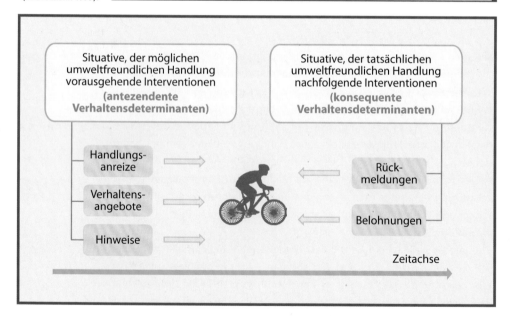

Hinweise bzw. Erinnerungshilfen sind umso wirksamer, je unmittelbarer und verhaltensspezifischer diese sind, vorausgesetzt, die Person ist motiviert, das erwünschte Verhalten zu zeigen (Scheuthle et al. 2010). So kann ein Hinweisschild auf Augenhöhe an der Zimmertür »Licht aus?« bewirken, dass das Licht bei Verlassen des Raumes ausgeschaltet wird. Das gleiche Hinweisschild an der Haustür oder auf der Straße hingegen ist weniger wirksam, weil Hinweis und »Tatort« räumlich zu weit entfernt sind (ebd.). Bei Hinweisen ist die Wirksamkeit demzufolge abhängig von dem Ort des Hinweises und dem Ort des auszuführenden Verhaltens.

Hinweise/ Erinnerungshilfen

Um ein gewünschtes Verhalten ausüben zu können, muss ein entsprechendes Verhaltensangebot vorhanden sein. Um beispielsweise vom Auto auf den Bus umzusteigen, muss es ein funktionierendes öffentliches Personennahverkehrsangebot geben. Wenn jemand auf dem Lande wohnt und der Bus dort nicht fährt, wird es nicht möglich sein, sich umweltfreundlich fortzubewegen. Auch für die Mülltrennung bedarf es eines Verhaltensangebotes. Besteht keine Möglichkeit, den Müll zu trennen, wird sie auch nicht erfolgen.

Verhaltensangebote

Abbildung 6: Abfallbehälter mit verschieden gekennzeichneten Einwurföffnungen – ein Verhaltensangebot zur Mülltrennung (Foto: J. Geyer).

Handlungsanreize sind Maßnahmen, die aufgrund externer Anreize die Wahrscheinlichkeit einer erwünschten Handlung erhöhen. Studierendenausweise mit integriertem Semesterticket sind ein Beispiel für einen Handlungsanreiz. Mit solch einem Studierendenausweis besteht die Möglichkeit, den öffentlichen Personennahverkehr kostenfrei zu nutzen. Bus- und Bahnfahren erzeugen so keine zusätzlichen Kosten. Situationsgebunden sind solche Maßnah-

Handlungsanreize

men, die nach dem erwünschten Verhalten eingesetzt werden, um dieses zu verstärken oder zu initiieren.

Abbildung 7:
Eberswalder
GreenCard der
Hochschule für nach-
haltige Entwicklung
Eberswalde –
Studierendenausweis
mit integrierter
Fahrkarte für den
öffentlichen
Personennahverkehr
(Entwurf:
H.-J. Rafalski).

Belohnungen Belohnungen werden wirksam, wenn ein erwünschtes Verhalten gezeigt wurde, wie z. B. im Gesundheitsbereich das Bonussystem der gesetzlichen Krankenkassen. Wer an Präventionskursen teilnimmt, bekommt die Kursgebühren zum großen Teil erstattet.

Rückmeldungen Rückmeldungen können beispielsweise Hinweise sein, die Nutzern nach einer Intervention den Spareffekt zurückspiegeln. Dies kann bei gelungener Sparquote ein weiterer Anreiz sein, sich noch umweltfreundlicher zu verhalten.

Wirkung externer Anreize Externe Anreize wie Belohnungen oder Handlungsanreize können den Nachteil zeigen, dass das erwünschte Verhalten nur so lange anhält, wie auch der externe Anreiz anhält. Fällt dieser weg, so fällt möglicherweise auch das erwünschte Verhalten weg. Allerdings kann auch Gegenteiliges passieren. Verbindet die Person unerwartet Positives mit dem neuen erwünschten Verhalten, dann wird sie wahrscheinlich auch nach Wegfall des externen Anreizes das Verhalten beibehalten (Scheuthle et al. 2010).

Vorbilder Normzentrierte Strategien setzen an der Aktivierung bereits vorhandener bzw. ausgebildeter umweltbewusster Einstellungen bzw. Normen der jeweiligen Personengruppe an (Schahn & Matthies 2008). Vorbilder sind ein Beispiel für diese Strategie. Der Einsatz von Personen, die als Vorbild fungieren, kann ein spezifisches Verhalten bei anderen unterstützen bzw. stärken. Vorbilder zeigen, wie das Verhalten konkret umgesetzt wird, und werden darüber hinaus mit positiven Emotionen verbunden, die auf das erwünschte Verhalten übertragen werden. Je prominenter eine Person, desto stärker ist dieser Vorbildeffekt. Vorbilder sind auch Ralph Caspers und Shary Reeves, bekannt aus der Kindersendung »Wissen macht ah!«. Sie sind Jugendbotschafter*innen für die UN-Dekade Biologische Vielfalt und setzen ihre Prominenz ein, um für den Erhalt der Biodiversität zu werben (UN-Dekade Biologische Vielfalt 2017).

Bei allen angewendeten Maßnahmen ist es wichtig, dass die Menschen sich in ihrer Entscheidung noch frei fühlen. Wenn der Eindruck entsteht, dass ein bestimmtes Verhalten erzwungen wird, dann entsteht möglicherweise Reaktanz[1], was bedeutet, dass das erwünschte Verhalten extra verweigert wird (Scheuthle et al. 2010).

Sowohl die situationsbezogenen als auch die normzentrierten Strategien haben gemeinsam, dass sie »Räume« gestalten bzw. situatives Verhalten beeinflussen können. Dieser sogenannte »Behavior-Setting-Ansatz« wurde von Roger Barker (1903–1990) entwickelt und bezog sich vornehmlich auf das Verhalten in konkreten Räumen, wie z. B. beobachtbare Verhaltensmuster in einer Kirche oder in einem Vereinsheim. Das konkrete Setting beeinflusst das Miteinander, die Kommunikation, die Haltung. Dieser Ansatz hat sich für die Anwendung in der Praxis als erfolgreich erwiesen. Über konkrete Interventionen wie Verhaltensangebote oder Anreize können Räume so gestaltet werden, dass ein umweltfreundliches Verhalten eher zu erwarten ist (Fuhrer 2010; Hellbrück & Kals 2012). In einer Hochschule, in der beispielsweise Ökostrom bezogen wird, Mülltrennung ermöglicht, Wasser- und Energie gespart, mit umweltfreundlichen Baustoffen gearbeitet wird, fällt die Ökobilanz jeder*s Einzelnen besser aus als in konventionell gestalteten Räumen. Bei einem Ortswechsel ändert sich das Setting, und das Verhalten fällt zwangsläufig anders aus.

Behavior-Setting-Ansatz

Wie viel »Energie« muss ich für neue Handlungsoptionen aufbringen? – Eine Kosten-Nutzen-Abwägung des *Homo oeconomicus*

Bei diesem Ansatz wird der Mensch interpretiert als *Homo oeconomicus*, der seine Handlungsentscheidungen nach Kosten-Nutzen-Abwägungen, also streng nach Rationalität, trifft. Da einzelne Personen nach dieser Vorstellung egoistisch handeln, werden sie die Kosten gegen den Nutzen und ihre egoistischen Eigenmotive gegen die des Allgemeinwohls abwägen. Verhalten ist dabei in Abhängigkeit von den Präferenzen (Wünschen und Zielen des Entscheidungsträgers) und den Restriktionen (Handlungsspielräumen) zu sehen. Nur dann, wenn nachhaltiges Verhalten sich auch ökonomisch rechnet oder

Homo oeconomicus

---

1 Reaktanz ist eine Bezeichnung des Widerstands einer Person gegen den ausgeübten Druck einer anderen Person hinsichtlich der Einschränkung von Handlungsalternativen (Dorsch et al. 1987, S. 553).

sich für Einzelpersonen oder eine Gruppe ein Vorteil ergibt, wird auch so gehandelt (Rational-Choice-Theorien; Krol 2000, S. 18 ff.).

Durch Anreizstrukturen sollen Menschen zum umweltgerechten Verhalten animiert werden, d. h., die Rahmenbedingungen werden so gestaltet, dass das ökologische Verhalten den größten individuellen Nutzen mit sich bringt. Beispiele finden sich in der Umweltpolitik, die mit marktwirtschaftlichen Anreizstrukturen (Steuern, Abgaben u. a.) umweltgerechtes Verhalten fördern will. Der Umweltsoziologe Diekmann kritisiert diesen rein ökonomischen Zugang. Ebenso von Bedeutung sind seiner Meinung nach soziale Anreize und intrinsische Motivationen, und benennt das diesen Vorstellungen zugrunde liegende Menschenbild: den *Homo oeconomicus* (Diekmann & Preisendörfer 2001).

Kosten-Nutzen-Ansatz Diekmann & Preisendörfer untersuchten mithilfe des Kosten-Nutzen-Ansatzes das individuelle Umweltverhalten und stellten fest, dass umweltgerechtes Verhalten bereichsspezifisch ist. Sie kritisieren, dass Umweltverhalten sehr vielfältig sein kann und in verschiedenen Problembereichen nicht berücksichtigt wird (Diekmann & Preisendörfer 2001). Wer auf Mülltrennung Wert legt, führt nicht automatisch einen energiesparenden Haushalt. Und wer im Bioladen einkauft, verzichtet nicht automatisch auf Fernreisen.

High-Cost-/ Low-Cost-Bereiche In Bereichen, die mit geringen persönlichen Kosten oder Aufwand verbunden sind (Low-Cost-Bereiche), fällt umweltgerechtes Verhalten leichter als in Bereichen, die mit relativ hohen persönlichen Kosten oder Aufwand verbunden sind (High-Cost-Bereiche) (Preisendörfer 2000, S. 79). Nach Diekmann & Preisendörfer sind *Energie* und *Verkehr* High-Cost-Bereiche, in denen der subjektive Aufwand (hier als »Kosten« bezeichnet) relativ hoch ist und das Verhalten weniger umweltgerecht ausfällt. Die Bereiche *Kauf* und *Abfall* sind mit geringeren persönlichen Verhaltenskosten verbunden. Das bedeutet,

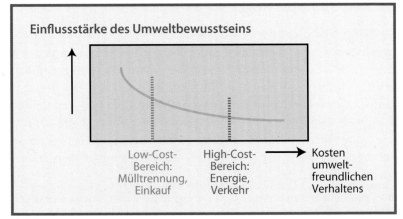

Abbildung 8: Kosten-Nutzen-Ansatz von Diekmann und Preisendörfer (nach Diekmann & Preisendörfer 2000, S. 84).

2 **Wir Menschen: das Subjekt der nachhaltigen Entwicklung**

dass eine nachhaltige Umwelteinstellung leicht umgesetzt werden kann, sodass das umweltgerechte Verhalten mit größerer Wahrscheinlichkeit auftritt (Diekmann & Preisendörfer 2001; siehe Abb. 8).

Die Erkenntnis, dass Wissen nicht allein auf das Handeln wirkt und auch die Einstellungen nicht allein für das Verhalten verantwortlich sind, führt zu komplexeren Wirkungszusammenhängen. Mit theoretischen Handlungsmodellen wird versucht, die komplexe Struktur, die Handeln bedingt, näher zu beschreiben. Es wurden sehr unterschiedliche Modelle entwickelt, die verschiedene Schwerpunkte legen und lediglich Annäherungen an die Wirklichkeit skizzieren.

Ein Erklärungsansatz: das Psychologische Modell zur Erklärung nachhaltigen Handelns

Im Folgenden wird ein komplexeres Handlungsmodell herausgegriffen, um menschliches Handeln im Umwelt- bzw. Nachhaltigkeitskontext zu erklären. Es beruht auf den empirisch geprüften Modellen der Theorie des geplanten Verhaltens (Ajzen 1991) und des Norm-Aktivations-Modells (Schwartz & Howard 1981). Dabei werden in einer Entscheidungsphase verschiedene Motivatoren wie die persönliche ökologische Norm, Einflüsse aus sozialen Normen und die (Verhaltens-)Kosten und Nutzen gegeneinander abgewogen und führen zu der Intention, dass sich die Person in einer bestimmten Situation umweltschützend oder nicht umweltschützend verhalten möchte (Hamann et al. 2016).

Psychologisches Modell zur Erklärung nachhaltigen Handelns

Die persönliche ökologische Norm wird beeinflusst von (Hamann et al. 2016):
1. dem Problembewusstsein,
2. dem Verantwortungsgefühl und
3. der Selbstwirksamkeitserfahrung.

Das Problembewusstsein umfasst die wahrgenommene Bedrohung der natürlichen Umwelt. Problembewusstsein führt nicht unmittelbar zur Veränderung des Umweltverhaltens und sollte mit anderen Strategien kombiniert werden. Wer sich selbst in der Verantwortung sieht, die Umweltprobleme zu lösen, hat eine höhere Bereitschaft, aktiv zu werden. Wer sich zudem für die Umweltprobleme verantwortlich fühlt, hat auch eine höhere Verhaltensbereitschaft (Verantwortungsgefühl). ▷ **Selbstwirksamkeit** umfasst in diesem Zusammenhang das Zutrauen in die eigene Gestaltungskraft bzw. in die eigene Fähigkeit, das (umwelt-)relevante Verhalten auch durchführen zu können (Bandura 1991). Wer glaubt, dass das eigene Handeln keinerlei Einfluss auf

Problembewusstsein, Verantwortungsgefühl, Selbstwirksamkeitserfahrungen, soziale Normen

Abbildung 9:
Psychologisches
Modell zur Erklärung
nachhaltigen
Handelns (nach
Hamann et al. 2016).

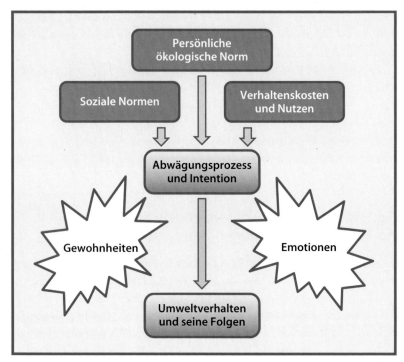

die Verbesserung einer Situation hat, wird sich wahrscheinlich nicht entsprechend umweltbewusst verhalten. Wer glaubt, dass das eigene Verhalten auch einiges bewegen und verändern kann, wird sich wahrscheinlicher so verhalten. Insbesondere die Förderung positiver Selbstwirksamkeitserfahrungen ist relevant bei der Unterstützung nachhaltiger Verhaltensweisen (Hamann et al. 2016). Selbstwirksamkeitserwartungen lassen sich erhöhen, indem neue reale Handlungsmöglichkeiten eröffnet werden (Hunecke 2013). Soziale Normen umfassen Standards, die von vielen Menschen geteilt werden. Diese lenken das Verhalten von Einzelnen. Unter sozialen Normen werden auch die Normen verstanden, die durch das persönliche Umfeld geprägt sind (persönliche Norm). Soziale Normen können einen großen Einfluss auf das Verhalten des Einzelnen haben. Normzentrierte Interventionen setzen hier an (Hamann et al. 2016).

(Verhaltens-) Kosten

(Verhaltens-)Kosten bestehen einerseits aus den Kosten bzw. dem Aufwand, den das Ausführen eines Verhaltens mit sich bringt, und andererseits aus monetären Kosten. (Verhaltens-)Kosten beeinflussen stark das tatsächliche Verhalten. Wie bei Diekmann & Preisendörfer (2001) bereits dargelegt, ist ein Verhalten unwahrscheinlicher, das hohe Verhaltenskosten und geringen Verhaltensnutzen aufweist. Wenn beispielsweise der zeitliche Aufwand (und

> **Selbstwirksamkeit** *(self-efficacy)* beschreibt die Überzeugung einer Person, zukünftige Situationen erfolgreich bewältigen zu können. Laut Bandura gibt es vier grundsätzliche Quellen, die das Vertrauen in die eigene Selbstwirksamkeit bedingen (Bandura 1977):
>
> ◆ Eigene Erfolgserlebnisse durch aktives Handeln.
>
> ◆ Erfahrung durch die Beobachtung von Anderen, die wie eine stellvertretende Bekräftigung wirken und damit als Vorbild dienen können (wie z. B. durch die Selbstbekräftigung »Wenn andere das schaffen, schaffe ich das auch!«.
>
> ◆ Verbales Feedback von anderen (wie z. B. Ermunterungen: »Du schaffst das!«).
>
> ◆ Körperliche Verfasstheit, die sich in emotionalen Erregungen ausdrücken kann (Schweiß, Zittern usw.). Je geringer diese ausgeprägt sind, desto größer ist das Zutrauen in die eigene Handlungsfähigkeit.

damit die Verhaltenskosten), mit dem Fahrrad zur Arbeit zu fahren, groß ist, dann wird mit höherer Wahrscheinlichkeit (wenn vorhanden) auf das Auto zurückgegriffen, als wenn der zeitliche Aufwand mit dem Fahrrad gering ist. Wenn Biolebensmittel sehr viel teurer zu erwerben sind als konventionelle, dann ist dies für viele Menschen ein entscheidendes Argument, die konventionellen Lebensmittel zu kaufen, da die monetären Kosten hoch sind.

Über Belohnungen und Bestrafungen – typische Verstärkungsmechanismen der Psychologie – (der Handlung nachfolgende Handlungsinterventionen) lässt sich das Kosten-Nutzen Verhältnis verschieben, wodurch das Verhalten beeinflussbar ist.

Die Intention wirkt auf das Umweltverhalten. Beeinflusst wird der Gesamt- **Gewohnheiten** prozess durch die ▷ **Gewohnheiten** und die Emotionen. Auch wenn oftmals die Vorstellung besteht, dass wir Menschen rationale, also überlegte Entscheidungen treffen, wird in diesem Modell deutlich, dass auch nicht rationale Einflüsse einen starken Einfluss haben (Hamann et al. 2016). Gewohnheiten sind über Jahre determinierte erworbene (bewusste und unbewusste) Verhaltensskripte, die sich dadurch auszeichnen, stabil über einen längeren Zeitraum das gleiche Verhalten aufzuzeigen. Das Ablegen von lieb gewonnenen Gewohnheiten ist oftmals mit erhöhten Verhaltenskosten verbunden wie z. B. der Umstieg von Auto auf Fahrrad. Für die Verstärkung des eigenen umweltbewussten Verhaltens kommt es darauf an, Gelegenheiten zu ergrei-

fen, die eigenen Gewohnheitsmuster zu durchbrechen. Das kann beispielsweise eine Zeitphase sein, in der Autofahrer*innen wegen umfangreicher
Straßenarbeiten einen großen Umweg fahren müssen oder über Freitickets
auf den Zug gelockt werden sollen. Wenn das gewohnte Verhaltensmuster
durch diese Intervention aufgebrochen ist, erhöht sich die Wahrscheinlichkeit, es auch dauerhaft zu verändern. Es gibt aber auch sensible Lebenspha-
sen, wie bei der Geburt des ersten Kindes, in denen alte Gewohnheitsmuster
ohnehin durchbrochen werden und neue erst aufgebaut werden. Auch dies
stellt einen guten Zeitpunkt für dauerhafte Verhaltensänderungen dar.

> **Gewohnheiten** sind angelernte und mit immer wiederkehrender Wie-
> derholung zunehmend leichter ablaufende Reaktionsverläufe (Dorsch
> et al. 1987).

Emotionen Positive Emotionen (Freude, Hoffnung, Interesse, Liebe) und negative Emotionen (Trauer, Wut, Angst) können umweltrelevantes Verhalten beeinflussen.
Positive Emotionen, die mit einem umweltrelevanten Verhalten verbunden
sind, verstärken dieses Verhalten in der Zukunft; negative Emotionen können zu Reaktanz führen, und das umweltfreundliche Verhalten wird unwahrscheinlicher.

Dieses Modell zur Erklärung nachhaltigen Handelns ist nicht als Phasen-
modell zu verstehen, d. h., es muss nicht Phase für Phase durchlaufen werden.
Umweltrelevantes Verhalten ist als Zusammenspiel von vielen verschiedenen
Faktoren zu verstehen. Psychologische Modelle sind keine Patentrezepte, die
mit hundertprozentiger Wahrscheinlichkeit Verhalten erklären. Auch reicht
es nicht, sich eine Maßnahme zu überlegen, die an einem Verhaltensfaktor
ansetzt. Die Kombination von Maßnahmen, die für die Zielgruppe anschluss-
fähig erscheint, ist zu bevorzugen.

Mehr- Was bedeutet dies für die Praxis? Mit dem psychologischen Modell nach-
dimensionale haltigen Handelns wird deutlich, dass es viele Wirkfaktoren gibt, die bedeut-
Wirkfaktoren sam für das Umweltverhalten sind. Kampagnen, die allein auf Appelle und
damit nur an der Einstellungsänderung ansetzen, haben in den letzten Jahrzehnten kaum etwas verändert. Wenn Menschen allerdings – wie oben
dargelegt – Verhaltensangebote und Anreize haben, wenn die Menschen
überzeugt sind, dass das Verhalten etwas bewirkt, wenn der Aufwand angemessen erscheint und die Bereitschaft besteht, Gewohnheiten zu verlassen,
dann wird nachhaltiges Handeln wahrscheinlicher. Für die Umsetzung dieser
vielfältigen Möglichkeiten bedarf es kreativer und vielfältiger Ideen und Konzepte (Hamann et al. 2006).

3

Exemplarische Analyse und strategische Ansätze von (un-)nachhaltigen Systemen

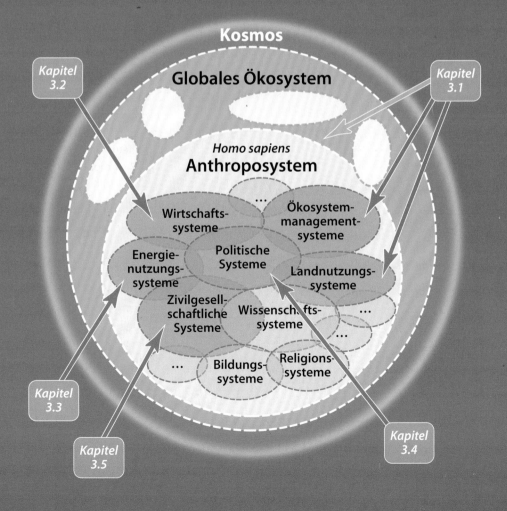

Die Grundlage: Ökosysteme und Ökosystemmanagement

Pierre L. Ibisch

Existenz Schadschöpfung
Ökosystemleistungen Biomasse
Biome
Arbeit Anthrome Ökosystemnutzung Funktionstüchtigkeit Wild-Ökosysteme Wertschöpfung Ökosystemmanagement Landschaft Menschen Kultur-Ökosysteme Ökonomisierung Nutzung Energie Wohlergehen Ressourcen
System Wirtschaft: Natur Landwirtschaft

Homo sapiens – der moderne Mensch – ist als Tierart in Ökosystemen des (sub-)tropischen Afrikas entstanden und breitete sich rasch über den Planeten aus. Er hat sich in das energetische Gefüge der Ökosysteme integriert und wurde damit wie alle Arten zu einer das größere Ganze beeinflussenden Kraft. Durch immer neue technologische Innovationen sowie erheblichen Einsatz von Energie gelang es *Homo sapiens*, viele der ihn tragenden Ökosysteme so umzugestalten, dass sie ihn effektiver und verlässlicher mit für das Leben und Wohlergehen benötigten Leistungen versorgen. Durch das zielgerichtete Management von Ökosystemen werden aus ökologischen Funktionen Ökosystemleistungen. Ein Ökosystemansatz der Naturnutzung wirft vielerlei technische, aber auch rechtliche und ethische Fragen auf. Rein konzeptionell scheint die Natur zu einer Art Dienstleisterin zum Wohle der menschlichen Entwicklung geworden zu sein. Wie wird eigentlich die Ökosystemarbeit in ökonomische Rechnungen integriert? Verläuft der Weg zur nachhaltigen Entwicklung über eine weitergehende Ökonomisierung der Natur? Wer bezahlt eigentlich die Kosten der Ökosystemnutzung?

Grundlagen der Ökosystemnutzung

Für die Bewirtschaftung der Erdoberfläche ist seit Langem der Begriff »Landnutzung« gebräuchlich. »Land« ist ein altes (proto-)germanisches Wort, das sich wohl auf ein definiertes Stück Erdoberfläche bezog, das von einem Individuum besessen wurde.[1] Damit in Verbindung steht auch das mittelalterliche Wort »Landschaft« (althochdt. *lantscaf*), welches zunächst für Siedlungsräume benutzt wurde (Müller 1977) – also Räume, wo Lebensraum für Menschen geschaffen wurde. Erst später wurde hieraus ein allgemeiner geografischer Begriff. Das europäische (bzw. sogenannte westliche) Verständnis der Landschaft und seiner Benutzung war also lange Zeit territorial und von der aktiven Rolle des Menschen geprägt. Landschaft wird weiterhin als ein Raum begriffen, den der Mensch subjektiv erkennt und der sich aus dem Zusammenspiel von natürlichen und menschlichen Faktoren ergibt (vgl. Definition in der 2004 in Kraft getretenen Europäischen Landschaftskonvention; Council of Europe 2017).

Bis heute ist der allgemeine, fachliche und rechtliche Sprachgebrauch von diesen Wurzeln geprägt. So heißt das deutsche Bundesnaturschutzgesetz eigentlich *Gesetz über Naturschutz und Landschaftspflege*. Und »die

---

1 Online Etymology Dictionary (https://www.etymonline.com/word/land).

Landschaftsplanung hat die Aufgabe, die Ziele des Naturschutzes und der Landschaftspflege für den jeweiligen Planungsraum zu konkretisieren und die Erfordernisse und Maßnahmen zur Verwirklichung dieser Ziele auch für die Planungen und Verwaltungsverfahren aufzuzeigen, deren Entscheidungen sich auf Natur und Landschaft im Planungsraum auswirken können« (§ 9 Abs. 1 BNatSchG).

Dies alles spiegelt wider, wie sich das Verhältnis des Menschen zu den Ökosystemen traditionell gestaltet. Die ▷ **Ökosysteme** wurden als solche erst sehr viel später erkannt und beschrieben (Tansley 1935) (▷ Kapitel 1.3). Tatsächlich nutzen die Menschen selten nur das Land selbst (z. B. als Bauland), sondern schöpfen vielmehr Ökosystemfunktionen ab; sie machen sich die Arbeit des Ökosystems und seiner Komponenten zunutze. Dies ist aber bislang in der Umgangssprache oder in Gesetzen und Konventionen praktisch nicht reflektiert worden. Konzeptionell hingegen sind längst bedeutende Fortschritte erzielt worden, und zusehends wird anerkannt, wie der Mensch von den Leistungen der Ökosysteme abhängt. Entsprechend wächst auch das Verständnis eines ▷ **Ökosystemmanagements**, welches u. a. die Landnutzung einschließt.

> **Ökosysteme** sind komplexe, energienutzende und im physikalischen Sinne Arbeit verrichtende Systeme, die dadurch entstehen, dass Lebewesen als Systemkomponenten miteinander und mit nicht belebten Ressourcen in Wechselwirkung treten und dabei emergente Eigenschaften entwickeln, die ihre fortgesetzte Existenz garantieren oder gar befördern (▷ Kapitel 1.3). Funktional gesehen, sind Ökosysteme sich durch die Wechselwirkungen ihrer belebten Komponenten selbst organisierende Bioreaktoren, in denen Energie aufgefangen, weitergegeben, umgewandelt, gespeichert und vor allem benutzt wird, um mit ihr Arbeit zu verrichten.

Ergebnisse ökosystemarer Arbeit sind zum Beispiel die Produktion und das Wachstum von Biomasse, Temperaturregulation, Mobilität, Stofftransport oder Informationsverarbeitung. Die einzigen Organismen, die dem Erdsystem neue Energieressourcen von außen zuführen können, sind die photoautotrophen Bakterien und Pflanzen, die von der Sonne kommende Strahlungsenergie in biochemische Energie umwandeln und anderen Organismen als Nahrung zur Verfügung stellen. Diese in Form von Biomasse gespeicherte ökogene Energie, mit der Arbeit verrichtet werden kann (Ökoexergie; ▷ Kapitel 1.3), entfaltet auch vielfältige emergente Eigenschaften, die für die Funktionstüchtigkeit des Ökosystems von entscheidender Bedeutung sind.

»Landnutzung« ist eigentlich Ökosystemnutzung

Ökosystemare Arbeit

Ökologische Nischen und die Besonderheit des Menschen

Für die in einem Ökosystem lebenden Organismen bilden die Ökosystemfunktionen die Voraussetzungen für ihre Existenz. Besonders grundlegend ist für die individuellen Lebewesen, inwiefern, wie stetig und wie zuverlässig ihnen in einem Ökosystem Zugang zu energetischen Ressourcen gewährt wird. Außerdem geht es um die Versorgung mit Wasser und Nährstoffen, die Gewährung eines mehr oder weniger »sicheren« Lebensraums und die Ermöglichung des Austauschs mit anderen Organismen, z. B. um sich fortzupflanzen oder zur Verbesserung der eigenen Lebensbedingungen zu kooperieren. Im Rahmen des komplexen adaptiven Prozesses der Evolution passen sich Organismen an die sich fortlaufend und dynamisch verändernden Umweltbedingungen an. Zur Umwelt gehören nicht nur abiotische Gegebenheiten wie Boden, Wasser oder Luft, sondern auch alle anderen, sich ebenfalls verändernden Organismen. Dabei kommt es im Falle der verschiedenen Arten u. a. zur Steigerung der Effizienz der Ressourcennutzung und zur Ausbildung mehr oder weniger exklusiver ökologischer Nischen, welche die Gesamtheit aller Dimensionen der Ressourcennutzung, Lebensleistungen und Funktionen im größeren System beschreiben. Diese ökologischen Nischen verändern sich evolutiv, meistens langsam und graduell auf der Grundlage von genetischem Wandel. Im Falle der Evolution des Menschen, einer Primatenart offener Lebensräume Afrikas, sind etliche Besonderheiten augenfällig. Die menschliche bzw. kulturelle Entwicklung bedeutete – sicherlich zunächst unbewusst – eine immer stärkere Emanzipation von den »Fesseln« der lokalen Ökosysteme und damit den Unbilden der wechselhaften Natur. Technologische Innovationen und Kultur – ohne biologische bzw. genetische Änderungen – verursachten mehrfach ein sprunghaftes Verlassen bzw. Verändern und Erweitern der ökologischen Nische (vgl. Ellis 2015) (▷ Kapitel 2.1).

Aus Biomen werden Anthrome

Die Entwicklung von Landwirtschaft und Viehhaltung, das Erzeugen von Nahrungsmittelüberschüssen und Lagerhaltung sowie Feuernutzung und die ausgefeilte Zubereitung der Nahrung gewährten den sich ehemals jagend und sammelnd verköstigenden Menschen eine größere Ernährungssouveränität. Dies ermöglichte auch das Überleben in Regionen mit ausgeprägten Jahreszeiten weitab des angestammten Ökosystems. Innerhalb von einigen Jahrtausenden wurden alle Biome der Erde als Lebensraum erschlossen. Zwischen den Jahren 1700 und 2000 erfolgte der kritische Übergang der Erdökosysteme vom wilden, selbstorganisierten zu einem überwiegend menschlich gesteuerten Regime. Ab dem frühen 20. Jahrhundert dominiert und steuert der Mensch über 50 % der terrestrischen Erdoberfläche – ⌕ **aus Biomen wurden Anthrome** (Ellis & Ramankutty 2008).

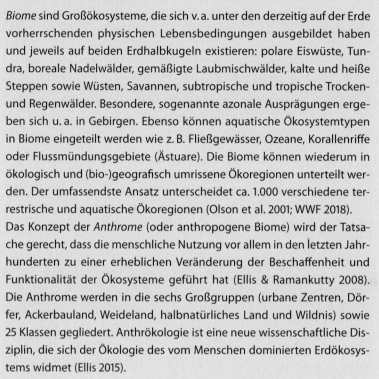

Biome und Anthrome

Biome sind Großökosysteme, die sich v. a. unter den derzeitig auf der Erde vorherrschenden physischen Lebensbedingungen ausgebildet haben und jeweils auf beiden Erdhalbkugeln existieren: polare Eiswüste, Tundra, boreale Nadelwälder, gemäßigte Laubmischwälder, kalte und heiße Steppen sowie Wüsten, Savannen, subtropische und tropische Trocken- und Regenwälder. Besondere, sogenannte azonale Ausprägungen ergeben sich u. a. in Gebirgen. Ebenso können aquatische Ökosystemtypen in Biome eingeteilt werden wie z. B. Fließgewässer, Ozeane, Korallenriffe oder Flussmündungsgebiete (Ästuare). Die Biome können wiederum in ökologisch und (bio-)geografisch umrissene Ökoregionen unterteilt werden. Der umfassendste Ansatz unterscheidet ca. 1.000 verschiedene terrestrische und aquatische Ökoregionen (Olson et al. 2001; WWF 2018).

Das Konzept der *Anthrome* (oder anthropogene Biome) wird der Tatsache gerecht, dass die menschliche Nutzung vor allem in den letzten Jahrhunderten zu einer erheblichen Veränderung der Beschaffenheit und Funktionalität der Ökosysteme geführt hat (Ellis & Ramankutty 2008). Die Anthrome werden in die sechs Großgruppen (urbane Zentren, Dörfer, Ackerbauland, Weideland, halbnatürliches Land und Wildnis) sowie 25 Klassen gegliedert. Anthrökologie ist eine neue wissenschaftliche Disziplin, die sich der Ökologie des vom Menschen dominierten Erdökosystems widmet (Ellis 2015).

Während bislang die Entwicklung von wohl allen anderen Arten immer an einen lokalen Kontext und einen spezifischen Ressourcenraum gebunden war, setzte der Mensch überkommene Grenzen der Artentfaltung außer Kraft. Das Verlassen bzw. Verändern der evolutiv angestammten ökologischen Nische beruhte auf einem kulturellen »Kunstgriff«: Die Tierart Mensch erlernte die Nutzung von externen Energieressourcen. Zunächst ließ er andere Tiere (mechanisch) für sich arbeiten. Später erlaubten die Erschließung fossiler Energieträger, die Erfindung von Mobilitätstechnologien und die Entwicklung des Handels, immer neue energetische sowie diverse andere Ressourcen auch aus den entferntesten Ökosystemen verfügbar zu machen. Dabei ist allerdings eine starke Abhängigkeit entstanden. Der Mensch musste immer größere Energiemengen umsetzen, die außerhalb seines physiologischen Systems Dienste für sein Wohlergehen leisten (exosomatische Energienutzung). Endosomatisch, also innerhalb seines stoffwechselnden Körpers, setzt der Mensch ca. 3,5 bis 5 Gigajoule (GJ) pro Jahr und Person um. Im Zuge der

Menschliche Entwicklung durch Einsatz exosomatischer Energie

soziokulturellen Entwicklung und v. a. der Industrialisierung wurde der individuelle Energieumsatz v. a. exosomatisch ca. 100-fach gesteigert; dies war die Voraussetzung für Wachstum und lokale Verdichtung der Bevölkerung (vgl. Tab. 1).

Tabelle 1: Menschliche soziokulturelle Systeme gemäß ihrem primären Subsistenz-Regime in der Reihenfolge der historischen Entstehung (aus Ellis 2015 auf Grundlage verschiedener Quellen)

Soziokulturelles System	Mittlere Bevölkerungsgröße	Soziale Komplexität[a]	Spezialisierung[b]	Gesamtenergieverbrauch[c] (GJ/Person/Jahr)	Nahrungsenergieverbrauch (GJ/Person/Jahr)[d]	Bevölkerungsdichte (Personen/km²)
Jäger-Sammler	40	0	0	8	5	2
Einfacher Gartenbau	1.500	1	2	unbest.	5	35
Viehzüchter	6.000	unbest.	9	unbest.	6	unbest.
Fortgeschrittener Gartenbau	5.000	7	22	unbest.	5	110
Einfache Landwirtschaft	>105	51	34	18	6	>250
Fortgeschrittene Landwirtschaft	...	...	...	40	9	urban konzentriert
Industriell	>107	100	100	118	11	urban konzentriert
Postindustriell[e]	>109	100	100	350	15	urban konzentriert

a Prozentsatz der Gesellschaften, die eine hohe Komplexität von verschiedenen Statusgruppen aufweisen (z. B. Vorhandensein von Schichten, Zahl der Hierarchieebenen).
b Durchschnittliche Frequenz der Arbeitsspezialisierung über alle Gesellschaften (verschiedene Handwerke, Berufe).
c Gesamtenergie: Heim + Landwirtschaft + Handel + Industrie + Transport.
d Nahrungsenergie: Nahrung + Tierfutter.
e Postindustriell: Gesellschaften nach der Industrialisierung; moderne Wissens- und Dienstleistungsgesellschaften.

Ökosystemnutzung als energetisches Problem

So wie Ökosysteme selbst vor allem als energetische Gefüge verstanden werden müssen, weil der Austausch von Energie zwischen den Ökosystemkomponenten die Grundbedingung der Existenz des Lebens sowie aller ökologischen Interaktionen und Funktionen darstellt (▷ Kapitel 1.3), ist deshalb auch Ökosystemnutzung ein energetisches Problem. Wachstum und Entwicklung der Menschheit in den letzten Jahrhunderten waren allein dank des massiven Einsatzes diverser Energieträger möglich (▷ Kapitel 3.3). Ein wichtiger Indikator dafür ist, dass die Menschheit einen immer größeren Anteil der ⌕ **pflanzlichen Primärproduktion** beansprucht.

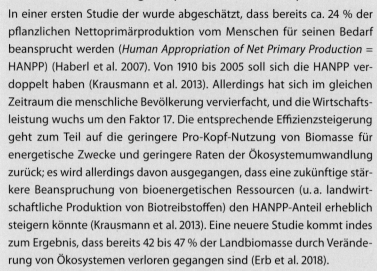

Menschliche Nutzung der pflanzlichen Primärproduktion

In einer ersten Studie der wurde abgeschätzt, dass bereits ca. 24 % der pflanzlichen Nettoprimärproduktion vom Menschen für seinen Bedarf beansprucht werden (*Human Appropriation of Net Primary Production* = HANPP) (Haberl et al. 2007). Von 1910 bis 2005 soll sich die HANPP verdoppelt haben (Krausmann et al. 2013). Allerdings hat sich im gleichen Zeitraum die menschliche Bevölkerung vervierfacht, und die Wirtschaftsleistung wuchs um den Faktor 17. Die entsprechende Effizienzsteigerung geht zum Teil auf die geringere Pro-Kopf-Nutzung von Biomasse für energetische Zwecke und geringere Raten der Ökosystemumwandlung zurück; es wird allerdings davon ausgegangen, dass eine zukünftige stärkere Beanspruchung von bioenergetischen Ressourcen (u. a. landwirtschaftliche Produktion von Biotreibstoffen) den HANPP-Anteil erheblich steigern könnte (Krausmann et al. 2013). Eine neuere Studie kommt indes zum Ergebnis, dass bereits 42 bis 47 % der Landbiomasse durch Veränderung von Ökosystemen verloren gegangen sind (Erb et al. 2018).

In potenziell produktiven, biomassereichen Ökosystemen, in denen der Mensch einen großen Anteil der Primärproduktion abschöpft, verringert sich nicht nur die Produktivität, sondern das System büßt vielerlei emergente Eigenschaften ein, die sich aus der Ökoexergie (▷ Kapitel 1.3) ergeben und die für die Funktionstüchtigkeit von großer Bedeutung sind (vgl. Abb. 1).

Die Menschheit rückte (zeitweise) von einer stärkeren Beanspruchung der Biomasse ab, da andere, v. a. fossile Energieträger zur Verfügung standen. Und diese konnten auch zur erheblichen Intensivierung der Landwirtschaft und dazugehörige Steigerungen der Produktivität herangezogen werden (Ellis et al. 2013). Die sogenannte *grüne Revolution*[2] ist im Grunde nicht wirklich »grün«, sondern wurde vielmehr durch die Industrialisierung der Ökosystemnutzung erreicht (Pfeiffer 2006). Auf der Energie-Inputseite stehen in der Landwirtschaft immer weniger menschliche (und tierische) Arbeit, sondern immer mehr Kunstdünger, Treibstoff für Maschinennutzung und Pestizide. Bei vielen Nahrungsmitteln wird mehr Energie aufgewendet, als letztlich biochemisch von den Kulturpflanzen gebunden wird (Tab. 2). In sehr vielen Ländern vergrößert sich der exosomatische Energieeinsatz in der Primärwirtschaft durch fortschreitende Mechanisierung der Landwirtschaft weiter-

Exosomatischer Energieumsatz in der Primärwirtschaft

---

2 Anwendung neuer landwirtschaftlicher und züchterischer Methoden zur Steigerung der Agrarproduktion im globalen Süden ab Mitte der 1960er-Jahre.

Abbildung 1: Das Bild zeigt eine »ausgeräumte« Landschaft im Kaukasus, wo ein ehemaliges bzw. potenzielles Waldökosystem (vermutlich u. a. mit Wacholder-Baumarten) in intensiv bewirtschaftete Agrarökosysteme (im Talgrund) und stark beweidete und mittlerweile spärliche Grasökosysteme (auf den Hängen) umgewandelt wurde. Nahezu sämtliche Biomasse, die jährlich nachwächst, wird vom Menschen und von seinen Nutztieren sofort beansprucht und energetisch umgesetzt. Emergente Eigenschaften der Biomasse wie Beschattung und Befeuchtung oder Bildung von Lebensraum für vielerlei Tierarten sind vernichtet. Damit sind Selbstschutz (z. B. vor Erosion) und Selbstregulation minimiert (bei Dedoplistskaro in Kachetien, Georgien; Foto: P. Ibisch).

hin erheblich (z. B. Wachstum 1995–2007: Türkei 179,3 %, Südkorea 126,9 %, Estland 148,4 %; Andreoni 2017). Der energetische Fußabdruck der Nahrungsmittel verschlechtert sich zudem dramatisch, wenn die mindere Energieausbeute des Agrarsystems im Verhältnis zum natürlichen Ökosystem angerechnet wird: Komplexere, mehrschichtige natürliche Vegetation mit diversen funktionalen Typen wandelt deutlich mehr Lichtenergie in chemische Energie um als Agrarökosysteme mit einer einzigen Nutzpflanze. Der Energieeinsatz für Transport, Verarbeitung und Zubereitung beträgt in der Regel ohnehin ein Vielfaches der enthaltenen Nahrungsenergie (z. B.: Zehn in einer Großbäckerei gebackene und zum Verkaufsladen gebrachte Brötchen aus importiertem Getreide werden mit einem SUV-Fahrzeug für das Familienfrühstück im 500 Meter entfernten Wohnhaus abgeholt).

Tabelle 2: Energieeffizienz der Produktion ausgewählter landwirtschaftlicher Produkte (Berücksichtigung der vom Menschen eingesetzten Energie; ohne Berücksichtigung des Verlustes der ökosystemaren Energieeffizienz durch Veränderung des natürlichen Ökosystems)

Anbaufrucht	Land	Verhältnis der bei der Produktion eingesetzten Energie zur von den Pflanzen festgelegten biochemischen Energie (Input/Output)[1]
Maniok[2]	Nigeria	1 : 7,57
Mais[2]	USA	1 : 4,11
Soja[2]	USA	1 : 3,71
Weizen[2]	Kenia	1 : 3,31
Kartoffel[2]	USA	1 : 2,76
Weizen[2]	USA	1 : 2,57
Soja[4]	Iran	1 : 2,06
Gerste[3]	Iran	1 : 1,94
Milchproduktion (Farm)[5]	Estland	bis 1 : 1,88
Weizen[3]	Iran	1 : 1,49
Reis[2]	USA	1 : 1,42
Mais[2]	Indien, Indonesien	1 : 1,08
Reis (mit Zugtieren)[2]	Indien	1 : 0,79
Tomaten[2]	USA	1 : 0,78
Äpfel[2]	USA	1 : 0,18

1 Nicht notwendigerweise vom menschlichen Körper aufgenommene/verwertbare Energie.
2 Pimentel (2009). 3 Ziaei et al. (2015). 4 Kordkheili et al. (2013). 5 Frorip et al. (2012).

In den vergangenen Jahrhunderten wurden viele lokale Ökosysteme immer stärker auf einzelne Bedürfnisse hin gemanagt und umgestaltet, was in der Regel mit Einbußen der allgemeinen Funktions- und Leistungsfähigkeit einherging. Immer mächtigere Zivilisationen bzw. letztlich sich national identifizierende Bevölkerungsgruppen in definierten Räumen waren in der Lage, auch Ökosysteme außerhalb ihres Territoriums für das menschliche Wohlergehen nutzbar zu machen und ggf. lokale Verluste bzw. Nichtverfügbarkeit durch Importe von Ökosystemleistungen auszugleichen. Die Entwicklung der menschlichen Zivilisationen ist in erster Linie sowohl eine Evolution der sogenannten Landnutzungssysteme als auch derjenigen Systeme, welche Naturressourcen über mehr oder weniger weite Strecken verfügbar machen. Die Produktion von nachwachsenden Rohstoffen in Ökosystemen – wie etwa Nahrungsmitteln oder Holz – wurde zum Fundament der sich zusehends

Ökosystemnutzung, Mobilität und Import von Ökosystemleistungen globalisierenden Volkswirtschaften. Wachstum, Ausdehnung und Verdichtung der menschlichen Gesellschaften sowie die größere Mobilität (zunächst v. a. dank Pferden und Schiffen, später Automobilen und Flugzeugen) führten zu einer gänzlich neuen Dynamik der sozialen Systeme. Vormals weitgehend voneinander isolierte soziale Systeme bildeten durch Interaktion Systeme höherer Ordnung. Dies geschah sowohl erzwungenermaßen durch Eroberung und Schaffung von »Kolonial«-Reichen (z. B. Mongolen, Römisches Reich, Inkas, Großbritannien) als auch durch Zusammenwachsen in einem sich verdichtenden Siedlungsraum. Abgesehen davon, dass nunmehr immer größere soziale Systeme miteinander in Konflikte und gar Krieg um Ressourcen und Land verstrickt wurden, machte der Energie- und Materialbedarf der höher entwickelten Staaten »Aggression« gegenüber den sie tragenden Ökosystemen notwendig. Ein bekanntes Beispiel ist die Zerstörung der Wälder in der Mittelmeerregion, die u. a. dem Bau von Schiffen zum Opfer fielen, die wiederum benötigt wurden, um Ressourcen aus anderen Regionen herbeizuschaffen.

Ökosysteme als Produktivkraft und Quelle menschlichen Wohlergehens

Ökosystemnutzung als Grundlage der Primärwirtschaft Die Nutzung der in den Ökosystemen bereitgestellten Ressourcen steht am Anfang jeglichen menschlichen Wirtschaftens. Dies reflektieren auch Ansätze der Klassifikation von Wirtschaftsaktivitäten. Der sogenannte *Primärsektor* (vgl. z. B. Pohl 1970)[3] wird traditionell so beschrieben, dass er als Rohstoffe sogenannte erneuerbare Naturressourcen wie landwirtschaftliche Erzeugnisse, Holz, Fisch, Wildpflanzen und Wildfleisch bereitstellt. Oft wird auch die Versorgung mit nicht erneuerbaren Naturressourcen durch Bergbau zur Primärwirtschaft gezählt. Der Bergbau kann aber auch dem *Sekundärsektor* zugerechnet werden, der industriellen Wirtschaft, die das produzierende und verarbeitende Gewerbe umfasst (u. a. Handwerk, Energieversorgung, Baugewerbe, industrielle Produktion). Der *Tertiärsektor* steht für die vielfältigen grundlegenden Dienstleistungen, die sich Menschen gegenseitig erbringen (Handel, Verkehr, Verwaltung, Versorgung, Gesundheit, Freizeit). Als *Quartärsektor* werden oft die Leistungen des Informations- und Wissensmanagements separat betrachtet (v. a. Informations- und Kommunikationstechnologie). Der *Quintärsektor* ist für die Entsorgung zuständig (Abfuhr/Lagerung/

---

3 Geht auf die Theorie von britischen Volkswirtschaftlern in den 1930er-Jahren zurück, die zunächst drei Sektoren unterschieden.

Verarbeitung/Recycling von Abfall und Schrott sowie auch die Reinigung von Wasser).

Scheinbar sind die Ökosysteme nur für die Primärwirtschaft von Relevanz – hier ist das Abschöpfen von in Ökosystemen entstandenen energetischen und materiellen Ressourcen ganz offenkundig. Allerdings gibt es auch in den anderen Sektoren ganz erhebliche Wechselwirkungen mit Ökosystemen bzw. sogar mehr oder weniger verborgene Abhängigkeiten und Naturleistungen. Erst die Schädigung und Verknappung von Ökosystemen hat dem Menschen vor Augen geführt, dass diese für das Prosperieren der Wirtschaft und das menschliche Wohlergehen unerlässlich sind. Nachdem die Naturleistungen lange Zeit allenfalls als »Gratisproduktivkräfte« (vgl. z. B. Marx & Engels 1964, S. 753) volkswirtschaftliche Beachtung fanden und die Wirtschaft nur diejenigen Leistungen umfasste, welche menschliche Arbeit benötigten, war die Erfindung des Konzepts der Ökosystem(dienst)leistungen ein wichtiger Fortschritt. Erste Betrachtungen hierzu erfolgten ab den 1980er-Jahren (Begriffsprägung durch Paul und Anne Ehrlich; Ehrlich & Ehrlich 1981; Ehrlich & Mooney 1983). Mit dem Jahrtausend-Ökosystemgutachten der Vereinten Nationen, dem *Millennium Ecosystem Assessment*,[4] wurden die Ökosystemleistungen nicht nur konzeptionell unterfüttert, sondern auch politisch eingeführt. Ab Mitte der 2000er hat sich regelrecht eine neue wissenschaftliche Disziplin einer »Ökosystemökonomie« etabliert; Ökosystemleistungen sind inzwischen in aller Munde und bedeuteten für einige Naturschützer die neue Hoffnung, der Gesellschaft die Relevanz von Natur nahebringen zu können. Das Millennium Ecosystem Assessment unterschied zunächst vier Kategorien von Ökosystemleistungen, die mehr oder weniger direkt zum menschlichen Wohlergehen beitragen: unterstützende, versorgende, regulierende und kulturelle. Seit einigen Jahren wird an einer regelmäßig überarbeiteten internationalen Klassifizierung gearbeitet, die sich nunmehr auf versorgende, regulierende und kulturelle beschränkt: *Common International Classification of Ecosystem Services* (CICES) (Abb. 2).

Ökosystemleistungen

Die Berücksichtigung der Ökosysteme als sich dynamisch wandelnde und Arbeit verrichtende Grundlage unserer Existenz hat nicht nur Konsequenzen für die ökonomische Bewertung. Sie bedeutet zunächst einmal auch, dass Wirtschaftssektoren neu bedacht und klassifiziert werden müssten, damit diese angemessen betrachtet und wertgeschätzt werden können. Unter anderem ist es wichtig hervorzuheben, dass es eine »fundamentale Wirtschaft« gibt, die alle Leistungen umfasst, welche Ökosysteme erhalten oder wiederherstellen, um die allgemeine ökosystemare Funktionstüchtig-

Die Erhaltung funktionsfähiger Ökosysteme ist als »Fundamentalwirtschaft« Grundlage allen Wirtschaftens

---

4 Publikationen ab 2003; vgl. https://www.millenniumassessment.org/en/index.html.

Versorgende Ökosystemleistungen	Kulturelle Ökosystemleistungen

Biomasse

◆ Kultivierte Landpflanzen für Ernährung, Material und Energie

◆ In-situ-kultivierte Wasserpflanzen für Ernährung, Material und Energie

◆ Kultivierte Pilze für Ernährung, Material und Energie

◆ In Gefangenschaft gehaltene Landtiere für Ernährung, Material und Energie

◆ In Gefangenschaft gehaltene Wassertiere für Ernährung, Material und Energie

◆ Wild lebende Land- und Wasserpflanzen für Ernährung, Material und Energie

◆ Wild lebende Pilze für Ernährung, Material und Energie

◆ Wild lebende Land- und Wassertiere für Ernährung, Material und Energie

Genetisches Material aus jeglicher Art von Organismen

◆ Samen, Sporen und anderes Pflanzenmaterial zur Erhaltung oder zum Aufbau von Populationen

◆ Pflanzliche Individuen zur Begründung neuer Züchtungslinien oder Varietäten/Sorten

◆ Einzelne extrahierte Gene aus Pflanzen für Genmanipulation und Schaffung neuer biologischer Einheiten

◆ Tierisches Material zur Erhaltung oder zum Aufbau von Populationen

◆ Tierische Individuen zur Begründung neuer Züchtungslinien

◆ Einzelne extrahierte Gene aus Tieren für Genmanipulation und Schaffung neuer biologischer Einheiten

Direkte Interaktionen im Freien mit lebenden bzw. ökologischen Systemen in ihrem natürlichen Zusammenhang

◆ Physische Interaktionen und Erfahrungen mit Lebewesen bzw. Ökosystemen im Freien
  • Erfahrung lebender bzw. ökologischer Systeme im Rahmen von Aktivitäten in der Natur, die zu Erholung, Heilung, Unterhaltung oder Erbauung führt
  • Erfahrung lebender bzw. ökologischer Systeme im Rahmen von Beobachtungen in der Natur, die zu Erholung, Heilung, Unterhaltung oder Erbauung führt

◆ Intellektuelle Interaktionen und Erfahrungen mit Lebewesen bzw. Ökosystemen im Freien
  • Erfahrung lebender bzw. ökologischer Systeme, die wissenschaftliche Forschung oder das Entstehen von traditionellem/lokalem Wissen unterstützt
  • Erfahrung lebender bzw. ökologischer Systeme, die Bildung und Training unterstützt
  • Erfahrung lebender bzw. ökologischer Systeme, die kulturelle Identität und/oder ein Gefühl des Aufgehobenseins/der Zugehörigkeit befördert
  • Erfahrung lebender bzw. ökologischer Systeme, die ästhetische Anregung und künstlerische Inspiration befördert

(Indirekte oder abstrakte) Interaktionen mit lebenden bzw. ökologischen Systemen außerhalb ihres natürlichen Zusammenhangs

◆ Spirituelle, symbolische oder andere abstrakte Interaktion mit der Natur und/oder Lebewesen
  • Beschäftigung mit lebenden Systemen, die eine symbolische Bedeutung haben
  • Beschäftigung mit lebenden Systemen, die eine spirituelle, heilige oder religiöse Bedeutung haben
  • Beschäftigung mit lebenden Systemen, die zur Unterhaltung beitragen

Regulierende Ökosystemleistungen

Abbildung 2: Klassifikation der Ökosystemleistungen (verändert nach CICES) Haines-Young & Potschin (2017); eigene Übersetzung und Veränderungen; ohne sogenannte abiotische Leistungen.

Umwandlung biochemischer und physikalischer Inputs

◆ Verarbeitung von anthropogenen Abfällen und toxischen Substanzen
- Biologischer Abbau/Reinigung durch Organismen
- Filtern, Anreichern, Speichern in und durch Organismen

◆ Verminderung anthropogener Störungen und Belästigungen
- Geruchsreduktion
- Lärmreduktion
- Visuelles Abschirmen

Regulierung physikalischer, chemischer und biologischer Bedingungen

◆ Regulierung von Stoffströmen und extremen Ereignissen
- Minderung von Wasser- und Winderosion (inkl. Küstenschutz)
- Puffern und Reduzieren von Massenbewegungen
- Regulation des Wasserkreislaufs und -(ab)flusses (inkl. Überflutungsschutz)
- Reduktion von Windgeschwindigkeiten, Windschutz
- Schutz vor Bränden

◆ Erhaltung von Lebenskreisläufen, Schutz von Habitaten und Genpools
- Bestäubung bzw. Gametenausbreitung
- Samenausbreitung
- Erhaltung von Brutpopulationen und Brutstätten-Habitaten

◆ Schädlings- und Krankheitskontrolle
- Schädlingskontrolle und Verminderung der Ausbreitung invasiver Arten
- Vorbeugung und Verminderung von Krankheiten

◆ Regulierung der Bodenqualität
- Vermittlung von Verwitterungsprozessen im Boden
- Zersetzung und Stofffixierung im Boden

◆ Regulierung der Wasserqualität
- Regulierung der chemischen und physikalischen Qualität von Süßwasser in Oberflächengewässern (stehend, fließend)
- Regulierung der chemischen und physikalischen Qualität von Grundwasser
- Regulierung der chemischen und physikalischen Qualität von Salzwasser

◆ Regulierung der Qualität der Atmosphäre/Luft und Klimaregulierung
- Filterung und Reinigung der Luft
- Reduktion von atmosphärischen Treibhausgaskonzentrationen und globale Klimaregulation
- Regulierung von Mikro- und Mesoklima

keit nachhaltig zu bewahren, ohne ausgewählte Leistungen zu priorisieren. Hierzu gehören auch diejenigen Formen des Naturschutzes, welche sich für die Bewahrung von sich selbst organisierenden, möglichst wenig anthropogen veränderten bzw. gestörten Ökosystemen einsetzen – z. B. durch Einrichtung von Schutzgebieten, Bewahrung von Wildnisgebieten.

Wild-Öko-systemnutzung und Steuerung von Kultur-Ökosystemen

Für die Betrachtung der Nutzungen sollen hier wilde Ökosysteme, die sich unter den gegebenen Rahmenbedingungen (einschließlich des menschgemachten Umweltwandels) selbst organisieren und dynamisch anpassen, von den anthropogen gesteuerten Ökosystemen unterschieden werden. Auf der »Fundamentalwirtschaft« aufbauend, folgen die extraktiven Bereiche des ▷ **Ökosystemmanagements** – die klassische Primärwirtschaft. Dabei gibt es zum einen die abschöpfende Nutzung und Ernte von Ökosystemprodukten, die im nicht oder nur wenig manipulierten Ökosystem erfolgen und sich spontan ablaufende ökologische Prozesse zunutze machen. Hierzu gehören als eine Art Wild-Ökosystemnutzung das Sammeln und Ernten von wild lebenden Organismen oder ihrer Produkte (z. B. Sammeln von Wildfrüchten

Abbildung 3: Wiederaufforstung mit Kiefern auf Landschaftsebene zur Bekämpfung der Desertifikation am Rande der Gobi-Wüste, Saihanba Forest Park, China, als primär nicht nutzungsorientiertes Ökosystemmanagement. Genau genommen handelt es sich nicht um die Wiederherstellung eines Ökosystems, sondern um die Einrichtung einer Kiefernplantage; die Beschaffenheit der ursprünglichen Waldvegetation dürfte bezüglich vorhandener Arten und Ökosystemfunktionen erheblich komplexer gewesen sein (Foto: P. Ibisch).

oder Pilzen, Jagd/Fang wild lebender Tiere). Zum anderen ist die bewusste und gezielte Steuerung von Kultur-Ökosystemen zu unterscheiden, welche einzelne Ökosystemtypen bzw. -zustände einrichtet und bewahrt, um die Gewinnung einzelner, potenziell erneuerbarer Ressourcen zu optimieren; wichtige Formen sind Land- und Forstwirtschaft sowie die Bewirtschaftung von aquatischen Ökosystemen (Fischerei, Aquakultur). Im Grunde gehört auch der Bergbau hierher, v. a. wenn er mit anderen Landnutzungen konkurriert und eine Vernichtung oder substanzielle Umgestaltung von Ökosystemen bedingt, also v. a. Tagebaue zur Gewinnung von Kohle, Erzen, Sand etc. Aber auch Untertagebau führt meist zu unter- und oberirdischen Ökosystemveränderungen (z. B. durch Beeinträchtigung von Grundwasser, Abpumpen und Ableiten von Wasser).

Zu diesen Nutzungsformen kommt noch eine nicht konsumtive Nutzung von Ökosystemen hinzu, die in der Natur stattfindet und für die die Existenz der Ökosysteme und ihrer Komponenten von unmittelbarer Bedeutung ist. Die Ökosysteme und ihre Teile werden in diesem Falle nicht materiell benutzt oder verbraucht. Hierzu zählen alle naturbasierten Aktivitäten, die die sogenannten kulturellen Ökosystemleistungen abschöpfen (z. B. naturbasierter Tourismus, Naturfotografie, Wildnispädagogik und -heilung usw.).

Nicht konsumtive Ökosystemnutzung

> **Ökosystemmanagement: Das planvolle und zielorientierte Einsetzen von menschlichen, finanziellen und anderen Ressourcen zur Bewahrung und Wiederherstellung von sich spontan verändernden und sich selbst organisierenden Ökosystemen sowie zur Steuerung und Veränderung genutzter Ökosysteme und ihrer Nutzungen können gemeinsam als Ökosystemmanagement beschrieben werden. Auch das bewusste Verzichten von Eingriffen und direkter Nutzungen von Ökosystemen, in denen bewusst auf Selbstorganisation und -regulation gesetzt wird, ist also eine Form des Ökosystemmanagements. Die verschiedenen Formen der Ökosystemnutzung können um Raum konkurrieren – deshalb umfasst ein ganzheitliches Ökosystemmanagement auch das räumlich-zeitliche Ausbalancieren aller Nutzungen und Nutzungsverzichte im Sinne der Funktionstüchtigkeit des gesamten Systems.**

Die Ökosystemnutzung dient nicht nur der Wertschöpfung für die Entwicklung des Menschen, sondern bedingt in der Regel auch eine ⌕ **Schadschöpfung**, die häufig direkt oder indirekt ungünstig auf den Menschen wirkt, also das Wohlergehen mindert. Regelmäßig sind allerdings von den Nutzungsfolgen bevorteilte und geschädigte Individuen nicht gleichermaßen betroffen.

Schadschöpfung

Als Pendant zur betrieblichen Wertschöpfung wird die Schadschöpfung als die Summe aller negativen Umweltwirkungen definiert, die sich aus einer ökonomischen Aktivität ergeben. Diese Wirkungen können direkt, aber auch indirekt ausgelöst werden. Der Begriff wurde erst 1992 eingeführt und zunächst nur auf Emissionen bezogen; heute werden auch ökologische Verknappungen, jegliche ökologischen Schädigungen und auch negative Auswirkungen auf Menschen einbezogen (Prammer 2009). Die Schadschöpfung wird zu einem betriebswirtschaftlichen Problem, wenn die negativen Auswirkungen die Produktionsgrundlage schmälern oder infrage stellen. Viele Wirkungen haben allerdings v. a. eine volkswirtschaftliche Dimension, da sie über die Betriebsgrenzen hinausreichen. Dabei ergibt sich das Problem, dass mit der Schadschöpfung verbundene Kosten regelmäßig externalisiert werden – d. h., das Kosten wie etwa für die Reinigung von Wasser und Luft oder indirekt ausgelöste Folgekosten wie etwa im Kontext des Klimawandels von der Allgemeinheit getragen werden müssen.

Allein die ökologische Erfassung der Schadschöpfung ist ein schwieriges Unterfangen, da es notwendig ist, entstehende Wirkungen überhaupt zu erkennen und hernach bezüglich ihrer Wirkungsschwere zu bewerten. Gerade im Falle der Ökosystemnutzung sind sie sehr komplex. Tatsache ist, dass bei Ökosystemnutzung nicht nur eine Wertschöpfungskette in Gang gesetzt wird – auf jeder Stufe der Nutzung und Verarbeitung von Naturressourcen entstehen materielle Werte, Einkommen, Arbeitsplätze, Versorgungssicherheit etc. –, sondern auch eine Schadschöpfungskette: Jeder Schritt von der Gewinnung und dem Transport bis hin zur Weiterverarbeitung und zum Produzieren von Abfall und Rückständen ist (potenziell) mit Schäden für den Naturhaushalt bzw. die Ökosystemfunktionalität, die menschliche Gesundheit, aber auch für Betriebe und die Volkswirtschaft verbunden, die in Beziehung zur Wertschöpfung gesetzt werden müssen, um zu einer ökologisch-ökonomischen Gesamtbetrachtung zu kommen.

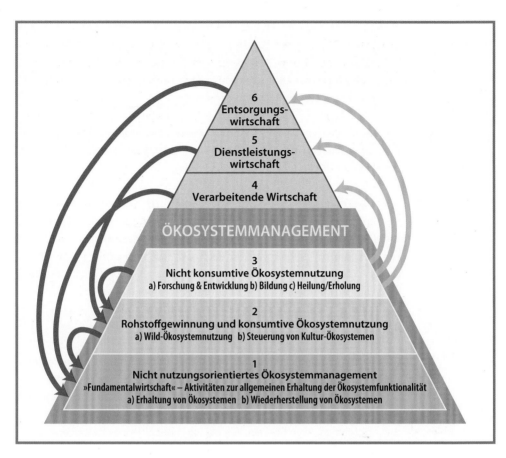

Grundsätzlich können die folgenden Schädigungen der Ökosysteme unterschieden werden (vgl. auch Salafsky et al. 2008):

1. Physische (Zer-)Störung von Teilen des arbeitenden Ökosystems (u. a. durch Entnahme/Ernte von Biomasse bzw. Individuen oder ihren Teilen, Verkleinerung/Vernichtung von Populationen, Störung/Vernichtung von Vegetationsstrukturen)

2. Veränderung der physikalischen, chemischen und thermodynamischen Eigenschaften der Erdoberfläche, der Ozeane und der Atmosphäre (z. B. Versiegeln, Abgraben und Umsetzen von Böden sowie Ent- und Bewässern, Aufstauen und Umleiten von Flüssen; Veränderung der Albedo und die Fähigkeit von Ökosystemen, Energie aufzunehmen bzw. zu speichern; Freisetzung von neuartigen ökosystemfremden Stoffen wie u. a. Pestizide, Plastik und weiterer Abfall)

Abbildung 4:
Ökosystembasierte Pyramide der Wirtschaftssektoren und Position des Ökosystemmanagements (grüne Pfeile skizzieren Unterstützung abhängiger Sektoren, rote Beeinträchtigungen der Ökosystemfunktionalität).

3. Unterbrechung und Verlust von Interaktionen lebender Systeme (z. B. physische Unterbrechung der Wechselwirkungen zwischen Individuen und Arten durch Infrastruktur; Verlust von genetischer Rekombination; Veränderung von eingespielten Interaktionsnetzwerken durch das Einbringen von vorher nicht im System vorhandenen Arten)

4. Verlust von biologischer Vielfalt und ökosystemarem Wissen (Verlust von genetisch gespeicherter Information; damit Verlust von über lange Zeit erprobten Überlebens- und »Backup«-Lösungen)

5. Steigerung der Verwundbarkeit gegenüber Störungen und Verlust von Anpassungs- bzw. Reparaturfähigkeit (Verringerung der Selbstorganisations- und -regulationskapazitäten; durch multiple rückkoppelnde Effekte wie Verlust von Treibhausgasspeichern und -senken, Reduktion der klimatischen Pufferung und Veränderung von Wasserzufuhr und -rückhaltefähigkeit; klimawandelbedingte Desintegration von funktionierenden Systemen; vergrößerte Empfindlichkeit gegenüber Extremereignissen; vgl. z. B. Pecl et al. 2017).

Die verschiedenen Stress auslösenden und funktionsmindernden Veränderungen in den Ökosystemen wirken in der Regel nicht allein, sondern sind in komplexen Wirkungsketten miteinander verknüpft. Sie verstärken sich gegenseitig und können systemisch eskalieren. Die systemischen Interaktionen erfolgen auf allen Ebenen, z. B. auch auf der Ebene eingebrachter Stoffe. So wirken etwa einige Unkrautvernichtungsmittel wie Glyphosat oder bestimmte Insektizide erst in Kombination mit anderen Mitteln, mit denen sie zusammen ausgebracht werden, toxisch (oder um ein Vielfaches toxischer; Vincent & Davidson 2015; Hasenbein et al. 2016). Die Veränderungen treten lokal auf, tragen aber auch zu regionalen und sogar globalen Schäden bei.

Wirkungen der Ökosystemnutzung sind kontextabhängig

Die Wirkungen bestimmter Nutzungen und Schädigungen sind kontextabhängig und hängen auch in ihrem Ausmaß v. a. von der Beschaffenheit der betroffenen Ökosysteme ab. Besonders artenreiche, komplexe und in hohem Maße selbstregulierte Systeme wie etwa tropische Wälder sind besonders empfindlich und vergrößern nach schweren Störungen auch ihre Verwundbarkeit (Vulnerabilität) gegenüber weiteren Stresstreibern wie etwa dem Klimawandel). Besonders verwundbar sind Berg-Ökosysteme mit steilen Lagen, wo z. B. die Verletzung der Vegetationsdecke schnell zu Erosion und Verlust des Bodens führt (Abb. 5).

Abbildung 6: Anbau von Ölpalmen auf Borneo, Malaysia, als extreme Form der Ökosystemnutzung, wo die Arbeit des heimischen Ökosystems nicht mehr beansprucht wird. Es kommt zum Design und zur Kontrolle eines reinen Kultur-Ökosystems. Die Kulturpflanze stammt von einem anderen Kontinent (Westafrika), auch der erforderliche Bestäuber ist eingeführt worden (der Rüsselkäfer *Elaeidobius kamerunicus*). Die Palmen werden in Pflanzgärten bzw. in vitro produziert und repräsentieren wenige selektierte Genome. Die erforderlichen Pflanzennährstoffe werden per Düngung zugeführt, und die Plantage wird regelmäßig mit dem Herbizid Glyphosat gespritzt, um sie begehbar zu halten und mutmaßlich Konkurrenz durch andere Pflanzen auszuschließen. Habitate und Ressourcen für heimische Arten sind nur minimal vorhanden. Abgesehen von den beobachtbaren lokalen Folgewirkungen, kommt es zum Stoffeintrag in die Flüsse und den Ozean sowie marine Ökosysteme wie etwa Korallenriffe (Foto: P. Ibisch).

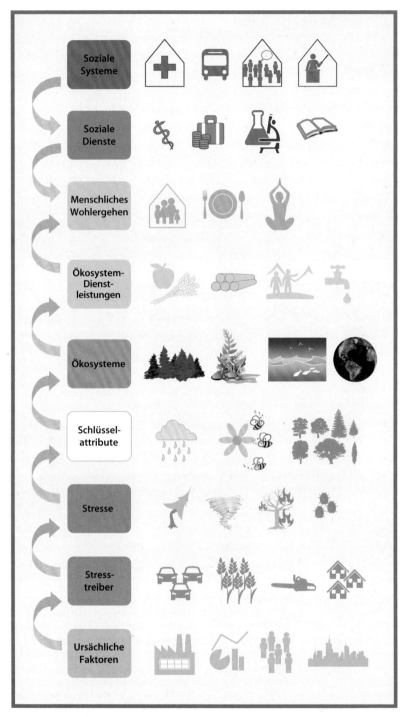

Abbildung 7: Vereinfachte Darstellung der Aspekte des Ökosystemmanagements, die analytisch und strategisch miteinander verknüpft werden müssen, um zu erreichen, dass die Beeinträchtigung der Ökosysteme verringert und das menschliche Wohlergehen verbessert wird.

3 Analyse und strategische Ansätze von (un-)nachhaltigen Systemen

Ein ganzheitliches Ökosystemmanagement betrachtet nicht allein die Steuerung der Nutzung von Ökosystemleistungen, sondern überwacht auch Status und Veränderungen der Ökosysteme, die das menschliche Wohlergehen tragen. Zudem wird es darauf abzielen, die ökosystemaren Stresse zu mindern, welche die ökologischen Schlüsselattribute beeinträchtigen, welche für die Funktionstüchtigkeit unerlässlich sind (z. B. Artenvielfalt, genetische Vielfalt, ökologische Interaktionen/Prozesse). Dabei geht es nicht nur darum, die Symptome der Ökosystemveränderungen zu erfassen, sondern auch die Stresstreiber und deren zugrunde liegenden ursächlichen Faktoren zu beeinflussen, die allesamt miteinander in Wechselwirkung stehen können (Abb. 7).

Komponenten eines ganzheitlichen Ökosystemmanagements

Ökonomisierung des Ökosystemmanagements

Nach der Erfindung des Diskurses der Ökosystemleistungen war es ein logischer Schritt, zur ökonomischen Betrachtung derselben zu gelangen. Erstmals fragte Walter Westman (1977):[5] Wie viel sind die Dienstleistungen der Natur eigentlich wert? Erst 20 Jahre später veröffentlichten Robert Costanza und Kolleg*innen (1997) eine bahnbrechende Studie, die versuchte, den Wert der Ökosystemleistungen und des natürlichen Kapitals monetär festzulegen: Plötzlich stand ein Wert von 33 Billionen Dollar im Raum. Der in der weltweit renommierten Fachzeitschrift *Nature* erschienene Artikel wurde intensiv diskutiert; obwohl sich der damals berechnete Wert im Laufe der Zeit als schlecht begründet und geradezu irreführend herausstellte (vgl. u. a. auch Argumentation in den folgenden Absätzen), war der Einfluss enorm. Der vermeintlich revolutionäre Schritt bestand darin, der Natur einen ökonomischen Wert zuzugestehen, obwohl es sich eingebürgert hatte, diese Werte als Gratisproduktivkräfte in ökonomische Rechnungen nicht einzubeziehen. In den ökonomischen Standardtheorien ist Kapital die Grundlage des Wirtschaftens und der Wertschöpfung. Jede Produktion beruht dabei auf drei Faktoren (Produktionsfaktoren): Arbeit (Humankapital), Boden (Naturkapital) und Kapital (Sachkapital). Das sogenannte Naturkapital geht tatsächlich häufig nur als Boden in die ökonomischen Rechnungen ein, der im Zweifel erworben und unter Leistung von Abgaben erhalten werden muss. Natur hat dabei den gleichen Stellenwert wie etwa Arbeitskräfte und Maschinen, die als Produktionsfaktoren ersetzt werden können, wenn sie zu alt oder zu teuer werden; die relevante Investition ist der Kauf von Land. Wenn man sich allerdings der vie-

Wie viel ist die Natur wert?

---

5 Ein guter Abriss der Geschichte der Ökosystemleistungen wurde von Gómez-Baggethun et al. (2010) verfasst.

lerlei versorgenden, regulierenden und kulturellen Leistungen gewahr wird, die von den arbeitenden Ökosystemen bereitgestellt werden, stellt sich die Frage, was diese eigentlich wert sind – und wer die Rechnung präsentiert und bezahlt.

Stern-Report: die Kosten des Klimawandels

Die Debatte bekam neuen Schwung, als immer deutlicher wurde, dass die sich verstärkenden Umweltprobleme wie der Klimawandel erhebliche volkswirtschaftliche Kosten verursachen. Strategische Überlegungen ergaben, dass sich Politik und Unternehmen eher mit ökologischen Problemen beschäftigen, wenn sie mit realen ökonomischen Kosten konfrontiert werden. 2007 hat Nicholas Stern einen Bericht zur Ökonomie des Klimawandels vorgelegt (Stern 2007), welcher eine erhebliche gesellschaftliche Reaktion auslöste. Wieder wurden beunruhigende Zahlen vorgelegt: Der Klimawandel könnte bedeuten, dass zukünftig 5 bis 20 % oder mehr des globalen Bruttoinlandsprodukts verloren gehen könnten.

TEEB: Ökonomie der Ökosysteme und der Biodiversität

Durch den Stern-Report wurden Ökolog*innen und Naturschützer*innen inspiriert, eine ähnliche Betrachtung für die Ökosysteme zu fordern. Diese wurde mit der Studie *The Economics of Ecosystems and Biodiversity* (TEEB 2010) relativ schnell umgesetzt. Schon im Nachgang des sogenannten Stern-Reports waren grundlegende methodisch-konzeptionelle Fragen aufgeworfen worden; v. a. diejenige, wie eigentlich verlässliche Zahlen ermittelt werden können, wenn zur Abschätzung von Klimawandelfolgekosten auch zukünftige Werte berücksichtigt werden müssen. Die Ökonomie hat dafür Instrumente, die auch in diesem Falle zur Anwendung kamen. Von zentraler Bedeutung ist hierbei die Abzinsung oder ▷ **Diskontierung**.

> **Diskontierung ist ein Instrument der Finanzmathematik, welches bestimmt, wie viel Geld zu einem bestimmten Zeitpunkt bei gegebenen Zinssätzen angelegt werden muss, um später über ein bestimmtes Kapital zu verfügen; bzw. den Wert, den eine bestimmte Geldmenge in der Zukunft haben wird.**

Kann man Ökosysteme abschreiben?

Bei der diskontierungsbasierten Berechnung des zukünftigen Werts eines Wirtschaftsgutes kommt es mit dem Ansetzen eines bestimmten Zinssatzes zu Annahmen darüber, welchen Wert zukünftige Akteure diesem Gut beimessen. Im Falle von typischen Industrieprodukten wie einem Auto oder einem Computer kann man davon ausgehen, dass sie durch Abnutzung und technologische Neuerung mehr oder weniger schnell an Wert verlieren. Entsprechend können diese Investitionen abgeschrieben und davon ausgegangen werden, dass ihr zukünftiger Wert irgendwann gegen null tendiert. In diesem Falle kann der zukünftige Wert von Gütern mit einem positiven Zinssatz relativ verlässlich in einen heutigen Wert eingepreist werden. Aber wie ist das eigentlich im Falle der Natur und der Ökosysteme? Hier ist damit zu rechnen, dass sich durch Bevölkerungswachstum und weitere Beschädigung und Zerstörung von Ökosystemen das Pro-Kopf-Angebot an Ökosystemleistungen dramatisch verknappt. Werden also zukünftige Generationen die Natur nicht eher noch mehr wertschätzen als wir heute? Dies wird in aktuellen Ansätzen der ökonomischen Bewertung nicht berücksichtigt.

Bei der ökonomischen Bewertung von Ökosystemen ergeben sich erhebliche moralisch-ethische Implikationen. Die gegenwärtigen Generationen schädigen nicht nur die Ökosysteme zusehends irreversibel (ausgestorbene Arten können z. B. nicht wiederhergestellt werden) und hinterlassen entsprechend den zukünftigen Generationen ein deutlich weniger funktionstüchtiges globales Ökosystem (vgl. Ökozid-Debatte). Vielmehr kommt es darüber hinaus zu einer ökologisch-ökonomischen Bevormundung der zukünftigen Generationen, da heute festgelegt wird, wie sehr Natur in der Zukunft wertgeschätzt wird. Tatsächlich wurde schon in der ersten Interimsstudie von TEEB auf das Problem hingewiesen: Beispielsweise bedeutet eine 4-%-Abzinsung über 50 Jahre, dass für die zukünftige Ökosystemdienstleistung nur 1/7 des Wertes angesetzt wird, der heute aus ihr gezogen wird (nach 100 Jahren sogar nur 1/50). Wird allerdings davon ausgegangen, dass der Wert in der Zukunft immer weiter zunimmt, weil Natur keine ersetzbare, sich abnutzende Maschine ist, müsste der Zinssatz negativ sein – und die heutigen Generationen die Zukunft mit einem unendlich großen Wert einpreisen. Dies erscheint theoretisch angesichts einer unendlich langen Zukunft auch richtig, ist aber natürlich aus ökonomischer Sicht praktisch nicht akzeptabel. Im Extremfall müsste die gegenwärtige Generation ihren Konsum weitgehend einstellen und erwarten, dass nachfolgende Generationen ebenso handeln (Müller & Clasen 2008). Geht es jetzt um einen Mittelweg zwischen den Extremen sehr niedriger und sehr hoher Diskontierungssätze (Beckerman & Hepburn 2007)? Es handelt sich um eine der ganz großen Fragen an die Ethik unserer Zeit, die vor allem eben auch die Substanz der Nachhaltigkeitsidee betrifft. Wer muss zurückstecken, wenn die Befriedigung der Bedürfnisse der gegenwärtigen Generation mit den Interessen der zukünftigen Generationen unvereinbar erscheint? Vermutlich wäre schon viel erreicht, wenn die Problematik überhaupt einem größeren Teil der Menschheit bewusst wäre. Darüber hinaus ist es auch eine berechtigte theoretisch-konzeptionelle Fragestellung, ob es überhaupt sinnvoll sein kann, dass eine abhängige Teilkomponente den Wert des größeren Ganzen bestimmt, von dem sie auf Gedeih und Verderb abhängt. Kann denn in diesem Falle der Wert überhaupt kleiner als unendlich groß sein?

Moralisch-ethische Implikationen der Umweltökonomie

Betroffenes System	Wertschöpfung, positive Wirkungen/ Einnahmen		Schadschöpfung, negative Wirkungen/Kosten	
Betrieb	Einkommen/Einnahmen [J]	€	Löhne, Abgaben, weitere Betriebskosten [J]	€
			Infrastruktuell verringerter Baumbestand und entsprechend geringere Produktion (aufgrund von Rückegassen, Waldwegen) [J–JZ]	€
			Investitionen in Maschinen, Arbeitsmittel [J]	€
Gesellschaft	Impulse/Anreize für Technikentwicklung (Industrie, Forschung und Entwicklung) [J–JZ]	X	Verringerte regulierende Ökosystemleistungen im durch Nutzung veränderten Waldökosystem [J–JH]	X
	Arbeitsplätze in der Forst- und Holzwirtschaft [J–JZ]	€	Verringerte kulturelle Ökosystemleistungen im durch Nutzung veränderten Waldökosystem [J–JH]	X
	Versorgende Ökosystemleistungen des genutzten Waldökosystems (v. a. Holznutzen, Pilzsammler, Konsumenten von Wildbret) [J]	€		
	Regulierende Ökosystemleistungen des genutzten Waldökosystems (v. a. lokale und regionale, aber auch globale Bevölkerung) [J–JZ]	X		
	Kulturelle Ökosystemleistungen des genutzten Waldökosystems (v. a. lokale Bevölkerung, Erholungs-suchende, Touristen, Wissenschaftler) [J–JZ]	X		
Ökosystem	Ökosystemfunktionen im genutzten Waldökosystem [J–JH]	X	Reduktion der Baumbiomasse und des Tot- und Altholzes [J–JH]	X
			Reduktion der Artenvielfalt und der genetischen Information [JZ–JH]	X
			Bodendegradation und Verlust mikroklimatischer Regulation [J–JH]	X
			Reduktion des ökologischen Netzwerks [JZ–JH]	X
			Verringerte Produktivität durch Steigerung der Vulnerabilität gegenüber Extremereignissen, Krankheiten etc. und durch Boden- sowie Mikroklimaveränderungen [JZ–JH]	X
			Produktionsverluste durch Baumverlust (z.B. durch Krankheiten, Windwurf in vulnerableren Beständen) [J–JZ]	X

Die konzeptionellen und methodischen Probleme der ökonomischen oder gar monetären Bewertung von Ökosystemen sind weitaus größer, als es die Umweltökonomie lange Zeit reflektierte. Natürlich ist es auch relevant, bei entsprechenden Berechnungen überhaupt alle Werte angemessen zu erfassen. Die direkten Nutzwerte (z. B. konsumtiv wie Nahrung oder nicht konsumtiv wie Erholung oder Tourismus) sind noch vergleichsweise leicht zu erfassen. Bei indirekten Nutzwerten ist dies schon weitaus schwieriger bis geradezu unmöglich, da nicht davon ausgegangen werden kann, alle regulierenden Funktionen und Leistungen in einem Ökosystem wirklich zu kennen (z. B. Erhaltung der Bodenfruchtbarkeit, Regulierung des Wasserkreislaufs, Schädlingsregulation). Tatsächlich lehrt uns allein die jüngste Vergangenheit, wie sehr sich unsere Kenntnis von Ökosystemleistungen innerhalb kürzester Zeit vermehrt und damit die Bewertungsgrundlage verbreitert hat. Es wäre vermessen, nunmehr davon auszugehen, dass wirklich alle relevanten Nutzwerte bekannt seien. Nutzungsunabhängige Werte wie etwa der abstrakte Existenzwert (den Menschen einem Ökosystem oder einer Art beimessen, weil es ihnen wichtig ist, dass diese überhaupt existieren) oder der Vermächtniswert (der die Zufriedenheit oder Mission von Menschen darstellt, kommenden Generationen intakte Natur zu hinterlassen) sind nicht geeignet, mit monetären Attributen beschrieben zu werden.

Probleme der Bewertbarkeit von indirekten Nutzwerten und nutzungsunabhängigen Werten

Umgekehrt bedeuten die angesprochenen Probleme, dass auch wesentliche Aspekte der Schadschöpfung im Grunde nicht berechnet werden können. Das Mindeste wäre aber, dass für alle Wirtschaftssektoren eine ökologisch-ökonomische Gesamtbilanz unter Ausweisung der nicht bewertbaren Leistungen und Schäden sowie auch der Kosten ausgewiesen wird, um eine vermeintliche Wirtschaftlichkeit zumindest qualitativ einordnen zu können. Hierbei wäre auch zu beachten, dass unterschiedliche Aspekte der Wert- und der Schadschöpfung nicht nur an verschiedenen Orten, sondern auch in verschiedenen zeitlichen Dimensionen wirksam werden. Da Ökosysteme häufig sehr langsam und zeitverzögert (auf nutzungsbedingte Störungen) reagieren, fallen Wert- und Schadschöpfung in unterschiedliche Zeiträume. Im Folgenden ist schematisch für die Ökosystemnutzungsform der Forstwirtschaft aufgezeigt, welche Nutzen und Kosten zu berücksichtigen wären (Abb. 8).

Ökologisch-ökonomische Gesamtbilanz

Abbildung 8: Vorschlag einer ökonomischen Gesamtrechnungsmatrix für eine Ökosystemnutzung am Beispiel der Forstwirtschaft. Bislang werden nur einzelne ausgewählte Werte für die Berechnung der Wirtschaftlichkeit und als Entscheidungsgrundlage für die Steuerung des Systems herangezogen. Gerade etliche nicht oder nur schlecht bewertbare Positionen wären besonders beachtenswert, um zu beurteilen, ob eine Nutzung wirklich nachhaltig ist und sich »lohnt«.
(€ = relativ leicht monetär bewertbar / ✕ = schwer, nur teilweise oder nicht monetär bewertbar);
Zeitspanne, in der Wirkung in der Regel auftritt: Jahre = J; Jahrzehnte = JZ; Jahrhunderte = JH

Kommuni-
kative und
politische
Wirkung der
Ökonomi-
sierung der
Natur?

Über zehn Jahre nach Erscheinen des Stern-Reports muss auch die kommunikative und politische Wirkung der verstärkten Ökonomisierung der Natur hinterfragt werden. Zwar wurde beispielsweise im Rahmen der deutschen Untersetzung der globalen TEEB-Studie auch für Unternehmen dargestellt, wie die Wirtschaftskraft zumindest indirekt von Ökosystemleistungen abhängt (Naturkapital Deutschland 2015), doch es bleibt zu beweisen, dass entsprechendes Wissen im aktuellen wirtschaftspolitischen Rahmen Anwendung finden kann. Selbst wenn die Umweltkosten und Schadschöpfung allgemein anerkannt würden, bleibt die Frage, »wer die Rechnung bezahlt«. Im Moment sieht es tatsächlich so aus, dass die Kosten allein dem globalen Ökosystem und damit auch den nachfolgenden Generationen überlassen werden. Dieser Frevel scheint von immer größeren Kreisen von Verbraucher*innen nicht mehr unkritisch hingenommen zu werden. Umfragen haben gezeigt, dass 80 % der Befragten künftig keine Produkte von Firmen kaufen wollen, die nicht auf ökologische und soziale Belange Rücksicht nehmen (Naturkapital Deutschland 2015). Allerdings ist die beschränkte Aussagekraft solcher Umfragen bekannt, da sie nur bedingt die tatsächliche Handlungsbereitschaft reflektieren (▷ Kapitel 2.2) und der Marktanteil von Produkten mit diversen Nachhaltigkeitszertifikaten noch klein ist (z. B. FSC – *Forest Stewardship Council*; Bio; MSC – *Marine Stewardship Council*). Während etliche dieser Siegel an Bedeutung gewonnen haben, ist damit nicht bewiesen, dass sie eine tatsächliche Effektivität garantieren können und die entsprechenden Produkte mit wahrhaftigen Preisen gehandelt werden, die eine entsprechende Schadschöpfung verhindern oder kompensieren.

Grundsätzlich ist zu bezweifeln, dass die systemischen Fehler der Ökonomie hinreichend mit marktbasierten und freiwilligen Instrumenten beseitigt werden können (▷ Kapitel 4.3). Vielmehr bedarf es einer grundsätzlich neuartigen Wahrnehmung der Bedeutung der Ökosysteme. Ihre Erhaltung ist nicht etwas, was dann vielleicht auch noch zusätzlich erfolgen könnte, sobald es der Wirtschaft gut geht und Arbeitsplätze gesichert sind. Vielmehr geht es um die Anerkennung der ökosystemaren Belastbarkeitsgrenzen sowie der Notwendigkeit, das Funktionieren der arbeitenden Ökosysteme für unser eigenes Überleben sicherzustellen. Dazu braucht es eine bewusste Ausrichtung auf eine ökosystembasierte nachhaltige Entwicklung (▷ Kapitel 4.1).

Naturnahe Waldwirtschaft im Spannungsfeld zwischen steigendem Holzbedarf, nachhaltiger Sicherung der Waldökosystemleistungen und gesellschaftlichen Ansprüchen an den Wald

Martin Guericke und Peter Spathelf

Das am weitesten verbreitete waldbauliche Konzept in Mitteleuropa ist der naturnahe (naturgemäße) Waldbau. Naturnaher Waldbau ist ein integratives Konzept zur Entwicklung und Bewirtschaftung von (strukturierten) Mischwäldern unter besonderer Berücksichtigung von Naturverjüngung und der Minimierung von Schäden an Boden und verbleibendem Bestand. Im Fokus der Pflege naturnaher Wälder steht der vitale und qualitativ höherwertige Einzelbaum mit dem Ziel, Struktur- und Artenreichtum des Waldes kontinuierlich zu fördern. Eingriffe im Rahmen der Nutzung sind selektiv (bis kleinflächig), bei der Verjüngung werden vorzugsweise Baumarten der natürlichen Waldgesellschaft verwendet.

Der Ursprung der naturnahen Waldwirtschaft liegt im 19. Jahrhundert, als nach umfangreichen Aufforstungen devastierter Regionen offenkundig wurde, dass gleichförmige Reinbestände langfristig keine stabilen Waldökosysteme sind. Einer der ersten Fürsprecher des gemischten (strukturreichen) Waldes war der Münchner Forstwissenschaftler Karl Gayer gegen Ende des 19. Jahrhunderts. Ihm folgte Alfred Möller, Professor an der *Forstakademie Eberswalde*, mit seiner Forderung nach dauerwaldartiger Bewirtschaftung der Wälder. Möller sprach sich u. a. für einzelbaumorientierte Nutzungen, also die Vermeidung von Kahlschlägen, die Bevorzugung von Naturverjüngung sowie die Entwicklung strukturierter Mischbestände als waldbauliches Leitbild aus. Gleichwohl blieben diese Ideen und Konzepte in der deutschen Forstwirtschaft lange Zeit eine unbedeutende Nebenlinie – der gleichaltrige Hochwald war das dominante Waldbausystem bis gegen Ende des 20. Jahrhunderts, sowohl in West- als auch in Ostdeutschland (Spathelf 1997).

In den 1980er-Jahren veränderte sich das Waldbaukonzept erheblich aufgrund verschiedener Einflussgrößen wie der Entstehung der »Umweltbewegung«, des »Waldsterbens« und der zunehmenden Evidenz, dass gemischte (strukturierte) Wälder produktiver sein können und v. a. resilienter gegenüber Störungen sind als gleichaltrige Reinbestände (z. B. Pretzsch 2003; Knoke et al. 2008; Brang et al. 2014).

Die gegenwärtigen Unsicherheiten hinsichtlich der zukünftigen Klimaentwicklung erfordern inzwischen kurz- wie langfristig wirksame Anpassungsstrategien zur Erhöhung der Widerstandskraft und Resilienz mit dem Ziel, die Anpassungskapazität der Wälder zu erhöhen und damit die dauerhafte Bereitstellung aller Waldökosystemleistungen sicherzustellen.

Die waldbaulichen Maßnahmen konzentrieren sich hierbei auf

1) Erhöhung der Baumartenvielfalt,
2) Erhöhung der Strukturvielfalt,
3) Erhöhung der genetischen Vielfalt sowie
4) Erhöhung der Störungsresistenz des Einzelbaumes.

Eine ausführliche Darstellung hierzu findet sich in Brang et al. (2014) sowie Spathelf et al. (2015). Im Sinne von adaptivem Management gilt es, auf Grundlage nachjustierter waldbaulicher Leitlinien und Empfehlungen (z.B. Reif et al. 2010; Landesbetrieb Hessen Forst 2016) sowie bei der Umsetzung konkreter waldbaulicher Einzelfallentscheidungen die Risiken der stets langfristig orientierten Waldbewirtschaftung zu mindern (Eichhorn et al. 2016). Die Intensität der jeweiligen Anpassungsmaßnahmen steigt dabei mit der (lokalen) Notwendigkeit, spezifische Ökosystemdienstleistungen sicherzustellen. Im Kontext von Anpassungsmaßnahmen hat die Waldverjüngungsphase eine besondere Bedeutung (Spathelf et al. 2014). Bei der Wahl standortgerechter und langfristig klimastabiler Baumarten sollten dabei im Rahmen der Walderneuerung neben den einheimischen gebietsfremde Baumarten ausdrücklich nicht ausgeklammert werden. Unter Abwägung von Risiken und Chancen sind mittlerweile eine Reihe von Baumarten identifiziert, die die künftige Baumartenpalette im Sinne einer »waldbaulichen Risikostreuung« erweitern können (Vor et al. 2015).

Im Spannungsfeld zwischen ökologischen und ökonomischen Aspekten nachhaltiger Waldbewirtschaftung, einer umfassenden, langfristigen Sicherung aller Waldökosystemleistungen sowie im Fokus des sich wandelnden gesellschaftlichen Bewusstseins im Umgang mit dem Nutz-, Kultur- und Naturobjekt Wald werden die Handlungsmaximen »Naturnaher Waldwirtschaft« im Kern als geeignet beurteilt (BMELV 2011). Waldbewirtschaftung im Sinne »Ordnungsgemäßer Forstwirtschaft« (siehe BWaldG §11 sowie detaillierter in den jeweiligen Landeswaldgesetzen) wird hingegen aufgrund unterschiedlicher gesellschaftlicher wie auch individueller Wahrnehmungen und Prioritäten vielfach kontrovers beurteilt und ist strittiger Gegenstand vieler forstpolitischer wie auch populärwissenschaftlicher Diskussionen (z.B. BUND 2009; Lehmann 2010; Wohlleben 2015). Letztere tragen dazu bei, die Bewirtschaftung des Waldes gesellschaftlich grundsätzlich infrage zu stellen (Schraml 2016).

Bundespolitisch wurden in jüngerer Zeit mit der deutschen Nachhaltigkeitsstrategie (Bundesregierung 2017) sowie der Biodiversitätsstrategie (BMUB 2007) richtungsweisende Ziele u. a. auch für die Bewirtschaftung und Weiterentwicklung von Wäldern im Sinne naturnaher Waldbewirtschaftung gesetzt. Nach Auffassung des Sachverständigenrates für Umweltfragen (SRU 2016) sollte deren Umsetzung jedoch mit größerem Nachdruck erfolgen. Insbesondere wird gefordert, in Rahmen raumkonkreter Strategien Flächen mit natürlicher Entwicklung von 5 % der Waldfläche bzw. 10 % der Waldfläche im Besitz der öffentlichen Hand rechtlich abzusichern, ein hochwertiges Zertifizierungssystem sollte auf mindestens 80 % der Waldfläche angewendet werden (SRU 2012). Von naturschutzfachlicher Seite aus werden zudem zum Schutz der Biodiversität u. a. umfangreichere Anstrengungen und erweiterte Standards zur Entwicklung und Bewirtschaftung naturnaher Wälder gefordert (NABU 2010).

Aus wirtschaftspolitischer Sicht werden hingegen von der Holzindustrie zunehmende Risiken für das Cluster Forst und Holz gesehen. Insbesondere wird der Forstwirtschaft vorgeworfen, den künftigen Rohstoffbedarf zu ignorieren und am Markt vorbei zu produzieren. Es wird befürchtet, dass es durch den weiteren Rückgang der Nadelholzfläche aufgrund des bundesweit forcierten Waldumbaus in Richtung Laubbäume (BMEL 2014), die weitere Vorratszunahme vor allem im Starkholz sowie zusätzliche, politisch motivierte »Flächenstilllegungen« bereits in absehbarer Zeit zu einer spürbaren Rohholzverknappung kommen wird. Nach den Ergebnissen der Bundeswaldinventur (BWI 3) sowie Einschlagsrückrechnungen wurden in Deutschland im Zeitraum zwischen 2002 bis 2015 durchschnittlich ca. 76 Millionen m^3 Rohholz (Erntefestmeter ohne Rinde) pro Jahr eingeschlagen (Jochem et al. 2015). Der jährliche Zuwachs beläuft sich hingegen aufgrund der gegenwärtigen Baumartenzusammensetzung und dem Altersaufbau auf ca. 98 Millionen m^3 (Erntefestmeter ohne Rinde), wodurch in den vergangenen Jahren ein kontinuierlicher Vorratsaufbau auf mittlerweile ca. 336 m^3 pro ha stattgefunden hat. Mit 3,7 Milliarden m^3 Gesamtvorrat steht im deutschen Wald mehr Holz als in jedem anderen Land der Europäischen Union. Demgegenüber hat der Holzbedarf in Deutschland seit 1991 eine steigende Tendenz, 2015 erreichte er eine Höhe von ca. 119 Millionen m^3 (Rosenkranz et al. 2017). Verschiedene Szenarien gehen für das Jahr 2020 von einem jährlichen Holzrohstoffbedarf in Deutschland zwischen 123 und 141 Millionen m^3 aus. Dementsprechend errechnet sich perspektivisch ein Fehlbedarf von jährlich ca. 20 Millionen m^3 Waldderbholz.

Bereits seit 2009 verzeichnet Deutschland Nettoimporte insbesondere von sägefähigem Nadelrohholz in Höhe von jährlich bis zu ca. 6 Millionen m^3. Demzufolge zeichnet sich ein spürbarer Nutzungsdruck auf die Waldfläche bzw. die Konzepte nachhaltiger Waldbewirtschaftung in Deutschland ab. Dieser Druck wird auch von der weiteren Entwicklung der ökonomischen Rahmenbedingungen unter dem Einfluss der Globalisierung beeinflusst. In Deutschland ist dieser Umstand insofern relevant und ein die zukünftige Waldbewirtschaftung mitbestimmender Faktor, als sich bundesweit ca. 48 % der Waldfläche in Privateigentum befindet. Naturnahe Waldbewirtschaftung gewährleistet die Balance zwischen Ökonomie, Ökologie und den berechtigten Erwartungen der Gesellschaft. Durch sie wird ein gemischter, strukturreicher Dauerwald angestrebt, der in besonderem Maße geeignet ist, die zahlreichen (An-)Forderungen zu erfüllen.

Gibt es nachhaltige Moornutzung?
Die Antwort: Ja, Paludikultur

Vera Luthardt

Moore sind Feuchtlebensräume, in denen eine torfbildende Vegetation wächst (Colditz 1994). Das heißt, diese Ökosysteme leben vom Wasser, beherbergen eine sehr spezifische Lebensgemeinschaft und akkumulieren Kohlenstoff in Form von Torf. Entzieht man dem Ökosystem das Wasser, verändert es sich grundsätzlich sowohl von der Lebensraumqualität als auch dem Kohlenstoffumsatz – aus einer Treibhausgassenke wird eine Quelle (Abb. 1). Die moortypischen Organismen verschwinden, der Boden degradiert.

Jedwede bisherige Form der Moornutzung – sei es Torfabbau oder landwirtschaftliche Inkulturnahme – setzt jedoch weltweit eine Entwässerung der Moore voraus. Die dadurch ausgelösten Prozesse widersprechen jeglichen Vorgaben der nationalen und internationalen Gesetzgebung zu Klima-, Boden-, Wasser-, Biodiversitätsschutz. Trotzdem werden weltweit zunehmend Moore als Nutzland durch Entwässerung erschlossen, und in Europa hält ihre Vernutzung kontinuierlich an. Die TEEB-Studie (Naturkapital Deutschland 2015), die den kohlenstoffreichen Böden ein eigenes Kapitel widmet, konstatiert dazu, dass 30 % der Emissionen aus der Landwirtschaft und 4,4 % der jährlichen Gesamtemissionen Deutschlands aus den landwirtschaftlich genutzten Moorstandorten stammen.

Die durch Wassermangel ausgelösten Prozesse laufen auch unter extensiver Nutzung unentwegt weiter, verstärken sich sogar bei Nutzungsauflassung. Die Folge sind zunehmende Probleme bei der Bewirtschaftung dieser Niederungsflächen – der Ruf nach Entschädigungen für Ertragsausfälle sowohl bei Trockenphasen als auch bei Starkregenereignissen wird immer lauter. Der entscheidende Faktor ist das Wassermanagement und damit auch der Schlüssel zur Beantwortung der eingangs gestellten Frage: »Moor muss nass« – das ist das Motto des Greifswalder Moorzentrums (www.greifswaldmoor.de), das auch sehr maßgeblich Lösungswege zur Verknüpfung von Ressourcenschutz (Torf, Klima, Wasser) und Wertschöpfung forschungsseitig entwickelt: *Paludikultur* = Sumpfkultur. Der Paradigmenwechsel – der längst noch nicht vollzogen ist – besteht darin, nicht den Standort hinsichtlich seiner technologischen Eignung zu optimieren, damit herkömmliche Technik und historisch bewährte und erprobte Mahd- und Weidesysteme zum Einsatz kommen können, sondern für den Standort in seiner jetzigen Konstitution bei maximal

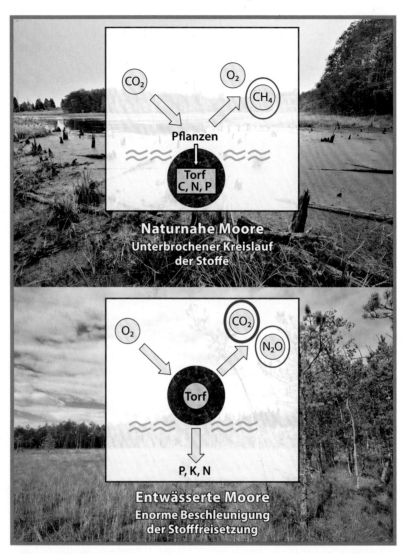

Abbildung 1: Naturnahe Moore akkumulieren unter Sauerstoffabschluss Kohlenstoff aus dem unvollständigen Abbau anfallender toter organischer Substanz als Torf. Dabei entstehen in einem lange Zeit fortlaufenden Prozess geringe Mengen Methan, die in die Atmosphäre abgegeben werden – d. h., naturnahe Moore sind nicht klimaneutral. Bei Wasserentzug und Belüftung wird der Torf in sehr kurzen Zeiträumen durch mikrobiellen Abbau mineralisiert. Als Endprodukte entstehen neben wasserlöslichen Mineralstoffkomponenten auch große Mengen an Kohlendioxid und Lachgas. Die Treibhausgasemissionen erhöhen sich je nach den konkreten Bedingungen um das 2- bis 5-Fache (Fotos: Aleksey Stemmer).

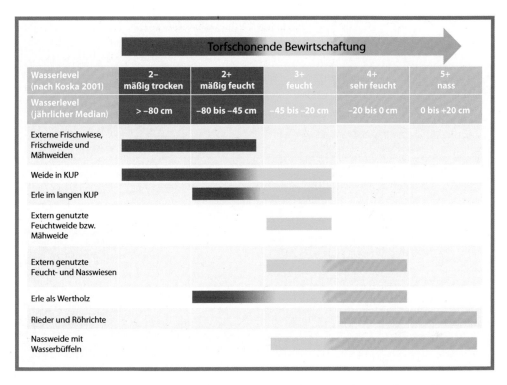

möglicher Wasserhaltung Nutzungssysteme zu entwickeln. Dazu gibt es vielfältige Ansätze (Abb. 2) (Schröder et al. 2015; Wichtmann et al. 2016).

Um eine Abwägung zwischen den unterschiedlichen Nutzungsansprüchen an Moorstandorte vornehmen zu können und diese auch transparent sichtbar zu machen, wurden die Ökosystemdienstleitungen der verschiedenen Moorstadien von Fachleuten bewertet (Tab. 1). Neben dem unbedingten Schutz der letzten noch naturnah verbliebenen, meist kleinflächigen Moore zum Erhalt unserer biologischen Vielfalt in all ihren Facetten sind die Sumpfkulturen der Weg in eine auf Boden-, Wasser-, Klima- und Lebensraumschutz ausgerichtete Wertschöpfung.

Frei verfügbare Entscheidungsunterstützungssysteme für Landnutzende (wie Zeitz & Luthardt 2018) können die Verbreitung von Wissen um Moore und ihre nachhaltige Nutzung befördern. »Wiedervernässung von Moorböden ist eine der effektivsten und volkswirtschaftlich kostengünstigsten Klimaschutzmaßnahmen im Landnutzungsbereich und hat ein Reduktionspotential von bis zu 35 Mio. t CO_2-Äq pro Jahr in Deutschland« (Naturkapital Deutschland 2015). Jedoch sind für die Umsetzung noch zahlreiche Hürden vom Willen und von der Risikobereitschaft bis hin zu formalen Vorgaben, Fördermechanismen und gesetzlichen Einschränkungen zu überwinden.

Abbildung 2: Potenzielle Möglichkeiten einer torfschonenden bis -schützenden Wertschöpfung auf Moorstandorten in Abhängigkeit des zur Verfügung stehenden Wasserdargebots (aus Schröder et al. 2015).

Bereich	Gruppe	Naturnah	Entwässert & genutzt	Entwässert & aufgelassen	Wieder-vernässt & ungenutzt	Paludi-kultur
Versorgungs-leistungen	Nahrungs- und Futtermittel	0	+++	0	0	++
	Pflanzenfasern (Baustoffe, Streu, Substrat)	0	++	0	0	++
	Brenn-/Treibstoffe aus Biomasse	0	++	0	0	++
Regulierungs-leistungen	Regulierung des Klimas (global & lokal)	++	–––	–––	+++	+++
	Wasserreinigung/ Nährstoffrückhalt	++	–––	–––	+~	++~
	Regulierung des Wasserkreislaufs	+++	–––	–––	++	++
	Lebensraum spezialisierter Arten/Genpool	+++	+	––	++~	++~
Kulturelle Leistungen	Naturempfinden, Erholung	+++	+	+	++	+
	Information & Wissen (Prozesse, Archiv)	+++	+	+	++	++

Tabelle 1: Vergleich ausgewählter Ökosystemdienstleistungen von Mooren in Abhängigkeit von Wassermanagement und Nutzung (+++ stark positiv, ++ mittel positiv, + etwas positiv; ––– stark negativ, –– mittel negativ, – etwas negativ; 0 keine Wirkung; ~ entwickelt sich über die Zeit) (aus Luthardt & Wichmann 2016).

Die Treiber: Wirtschaftssysteme

Alexander Conrad und Jan König

Gütermärkte
Haushalte BIP reale Sphäre Wachstum monetäre Sphäre Unternehmen Wirtschaftskreisläufe
Produkte Gewinn Zinsen Arbeitskraft Kredite
Finanzmärkte
öffentliche Haushalte
Wirtschaftssystem
private Haushalte
Preise Geld Produktion Wirtschaftssystem
Einnahmen
Ressourcen
Produzent*innen Leistung
Banken Ökosystem
Konsument*innen

Wirtschaften ist eine zentrale Tätigkeit des Menschen. Ständig sind wir mit der Frage konfrontiert, wie wir unser Budget an Geld, Zeit oder Arbeitskraft einsetzen, um damit bestimmte Ziele zu realisieren. Wir sind Teil eines Wirtschaftssystems, in dem wir auf Märkten Leistungen anbieten und nachfragen. Dabei sollen diese Märkte als Koordinationsmechanismus sicherstellen, dass keine Ressourcen verschwendet werden, weil sie, so die Theorie, zur effizientesten Verwendung knapper Ressourcen führen. Die Theorie sagt auch, dass effiziente Märkte zu größtmöglichem Wohlstand aller beitragen, dass sie dazu führen, dass Unternehmen ihre optimale Betriebsgröße finden und nicht unbegrenzt wachsen, dass Ressourcen nur bedarfsgerecht, d. h. an den Bedürfnissen der Kundschaft ausgerichtet, verwendet werden und dass sich langfristig Gleichgewichte einstellen, ohne Überproduktion und Arbeitslosigkeit. Doch die Praxis sieht anders aus: eine starke, permanente Wachstumsorientierung bei gleichzeitiger Ressourcenverschwendung, Übernutzung der Natur, Arbeitslosigkeit sowie zunehmender Ungleichverteilung der Vermögen und des Wohlstands. Wie passt das zusammen? Warum sind wir so stark auf Wachstum orientiert, wenn es zugleich zu menschheitsgefährdenden Problemen führt? Wie kommt Wirtschaftswachstum zustande, und was sind eigentlich die Grundlagen des Wirtschaftens?

Einführung: Was ist Wirtschaften?

Planvoller, rationaler Umgang mit knappen Ressourcen

In der Standardliteratur der Ökonomie wird ▷ **Wirtschaften** in der Regel an folgendem Beispiel erklärt (vgl. Wöhe & Döhring 2013, S. 33): Die Bedürfnisse des Menschen sind unbegrenzt. Gleichzeitig sind aber die Ressourcen, die verfügbar sind, um Produkte und Dienstleistungen zu erstellen, mit denen die Bedürfnisse befriedigt werden können, begrenzt. Es liegt ein Spannungsverhältnis vor, das nur durch planvolles, vernünftiges (rationales) Handeln gelöst werden kann. Nicht nur wir Menschen haushalten, um mit begrenzten Ressourcen auszukommen, sondern sämtliche Organismen und Ökosysteme sind zum Haushalten gezwungen, wenn auch weniger planvoll-überlegt (▷ Kapitel 1.3).

> Das planvolle, rationale Handeln, d. h. der vernünftige Umgang mit begrenzten Ressourcen, wird als Wirtschaften bezeichnet.

Wirtschaften als alltäglicher Prozess

Dabei ist das Wirtschaften ein ganz alltäglicher Prozess, der in vielen Situationen eine Rolle spielt: Beim Einkaufen im Supermarkt muss überlegt werden, wie viel Budget zur Verfügung steht und welche Produkte damit gekauft werden sollen. Vor einer Klausur muss entschieden werden, welches Ergebnis angestrebt wird und wie viel Zeit für die Vorbereitung eingesetzt werden kann. Stets konkurrieren verschiedene Möglichkeiten und Bedürfnisse miteinander. Im Supermarkt kann aus verschiedenen Produktvarianten ausgewählt werden, und es stellt sich die Frage, welche Produkte Grundbedürfnisse befriedigen (den Hunger und Durst stillen) und was eher in die Kategorie Luxus einzustufen ist. Im Hinblick auf das Zeitbudget muss abgewogen werden, wie dieses auf Arbeit, Lernen, Freizeit und Schlaf verteilt wird usw. Aber nicht nur Privatpersonen und Konsument*innen wirtschaften. Unternehmen wirtschaften natürlich auch. Sie müssen entscheiden, welches Produkt sie herstellen, welche Ressourcen sie dafür einsetzen, wie der Produktionsprozess gestaltet wird und zu welchem Preis das Produkt schlussendlich angeboten werden kann.

Modell des *Homo oeconomicus*

Wie sieht eigentlich ein Mensch aus, der immer nur wirtschaftlich, d. h. ökonomisch, denkt und handelt? Auf diese Frage gibt das Modell des *Homo oeconomicus* Antwort, das seinen Weg in die Wirtschaftswissenschaften zur Zeit der sogenannten Klassischen Ökonomie (18. Jahrhundert) fand. Das Modell formuliert vier Annahmen, die stets erfüllt sein müssen, um von einem aus ökonomischer Sicht »ausschließlich wirtschaftlich denkenden Individuum« sprechen zu können:

(1) Jedes Individuum strebt nach maximalem Eigennutz (Aber ist das realistisch und moralisch vertretbar?).

(2) Extrinsische Anreize sind Auslöser wirtschaftlichen Handelns (das würde voraussetzen, dass jedem Handeln ein Vorteilhaftigkeitsvergleich – eine Kosten-Nutzen-Analyse – vorausginge).

(3) Vollständige Informationen zur Beurteilung aller Handlungsalternativen müssen vorliegen (Wie realistisch ist das? Selbst im Zeitalter der Digitalisierung liegen in der Regel nicht alle Informationen vor und bestehen Informationsgefälle z. B. zwischen Verkäufer*innen und Käufer*innen).

(4) Entscheidungen werden nach dem Rationalprinzip getroffen (eines wäre z. B. das Maximalprinzip, das besagt, dass mit gegebenen Mitteln ein maximales Ziel erreicht werden soll. Doch ist es überhaupt möglich, stets zu erkennen, was mit gegebenen Mitteln alles erreicht werden kann?).

Das Modell beschreibt also sogenannte vollständig rational handelnde Individuen, die aber wohl sehr selten in der Praxis anzutreffen sind. Vielmehr ist davon auszugehen, dass das menschliche Verhalten eher als beschränkt rational oder auch irrational bewertet werden kann. So kann die Kaufentscheidung auf ein Produkt fallen, obwohl es augenscheinlich keinen direkten Nutzen für das Individuum verspricht. Erst unter Berücksichtigung der sozialen Gruppe, mit der das Individuum in Verbindung steht, könnte die Kaufentscheidung als nutzenstiftend bewertet werden (Sicherung der Zugehörigkeit zur Gruppe durch den Kauf jenes Produktes, das von der Gruppe toleriert oder erwartet wird). Es ließen sich weitere Beispiele benennen, die nahelegen, dass unser (ökonomisches) Verhalten von vielen Faktoren abhängt und den Annahmen des *Homo oeconomicus* häufig entgegensteht. *(nach Rogall 2013, S. 74)*

Gewinn und Nutzen

Das Wirtschaften wird damit Mittel zum Zweck, und dieser kann ganz unterschiedlich definiert werden. Klassisch wird er mit Nutzen- und Gewinnmaximierung in Zusammenhang gebracht: Die Konsumenten sollen mithilfe des Wirtschaftens den eigenen Nutzen und das Unternehmen seinen Gewinn maximieren. Aber was sind eigentlich ▷ **Nutzen** und ▷ **Gewinn**? Während Letzteres recht leicht als Differenz aus Einnahmen und Ausgaben definiert werden kann und ein Vergleich dieser monetären Größe zwischen verschiedenen Unternehmen keine Probleme bereitet, ist die Begriffsbestimmung von Nutzen schon schwieriger. In der ökonomisch engen Sichtweise ist Nutzen die Fähigkeit eines Produktes oder einer Dienstleistung, ein bestimmtes Bedürfnis zu befriedigen (Pindyck & Rubinfeld 2015, S. 120).

Gewinn ist die Differenz aus Einnahmen und Ausgaben bzw. Erträgen und Kosten.

Nutzen ist die Fähigkeit eines Produkts oder einer Dienstleistung, ein bestimmtes Bedürfnis zu befriedigen.

Die Ethik fasst den Begriff weiter und verbindet mit Nutzen ein »gutes Gefühl« oder auch »soziale Achtung« (Gabler Wirtschaftslexikon 2017). Aber wie lässt sich der Nutzen messen und vergleichen, da er augenscheinlich einer hohen Subjektivität unterliegt? Nutzen- und Gewinnmaximierung sind die klassischen und heute noch am häufigsten in der ökonomischen Literatur und Praxis vorkommenden Zielvorgaben. Es sind jedoch nicht die einzigen und vor allem mit Blick auf die ökologischen und sozialen Herausforderungen, vor denen unsere Gesellschaft steht, sicher auch nicht die zeitgemäßesten (▷ Kapitel 4.3).

Wirtschaftssystem

Ähnlich wie das Ökosystem (▷ Kapitel 1.3, 3.1) ist auch die Wirtschaft ein Sys-tem: Es basiert auf komplexen ökonomischen Prozessen, die aus vielfältigen Wechselbeziehungen von an der Wirtschaft beteiligten Akteuren resultieren (Sik 1987, S. 17). Dabei gilt wiederum, dass das Zusammenwirken der einzel-nen Teile Emergenzen erzeugen kann, dass also z. B. durch Arbeitsteilung und Spezialisierung die Effizienz der in das ▷ **Wirtschaftssystem** eingebrachten Ressourcen erhöht werden kann. Es gilt aber auch, dass Wirtschaftssysteme ⌕**negativen Rückkopplungen** unterliegen und kippen können.

Systematik der Wirtschaft

> **Wirtschaftssysteme** basieren auf komplexen ökonomischen Prozes-sen, die aus vielfältigen Wechselbeziehungen von an der Wirtschaft beteiligten Akteuren resultieren.

Ein einfaches Wirtschaftssystem kann als eine Art ▷ **Kreislaufmodell** gedacht werden. Es lässt sich an diesem Modell untersuchen, wie es funktioniert und auf Änderungen reagiert. Das sogenannte geschlossene Zwei-Sektoren-Modell (siehe Abb. 2) beschreibt eine Welt, in der nur zwei Akteure im Wirt-schaftssystem in Wechselbeziehung stehen (vgl. Core Project 2015, S. 45 ff.): private Haushalte (Konsumierende) und Unternehmen (Produzierende). Die Haushalte haben das Ziel, bestmöglich ihre Bedürfnisse zu befriedigen, und fragen dafür bei den Unternehmen Produkte nach. Die finanziellen Mittel, die dafür benötigt werden, verdienen sie sich dadurch, dass sie den Unterneh-men ihre Arbeitskraft zur Verfügung stellen. Die Unternehmen setzen diese in

Kreisläufe

> **Kreislaufmodelle** zeigen, welche Wirtschaftssubjekte an einem Wirt-schaftssystem beteiligt sind und welche Transaktionen zwischen die-sen bestehen.

> **Monetärer Kreislauf** zeigt auf, welche Geldströme zwischen den Wirt-schaftssubjekten bestehen.

> **Realer Kreislauf** zeigt auf, welche Güter zwischen den Wirtschaftssub-jekten gehandelt werden.

der Produktion ein und stellen genau jene Produkte her, welche die Haushalte benötigen. In diesem geschlossenen System entspricht der Verdienst der Haushalte den Einnahmen der Unternehmen aus dem Verkauf ihrer Produkte. Aber nicht nur dieser sogenannte ▷ **monetäre (Geld-)Kreislauf** (monetäre Sphäre) ist damit geschlossen und statisch (kein positives/negatives Wachstum), auch der ▷ **Güterkreislauf (reale Sphäre)** ist geschlossen und statisch: Im Wirtschaftssystem stellt die Arbeitskraft ein Gut dar, das auf dem Arbeitsmarkt gehandelt werden kann. Es geht als Produktionsfaktor in den Produktionsprozess ein. Ergebnis dieses Prozesses sind z. B. Konsumgüter, die von den Haushalten nachgefragt und dazu benötigt werden, um die eingesetzte Arbeitskraft zu regenerieren.

Negative Rückkopplungen und Kipp-Punkte im Wirtschaftssystem

Was könnte im Wirtschaftssystem eine negative Rückkopplung sein? Angenommen, es wird der Finanzhaushalt einer Stadt betrachtet. Die Stadt nimmt auf verschiedenen Wegen, aber hauptsächlich durch Besteuerung, Geld ein und gibt es dann für Zwecke wie die Aufrechterhaltung der Verwaltung, für Projekte zum Wohle der Bürger oder für Aufgaben, die der Stadt per Gesetz vorgeschrieben werden, aus. Angenommen, die Stadt gibt mehr Geld aus, als sie einnimmt, und häuft dadurch Schulden an. Für diese Schulden muss die Stadt aus ihren Einnahmen Zinszahlungen leisten. Damit stehen der Stadt aber in der Summe weniger Mittel für ihre Aufgabenerledigung zur Verfügung, und das Leben in der Stadt kann in der Folge für einige Menschen unattraktiv werden. Sie wandern ab. Dadurch sinkt die Steuerbasis, und die städtischen Einnahmen gehen zurück. Sind die Schulden noch immer nicht zurückgezahlt, müssen wieder aus den nun bereits gesunkenen Einnahmen Zinsen bezahlt werden. Der Anteil der Einnahmen, der für die Aufgabenerfüllung bereitsteht, sinkt weiter. Wenn sich diese Negativspirale weiterdreht, kann der Punkt erreicht werden, an dem die Stadt vollständig handlungsunfähig wird. Der Anteil des Schuldendienstes (Zinszahlung) ist dann so hoch, dass die Stadt keinen Gestaltungsspielraum mehr besitzt und ihren Aufgaben nicht mehr nachkommen kann. Diese Entwicklung kann dadurch beschleunigt werden, wenn die Stadt immer neue Schulden aufnimmt, um sich eine vermeintliche Handlungsfähigkeit zu bewahren. Sie wird auch dann beschleunigt, wenn der Zinssatz der aufgenommenen Kredite (bei variabler Verzinsung) steigt. Die negative Rückkopplung besteht insofern darin, dass der Ausgangswert des beschriebenen Regelkreises – die Einnahmen – durch das Bestehen der Verschuldung und der zu leistenden Zinszahlungen von Runde zu Runde (und unter Berücksichtigung von Zinseszinseffekten exponentiell) kleiner wird.

Kipp-Punkte zeigen sich in Wirtschaftssystemen häufig im Zusammenhang mit der Bildung sogenannter Spekulationsblasen (siehe Kindleberger & Aliber 2011 für eine allgemeine ausführliche Darstellung von »Manias, Panics and Crashes« und die Erläuterung der hier gezeigten Beispiele im Speziellen). Hier schießen die Preise für ein Gut (z. B. Häuser oder bestimmte Aktienwerte oder auch von Tulpenzwiebeln) in unrealistische Höhen. Sie werden zum Spekulationsobjekt. Das System wird so lange angefeuert und wächst meist exponentiell, wie es noch Käufer gibt, die bereit sind, den überteuerten Preis zu bezahlen. Finden sich allerdings keine Käufer mehr, kippt das System, und der Preis des Gutes stürzt ins Bodenlose und stabilisiert sich erst wieder auf einem niedrigeren Niveau. Die US-Immobilienkrise hatte zwischen 2006 und 2007 einen Spekulationshöhepunkt erreicht. Im Vergleich zum Jahr 2000 hatte sich der Preis für bestimmte Immobilien mehr als verdoppelt. Als die Blase dann platzte, das heißt das System kippte, taumelte die Weltwirtschaft in

Abbildung 1: Dotcom-Blase – Tageshöchstwerte des NASDAQ-Composite-INDEX zwischen 1998 und 2002. Der NASDAQ-Index umfasst alle Aktien, die an der nordamerikanischen Börse für Wachstumswerte gelistet sind. Mit rund 5.000 (inter-)nationalen Unternehmenswerten gehört der Index zu den wichtigsten Börsenbarometern der Welt (Datenquelle: finanzen.net 2017).

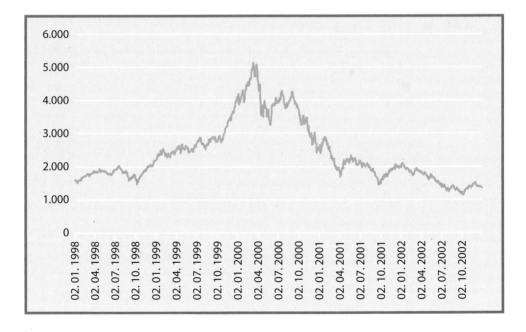

eine (Finanz- und Staatsschulden-)Krise hinein, die bis heute nicht vollständig überwunden ist.

Die Dotcom-Blase ist ebenfalls ein Beispiel für einen Kipp-Punkt. Der Zusammenbruch der *New Economy* ereignete sich im Jahr 2000. Bis dahin waren die an den Börsen gehandelten Werte (Aktien) für Unternehmen, die ausschließlich im Internet eine (oder eine vermeintliche) Leistung anboten, um mehr als das Zehnfache angewachsen, ohne dass dieser Steigerung auch nur im Entferntesten ein realer Wert gegenüberstand. Eine der frühesten (gut dokumentierten) Blasen wird als Tulpenmanie bezeichnet. Hier war der Kipp-Punkt in der ersten Hälfte des 17. Jahrhunderts erreicht. Der Wert einer Tulpenzwiebel, die zum Spekulationsobjekt geworden war, hatte sich nach mehreren bereits enormen Preissprüngen innerhalb weniger Monate im Jahr 1637 um den Faktor 10 erhöht.

Veränderungen des Systems

Statisch ist das System dann, wenn es keinen Veränderungen unterliegt. Was aber könnte zu einer Veränderung führen? Beispielsweise könnte sich die Zahl der Haushalte verändern, sodass mehr Arbeitskräfte verfügbar und auch mehr Konsumgüter nachgefragt werden könnten. Ebenso könnten die Unternehmen einen neuen Produktionsprozess entwickeln, mit dem sich in eine höhere Zahl an Gütern mit gleicher Zahl an Arbeitskräften herstellen lässt. In der Folge würde das System wachsen.

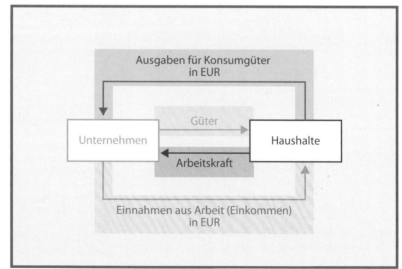

Abbildung 2:
Einfach geschlossener
Wirtschaftskreislauf
mit zwei Sektoren
(nach Core Project
2015, S. 45).

Welche Rolle spielt das Ökosystem im Wirtschaftskreislauf?

Im oben gezeigten Wirtschaftskreislauf wird das einfache, geschlossene System gezeigt, in dem nur die Transaktionen zwischen Unternehmen und Haushalte betrachtet werden. Arbeitskraft geht als Produktionsfaktor in den Produktionsprozess ein.

Aber ist das gezeigte System damit vollständig? Werden alle zur Produktion notwendigen »Ressourcen« gezeigt? Was ist eigentlich Ausgangsbasis für die Gründung eines Unternehmens, und was treibt die Lampen und Maschinen in den Fabrikhallen an? Was wird benötigt, um Brot, Schränke, Papier und viele weitere Produkte des täglichen Lebens herzustellen? All dies braucht Entnahmen aus dem Ökosystem. Die Natur dient als Produktionsmittel (Boden, Wasser, Kohle, Pflanzen, Tiere usw.) für die Leistungserstellung und nimmt die Abfälle der Produktion sowie des Konsums wieder auf.

Nachfolgend wird deshalb der Wirtschaftskreislauf um das Ökosystem und die Wechselbeziehungen zwischen diesem und den schon bekannten (Wirtschafts-)Akteuren ergänzt. Es wird deutlich, dass die Wirtschaft in das Ökosystem eingebettet ist und dass die Grenzen der Entwicklung der Wirtschaft eng mit den Grenzen des Ökosystems verbunden sind (▷ Kapitel 3.1).

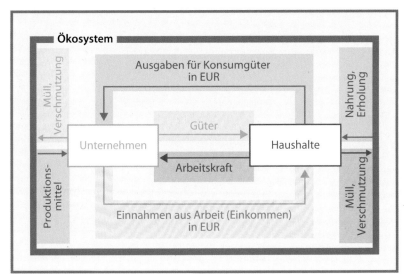

Abbildung 3:
Wirtschaftskreislauf mit Ökosystem (nach Core Project 2015, S. 45).

Entkopplung der monetären Sphäre

Entkopplung des Geld- und Kapitalmarktes von der Realwirtschaft

»Die [weltweite] Währungsspekulation eines Tages stellt einen höheren Wert dar als die jährliche Wirtschaftsleistung von Deutschland oder China« (Lietaer et al. 2013, Pos. 1054). Die Erläuterungen zum Wirtschaftskreislauf vermitteln den Eindruck, dass die monetäre Sphäre (Geld- und Kapitalkreislauf) mit der Realwirtschaft (Güterkreislauf) eng verbunden ist. In der Theorie stellt die monetäre Sphäre (der Geld- und Kapitalmarkt) diejenigen liquiden oder investiven Mittel bereit, die notwendig sind, um in der realen Sphäre Leistungen zu erstellen. Insofern sollte davon ausgegangen werden, dass sich beide Bereiche in einem gewissen Gleichschritt bewegen. Dies ist allerdings nicht der Fall. Seit einigen Jahrzehnten (ca. seit den 1980er-Jahren) wächst die monetäre Sphäre schneller und hat den Bezug zur Realwirtschaft verloren (siehe Abb. 4). Im Vergleich zur weltweiten Leistungserstellung (BIP) haben sich in den Jahren von 1980 bis heute die täglichen grenzüberschreitenden Zahlungsströme vervielfacht und übersteigen die weltweite Leistungserstellung ebenfalls um ein Vielfaches. Lietaer et al. (2013) schätzen, dass nur noch ca. 2 % der grenzüberschreitenden Zahlungsströme einen realen Bezug besitzen. Die restlichen 98 % gehen hingegen auf spekulative Finanzmarktgeschäfte zurück (Lietaer et al. 2013, Pos. 1054 ff.).

Ursache für diese Entwicklung ist unter anderem die Deregulierung der internationalen Finanzmärkte in den 1980er- und 1990er-Jahren als Maßnahme, einer stagnierenden Wirtschaftsentwicklung in Ländern wie Großbritannien und den USA neuen Schwung zu verleihen (Heiss 2014, S. 107).

Abbildung 4: Entkoppeltes Finanzsystem – Entwicklung des Weltdevisenmarktes (Datenquellen: Daten für den Weltdevisenmarkt für die Jahre 1980 bis 1986 in Anlehnung an Lietaer et al. 2013; ab 1989 auf Basis von BIZ 004, S. 76; BIZ 2008, S. 102; Statista 2017b; Daten für das BIP auf Basis von UNCTADSTAT 2017)

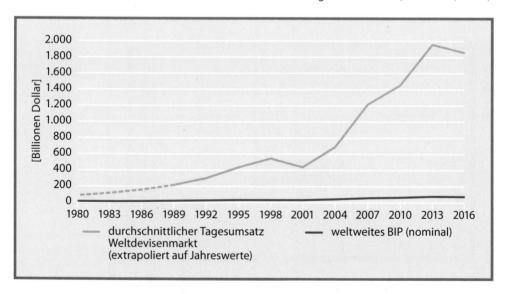

Sie begünstigte die Entwicklung hochspekulativer Finanzinstrumente und erweiterte den Tätigkeitsspielraum (inkl. Kreditvergabemöglichkeit; 🔍 **Geld- und Kreditschöpfung**) der Banken (BPB 2017): So hob die britische Regierung 1986 Zulassungsbeschränkungen für Börsengeschäfte auf. London entwickelte sich in der Folge zum internationalen Finanzzentrum. Die Regierung Bill Clinton beseitigte 1999 Regeln aus den 1930er-Jahren zur Begrenzung des Wirtschaftsraums der US-Banken und zur Trennung von Kredit- und Wertpapiergeschäften. Beide Geschäfte konnten fortan in ein und derselben Bank getätigt werden. Nach der Jahrtausendwende wurde zudem der Weg für den computergestützten Hochgeschwindigkeitshandel mit Wertpapieren freigemacht. Die Folge: Spekulative Handelsvolumina schnellten in die Höhe.

Die Möglichkeit der Banken, die Kreditvergabe auszuweiten und ▷ **Kreditrationierung** abzubauen, führte in der Kombination mit sinkenden Zinssätzen und niedriger Inflation zudem dazu, dass die Verschuldung der privaten Haushalte immer weiter anstieg (BIZ 2004, S. 62 f.). Immer mehr private Haushalte wurden in die Lage versetzt, Kredite (z. B. zum Erwerb von Wohneigentum) aufzunehmen oder Konsumausgaben mit der Kreditkarte – also »auf Pump« – zu bezahlen. Die Kreditaufnahme war nun auch jenen Haushalten möglich, die über eine vergleichsweise schlechte Bonität und damit ein relativ hohes Kreditausfallrisiko (Risiko, dass der Kredit nicht zurückgezahlt werden kann) verfügten. Die Banken wiederum sicherten diese als ▷ **Subprime** bezeichneten Kredite mithilfe spekulativer Finanzinstrumente ab, was zugleich das Wachstum des Finanzsystems anfeuerte. Abb. 5 zeigt beispielhaft, wie sich das Finanzvermögen (inklusive Kreditschulden) der privaten Haus-

Kredite als Treiber der Entkoppelung

Abbildung 5: Entkoppeltes Finanzsystem – Beispiel Vermögensbildung in den USA (Datenquellen: OECD 2017a, b).

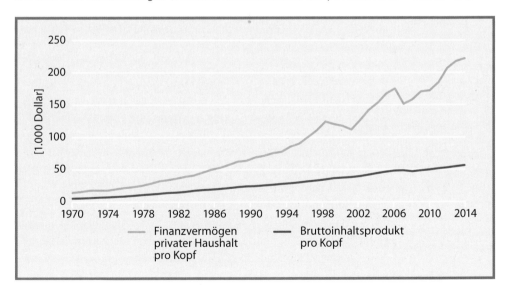

halte in den USA seit 1970 im Vergleich zur Leistungserstellung pro Kopf entwickelt hat. Auch sie verdeutlicht die weiter voranschreitende Entkopplung der monetären von der realen Sphäre.

Kreditrationierung bezeichnet die Diskriminierung bestimmter Kreditnehmer*innen, die z. B. aufgrund ihres Alters, ihres Einkommens, ihrer Herkunft usw. keine Kredite erhalten.

Subprime sind Kredite mit hohem Ausfallrisiko.

Was sind Derivate, und warum tragen sie zur Entkopplung der Finanzwirtschaft von der Realwirtschaft bei?

Derivate sind Finanzinstrumente. Ihr Wert hängt von künftigen Kursen oder Preisen anderer Güter, Vermögenswerte oder marktbezogener Referenzgrößen wie Zinssätze oder Börsenindizes ab. Das heißt, durch Derivatehandel findet keine realwirtschaftliche Produktion statt. »Derivat-Geschäfte sind reine Geld-aus-Geld-Geschäfte« (Felber 2014, Pos. 2723). Sie werden eingesetzt, um eine Risikoabsicherung (z. B. gegen schwankende Zinsen, Wechselkurse oder auch Kreditausfällen) zu organisieren. Sie werden aber vor allem auch dafür verwendet, um zu spekulieren. Sie stellen dann eine Wette auf die Entwicklung ihrer Referenzgröße (des ursprünglichen Finanzinstruments) dar. Derivate werden an Börsen (zu ca. 25 %) oder einfach »over the counter (OTC)« von Privat zu Privat (restliche 75 %) gehandelt.

Folgendes Beispiel stellt vereinfacht die Funktionsweise der Derivate dar: Angenommen, eine Bank hält Kredite von Hauskäufer*innen mit unterschiedlichem Ausfallrisiko. Um das Risiko nicht allein tragen zu müssen und um an »frisches« Geld für eine neuerliche Kreditvergabe kommen zu können, kann die Bank die Kreditverträge an eine Investmentgesellschaft verkaufen. Die Gesellschaft bündelt die Immobilienkredite dieser Bank und auch anderer Banken und erstellt daraus ein neues Finanzinstrument, z. B. ein sogenanntes CDO *Collateralized Debt Obligation*. Dieses Derivat kann die Investmentgesellschaft an neue Investor*innen verkaufen, die durch die Zins- und Tilgungszahlungen der Kreditnehmer*innen entlohnt werden. Das Derivat streut in diesem Sinne auch die unterschiedlichen Ausfallrisiken. Dadurch, dass unterschiedlich »gute« Hauskredite gebündelt werden, nimmt die Wahrscheinlichkeit eines Totalausfalls der Anlage ab. Allein: Dieses Prinzip funktioniert nur so lange, wie schlechten Krediten auch genügend gute Kredite gegenüberstehen. Im Verlauf der Entwicklung der Immobilienblase in den USA wurden aber immer mehr Kredite an immer »schlechtere« (hohes Ausfallrisiko) Kreditnehmer*innen vergeben. Außerdem begannen die Immobilienpreise zu sinken, was den Wert der Kreditsicherheiten reduzierte. Die CDOs wurden entsprechend riskanter.

Die Lösung: Auch für die CDOs wurden Derivate erfunden, die das Risiko streuten, und als dies nicht mehr funktionierte, wurden noch komplexere »Finanzmarktinnovationen« eingeführt. Damit entfernten sich die Finanzinstrumente immer weiter von den realen Werten der Immobilien, und die Risikostrukturen der Finanzinstrumente waren kaum noch ermittelbar. Aber: Die Finanzwirtschaft expandierte.

Wirtschaftswachstum

Die oben erwähnten Leistungen der Wirtschaft eines Landes (einer Volkswirtschaft) werden pro Jahr im sogenannten ▷ **Bruttoinlandsprodukt** (BIP) zusammengefasst bzw. aggregiert (Brümmerhoff & Lützel 2002, S. 59). Nimmt die Leistung im Zeitverlauf zu, ▷ **wächst die Wirtschaft** und umgekehrt. Aggregiert werden kann aber nur, was einen (Markt-)Preis besitzt, denn nur mit diesem lässt sich aus der mengenmäßigen Zahl der erstellten Produkte und Dienstleistungen eine wertmäßige Größe definieren. Mit dieser Methode einher gehen gleich zwei Probleme (Goodwin et al. 2014, S. 127 f.): Zum einen werden damit Leistungen nicht erfasst, die keinen Marktpreis besitzen. Das

Leistungssteigerung und ihre Treiber

Bruttoinlandsprodukt

Das **Bruttoinlandsprodukt** (BIP) ist Ausdruck der gesamten im Inland entstandenen wirtschaftlichen Leistung einer Berichtsperiode. Es erfasst nur Leistungen, die einen Marktpreis haben. Bestimmte soziale (Hausarbeit, Erziehung, gerechte Einkommens- und Vermögensverteilung usw.), ökologische (Umweltverschmutzung, Naturkatastrophen …) und ökonomische (bedarfsgerechte Produktion) Aspekte werden vernachlässigt.

Wirtschaftswachstum besteht, wenn das BIP (real, d. h. preisbereinigt/ um Preisänderungen »bereinigt«) wächst.

können Tätigkeiten rund um ein Ehrenamt, die Kinderbetreuung, Pflege von Familienangehörigen oder auch die Führung des eigenen Haushalts und Schwarzarbeit sein. Auch die Ausbeutung und Schädigung des Ökosystems (negative Externalitäten) werden nicht erfasst, wenn sich diese nicht in den Preisen der erstellten Leistungen niederschlägt (wenn sie nicht internalisiert wurden). Zum anderen können sich die Preise der Güter selbst verändern, was die wertmäßig erfasste Leistungserstellung losgelöst von der realen (mengenmäßigen) Güterversorgung der Bevölkerung anwachsen lässt.[6] Effekte der monetären Sphäre können dann Entwicklungen der realen Sphäre überlagern. Trotz dieser Probleme hat sich das BIP als internationaler Vergleichsmaßstab der wirtschaftlichen Leistungsfähigkeit und Entwicklung durchgesetzt, es ist aber nicht alternativlos (▷ Kapitel 4.3).

Das BIP als Ergebnis der Volkswirtschaftlichen Gesamtrechnung

Wie berechnet sich das Bruttoinlandsprodukt eigentlich genau? Es wird mithilfe der Volkswirtschaftlichen Gesamtrechnung ermittelt, eines zentralen gesamtwirtschaftlichen Statistikwerks, welches das Wirtschaftsgeschehen einer Volkswirtschaft (und auch ihrer Teilräume) für eine Periode systematisch darstellt. Es erfasst, welche Produkte und Dienstleistungen hergestellt und wie diese verwendet wurden. Es erfasst, welche Einkommen und Gewinne im Leistungserstellungsprozess entstanden sind, und es erfasst, welche Branche (oder besser, welche Stufe der Wertschöpfungskette) welchen Mehrwert erwirtschaftet hat. Aus dieser Erfassung kann das BIP als Ergebnis der Entstehungsrechnung (Welche Mehrwerte sind wo entstanden?), der Verwendungsrechnung (Wer hat die erstellten Leistungen verbraucht?) und der Verteilungsrechnung (Wer hat was an der Leistungserstellung verdient?) ermittelt werden (vgl. Brümmerhoff & Lützel 2002, S. 59 f.).

---

6 Beispiel: In einer Volkswirtschaft wird nur das Gut A hergestellt. Im Jahr 2016 wurden vom Gut A 100 Stück produziert. Der Preis von Gut A betrug in 2016 10 EUR. Damit betrug der nominale Wert der Leistungserstellung (das nominale BIP) $100 \times 10 = 1.000$ EUR. In 2017 wurden wieder 100 Stück von Gut A produziert. Allerdings betrug der Preis für Gut A in 2017 20 EUR. Das nominale BIP ($100 \times 20 = 2.000$ EUR) hat sich damit verdoppelt. Dieses Wachstum geht aber nicht auf eine Ausweitung der Produktion zurück, sondern lediglich auf den Anstieg des Verkaufspreises von Gut A.

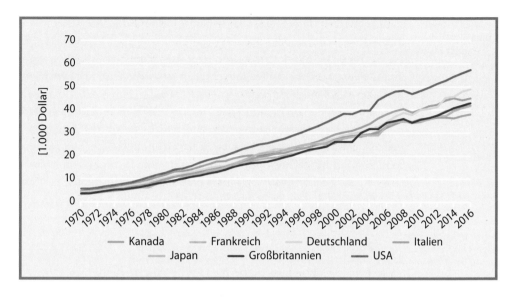

| Kanada | Frankreich | Deutschland | Italien |
| Japan | Großbritannien | USA | |

Wie beschrieben, wird Wirtschaftswachstum mit Leistungssteigerung gleichgesetzt. ▷ **Treiber des Wirtschaftswachstums** sind damit all jene Faktoren, die zu einer Leistungssteigerung führen (Blanchard & Illing 2004, S. 295 ff.; Clement et al. 2013, S. 474 ff.). Wird Leistung mit Output[7] gleichgesetzt, kann überlegt werden, wodurch sich dieser steigern lässt. Um dies zu tun, kann auf den weiter oben eingeführten Wirtschaftskreislauf verwiesen werden, und es kann vereinfacht angenommen werden, dass die Wirtschaft nur aus Unternehmen und Haushalten besteht. Dann ergibt sich der Output als Ergebnis des Produktionsprozesses im Unternehmen, in dem die Arbeitskraft der Haushalte als Produktionsfaktor eingebracht wird. Unter sonst gleichen Bedingungen (auch als *ceteris paribus* bezeichnet) steigt (sinkt) dann der Output, wenn sich die Zahl der Arbeitskräfte erhöht (reduziert). Damit wird Bevölkerungswachstum zum Wachstumstreiber der Wirtschaft, ebenso wie die Verbesserung oder Verbreitung der Ausbildung, die Menschen in die Lage versetzt, ihre Arbeitskraft in den Produktionsprozess einzubringen.

Abbildung 6:
Entwicklung des
BIP pro Kopf in den
G7-Ländern (Datenquelle: OECD 2017a).

> **Treiber des Wirtschaftswachstums** sind all jene Faktoren, die zu einer
> quantitativen oder qualitativen Steigerung der Leistung einer Volkswirtschaft führen.

---

7 Output: Leistungserstellung im Unternehmen oder auch Ergebnis des Produktionsprozesses.

Natürlich setzen Unternehmen in der Regel nicht nur Arbeitskräfte zur Produktion ein. Hinzu kommen Maschinen und Technologien (Kapital), Rohstoffe aus der Natur, Energie, Informationen und vieles mehr. Eine Erhöhung dieser Inputs (Ausgangsstoffe der Produktion) führt *(ceteris paribus)* zu einem höheren Output. Es handelt sich in diesem Fall, in dem die Leistungssteigerung auf eine Erhöhung der Inputs zurückgeht, um extensives (oder auch quantitatives) Wachstum. Intensives (oder auch qualitatives) Wachstum entsteht hingegen dann, wenn nicht die Zahl der Inputs im Produktionsprozess wächst, sondern z. B. durch technologischen Fortschritt deren Effizienz (Produktivität). Dann werden die eingesetzten Inputs produktiver, was bedeutet, dass auf Basis der gleichen Menge an Inputs ein größerer Output (und damit Wachstum) entsteht.

Technologischer Fortschritt (TF) als Wachstumsmotor und die schöpferische Zerstörung

Die Bedeutung des TF als Wachstumsmotor der Wirtschaft kann (z. B.) mit dem Ökonomen Joseph Schumpeter (1883–1950) in Verbindung gebracht werden (Kurz 2017, S. 84 ff.): Er beschäftigte sich mit TF als Folge von Innovationen und stellte heraus, dass Innovationen eine überragende Tatsache in der Wirtschaftsgeschichte der kapitalistischen Gesellschaft sind. Innovationen werden dabei als die Durchsetzung neuer Kombinationen von Produkteigenschaften oder auch der im Produktionsprozess eingesetzten Produktionsfaktoren verstanden. Innovationen sind ebenfalls die Entwicklung neuer Güter, die Verbesserung der Güterqualität, die Eroberung neuer Märkte, die Erschließung neuer Rohstoffquellen oder auch die Neuorganisation von Unternehmen sowie neue gesellschaftliche Initiativen und Trends. Wie aber erzeugt der Kapitalismus aus sich selbst heraus die Kraft für TF und Innovationen? TF revolutioniert nach Schumpeter unaufhörlich das gesamte ökonomische System und erzwingt tief greifende gesellschaftliche Veränderungen. Eine zentrale Rolle kommt hierbei den Unternehmen zu, die als dynamische, energische, schöpferische Akteure auftreten und bestehende »Beschränkungen« überwinden. Dabei freut sich die*der Unternehmer*in über den Sieg und seine/ihre soziale Machtstellung.

Nach Schumpeter kann die schöpferische Zerstörung als Zyklus begriffen werden: Zuerst entsteht eine Innovation (z. B. in Form eines kostengünstigeren Produktionsverfahrens) und verschafft dem Unternehmen einen

Extragewinn. Die größere Profitabilität dieses sogenannten Pionierunternehmens ermöglicht schnelles Wachstum. Die Konkurrenz bleibt zurück. Dann betreten nachahmende Unternehmen den Markt, und der Druck auf die bestehende Konkurrenz wächst. Diese passt sich an und führt ebenfalls die neue Technologie ein. Das neue Verfahren breitet sich immer weiter aus, und zwar so lange, bis der Extragewinn des Pionierunternehmens verloren geht – weil nun alle ihre Kosten senken konnten. Die Branche verzeichnet einen technologischen Fortschritt. Um wieder in den Genuss von Extragewinnen kommen zu können, wird eine neue Innovation benötigt. Da die Innovationstätigkeiten rasant zunehmen, hat in den letzten Jahren eine größere gesellschaftspolitische Debatte zu verantwortungsvollen, d. h. gesellschaftlich besser eingebetteten Innovationen an Bedeutung gewonnen *(RRI – Responsible Research and Innovation)*.

Auch eine Kombination von beiden Effekten (Ausweitung z. B. des Produktionsfaktors Kapital und Steigerung der Produktivität bestimmter Produktionsfaktoren) ist denkbar: Zwar bleibt der Arbeitskräfteeinsatz gleich, doch kann dessen Produktivität dadurch gesteigert werden, dass mehr Technologie und Maschinen pro Arbeitskraft in den Produktionsprozess eingehen (Erhöhung der Kapitalausstattung). Es fällt den Arbeitskräften dann unter Umständen leichter, ihre Arbeit zu verrichten, und sie erledigen diese schneller oder schaffen in der gleichen Zeit mehr.[8] Wirtschaftswachstum resultiert dann aus sogenannten ▷ **positiven Skaleneffekten** (Skalierung des Produktionsprozesses), bei denen die Steigerung der Inputs zu einem überproportionalen Anstieg des Outputs führt. In der Folge steht dann vergleichsweise wenigen Inputs ein größerer Output gegenüber. Unter der Annahme, dass sich hierbei die Preise der Inputs (z. B. Lohn der eingesetzten Arbeitskräfte) und Outputs (Verkaufspreise der Güter) nicht verändern und sich die zusätzlichen Outputs am Markt verkaufen lassen, ergibt sich für das Unternehmen ein höherer Gewinn.

Wachstum durch positive Skaleneffekte

> **Positive Skaleneffekte** liegen vor, wenn bei Verdopplung der Produktionsfaktoren die Produktionsleistung um mehr als das Doppelte wächst.

---

8 Ob dies aber ein zwingender Zusammenhang ist, wird im Weiteren diskutiert.

Dieser Gewinn kann – gemäß dem oben formulierten Ziel der Gewinnmaximierung – wiederum eingesetzt werden, um in den Produktionsprozess zu investieren. Dabei gilt Folgendes: Investiert das Unternehmen nur so viel in den Produktionsprozess, dass die erreichte Ausstattung mit Produktionsfaktoren und vor allem mit Kapital erhalten bleibt (z. B. Ersatz abgenutzter Maschinen), wird im Wirtschaftssystem kein weiteres Wachstum entstehen. Weitet das Unternehmen aber durch Investitionen die Produktionskapazitäten aus, weil es z. B. mehr oder bessere Maschinen anschafft, entsteht (extensives) Wachstum. Diesem als Potenzialwachstum der Angebotsseite bezeichneten kapazitätsausweitenden Effekt kann dann auch ein entsprechender Potenzialauslastungs- oder auch Einkommenseffekt der Nachfrageseite gegenüberstehen und zusätzliches Wirtschaftswachstum bewirken. Dadurch nämlich, dass durch Investitionen neue Maschinen in den Produktionsprozess eingehen, steigt in der Regel die Nachfrage nach Arbeitskräften (Bedienung der Maschinen). Mehr Arbeitskräfte können eingesetzt werden und/oder jede Arbeitskraft arbeitet eine längere Zeit (mehr Vollzeit- statt Teilzeitarbeit). In der Summe sollte sich dadurch (theoretisch!) das Einkommen der privaten Haushalte erhöhen, was zu zusätzlicher Nachfrage nach Gütern und gemäß der engen ökonomischen Definition zur Steigerung des Nutzens (Maximierung des Nutzens) führt. Triebkräfte des Wirtschaftswachstums werden damit auch all jene Faktoren, die ein Erreichen der beiden Ziele – Gewinn- und Nutzenmaximierung – positiv begünstigen.

Obige Erläuterungen beziehen sich vor allem auf Wachstumstreiber, die mit der realen Sphäre verbunden sind. Im Zusammenhang mit der Einführung des Wirtschaftskreislaufes wurde jedoch verdeutlicht, dass die reale Sphäre nicht für sich allein steht, sondern mit monetären Strömen (Einkommen, Konsumausgaben usw.) verbunden ist. So wurde erläutert, dass es zur Leistungserstellung Produktionsfaktoren bedarf. Wie aber werden diese bezahlt? Im skizzierten geschlossenen Wirtschaftskreislauf wurden alle vom Unternehmen produzierten Güter von den Haushalten konsumiert. Das von den Haushalten verdiente Geld wurde vollständig »verkonsumiert« und floss als Einnahme zurück an die Unternehmen.

Woher bekommen Unternehmen in einer solchen Situation dasjenige Geld, welches für Investitionen (Potenzialausweitung) erforderlich ist? Um diese Frage zu beantworten, kann folgendes Szenario betrachtet werden (Binswangen 2015, S. 19 ff.): Angenommen, die privaten Haushalte verkonsumieren nicht ihr ganzes Einkommen, sondern sparen etwas. Diese Ersparnisse könnten sie den Unternehmen in Form eines Kredits zur Verfügung stellen, die damit Investitionen finanzieren. Warum aber sollten die Haushalte das tun und zu welchen Konditionen? Wirtschaftlich oder im Sinne des Ziels der Nutzenmaximierung wäre das nur, wenn der Konsum- und Nutzenverzicht (und nichts anderes ist Sparen) heute durch die Möglichkeit eines höheren Konsums und Nutzens in der Zukunft kompensiert würde. Das bedeutet, dass die Haushalte in der Zukunft ein höheres Einkommen zur Verfügung haben, welches das Einkommen aus Überlassung der Arbeitskraft und Ersparnisse übersteigt. Das Unternehmen muss demnach einen zusätzlichen Betrag an die Haushalte zahlen, nämlich den ▷ **Zins**.

> **Zins** ist der Preis für die Überlassung von Geld oder Kapital. Kreditnehmer zahlen ihn als risikobezogenen Preis. Sparer erhalten ihn als Vergütung der Kapitalüberlassung und den damit verbundenen Konsumverzicht.

Aber wie erwirtschaften die Unternehmen diesen Zins? Sie erwirtschaften ihn über (die Steigerung ihrer) Gewinne. Nur wie ergeben sich Gewinne? Sie entstehen durch Überschusserwirtschaftung, also durch Einnahmen aus dem Verkauf der Produktion, welche die Ausgaben, d. h. die Kosten der Produktion, übersteigen. Dabei gilt, dass dieser Zusammenhang bei konstanter ▷ **Geldmenge** (Geldmittel, die im Wirtschaftssystem zirkulieren) nicht trägt, weil es in diesem Fall nur zu Umschichtungen käme: Denn Gewinne würden bei konstanter Geldmenge nur dann entstehen, wenn die Kosten der Produktion sänken, z. B. dadurch, dass sich das Einkommen der Haushalte reduziert. Dann aber stünden weniger Ersparnisse als Mittel für Investitionen bereit, und in der Folge fände kein Wirtschaftswachstum statt, d. h., die Geldmenge muss ausgeweitet werden, sodass stets genügend Geld für das Zahlen der Zinsen und den Konsum der zusätzlich produzierten Güter verfügbar ist. Aber wie weitet sich die Geldmenge aus? Dies geschieht z. B. durch ▷ **Kreditschöpfung** (Issing 1993, S. 53 ff.).

Zinsen durch Gewinne

> **Geldmenge** ist der Geldbestand (Münzen, Scheine) in den Händen der Nichtbanken (z. B. private Haushalte). Es werden verschiedene Geldmengenaggregate unterschieden. Geldmengenaggregat M1 bezieht Bargeld ein. M2 und weitere Aggregate beziehen auch Einlagen bei Banken ein, wobei die Verfügbarkeit der Einlagen mit steigendem Geldmengenaggregat immer weiter sinkt und das Geld entsprechend immer langsamer im Wirtschaftskreislauf zirkulieren kann.

> **Kreditschöpfung** ist Schaffung von Geld durch Kreditvergabe.

Der bislang betrachtete Wirtschaftskreislauf wird nachfolgend um einen weiteren Akteur ergänzt – die Bank. Banken sind sogenannte Intermediäre. Sie sammeln Ersparnisse der Haushalte ein und transformieren diese z. B. in Investitionskredite der Unternehmen. Im Rahmen dieses Transformationsprozesses (Neuberger 1997, S. 21 f.) machen sie aus vielen kleinen Sparbeträgen einen großen Kreditbetrag. Sie transformieren aber auch Fristen, denn während Sparbeträge fast jederzeit von den Sparern vom Konto abgehoben werden können, braucht es für die Rückzahlung von Krediten oft eine lange Zeit. Auch das Risiko wird von den Banken transformiert: von risikofreien Spareinlagen hin zu risikobehafteten Krediten. Die letztere Transformationsleistung erbringen die Intermediäre z. B. durch bestimmte Absicherungen. So prüfen Banken, wie hoch das Risiko ist, das sich mit einer Kreditvergabe verbindet, und fordern von den Kreditnehmer*innen einen risikobezogenen Zins oder die Hinterlegung einer Sicherheit (Hypothek, Bürgschaft, Pfand usw.). Mit diesen Einnahmen bilden sie Rücklagen, die sie wieder auflösen, sollte trotz Risikoprüfung und »Kreditnehmerüberwachung« ein Kredit ausfallen. Mit den aufgelösten Rücklagen werden die Ersparnisse der Haushalte zurückgezahlt. Geldschöpfung kann nun dadurch entstehen, dass die Banken diesen Transformationsprozess besonders effizient gestalten und ähnlich wie zuvor unser Unternehmen auf Basis der eingesammelten Ersparnisse (das wären dann die Inputs) immer höhere Kreditsummen (ein überproportional wachsender Output) vergeben. Die dem Unternehmenskonto bei der Bank gutgeschriebenen Kreditmittel kann das Unternehmen verwenden, um z. B. zusätzliche Arbeitskräfte zu bezahlen oder um in einem anderen Unternehmen zusätzliche oder bessere Maschinen anfertigen zu lassen. Aus dem virtuellen Geld in den Büchern der Banken wird so Stück für Stück reales Geld (wird zu Bargeld) und lässt die vorhandene Geldmenge wachsen.

Kredit- und Geldschöpfung

Wie entsteht eigentlich neues Geld? Euromünzen und Euroscheine darf nur die Europäische Zentralbank (EZB) ausgeben. Aber auch sogenannte Geschäftsbanken können Geld schaffen bzw. schöpfen (Issing 1993, S. 53 ff.): Das tun sie durch Kreditvergabe, sie erzeugen elektronisches Geld (Giralgeld) durch elektronische Buchungen auf Girokonten von privaten Haushalten und Unternehmen. Giralgeld ist also Geld, das die Bank selbst erschaffen kann. Es existiert erst einmal nur innerhalb der Bank und hier auf den Konten der Kund*innen. Es ist eine Art Versprechen der Bank, den Kund*innen auf Nachfrage Geldscheine oder Münzen auszuzahlen. Wenn eine Kundin oder ein Kunde bei der Bank einen Kredit aufnimmt, schreibt die Bank diesen Kreditbetrag dem Konto der Kundin/des Kunden gut. Die Bank hat hierbei zwei Regelungen zu berücksichtigen: Sie muss entsprechend dem Risiko des Kreditvertrags einen Teil ihres eigenen Kapitals (Eigenkapital) reservieren. Dieser entspricht nicht dem Kredit, sondern nur einem Teil, der sich gemäß einer statistischen Ausfallwahrscheinlichkeit ergibt. Außerdem muss die Bank 1 % des erschaffenen Geldes als sogenannte Mindestreserve auf ihrem Konto bei der EZB hinterlegen. Mit diesem Geld soll z. B. sichergestellt werden, dass die Bank stets über genügend Mittel verfügt, um Abhebungen der Kund*innen zu bedienen. Es zeigt sich, dass nur ein bestimmter Teil des ausgegebenen Kredits im Vorhinein als Geld (oder besser Giralgeld) existierte. Der größte Teil des Geldes entstand aus dem Nichts. Die Kundin oder der Kunde kann mit dem Kredit z. B. Rechnungen bezahlen und überweist Geld an eine andere Bank. Diese Bank verzeichnet eine neue Einlage, die sie wiederum als Grundlage einer Kreditvergabe nutzen kann. Das heißt, das anfangs geschaffene Geld multipliziert sich. Es handelt sich dabei um den sogenannten Multiplikatoreffekt (Clement et al. 2013, S. 385). Allein bezogen auf die Mindestreserve von 1 %, kann so aus 100 Euro, die neu ins System kommen, der hundertfache Wert (10.000 Euro) entstehen (Multiplikator: 1/r in der vereinfachten Form mit r = Mindestreservesatz/100).

Sicher, durch Rückzahlung der Kredite und Ausbezahlung der Sparenden kann das zuvor »geschöpfte« Geld auch wieder »vernichtet« und das Geldmengenwachstum unterbrochen werden. Dem steht aber der Zinseszinseffekt entgegen (Clement et al. 2013, S. 320 f.): In der Regel werden Ersparnisse und Kredite nicht in der Form verzinst, dass der Zinssatz pro Jahr allein auf die anfängliche Spar- oder Kreditsumme berechnet und dann dem Ersparten bzw. dem Rückzahlungsbetrag zugerechnet wird. Es kommt somit auch nicht zu einem linearen Anwachsen der Ersparnisse und Rückzahlungsbeträge. Vielmehr gehen die Zinsen einer Periode in die Berechnung der Zinsen der Folgeperiode ein, d. h., der zu verzinsende Spar- oder Kreditbetrag wächst um die Zinsen der Vorperiode an. Die Folge ist ein exponentielles statt ein lineares Wachstum. Das bedeutet zugleich, dass die Gewinne, die erwirtschaftet werden müssen, um die Zinsen aus der Überlassung von Ersparnissen zu bezahlen, mit der Zeitdauer der Kapitalüberlassung anwachsen müssen. Die Folge ist, dass die Geldmenge entsprechend ebenfalls eher exponentiell als

Exponentielles statt lineares Wachstum

linear wächst und dass die Leistungssteigerung, die Grundlage der Gewinnerzielung ist, ebenso einen exponentiellen Wachstumspfad beschreibt und die
Wachstumsspirale weiter antreibt.

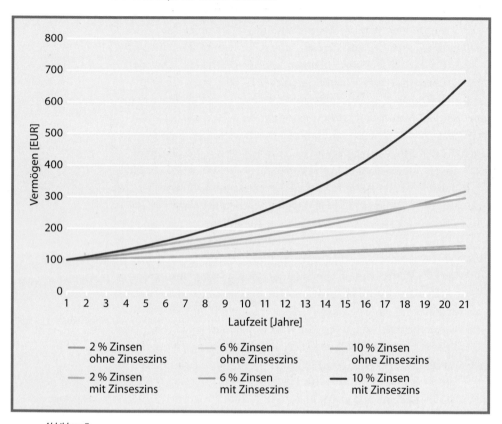

Abbildung 7:
Vergleich des
Kapitalanstiegs
mit Zins- und
Zinseszins-Effekt.

3 Analyse und strategische Ansätze von (un-)nachhaltigen Systemen

Wachstumsorientierung und Folgen

Inwiefern ist die Wirtschaftspolitik auf Wirtschaftswachstum fokussiert und diese Fokussierung gerechtfertigt?

»We don't have a desperate need to grow. We have a desperate desire to grow!« (Milton Friedman) Ein Blick in die Wahl- und Regierungsprogramme der Parteien und Regierungen marktwirtschaftlich orientierter Volkswirtschaften unterlegt das Zitat von Milton Friedman.[9] Allein im Koalitionsvertrag der letzten Bundesregierung findet sich auf fast jeder zweiten Seite (Die Bundesregierung 2013) ein Bezug zum (Wirtschafts-)Wachstum, und das hat Tradition. Seit 1967 ist ein stetiges und angemessenes Wirtschaftswachstum gemäß §1 des Stabilitäts- und Wachstumsgesetzes[10] der BRD eines von vier zentralen Zielen der Wirtschaftspolitik.

Politische Bedeutung von Wirtschaftswachstum

Aber auf welcher Argumentation basiert diese Bedeutung? Sie lässt sich exemplarisch anhand der folgenden Argumente zusammenfassen (Hinterberger et al. 2009, S. 30 f.):[11]

(1) Wachstum wird mit besserer Güterversorgung gleichgesetzt, die Basis des materiellen Wohlstands ist. Aber verbessert sich die Güterversorgung wirklich, wenn das Wachstum z. B. auf eine kürzere Haltbarkeit von Produkten – Stichwort: geplante Obsoleszenz[12] – zurückgeht?

(2) Wachstum setzt positive Nettoinvestitionen[13] voraus, und diese sind, wie oben gezeigt, Voraussetzung für einen hohen Beschäftigungsstand, der wiederum ein zentrales Ziel der Wirtschaftspolitik ist. Doch führen Nettoinvestitionen tatsächlich zu mehr Beschäftigung oder nicht eher zur Substitution von Arbeit durch Kapital?

---

9 Friedman wurde 1976 mit dem Alfred-Nobel-Gedächtnispreis für Wirtschaftswissenschaften für seine Arbeiten im Bereich des sogenannten Monetarismus (wenn auch teils unter Protest von Kolleg*innen) geehrt.

10 §1 des Stabilitäts- und Wachstumsgesetzes stellt auf angemessenes und stetiges Wirtschaftswachstum als eines der sogenannten vier magischen Ziele der Wirtschaftspolitik ab.

11 Die dem jeweiligen Argument folgende Frage bzw. Anmerkung soll einen Hinweis darauf geben, wie robust die Argumente und damit die Grundpfeiler der Wachstumslogik sind.

12 Hiermit ist die geplante Reduktion der Haltbarkeit von Produkten gemeint. Die Folge ist, dass Produkte schneller ersetzt werden müssen, was in einem ansonsten »gesättigten« Markt zu Wachstum führen kann.

13 Nettoinvestitionen = Bruttoinvestitionen abzüglich Abschreibungen, d. h., positive Nettoinvestitionen bestehen dann, wenn Unternehmen z. B. mehr in Maschinen und Technologie investieren, als in der Vorperiode durch Abnutzung abgeschrieben wurde, wenn sie also den Kapitalstock nicht nur erneuern, sondern diesen ausweiten.

(3) Wachstum entschärft Verteilungskonflikte, denn Lohnerhöhungen sind in einer wachsenden Wirtschaft leichter durchsetzbar. Jedoch: Gibt es tatsächlich mit der wirtschaftlichen Leistung mitwachsende reale Löhne, und zeigt nicht die Statistik, dass die Schere zwischen Arm und Reich trotz Wirtschaftswachstums weiter wächst?

(4) Staatliche Leistungen lassen sich in wachsenden Wirtschaften besser finanzieren (und ausweiten), d. h., Wachstum sichert die Stabilität und Tragfähigkeit des Sozial- und Wohlfahrtsstaates. Das würde aber voraussetzen, dass der Staat nicht über seine Verhältnisse lebt und aufgenommene Schulden begleicht, sodass steigende Steueraufkommen nicht einfach durch einen steigenden Schuldendienst – Zinszahlungen für aufgenommene Kredite – »aufgefressen« werden.

(5) Wachstum erleichtert Strukturwandel, da Arbeitskräfte aus schrumpfenden Branchen in wachsenden Branchen Beschäftigung finden können. Fraglich ist dieser Zusammenhang mit Blick auf die Geschwindigkeit, mit der sich unsere immer weiter digitalisierende Wirtschaft wandelt. Kleine, wenig arbeitsintensive Start-ups »zerstören« förmlich mit ihren innovativen und meist digitalen Geschäftsideen ganze Branchen. Die hierdurch freigesetzten Arbeitskräfte lassen sich nicht einfach in die meist hoch spezialisierten, mobilen – und eben wenig arbeitsintensiven – Wachstumsbranchen integrieren.

(6) Wachstum geht (u. a.) auf technischen Fortschritt zurück, der dazu beitragen kann, Umweltschutzaufgaben besser zu bewältigen. Hiernach stünden Wirtschaftswachstum und Umweltschutz nicht im Widerspruch, sondern in einem positiven Verhältnis.

Aber ist das tatsächlich der Fall? Sind die oben genannten Schlussfolgerungen zwingend vor allem im Hinblick auf die Lösung von Herausforderungen, die mit unserem Ökosystem in Verbindung stehen?

Kann Wirtschaftswachstum den Umweltschutz verbessern?

Umwelt-Kuznets-Kurve

Die Frage kann mit Ja und Nein beantwortet werden, und sie lässt sich mit einem ökonomischen Modell verbinden, das auf Simon S. Kuznets zurückgeht: der sogenannten Umwelt-Kuznets-Kurve (von Hauff & Jörg 2013, S. 35 f.). Sie stellt einen umgekehrt u-förmigen Zusammenhang zwischen Umweltbelastung und Wirtschaftsleistung her. Die Kurve besagt damit, dass die Umweltbelastungen mit steigender Wirtschaftsleistung bis hin zu einem Maximum erst zunehmen. Nach Erreichen des Maximums sollten gemäß der Kurve die Umweltbelastungen mit weiter steigender Wirtschaftsleistung wieder abnehmen, nämlich dann, wenn die weitere Leistungssteigerung eine Folge des technologischen Fortschritts ist, der sich aus der Lösung von Umweltschutzaufgaben ergibt. Erklärungsansätze für diesen Zusammenhang sind zudem, dass sich mit zunehmendem Wohlstand (infolge des Wachstums) der Bevölkerung die Präferenzen ändern – weg von materiellen bzw. ökonomischen (quantitatives Wachstum) hin zu nicht materiellen bzw. nicht ökonomischen Aspekten (qualitatives Wachstum), wie eben einer intakten, sauberen Umwelt. Auch der Wandel von einer schmutzigen Industrie- hin zu einer umweltfreundlichen Wissens- und Dienstleistungsgesellschaft könnte diesen Zusammenhang erklären.

Empirische Studien konnten bislang nicht widerspruchsfrei den von Kuznets beschriebenen Zusammenhang belegen. Einige Studien zeigen zwar, dass einige einzelne Schadstoffe tatsächlich mit steigender Wirtschaftsleistung der Volkswirtschaft zurückgehen. Es lassen sich aber auch Gegenbeispiele finden und auch Beispiele dafür, dass die Entwicklung der Umweltbelastungen eine n-förmige Beziehung zur Entwicklung der Wirtschaftsleistung besitzt: Hiernach nehmen die Belastungen mit steigender Wirtschaftsleistung erst ab, um dann wieder anzusteigen.[14] Auch das Überspringen des Maximums der Kurve konnte beobachtet werden, nämlich in Ländern, die gleich zu Beginn ihrer Entwicklung hohe Umweltstandards einführten und einhielten.

Widersprüchlichkeit der Kuznets-Kurve

Umwelt-Kuznets-Kurve (EKC) und empirische Evidenz

Abb. 8 zeigt eine idealisierte EKC. Abb. 9 verbindet die Entwicklung des BIP mit der Entwicklung verschiedener Umweltbelastungen im Zeitraum 2002 bis 2014. Es zeigt sich, dass bei gleichzeitiger Steigerung des BIP einige Schadstoffe deutlich gesunken sind. Die Werte für das Abfallaufkommen verdeutlichen aber auch, dass es Beispiele gegen eine Allgemeingültigkeit der Kuznets-Hypothese gibt. Die Abbildungen lassen weitere mögliche Zusammenhänge unberücksichtigt. So könnte sich mit steigendem BIP die Belastung der Umwelt durch einen Schadstoff X reduzieren, weil z. B. ein Produktionsverfahren, das diesen Schadstoff erzeugt, durch ein neues abgelöst wird. Dieses Produktionsverfahren könnte das BIP steigern und zugleich die Umweltbelastung durch den Schadstoff X (wird jetzt vermieden) reduzieren. Das Produktionsverfahren könnte aber zugleich mit neuen, bislang nicht berücksichtigten Schadstoffen (oder allgemein Schädigungen der Umwelt) in Verbindung stehen oder mit einer Verlagerung der Umweltschäden in das Ausland (dies geschieht tatsäch-

---

14 Weitere Probleme mit dem von Kuznets formulierten Zusammenhang bestehen. Eine Diskussion hierzu findet sich z. B. bei Uchiyama (2016).

lich u. a. bei Futtermittelimporten, Palmöl, Import von vielerlei industriellen Produkten aus China). Ebenso wäre denkbar, dass sich beim Überschreiten des Maximums (der Umweltbelastung durch einen bestimmten Schadstoff) irreversible Schäden für das Ökosystem oder die Biodiversität ergeben. Eine Schadstoffreduktion wäre dann zwar messbar, wäre im ökosystemaren Zusammenhang aber vergleichsweise irrelevant.

Abbildung 8 (oben):
Umwelt-Kuznets-Kurve (nach von Hauff & Jörg 2013, S. 35).

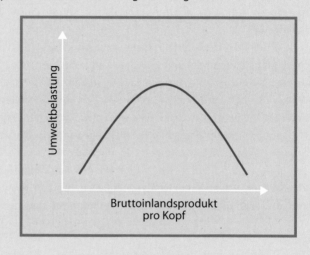

Abbildung 9:
Entwicklung von Leistungserstellung und ausgewählter Umweltbelastung (Datenquellen: Statista 2017a; Umweltbundesamt 2017a, b).

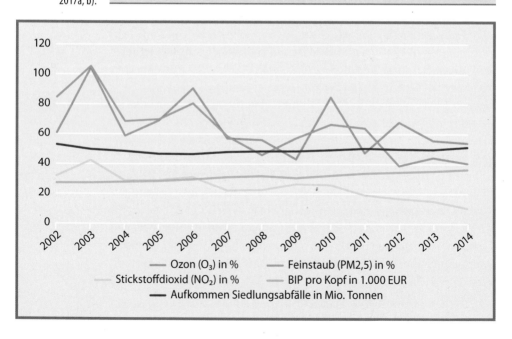

3 Analyse und strategische Ansätze von (un-)nachhaltigen Systemen

War die Wirtschaft schon immer wachstumsorientiert?

Mit Blick in die frühe Geschichte des ökonomischen Denkens (bis dahin, wo sich Anfänge von sich entwickelnden Wirtschaftssystemen erkennen lassen) finden sich Antworten darauf, ob Wirtschaft und Wachstumsorientierung schon immer miteinander verbunden waren (Jhingan et al. 2012, S. 12 ff.): Die Hebräer (2500 v. Chr.) praktizierten ein »Wirtschaftssystem«, das den Zins und Wucher verbot, angemessene Preise und eine Begrenzung der Profitrate aufwies, das den Erlass von Kreditschulden im 7. Jahr und die Rückgabe von Land an den Verkäufer im 50. Jahr vorsah, womit erreicht werden sollte, dass sich Vermögenswerte nicht auf einzelne Familien konzentrierten. Im alten Griechenland (800 bis 300 v. Chr.) wurde bewusst zwischen natürlichem und unnatürlichem Wirtschaften unterschieden: Ersteres diente der Befriedigung der standesgemäßen Bedürfnisse, Letzteres allein zur Bereicherung (Erwerb des Erwerbs wegen). Kreditvergabe unter Zinsnahme, jedoch auch die Bildung von Geldvermögen (Hortung des Wertaufbewahrungsmittels, »Schatzbildung«) wurde deshalb als besonders unnatürliches Verhalten angesehen, das der dienenden Rolle der Wirtschaft diametral gegenüberstand.

Im Merkantilismus (16. bis 18. Jahrhundert) ergab sich hingegen ein regelrechter Wachstumsdruck, denn Wirtschaftswachstum garantierte die Mittel, die nötig waren, um den Machterhalt und die Erweiterung des nationalstaatlichen Einflussbereichs zu finanzieren. Mit den Folgen dieser Wirtschaftspolitik beschäftigten sich fortan verschiedene ökonomische Denkschulen (Klassik, Sozialismus, Neoklassik, Keynesianismus, Monetarismus usw.) und unterbreiteten Vorschläge zu einem effizienten Wirtschaftssystem. Im Mittelpunkt der Diskussion stand zwar weniger das Wirtschaftswachstum selbst als vielmehr die Frage, wie sich die Wohlfahrt der Menschen erhöhen lässt. Unter den Mitteln, dieses Ziel zu erreichen, fand (und findet) sich der Wachstumsgedanke dann allerdings recht oft.

Hiernach stellt sich die Frage, ob es eine Alternative zur Wachstumsorientierung gibt, ob ein Wirtschafts- und Finanzsystem ohne oder mit begrenztem Wachstum denkbar ist und ob ein solches System als nachhaltig bezeichnet werden kann. Verschiedene Ansätze nachhaltigen Wirtschaftens, die diese Fragestellung aufgreifen (z. B. Ansätze der ökologischen Ökonomie oder der Steady State Economy), haben sich daraufhin entwickelt, und einige davon befinden sich bereits in Anwendung und Weiterentwicklung (▷ Kapitel 4.3).

Wachstumsorientierung in der Wirtschaft

Alternativen zur Wachstumsorientierung

Der Antrieb: Energieversorgungssysteme

Vanja Mihotovic

Die industrielle Revolution Ende des 18. Jahrhunderts war Auslöser tief greifender Veränderungen in Wirtschaft und Gesellschaft, die mit einer beschleunigten Entwicklung von urbanen Räumen, Verkehr, technologischen Innovationen und Wissenschaften einherging. Der technologische Entwicklungsstand von Energieversorgungssystemen wie der Dampfmaschine ebnete hierfür den Weg. In modernen Gesellschaften besitzt Energie eine bedeutende strategische Rolle: Alles hängt von der Versorgungssicherheit mit kostengünstiger Energie ab. Noch immer setzt man im großen Maßstab auf fossile Energieträger und Kernenergie. Weltweit auftretende ökologische, ökonomische und soziale Probleme lösten in den 1970er-Jahren eine Debatte zur »Energiewende« aus. Wirtschaftliche Erwägungen und die Begrenztheit der Ressourcen (Stichwort *Peak Oil*) machen ein Umdenken zwingend erforderlich. Der Umbruch von konventionellen Brennstoffen zu erneuerbaren Energien ist in vielen Ländern im Gange. Doch wie ist der Stand? Was muss geschehen, um den Wechsel in eine Gesellschaft mit nachhaltiger Energieversorgung zu ermöglichen? Wie viel Energieverzicht ist notwendig (Suffizienz)?

Die bisherige Situation der Energieversorgung

Abkehr von fossilen Energieträgern?

Fossile Energieträger wie Kohle, Erdgas und Erdöl prägen weltweit die Volkswirtschaften, die Industrie, den Handel, den Verkehr, die Landwirtschaft und auch die Lebensweise der Bevölkerung. Noch immer sind fossile Energiereserven ein entscheidender Faktor für die geopolitischen Machtverhältnisse. Dabei befinden sich Lieferländer in einer starken Position (Le Monde diplomatique 2012). Angesichts der negativen Folgen der intensiven Nutzung fossiler Energieträger für Mensch und Natur, wie globale Erwärmung und Umweltverschmutzung, sehen sich die Industriestaaten gezwungen, den Verbrauch einzuschränken. Längst gibt es in den meisten Industrieländern einen politischen Konsens, die Abhängigkeit von fossilen Energieträgern zu reduzieren und stärker auf regenerative Energieformen zu setzen.

Weltweit steigt der Bedarf an fossilen Energieträgern weiter an, während sich die Ressource Rohöl zunehmend verknappt. Umfassende Studien kommen zu dem Schluss, dass bereits im Jahr 2005 das globale Ölfördermaximum – ▷ **Peak Oil** – an konventionellem Rohöl überschritten worden sei (Kerr 2011). Seitdem wurde die kostspielige und umweltbelastende Ölförderung aus unkonventionellen Quellen wie der Tiefsee, Teersanden und Ölschiefer kontinuierlich gesteigert, um das Wegfallen sich erschöpfender Rohöllagerstätten auszugleichen. Angesichts der starken Abhängigkeiten kann ein Absinken der Förderung bei steigender Nachfrage zu globalen wirtschaftlichen Verwerfungen führen. Laut einer OECD-Studie ist Erdöl noch immer mit einem weltweiten Anteil am ▷ **Primärenergiebedarf** von 32,9 % die wichtigste Energieform. Prognosen zeigen allerdings, dass die Vormachtstellung in den kommenden Jahren durch Erdgas abgelöst werden könnte (OECD 2016). Doch warum stehen Unternehmen, Politik und Gesellschaft in so starker Abhängigkeit zu fossilen Energieträgern wie Erdöl, Erdgas und Kohle?

> Mit dem Begriff *Peak Oil* wird der Zeitpunkt definiert, an dem die weltweite Ölförderung nicht mehr der steigenden Nachfrage folgend ausgeweitet werden kann, sondern aufgrund von geologischen, energetischen, technologischen und ökonomischen Restriktionen beginnt abzunehmen. Das globale Ölfördermaximum für Rohöl wird durchschritten (Fisher 2008).

> **Primärenergie** ist die Energie, die in der ursprünglichen Form zur Verfügung steht (Kohle, Erdgas, Sonne, Wind, Kernbrennstoff). Durch verlustbehaftete Umwandlungsprozesse wird Sekundär- oder Endenergie erzeugt.

Fossile Energieträger bestehen aus chemisch stabilem Kohlenstoff bzw. Kohlenwasserstoffen mit relativ geringem Flammpunkt. Vorteile für den Einsatz ergeben sich aus der hohen Energiedichte, der Möglichkeit zur Lagerung und den Transportkosten. Darüber hinaus können Lagerstätten noch relativ kostengünstig erschlossen werden. Die industrielle Revolution basiert auf der Entwicklung von Technologien zur Umsetzung großer Mengen an Energie in mechanische Arbeit. Im letzten Jahrhundert wuchs vor allem in den Industrieländern der Wohlstand im gleichen Maße wie der Energiekonsum. Leicht verfügbare fossile Energieträger trugen erheblich zum Wohlstand in weiten Teilen der Welt bei. Dem gegenüber stehen die enormen Probleme, die durch die Emissionen entstehen. Schwefeloxide sind Ursache des sauren Regens (Waldsterben). Kohlenmonoxide, Stickoxide und Rußpartikel schädigen Atemwege. Während die letztgenannten Schadstoffe durch Filter reduziert werden können, gibt es keine technischen Systeme, den massiven CO_2-Ausstoß, der im Verbrennungsprozess entsteht, zu reduzieren. Hinzu kommen wesentliche Emissionsbeiträge aus der Landwirtschaft, z. B. durch Methanemissionen der Viehwirtschaft. Der steigende Gehalt in der Atmosphäre gilt als weiterer Hauptverursacher zunehmender Klimaänderungen (Gramelsberger & Feichter 2011).

Mittlerweile gilt es als unumstritten, dass große Gefahren von einer globalen Klimaerwärmung als Folge menschlicher Aktivitäten ausgehen. Die Folgen dieser Entwicklung werden in der Klimawissenschaft als sehr ernsthaft bis katastrophal angesehen (Stichwort »Klimakatastrophe«). Aufgrund der Treibhauswirkung durch Kohlendioxid wird mit einem Anstieg der mittleren globalen Temperatur sowie mit starken lokalen Änderungen weltweit gerechnet. Enorme Auswirkungen sind die Folge (▷ Kapitel 1.1), z. B.:

- extreme Hitzeperioden mit starken Verwerfungen in der Landwirtschaft,
- Unwetter und Überschwemmungen,
- Anstieg der Meeresspiegel (Schmelze, Wärmeausdehnung von Wasser),
- Rückgang von Permafrost,
- Änderung der Biodiversität (Aussterben von Tier- und Pflanzenarten),
- Ausbreitung von Krankheiten,
- Migrationsbewegungen, kriegerische Auseinandersetzungen.

Abbildung 1: Jährlicher Primärenergiebedarf weltweit in Mtoe (oe = oil equivalent; dt.: Öläquivalent). Im Jahr 2016 betrug der Primärenergiebedarf 13.276 Mtoe (Datenquelle: BP 2017).

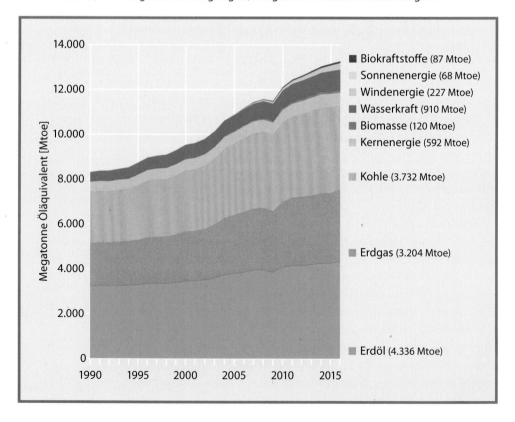

Um diese Entwicklung zu stoppen und umzukehren, gibt es keine Alternative zum Ausstieg aus der Nutzung fossiler Energieträger. Dies ist eine gewaltige Aufgabe für die Weltgemeinschaft.

Die industrielle Revolution verhalf den Industrienationen mit enormen Energieverbräuchen zu Wohlstand und Macht. Ein vergleichbares Bild zeichnet sich nunmehr in den sogenannten Schwellenländern ab. Insbesondere der hohe Entwicklungsdruck in den Ländern China, Indien, Brasilien, Mexiko und Südafrika ist Ursache für den starken Anstieg des Primärenergiebedarfs von 64 % zwischen den Jahren 1990 und 2016 (siehe Abb. 1). Der Energiemix im Jahr 2016 wurde von fossilen Energieträgern dominiert: Erdöl, Erdgas und Kohle machten über 85 % des globalen Bedarfs aus. Erneuerbare Energien lagen lediglich bei 10,1 %. Zwischen 1990 und 2016 stieg auch der menschengemachte CO_2-Ausstoß von 20,6 Mrd. t auf 35,9 Mrd. t (BP 2018). Szenarien des *World Energy Council* rechnen damit, dass sich der Ausstoß vom Stand 1990 bis zum Jahr 2050 verdoppeln bis vervierfachen wird (WEC 2013).

Ein weiterer Effekt ist für das Verständnis der Zusammenhänge wichtig: Der Energieverbrauch ist regional und im Ländervergleich sehr ungleichmä-

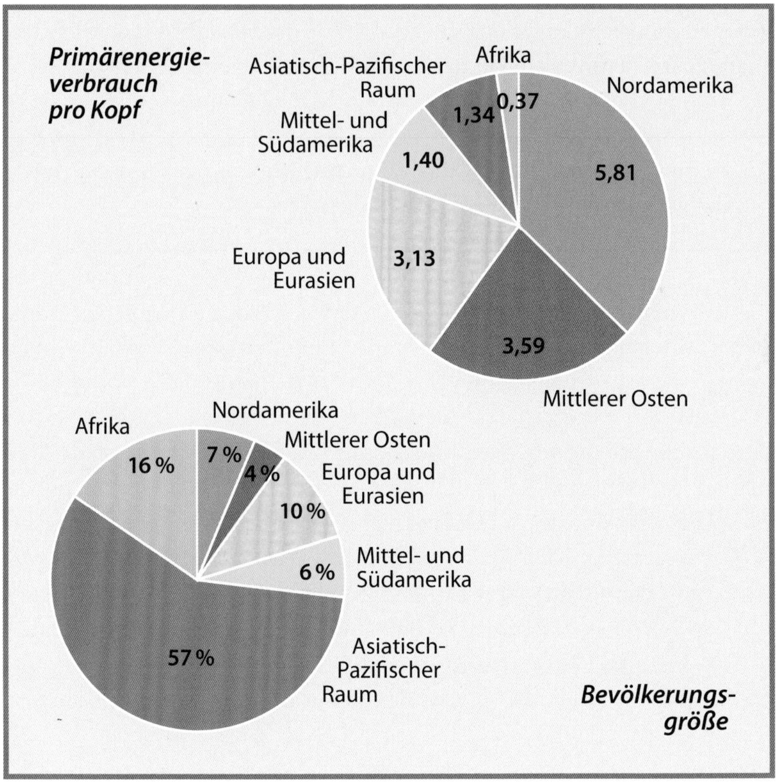

Globaler
Energie-
verbrauch

Abbildung 2:
Primärenergie-
verbrauch pro Kopf
(durchschnittlich
1,79 t Öläquivalent;
oben) und
Bevölkerungsgröße
(7,24 Mrd.; unten)
in Jahr 2014 nach
Regionen (Datenquelle: OECD 2016).

ßig verteilt. Der durchschnittliche Primärenergieverbrauch pro Kopf lag im Jahr 2014 weltweit bei 1,79 toe (oe = *oil equivalent*, dt.: Öläquivalent), siehe Abb. 2 (OECD 2016). Bezogen auf die Regionen, war der Primärenergieverbrauch in Nordamerika mit Abstand am höchsten (5,8 t), gefolgt vom Mittleren Osten (3,59 t) sowie Europa und Eurasien (3,13 t). In Afrika war der Verbrauch mit Abstand am niedrigsten (0,37 t). Eine Schlüsselrolle nehmen im Ländervergleich die USA ein, da hier ein Primärenergieverbrauch von 7,04 t Öläquivalent pro Kopf mit mehr als 325 Millionen Einwohner*innen zu Buche schlägt. Unter den Staaten mit dem höchsten Verbrauch stehen vor allem Energieproduzenten wie Katar (22,3 t). In den bevölkerungsreichsten Staaten China und Indien lag der Verbrauch lediglich bei 2,1 t bzw. 0,5 t Öläquivalent pro Kopf.

Öläquivalent

Aufgrund der dominierenden Stellung des Öls auf dem Weltmarkt ist das Öläquivalent (engl. oe = *oil equivalent*) noch immer die Energieeinheit, auf die sich Primärenergieformen beziehen. Dabei entspricht 1 Mtoe (Millionen Tonnen Öläquivalent) genau 41,868 PJ (Petajoule). Das Joule ist die physikalische Grundeinheit der Energie laut SI-Einheitensystem (frz. *Système international d'unités* = Internationales Einheitensystem). Anschaulicher ist die Einheit Kilowattstunde (kWh), die vor allem der Quantifizierung elektrischer Energiemengen dient (z. B. Stromrechnung oder Stromtarife). 1 kWh entspricht 3,6 MJ bzw. 0,086 kgoe.

Das *World Energy Council* geht davon aus, dass der globale Energiebedarf weiterhin ansteigen wird – in den Industrieländern langsamer, in den Schwellenländern mit exponentiellem Anstieg (WEC 2013). Dies ist umso dramatischer, als in Asien etwa sechsmal so viele Menschen leben wie in Europa. Insbesondere Schwellenländer und wirtschaftlich wenig entwickelte Länder werden mit zunehmender Bedeutung eine entscheidende Rolle spielen bei der Umsetzung klimapolitischer Maßnahmen. Gerade diese Länder sind überproportional stark von den Auswirkungen des Klimawandels betroffen (Verwüstung, Überschwemmung, extreme Wetterphänomene), und sie erheben den gleichen Anspruch auf Wohlstand und Entwicklung, ohne sich durch andere Länder bevormunden zu lassen. Es liegt in der besonderen Verantwortung der Industrienationen, mit gutem Beispiel in der Umsetzung der Energiewende voranzuschreiten sowie mit Technologien, Know-how und finanzieller Unterstützung weltweit die Entwicklungen zu fördern.

Der Primärenergieverbrauch lässt sich in der EU in vier wesentliche Sektoren unterteilen: Verkehr 33 %; private Haushalte 26,5 %; Industrie 24 %; Dienstleistungssektor 11 %. Insbesondere der Dienstleistungssektor gewinnt durch die digitale Wirtschaft, durch Rechenzentren mit Onlinedatenspeicherung und *Cloud-Computing* immer mehr an Bedeutung (Le Monde diplomatique 2012). Hingegen macht der Landwirtschaftssektor nur noch einen Anteil von 2,2 % am Primärenergieverbrauch aus. Innerhalb der EU gibt es große regionale Unterschiede.

Energie-
situation
in Europa

Die Europäische Kommission verabschiedete im Juli 2014 Leitlinien zur Schaffung einer »neuen« europäischen Energieunion. Diese hat die Aufgabe, mit Rücksicht auf die weltweiten klimapolitischen Vereinbarungen den Energiebinnenmarkt und die Zusammenarbeit der EU zu vertiefen und zu erweitern. Sie soll Rahmenbedingungen für eine nachhaltige und sichere Energieversorgung zu erschwinglichen Preisen schaffen. Mehr als 50 strategische Maßnahmen, die in den Bereichen erneuerbare Energien, Energieeffizienz, Märkte, Infrastruktur, Verkehr, Gebäude und CO_2-Bepreisung bis zum Jahr 2030 umgesetzt werden sollen. Die spezifischen Maßnahmen erstrecken sich auf verschiedene Kernbereiche (Europäische Kommission 2015a):

Energieunion
seit 2015

1. **Energieversorgungssicherheit:** Die EU importierte im Jahr 2017 etwa 53 % ihres gesamten Energiebedarfs. Sie steht zudem in hoher Abhängigkeit zu wenigen Lieferländern (Russland, Algerien, OPEC) (David et al. 2017) und setzt hierbei auf verschiedene Lieferanten und Versorgungswege. Eine der Maßnahmen der EU-Leitlinien zielt auf den Ausbau der europäischen Hochspannungsnetze zu einem gemeinsamen Stromverbund mit einem grenzüberschreitenden Austausch von mindestens 10 % der erzeugten Kapazitäten.

2. **Ausstieg aus fossilen Brennstoffen:** Der Verkehr hängt zu 94 % von Erdölprodukten ab, die zu 90 % eingeführt werden (Europäische Kommission 2015a). Ziel ist es, die Abhängigkeit von fossilen Brennstoffen zu verringern und eine Diversifizierung der Versorgung zu erreichen. Einigkeit besteht in der Union, dass dem CO_2-Emissionshandelssystem (EHS) für die Verwirklichung des Reduktionsziels bis 2030 eine zentrale Rolle zukommt.

3. **Energieeffizienz:** Der Gebäudebestand in der EU ist zu 75 % nicht energieeffizient (Europäische Kommission 2015a). Die Union unterstützt nationale Anreizsysteme zur Förderung baulicher Maßnahmen zur Gebäudedämmung.

Von der Energieunion gibt es bislang kaum Förderinstrumente zur Steigerung der Suffizienz (▷ Kapitel 1.2). Eine Politik, die vor allem auf Wachstum ausgerichtet ist, tendiert eher dazu, Suffizienz zu vernachlässigen. Das Bestreben in der EU ist groß, Wirtschaftswachstum und Ressourcenverbrauch zu entkoppeln. Die klimapolitischen Maßnahmen beschränken sich auf Substitution und Energieeffizienz, mit überschaubarem Erfolg für den Klimaschutz.

Energie-situation in Deutschland

Doch wie sieht die aktuelle Energiesituation in Deutschland aus? Im Zuge der Wiedervereinigung führte der wirtschaftliche Umbruch in den neuen Bundesländern zu einer deutlichen Reduktion der Treibhausgasemissionen,

Abbildung 3: Braunkohleförderung in der Niederlausitz, Brandenburg. Noch im Jahr 2017 wurden in Deutschland 168 Millionen t Kohle (Stein- und Braunkohle) gefördert, jedoch mit stark sinkender Tendenz. Kohle machte in Deutschland einen Anteil von 22,2 % am Primärenergieverbrauch aus (BMWi 2018) (Foto: P. Ibisch).

3 Analyse und strategische Ansätze von (un-)nachhaltigen Systemen

vor allem durch den Einbruch der Industrieproduktion. Seit den 2000er-Jahren stagniert der Primärenergieverbrauch in Deutschland trotz anhaltenden Wirtschaftswachstums. Die Treibhausgasemissionen konnten zwischen 1990 und 2015 um 28,1 % gesenkt werden (Umweltbundesamt 2016a). Im Jahr 2015 wurden in Deutschland 318 Mtoe an Primärenergie umgesetzt (OECD 2016). Davon wurden 79,5 % durch fossile Träger abgedeckt. Der Anteil der Kernenergie sank, vorerst zugunsten fossiler Träger. Der Anteil erneuerbarer Energien am Energiemix hat sich seit den 1990er-Jahren verfünffacht und liegt 2015 bei 12,5 % des Primärenergiebedarfs. Dieser Trend wird sich weiterhin verstärken. Schließlich wenden sich auch große Energieversorger ab von konventionellen Energieträgern und -erzeugern hin zu regenerativen Alternativen.

Technologien zur Energieerzeugung

Die wesentlichen Formen der Endenergien, die von privaten Haushalten genutzt werden, sind thermische (Heizung), chemische (Benzin) und elektrische Energien (Strom). Energie wird zunächst als Primärenergie bereitgestellt, transportiert und weiterverarbeitet, um ggf. als Strom oder Wärme über Leitungsnetze zur Verfügung gestellt oder bei Produktionsüberschüssen zur späteren Nutzung gespeichert zu werden. Der folgende Abschnitt konzentriert sich auf die gängigen Technologien und Ressourcen der konventionel-

Abbildung 4:
Landkarte
der Technologien zur
Energieerzeugung.

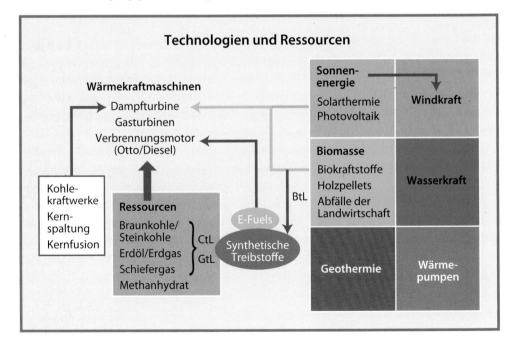

len Erzeugung und auf Technologien, die ein hohes Potenzial aufweisen für eine nachhaltige Energieversorgung.

> **CtL** steht für das chemische Verfahren *Coal-to-Liquid*, bei dem aus Kohle flüssiger Kraftstoff hergestellt wird. Man spricht auch von »Kohleverflüssigung«.

> Beim **GtL**-Verfahren *(Gas-to-Liquid)* wird Erdgas durch einen chemischen Prozess in flüssigen Kraftstoff umgewandelt.

> Nach einer Aufbereitung wird Biogas nach dem gleichen Verfahren zu flüssigem Kraftstoff verarbeitet (**BtL** = *Biogas-to-Liquid*). Der flüssige Kraftstoff ist frei von Schwefel und organischem Stickstoff. Er lässt sich zudem einfacher transportieren und z. B. als Benzinersatz nutzen.

Konventionelle Technologien der Energieproduktion

Wärmekraftmaschinen

Dampfturbinen-prozess

Im Jahr 2015 wurden weltweit 85 % des Primärenergiebedarfs durch fossile Energieträger gedeckt. Die Energieformen Kohle, Mineralöl, Kernelemente, biogene Brennstoffe (Energiepflanzen, Reststoffe, Abfälle), teilweise Solar- und Geothermie haben gemeinsam, dass sie im großen Maßstab dazu genutzt werden, Wasser zu erhitzen und Dampf zu erzeugen. Im Anschluss wird im sogenannten Dampfturbinenprozess Wärme in mechanische Arbeit und schließlich in elektrischen Strom umgewandelt. Dabei wird Wasserdampf bei hohem Druck und hoher Temperatur auf Dampfturbinenschaufeln geleitet, die eine Welle in Rotation versetzen. Am Wellenende rotiert ein Generator, der nach dem Dynamoprinzip elektrischen Strom erzeugt.

Gasturbine

Seit Mitte der 1980er-Jahre wurden Kohle-Dampf-Kraftwerke kontinuierlich durch deutlich effizientere Gasturbinen ersetzt. Hierbei wird das entzündete Erdgas direkt auf die Turbinenschaufeln geleitet, um die Antriebswelle in Rotation zu versetzen. Mit Verbrennungstemperaturen von 1.180 °C lassen sich ▷ **Wirkungsgrade** erreichen, die allen anderen Wärmekraftmaschinen überlegen sind. Neben der Energieeffizienz haben sie den Vorteil, dass sie sich im Vergleich zum Kohlekraftwerk durch eine deutlich höhere Schnellstartfähigkeit auszeichnen. Bei wieder ansteigendem Energiebedarf lassen sich Gasturbinen schnell in Betrieb nehmen, um Lasten auszugleichen. Häufig werden Wärmekraftmaschinen im *Combined Cycle* miteinander verknüpft. Dabei wird das Abgas der Gasturbine von etwa 650 °C genutzt, um im Anschluss den Dampfturbinenprozess anzutreiben. Man spricht vom »GuD-Prozess« (Gas und Dampf). Da sich die Umwandlungseffizienz, d. h. der Wirkungsgrad, nur in großen Erzeugungsanlagen erhöhen lässt, konzentrierten sich Energieunternehmen weltweit auf die zentrale Energieversorgung. So lässt sich beispielsweise eine Großstadt wie Hamburg durch eine einzige Gasturbine der Leistungsklasse 380 bis 420 MW mit Strom versorgen.

> **Wirkungsgrad:** das Verhältnis aus abgegebener Arbeit zu aufgenommener Wärmeenergie. Das theoretische Maximum wird durch den Carnot-Wirkungsgrad beschrieben. Energie, die nicht in mechanische Arbeit umgewandelt werden kann, muss als Abwärme von der Umwelt absorbiert werden und beeinflusst dadurch das Ökosystem.

Eine weitverbreitete Form von Wärmekraftmaschinen sind Kolbenarbeitsmaschinen. Hierbei wird im Arbeitstakt eines Otto- oder Dieselmotors Brennstoff entzündet. Das »Arbeitsgas« expandiert und erzeugt in einer alternierenden Bewegung über ein Getriebe (Kolbentrieb) eine Umdrehung der Arbeitswelle. Diese wird zum Antrieb von Maschinen, Fahrzeugen oder zur Stromerzeugung genutzt. Die Basis von Blockheizkraftwerken sind Kolbenarbeitsmaschinen. Die Vorteile von Kolbenarbeitsmaschinen liegen in der Schnellstartfähigkeit, in der hohen Leistungsdichte und in der geringen Wartung.

Ottomotor, Dieselmotor

Ein weiteres Beispiel aus der Gruppe der Wärmekraftmaschinen ist der Stirlingmotor, welcher prinzipbedingt nur mit geringem Wirkungsgrad arbeitet. In einem geschlossenen System pendelt ein Arbeitsgas zwischen einer kalten und warmen Kammer hin und her und setzt dabei einen Arbeitskolben in Bewegung. Bei der Anwendung kann nahezu jede externe Wärmequelle, auch Solarthermie, zum Einsatz kommen.

Stirlingmotor

Generell lässt sich feststellen, dass technologische Innovationen des letzten Jahrhunderts dazu führten, dass systemische Leistungsgrenzen von Wärmekraftmaschinen immer stärker ausgeschöpft werden. Physikalische Grenzen eines Systems lassen sich mit den Methoden der Thermodynamik, dem Carnot-Prozess, beschreiben. Neue kinematische Konzepte, innovative Werkstoffe, bessere Dichtungskonzepte, weitere Druckerhöhungen und Konzepte zur gleichmäßigen Verbrennungen werden auch in Zukunft eine wesentliche Rolle in der Entwicklung spielen. Jedoch liegen die sinnvollen Möglichkeiten zur Effizienzsteigerung von Wärmekraftmaschinen bereits an den Grenzen der technischen Leistungsfähigkeit.

Effizienzsteigerung und Leistungsgrenzen von Wärmekraftmaschinen

Kernenergie

Kernkraftwerke Ein Kern- oder Atomkraftwerk ist ein Wärmekraftwerk zur Gewinnung elektrischer Energie aus Kernenergie durch kontrollierte Kernspaltung. Die Umwandlung in elektrische Energie geschieht indirekt wie in herkömmlichen Wärmekraftwerken. Die Wärme, die bei der Kernspaltung entsteht, wird zur Dampferzeugung genutzt, um eine Dampfturbine zu betreiben. Seit der Atomkatastrophe von Fukushima im Jahr 2011 haben die Besorgnis und der Widerstand innerhalb der Bevölkerung zugenommen (▷ Kapitel 3.4). Im Jahr 2015 besaß die Kernenergie in der EU einen Anteil von 12 % am Energiemix mit großen nationalen Unterschieden. Während in Frankreich der Anteil von Kernenergie 38 % am Primärenergiebedarf ausmacht und weiter ausgebaut werden soll, liegt der Anteil in Deutschland bei 7,5 % mit sinkender Tendenz. In Deutschland gibt es für den Atomausstieg einen breiten gesellschaftlichen Konsens. Insgesamt 143 Kernkraftwerke gibt es in der EU, davon allein 58 in Frankreich. Das letzte deutsche Kernkraftwerk soll 2022 abgeschaltet werden.

Kernfusions-reaktoren Obwohl seit den 1960er-Jahren auf dem Gebiet der Kernfusion geforscht wird, existiert noch kein funktionsfähiger Reaktor. Bei der Kernfusion verschmelzen Deuterium und Tritium unter hohem Druck und Temperaturen. Im Effizienzvergleich kann mit der Kernfusion 150-mal mehr Energie pro Kilogramm Materie erzeugt werden als mit der Kernspaltung (gemäß der Gleichung $E = mc^2$). Die technischen Herausforderungen liegen in der Kontrolle von Plasmaströmen bei Temperaturen von 100 Millionen bis 1 Milliarde °C. Die Forschungen zur Bereitstellung eines beherrschbaren Kernfusionsprozesses werden noch weitere Jahrzehnte andauern. Die Kernfusion könnte eine besondere Position in der Energieversorgung der Zukunft einnehmen. Zweifelsohne wird die Bändigung die Kernfusion ein Meilenstein der technologischen Entwicklung sein. Für den Einsatz spricht die enorme Effizienz. Allerdings ist die Technologie mit sehr hohen Risiken verbunden, denn beim Fusionsprozess werden »schnelle« Neutronen freigesetzt, die ihre Umgebung durchdringen und dabei Radioaktivität an den tragenden Strukturen hinterlassen. Die Endlagerung radioaktiver Abfälle – die für deutlich längere Zeit strahlen werden, als der moderne Mensch existiert – stehen im Widerspruch zu einer nachhaltigen Entwicklung, denn sie geht mit einer Gefährdung für Mensch und Umwelt einher (Umweltbundesamt 2010). Weltweit sind 14 Endlager für schwach radioaktive Abfälle in Betrieb; in Deutschland gibt es bislang keines, und die Endlagerfrage ist bislang ungeklärt. In der Vergangenheit wurden Abfälle in den stillgelegten Schachtanlagen Morsleben und Asse II zwischengelagert. Eine Neufassung des Standortauswahlgesetzes für Endlagerstandorte wurde im März 2017 vom Bund verabschiedet, um die

40 Jahre währenden gesellschaftlichen Auseinandersetzungen zu beenden. Die Standortsuche soll bis zum Jahr 2031 abgeschlossen sein. Die Einlagerung soll um das Jahr 2050 beginnen (BMUB 2017).

Schiefergas als Energiequelle

Eine weitere Möglichkeit, die Energieabhängigkeit der europäischen Staaten zu reduzieren, besteht in der Deckung des Erdgasbedarfs durch die Förderung eigener Schiefergasvorkommen. Lagerstätten sind reichlich vorhanden. Jedoch sind Vorbehalte innerhalb der Bevölkerung Grund dafür, dass die Entwicklungen in Europa nur langsam vorangetrieben werden. Beim sogenannten Fracking *(Hydraulic Fracturing)* werden im dichten Schiefergestein künstlich Risse erzeugt, aus denen das eingeschlossene Gas entweichen kann. Dabei werden große Mengen an Wasser-Sand-Gemisch mit chemisch aktiven Substanzen unter hohem Druck über Rohrleitungssysteme in tiefe Kavernen gepumpt. Die Technologie ist ökologisch umstritten. Bodenverunreinigungen, unkontrollierte Gasaustritte, Zerstörung von Landschaften sowie die Verunreinigung von Grundwasser sind mögliche Folgen des Frackings. Trotzdem setzen europäische Chemie- und Pharmakonzerne große Hoffnung auf die kommerzielle Nutzung des Verfahrens im Inland. Durch den verstärkten Einsatz des Frackings konnten die USA wieder zu den größten Energieförderern aufschließen. Im Kontrast hierzu existieren in Europa nur wenige Probebohrungen, die ausschließlich zu Forschungszwecken genutzt werden.

Hydraulic Fracturing in Deutschland

Eine kommerzielle Förderung durch Hydraulic Fracturing findet in Deutschland nicht statt. Bundesweit wurden etwa 300 Frackjobs durchgeführt, die meisten davon in Niedersachsen (GtV-Bundesverband Geothermie 2012). Insbesondere die Umweltrisiken des Frackings werden in Deutschland kontrovers diskutiert. Doch noch ist die Datenlage zu gering, um abschließende Aussagen zu Möglichkeiten und Risiken zu treffen. Dennoch wurde im August 2016 das »Fracking-Gesetz« verabschiedet, das ein generelles Verbot von *Fracking* in unkonventionellen Lagerstätten vorsieht, jedoch bleibt in tief lagernden Schichten dichten Sandsteins das Fracking weiterhin erlaubt. An vier Probebohrungen sollen bis 2021 weitere Erkenntnisse durch eine unabhängige Expertenkommission gewonnen werden (Deutscher Bundestag 2016).

CCS-Technologien

Carbon dioxide capture and storage

Im engeren Sinne gehören CCS-Technologien nicht zur Energieproduktion. Sie ergänzen vielmehr die Wärmekraftanlagen durch eine technische Lösung zur CO_2-Abscheidung und -Lagerung. CCS *(Carbon Dioxide Capture and Storage)* steht für Sequestierung bzw. Abscheidung von CO_2. Bei dem Verfahren wird in Wärmekraftwerken das in der Verbrennung freigesetzte Treibhausgas abgeschieden, zu Pellets verdichtet und in unterirdischen Kavernen gelagert. Am Beispiel eines konventionellen Steinkohlekraftwerks lässt sich darstellen, dass mit CCS-Technologien ein Minderausstoß an Treibhausgasen von bis zu 70 % erreicht werden kann (Kuckshinrichs & Hake 2012). Überregionale Energieversorger sind Betreiber großer Kohlekraftwerke, die ein besonderes Interesse an der Technologie besitzen. Große Investitionen werden daher in die Erforschung unterschiedlicher Konzepte getätigt. Beim sogenannten *Oxyfuel-Verfahren* wird Steinkohle mit reinem Sauerstoff verbrannt, um den Prozess der Verbrennung und CO_2-Abscheidung zu vereinfachen. In Konkurrenz dazu setzt das *Pre-Combustion-Verfahren* auf die Umwandlung von Kohle vor der Verbrennung durch neuartige Vergasertechnologien zu Kohlenmonoxid und Wasserstoff. Kohlenmonoxid wird oxidiert und im Rauchgas abgeschieden (Kneer et al. 2006). Hierbei dient dann Wasserstoff als Energieträger. Ziel ist es, die Konzepte bis zum Jahr 2020 zur Marktreife zu bringen. CCS-Technologien sind aus der Perspektive der Nachhaltigkeit sehr kritikwürdig: Zum einen erfolgt die CO_2-Abscheidung, -Verdichtung und -Lagerung auf Kosten der Effizienz. Man rechnet mit einem Mehrverbrauch an Energie von 25 bis 40 % (Kneer et al. 2006). Zudem nimmt man durch die Endlagerung von CO_2 in tiefen Gesteinsschichten eine Hypothek für die nachfolgenden Generationen auf (Quaschning 2015). Noch völlig ungeklärt ist, was im Falle von Leckagen in unterirdischen Kavernen geschieht. Die Energiekonzerne betonen, die Technologie sei sicher, wollen aber im Falle eines möglichen Irrtums nicht haften. Laut *Internationaler Energieagentur* (IEA) existieren derzeit 13 CCS-Projekte, die sich hohen technischen Herausforderungen stellen müssen (Handelsblatt 2015).

Technologien der Energiewende

Energiewende

Der Begriff »Energiewende« beschreibt den Übergang von einer vorwiegend auf fossile Energieträger basierenden Wirtschaft (inklusive Kernenergie) zu einer nachhaltigen Versorgung mittels erneuerbarer Energien.

Nachhaltige Energieversorgung

Nach heutigem Standpunkt fokussiert die Energiewende die Sektoren Strom, Wärme, Kälteschutz am Bau, Mobilität sowie perspektivisch den Verzicht auf fossile Rohstoffe in der Kunststoff- oder Düngemittelproduktion. Eine nachhaltige Energieversorgung umfasst die Produktion sowie die Technologien zur Verteilung und Nutzung von Energie. Der Begriff der Nachhaltigkeit steht in dem Zusammenhang für eine umweltschonende, bedarfsorientierte Energienutzung, die nicht mehr Ressourcen verwenden darf, als im gleichen Zeitraum entstehen. Gleichzeitig darf die Funktionsfähigkeit von Ökosystemen nicht eingeschränkt oder gar zerstört werden. So müssen beispielsweise die energetischen Herstellungskosten der Technologien (Photovoltaik, Windkraftanlagen) so bemessen sein, dass der Energiegewinn deutlich über der Lebensdauer und den Energiekosten des Produktes selbst steht.

Sonnenenergie

Sonnenergie ist in ihrem Ursprung unendlich verfügbar. Die wirtschaftliche Nutzung von Sonnenenergie lässt sich in wenigstens zwei große Gruppen einteilen: Solarthermie und Photovoltaik (Krippner 2016).

Bei der Solarthermie wird Sonnenenergie direkt in Wärme gewandelt, um Warmwasser für private Haushalte zu erzeugen und um Prozesswärme für die Verfahrenstechnik, die verarbeitende und chemische Industrie zu liefern. Werden Sonnenstrahlen über Parabolspiegel oder optische Linsen fokussiert, kann die thermische Energie mithilfe eines Stirlingmotors sogar direkt in mechanische Arbeit und über die Kinematik in elektrische Energie umgewandelt werden. Auf mitteleuropäischen Breitengraden werden häufig großflächige Solarkollektoren eingesetzt, in denen Wärmeabsorber Energie an einen Wasserkreislauf abgeben. Eine Pumpe regelt den Kreislauf. Der Zugang zum Warmwasserspeicher ist geöffnet, sobald die Absorbertemperatur höher ist als die Wassertemperatur im Speicher. Besonders effizient wird Solarthermie in Südeuropa und äquatorialen Breitengraden genutzt (Krippner 2016).

Solarthermie

Abbildung 5:
Nutzung von Freilandflächen – Solarpark Finowfurt. Für den Solarpark Finowfurt musste teilweise eine sich selbst überlassene, mit Kiefern überwachsene Fläche (Sukzessionsfläche) weichen (Foto: P. Ibisch).

Photovoltaik   In Ergänzung zur Solarthermie steht die Photovoltaik, bei der Sonnenlicht direkt in Strom umgewandelt wird. Basis der Technologie ist der photoelektrische Effekt an Halbleitermaterialien. Ein Elektron löst sich aus der Bindung eines Festkörpers, indem es ein Lichtphoton absorbiert. Die ersten Siliziumsolarzellen, entwickelt für das Luft-Raumfahrt-Programm im Jahr 1954, hatten einen Wirkungsgrad von knapp 5 %. Heutige Halbleiterzellen erreichen Wirkungsgrade von 20 bis 40 %. Durch die Entwicklung innovativer Werkstoffe und die drastische Senkung der Produktionskosten ist die Konkurrenzfähigkeit zu fossilen Energieträgern in wenigen Jahren erreicht (Quaschning 2015). Wesentliche Vorteile der Photovoltaik liegen im Aufbau von Anlagen. Durch das Zusammenschalten von Modulen stehen heute Anlagengrößen von bis zu 100 MW zur Verfügung. Zudem muss kein zusätzlicher Eingriff in die Natur erfolgen. Durch die Flächennutzung an Hausdächern und Fassaden könnten theoretisch 1/3 des Strombedarfs von Städten gedeckt werden. Ferner können private Haushalte durch die dezentrale Versorgung eine gewisse energetische Unabhängigkeit erreichen.

Erntefaktor von Sonnenenergie   Die Stromgewinnung hängt von der Lage, der Witterung, der Tages- und Jahreszeit ab. Solarenergie gilt als nicht ▷ **grundlastfähig**. Der wesentliche Kostentreiber ist der hohe Energieaufwand für die Bereitstellung von Halbleitermaterialien mit höchstem Reinheitsgrad. Je nach Aufstellungsort liegt bei Solarzellen der ▷ **Erntefaktor** zwischen 5 und 20, hingegen bei Windkraftanlagen zwischen 60 und 90. Untersuchungen zeigen, dass sich auch bei sehr ungünstigen Standorten für PV-Anlagen die energetischen Herstellungskosten nach spätestens 6 Jahren amortisiert haben (Quaschning 2015).

Kritiker von Solarparks führen den Verlust von Freiland- oder gar Waldflächen sowie ästhetische Aspekte an. Seit Jahren gelten erhebliche Restriktionen für Solarparks, um den Verlust von wirtschaftlich nutzbaren Flächen zu begrenzen. Die Freiflächen-Ausschreibungsverordnung regelt die Förderbedingungen innerhalb des Erneuerbare-Energien-Gesetzes (EEG 2017). Darin werden u. a. Autobahnseitenstreifen, versiegelte Flächen, Gewerbe- und Industriegebiete gefördert.

> Als **Grundlastfähigkeit** wird die Fähigkeit eines Energieversorgungssystems zur dauerhaften Bereitstellung von elektrischer Energie bezeichnet. Während die Solaranlage nur zu Tageszeiten Strom zur Verfügung stellt, kann eine Gasturbine dauerhaft betrieben werden. Im Gegensatz zur Spitzenlast versteht man unter dem Begriff »Grundlast« die Menge an elektrischer Leistung, die für ein Versorgungsgebiet dauerhaft zur Verfügung gestellt werden muss.

> Der **Erntefaktor** ist eine Kennziffer zur Beschreibung der Effizienz einer Energiequelle, bezogen auf ihre Lebensdauer. Dabei setzt man die Energieproduktion des Systems ins Verhältnis zu der Energie, die für die Produktion der Systems benötigt worden ist. Je höher dieser Wert ist, desto effizienter ist das System. Beispielsweise existieren PV-Module auf Siliziumbasis, die in ihrer Lebenszeit nur fünfmal so viel Strom generieren, wie für die Produktion der PV-Module benötigt worden ist.

Windkraft

Windkraft ist eine indirekte Form der Sonnenenergie. Sie ist das Ergebnis des lokalen Druckausgleichs zwischen Hochdruck- und Tiefdruckgebiet. Heutzutage wird Windkraft im industriellen Maßstäben genutzt, um aus der mechanischen Arbeit rotierender Turbinen elektrische Energie zu gewinnen. Mit der Einführung des Erneuerbare-Energien-Gesetzes EEG im Jahr 1991 bzw. 2000 wurden rechtliche und finanzielle Rahmenbedingungen für Technologien der Energiewende geschaffen, sodass beispielsweise Energie aus Windkraftanlagen ihre Konkurrenzfähigkeit zu konventionellen Energieformen erreichen konnte. Im Jahr 2009 sind die Bedingungen für Offshore-Windkraftanlagen nochmals deutlich verbessert worden (EEG 2012).

Windenergie

Die Windkraftanlage weist eine überschaubare Energieausbeute im Vergleich zu Solaranlagen auf: Während eine Windkraftanlage bei mittleren Windgeschwindigkeiten in Deutschland nur 0,1 kW/m², bezogen auf die Anströmfläche, liefert, kann an sonnigen Tagen eine Strahlungsenergie von 1 kW/m² gemessen werden. Erst bei einer Windgeschwindigkeit von 11,5 m/s erreicht man ein vergleichbares Niveau wie bei der Photovoltaik (Quaschning 2015). Daher werden zunehmend Offshore-Windkraftanlagen im Norden und Solarparks auf Freiflächen überwiegend im Süden Deutschlands gefördert. Aufgrund der Abhängigkeit von Wind- und Wetterverhältnissen gilt auch die Windkraft als nicht grundlastfähig.

Wind- und Sonnenenergie im Vergleich

Windkraftanlagen sind technologisch und energetisch einfach zu realisieren. Bei Offshore-Anlagen treten deutlich höhere Windgeschwindigkeiten auf als im Onshore-Bereich, sodass in nördlicheren Regionen Deutschlands das Ausbaupotenzial wesentlich größer ist als im Süden. Größere – und damit wirtschaftlichere – Windkraftanlagen führen jedoch zu Akzeptanzverlust in der Bevölkerung. Der Ausbau von Windenergie führt nach Ausschöpfung der meisten Freilandflächen zusehends zur Beeinträchtigung von Wäldern. Dadurch ergeben sich bedeutsame Fragmentierungseffekte und Waldflächenverluste. Darüber hinaus sind Bedenken des Naturschutzes durch Kollisionen von Vogelschwärmen oder Fledermäusen mit Windrädern bekannt.

Windkraftanlagen

Eine weitere Herausforderung stellt der notwendige Ausbau dar von Freileitungen (»Überlandleitungen«) zur Verteilung von elektrischer Energie in den Süden Deutschlands, das zu einer zusätzlichen Zerstückelung der Landschaften führt.

Das Fraunhofer IWES rechnet in einer Studie damit, dass es im Jahr 2050 möglich sei, den Primärenergiebedarf zu 100 % aus erneuerbaren Energien zu decken. In dem Szenario wurden 74 % des Bedarfs durch Windenergie gedeckt, *Onshore* und *Offshore* (Knorr et al. 2017). Ende 2016 standen insgesamt 27.270 Windenergieanlagen mit einer Gesamtleistung von 45.910 MW in Deutschland zur Verfügung. Jährlich kommen zwischen 1.500 und 2.000 Anlagen hinzu. Einer Untersuchung des Fraunhofer ISE zufolge sollten bis zum Jahr 2050 etwa 57.000 Windkraftanlagen mit jeweils 3 MW installiert sein, um die klimapolitischen Zielvorgaben zu erreichen (Henning & Palzer 2013). Der Studie zufolge reiche hierbei eine mittlere Volllaststundenzahl von 1.800 Stunden im Jahr aus.

Nutzung von Biomasse

Nutzung | Als »Biomasse« bezeichnet man Stoffe organischer Herkunft. Biomasse ist gespeicherte Sonnenenergie, die bedarfsorientiert genutzt werden kann. Sie stellt als grundlastfähiger Energieträger eine sinnvolle Ergänzung zum Energiemix aus Wind, Sonne und Wasserkraft dar, solange sie nicht in Konflikt steht mit der landwirtschaftlichen Nahrungsmittelproduktion sowie der Erhaltung funktionaler Ökosysteme. Bei der weltweiten Nutzung bildet Biomasse einen Hauptvertreter: Aktuell werden 1 % der weltweiten jährlich anfallenden Biomasse genutzt, mit der etwa 11 % des Primärenergiebedarfs erzeugt werden. Gerade in ärmeren Ländern wie etwa Äthiopien, Mosambik oder Nepal liegt der Anteil der Biomasse als Energieträger bei über 80 %. Häufig ist die Basis Brennholz, dessen intensive Nutzung zur weltweiten Wüstenbildung beiträgt. Global gesehen, wird Biomasse nur selten nachhaltig genutzt. In Deutschland wurden im Jahr 2015 etwa 5 % der Elektrizität und 9,5 % der Wärme durch die Nutzung von Biomasse gedeckt. Etwa 5,5 % des eingesetzten Kraftstoffs wurde aus Biomasse gewonnen (FNR 2016).

Bereitstellung und Verarbeitung von Biomasse | Im einfachsten Fall wird Biomasse in Wärmekraftmaschinen verbrannt. In sogenannten Blockheizkraftwerken (BHKW) wird am Ort des Verbrauchs mithilfe eines Verbrennungsmotors aus Biomasse vorzugsweise elektrische Energie erzeugt. Die Abwärme wird direkt in ein Nahwärmenetz eingespeist. Typische Vertreter von Biomasse sind Holzpellets aus Nebenprodukten der Holz verarbeitenden Industrie, Brennholz, Bioöle und Biogas. Diese Produkte werden genutzt zur Strom- und Wärmeproduktion in Blockheizkraftwerken oder als Treibstoffbeimengung für den Transport und Verkehr. Speziell für

die energetische Nutzung werden in Deutschland Energiepflanzen wie Weizen, Mais, Raps, Zuckerrüben und Baumarten von Kurzumtriebsplantagen wie
Pappeln oder Weiden angebaut. In Anbetracht des Bevölkerungswachstums
und der damit verbundenen Frage der Ernährung der wachsenden Weltbevölkerung stellen sich vermehrt ethische Fragen; so wird beispielsweise die
energetische Nutzung von Getreide (Getreideverbrennung) heftig diskutiert.

Über biochemische Gärungsprozesse wird Ethanol aus Weizen, Mais und
Zuckerrüben gewonnen. Rapsöl wird in Ölmühlen durch Pressung und Filterung erzeugt. In einem kontrollierten Umesterungsprozess wird Rapsöl mit
Ethanol zu Biodiesel verarbeitet. Als weitere Energiequelle wird häufig Biogas genutzt. Dieses ist das Produkt der Vergärung von Abfällen der Landwirtschaft, Gülle und Nahrungsmittelabfällen in großen Biogasanlagen. Das Gas
besteht im Wesentlichen aus Methan, das direkt in das Gasversorgungsnetz
eingespeist werden kann. Laut dem wissenschaftlichen Beirat für Agrarpolitik
des Bundesministeriums für Ernährung und Landwirtschaft (FNR 2016) liegt
die CO_2-Vermeidungsleistung von Biogas aus Gülle um ein Vierfaches und
von Holz aus Kurzumtriebsplantagen um ein Fünffaches höher als bei Ethanol aus Weizen oder Diesel aus Raps. Nichtsdestotrotz stellen Kurzumtriebs-

**Biodiesel
und Biogas**

plantagen eine Flächenkonkurrenz zu anderen Anbaufrüchten dar. Durch den Import von Nahrungsmittelpflanzen findet zudem eine Externalisierung von Umweltkosten (▷ Kapitel 4.3) statt.

Kritik an Biomasse-nutzung zur Energie-erzeugung

Weitere Energiepflanzen mit bedeutenden Anbauflächen in tropischen Regionen sind u. a. Soja, Ölpalme, Purgiernuss und Zuckerrohr. In dem Moment, in dem eine Konkurrenzsituation zwischen der Nutzung von Energiepflanzen als Grundnahrungsmittel oder Treibstoff entsteht, ist der Import von Energiepflanzen als äußerst kritisch zu bewerten. Die zunehmende Zahl von Ölpalmenplantagen zerstört Regenwald u. a. in Malaysia, Indonesien, Kamerun oder Südamerika und sorgt für erhebliche ökologische und soziale Probleme in den Erzeugerländern. Die Abb. 6 vermittelt einen Eindruck, wie die traditionelle Brennholznutzung in Bolivien aussieht. Diese trägt wesentlich zur Zerstörung der Wälder bei. Erosion, Erdrutsche und trockene Böden mit verringerter Wasseraufnahmefähigkeit sind die Folgen. Zudem entstehen vielerorts Brennholzkrisen, wie sie in Deutschland zu Zeiten Hans Carl von Carlowitz' bekannt waren (▷ Kapitel 1.2). In jüngerer Vergangenheit kamen in Deutschland Brennholz und Pellets in die Kritik, insbesondere da bei Holzimporten der genaue Nachweis nachhaltiger Forstwirtschaft oder legalen Einschlags schwierig ist. Die Kosten für Brennholz haben sich in den vergangenen zehn Jahren fast verdoppelt. Dadurch wurde der Import (auch der illegale) von Brennholz aus dem globalen Süden oder aus borealen Nadelwäldern verstärkt. Inzwischen werden sogar über 50 % des Einschlags in Deutschland zu »energetischen« Zwecken verwendet und tragen damit nicht zur CO_2-Minderung bei. Hinzu kommen die Emissionen bei der Entnahme und beim Transport, welche die Klimaneutralität generell infrage stellen, sowie die Emissionen, die durch die Schwächung des Waldes unmittelbar und mittelfristig entstehen.

Wasserkraft

Entwicklung der Wasser-kraftnutzung

Der Einsatz von Wassermühlen in Europa geht auf das 18. Jahrhundert zurück. Unter Nutzung der mechanischen Leistung konnten Mühlen und kleine Manufakturen betrieben werden. Nach und nach erfolgte die Substitution der Wasserkraftanlagen durch Dampfmaschinen. Erst mit der Elektrifizierung der Städte Ende des 19. Jahrhunderts stieg erneut die Bedeutung der Wasserkraft. Bei oberschlächtig betriebenen Wasserrädern (mit Wasser von oben her betrieben) konnte damals die potenzielle Energie des Wassers von bis zu 80 % in elektrische Energie umgewandelt werden.

Wasserkraft heute

Wasserkraft ist heute weltweit die wichtigste regenerative Energieform. Unabhängig von den äußeren Bedingungen stehen fließende Gewässer jederzeit zur Verfügung. Norwegen deckt zu 100 % seines Strombedarfs, Brasilien,

Kanada, Österreich oder die Schweiz decken zu 50 % ihres Strombedarfs durch Wasserkraft. Begünstigt sind Länder mit schnellen, großen Flussläufen und Gebirgen mit starken Gefällen. In Deutschland besitzt die Wasserkraft einen sehr niedrigen Anteil von 3,3 % am Strommix. Mit 4.200 MW Gesamtleistung sind das Potenzial und die Erschließung nutzbarer Standorte in Deutschland aufgrund der topografischen Gegebenheiten bereits nahezu ausgeschöpft (Umweltbundesamt 2010). In den kommenden Jahren werden einige bestehende Anlagen modernisiert und erweitert.

Eine wichtige Rolle in der Energiewirtschaft nehmen Pumpspeicherkraftwerke ein. Dabei wird Wasser in ein höher gelegenes Becken gepumpt, solange ein Überschuss an Strom vorliegt. Steigt der Strombedarf der privaten Haushalte wieder an, wird über Druckrohrleitungen das Wasser zu Turbinen geführt. Dabei wird die potenzielle Lageenergie genutzt, um Strom zu erzeugen. Aufgrund dieser Flexibilität sind Pumpspeicherkraftwerke eine ideale Ergänzung zur Wind- und Sonnenenergie. Auch hier sind die topologischen Bedingungen in Deutschland eher begrenzt. In Deutschland steht eine Pumpspeicherleistung von 7 GW zur Verfügung. Dabei reichen die Kapazitäten für eine Versorgung im Dauerbetrieb von 4 bis 8 Stunden.

Pumpspeicher-kraftwerke

Als weitere technologische Entwicklung mit diskontinuierlicher Energieproduktion sei noch auf Gezeiten- und Wellenkraftwerke verwiesen, die sich noch im Forschungsstadium befinden. Gezeitenkraftwerke nutzen die Strömung zwischen Bucht und offenem Meer, die sich aufgrund des Tidenhubs einstellt, um mit Turbinen elektrischen Strom zu erzeugen. Bei Wellenkraftwerken wird die Relativbewegung schwimmender Auftriebskörper zur Stromerzeugung genutzt.

Gezeiten- und Wellen-kraftwerke

Geothermie

Hoher Druck und radioaktive Zerfallsprozesse erzeugen eine Temperatur im Erdkern von über 6.500 °C. Das ist die Ursache eines konstanten Wärmestroms zwischen Kern und Erdkruste. Geothermie nutzt den Wärmestrom indirekt, indem über ein geschlossenes Rohrleitungssystem Fluide in großer Tiefe erwärmt werden. Der zur Verfügung stehende Wärmestrom ist geografisch sehr ungleichmäßig verteilt. Er hängt von den geologischen Gegebenheiten ab. An Stellen, an denen Kontinentalplatten zusammenstoßen, ist Erdwärme in geringer Tiefe verfügbar, z. B. in Island, Süditalien, Indonesien. Deutschland besitzt nur wenig vulkanisch aktive Gebiete, gilt als erdbebensicher und somit aus geologischer Sicht unwirtschaftlich für die Nutzung von Geothermie. Die Kosten für die Anschaffung, Bohrung und Wartung sind in Deutschland vergleichsweise hoch. Die günstigsten geologischen Bedingungen existieren in der Tiefebene des Rheins. Hier werden in 3 km Tiefe Temperaturen von über

Nutzung von Wärmeströmen im Erdinnern

Energieerzeugung	Chancen	Risiken
Dampfturbine	technologisch einfach	existiert nur in Kombination mit Wärmeerzeugungs-anlagen (Dampf-)
Kohlekraftwerk	grundlastfähig, geringe technologische Tiefe	geringer Wirkungsgrad, CO_2-Emissionen, Abwärme, begrenzte Ressourcen
Gasturbine	grundlastfähig, höchste Energieeffizienz unter den Wärmekraftmaschinen	CO_2-Emissionen, Abwärme, begrenzte Ressourcen
Verbrennungsmotor	schnellstartfähig	CO_2-Emissionen, Abwärme, begrenzte Ressourcen
Stirlingmotor	jede externe Wärmequelle zulässig, kompakte Bauform, mobile Einsetzbarkeit	geringer Wirkungsgrad, Abwärme
Kernkraftwerk	grundlastfähig	Entsorgung radioaktiver Abfälle, begrenzte Ressourcen
Kernfusion	grundlastfähig	existiert nur im Forschungsstadium, Entsorgung radioaktiver Abfälle
Solarthermie	direkteste Form der Wärmenutzung, Warmwassererzeugung	Abhängigkeit von Wetter und Sonnenstunden, nicht grundlastfähig
Photovoltaik	direkte Umwandlung in elektrischen Strom	Abhängigkeit von Wetter und Sonnenstunden, nicht grundlastfähig; Flächennutzung (oft zulasten intakter Ökosystem)
Windkraft	technologisch einfach, robust	Abhängigkeit von Wetter und Windverhältnissen, nicht grundlastfähig, hohe Flächennutzung (oft zulasten intakter Ökosysteme)
Laufwasserkraftwerk	bedarfsorientiert regelbare Leistung, emissionsfrei	wenig verfügbare Standorte in Deutschland, starker Eingriff in die Natur
Biomasse	CO_2-neutral, bedarfsorientierte Nutzung	selten nachhaltig genutzt (global), Ökosystemdegradierung durch Holzeinschlag, Konkurrenz: Futtermais vs. Kraftstoff
Geothermie	unbegrenzt verfügbar	wenige geothermisch attraktive Orte in Deutschland, hohe Explorationskosten

Tabelle 1: Chancen und Risiken verschiedener Energieerzeugungssysteme

150 °C gemessen. Im Durchschnitt können in Deutschland etwa 47 °C in 1 km Tiefe erreicht werden. Zur kraftwerkstechnischen Nutzung von Geothermie sind hingegen Bohrtiefen von 10 km notwendig (Stober & Bucher 2014). Die Herausforderungen sind groß, da in dieser Tiefe bei 300 °C und 3.000 bar Gestein plastisch formbar wird.

Geothermie-anlagen

Die oberflächennahe Geothermie nutzt Bohrungen von bis ca. 400 m Tiefe und Temperaturen von bis zu 25 °C für das Beheizen und Kühlen von Gebäu-den und technischen Anlagen. Ein Wärmetauscher überträgt die Wärme aus dem Fluidkreislauf der Tiefe in einen geschlossenen Wasserkreislauf. An der

3 Analyse und strategische Ansätze von (un-)nachhaltigen Systemen

Oberfläche bringt dann eine Wärmepumpe das System auf das notwendige Temperaturniveau. In Deutschland sind rund 320.000 oberflächennahe Geothermieanlagen in Betrieb. Positiv hervorzuheben ist die unerschöpfliche Verfügbarkeit von Erdwärme. Dem gegenüber stehen die hohen Investitionskosten und mögliche Gefahren von Erdbewegungen durch unsachgemäßes Bohren, wenn z. B. Grundwasser in trockene Mineralschichten eindringt.

Wärmepumpen

Bei einer Wärmepumpe wird unter Aufwendung von mechanischer Arbeit einem Fluid mit relativ niedriger Temperatur, z. B. Umgebungsluft, thermische Energie zugeführt und auf ein höheres Temperaturniveau gebracht, z. B. Raumtemperatur (Dohmann 2016). Die Wärmepumpe besitzt einen Verdichter, der mechanisch angetrieben wird. Elektrisch angetriebene Kompressionswärmepumpen sind relativ weit verbreitet. Ein Kältemittel wird in einem geschlossenen Kreislauf geführt. Bei Kompression des gasförmigen Kältemittels wird Verflüssigungswärme an einen zweiten Kreislauf abgegeben, z. B. Raumluft- oder Warmwasserkreis. Das Kältemittel ist so eingestellt, dass es bei der Expansion bzw. der Verdampfung Wärme aus der Umgebung aufnimmt. In privaten Haushalten dient die Umgebungsluft als Wärmequelle oder ein separater Solekreis, der über eine geothermale Quelle gespeist wird.

Funktionsweise von Wärmepumpen

Energieerzeugung und Nachhaltigkeit

Der ungebremste Verbrauch fossiler Energieträger sowie von Kernenergie und der damit verbundene Raubbau zeigen, dass man, global gesehen, sehr weit von nachhaltigem Handeln entfernt ist. Technologien der Energiewende besitzen ein großes Potenzial für eine nachhaltige Nutzung (Wind-, Solar-, Bioenergie und Geothermie). Sie sind jedoch per se nicht nachhaltig (siehe Tab. 1). Insbesondere besitzt Biomasse (auch für Biokraftstoffe) heutzutage nur selten einen nachhaltigen Ursprung. Negativbeispiele gibt es viele (Nutzung fossiler Energieträger für Landmaschinen und Düngemittel, Abholzung von Regenwäldern). Hinzu kommen indirekte Folgen durch die Nutzung landwirtschaftlicher Flächen für Energiepflanzen. Das Prinzip der Nachhaltigkeit wird leider oft verletzt, wenn Freiflächen auf Kosten des intakten Ökosystems geschaffen werden, um Platz für Solarparks und Windkraftanlagen zu schaffen. Die Mengen nachhaltig nutzbarer Energien sind durchaus begrenzt. Neben der Notwendigkeit der Energie-Effizienzerhöhung, muss die Suffizienz ebenfalls gesteigert werden. Nachhaltiges Wirtschaften (▷ Kapitel 1.2, 4.3) bedeutet eben nicht, einige Energieträger zu substituieren, sondern deutlich umfassender auch Suffizienz zu fördern.

Die Energieversorgung in Deutschland im Jahr 2050 – mögliche Entwicklungsszenarien

Ausgehend von den klimapolitischen Rahmenbedingungen (▷ Kapitel 3.4), stellt das nachfolgende Szenario das Ergebnis verschiedener Trendanalysen dar. Es basiert auf realen Daten (Le Monde diplomatique 2012; Quaschning 2015; Prognos AG et al. 2017). Die zukünftigen Emissionen sind von ökonomischen, sozialen und politischen Entwicklungen abhängig, die grundsätzlich nicht vorhersagbar sind.

Die Modelle der Klimaforschung gehen von einer großen Varianz von Annahmen aus. Allen Projektionen liegt die Berechnungsbasis zugrunde, dass die globale Klimaerwärmung auf einen Wert von unter 2 °C im Vergleich zum vorindustriellen Niveau zu begrenzen sei. Daraus resultieren bis zum Jahr 2050 drastische Reduktionen der anthropogenen Emissionen an Treibhausgasen. Umfang und Tragweite zukünftiger Entwicklungen und Schlüsseltechnologien, die diese Anforderungen erfüllen, sind ebenfalls nur schwer vorhersagbar. Dennoch lassen sich klare Trends für eine zukünftige Energieversorgung auf nationaler und europäischer Ebene ablesen. So finden Schwerpunkte wie »Speichertechnologien der nächsten Generation« sowie die »Entwicklung neuartiger Werkstoffkombinationen« zur Substitution Seltener Erden (Lithium, Neodym u. a.) bereits Berücksichtigung in den aktuellen europäischen Forschungsrahmenprogrammen.

Globale Trends   Als Folge des Primärenergiebedarfs des Jahres 2050 werden sich die geopolitischen Kräfteverhältnisse zugunsten von Regionen, die erneuerbare Energien produzieren, und zugunsten der Förderländer von spaltbarem Material (Uran, Thorium) ändern. Indien und China werden im Jahr 2050 über die Hälfte des weltweit verfügbaren Atomstroms liefern (Quaschning 2015; Prognos AG et al. 2017). Zeitgleich wird China der größte Produzent erneuerbarer Energien sein (Le Monde diplomatique 2012). Auch in der EU sind die nationalen Strategien sehr unterschiedlich. Während man in Deutschland auf regenerative Energien setzt, wird der Ausbau der Kernergien in Frankreich weiter verstärkt.

Abkehr von fossilen Energieträgern   In der zweiten Hälfte des 21. Jahrhunderts gehen die letzten fossilen Kraftwerke vom Netz. Die Abhängigkeit von Lieferländern fossiler Brennstoffe wird durch Abhängigkeiten von regenativen, nachhaltig erwirtschafteten Rohstoffen abgelöst. Blockheizkraftwerke liefern mit regenerativen Brennstoffen Wärme und Strom. Sie emittieren weiterhin Treibhausgase und Abwärme, jedoch auf Basis nachwachsender Rohstoffe. In Summe wird mehr CO_2 durch Aufforstung und Biomasseproduktion aus der Atmosphäre aufgenommen als ausgestoßen.

Der Primärenergiebedarf wird von 346 Mtoe im Jahr 1990 auf 50 % im Jahr 2050 sinken. Dies wird insbesondere durch den energetischen Bau erreicht. Bei Gebäudesanierungen und Neubauten werden durchgängig Wärme- und Feuchtedämmungen realisiert. Zunehmend wird darauf geachtet, dass petrochemische Werkstoffe durch nachhaltige Naturwerkstoffe ersetzt werden. Weiterhin werden alle Räume mit kontrollierter Be- und Entlüftung ausgestattet sein. Industrielle Prozesswärme wird in privaten Haushalten genutzt. Wärmetauscher werden in allen Bereichen des Lebens für einen Energietransfer sorgen. Fernwärmesysteme werden flächendeckend ausgebaut.

Energetisches Bauen

Neben der überwiegend dezentralen Versorgung mit Windkraft, Solarenergie und Biomasse durch landwirtschaftliche Betriebe und private Haushalte im ländlichen Raum wird es weiterhin zentrale Energieversorger geben mit dem technologischen Fokus auf Tiefengeothermie, Solarparks, Offshore-Windkraft, Blockheizkraftwerke und Infrastruktur für Fernwärme. Die großen Anbieter versorgen vor allem Industrie, Verkehr und teilweise private Haushalte in Ballungsgebieten. Der Verkehr wird zum großen Teil elektrifiziert sein, Lastenfahrzeuge und der Flugverkehr werden mit Produkten regenerativer Energiepflanzen betrieben (Prognos AG et al. 2017).

Kombination von zentraler und dezentraler Energieversorgung

Die wesentlichen Lieferanten für Primärenergie im Jahr 2050 sind Windkraft (>36 %), Photovoltaik (26 %) und Biomasse (22,5 %) (Le Monde diplomatique 2012). Durch Substitution alter Anlagen wird Wasserkraft weiterhin einen niedrigen Anteil von 5,5 % an der Primärenergieversorgung haben. Die verbleibenden 10 % werden durch Geo- und Solarthermie gedeckt.

Energiequellen

Pumpspeicherkraftwerke und neuartige Stromspeichersysteme werden durchgehend als Energiepuffer eingesetzt. Hier wird es nicht eine dominierende Technologie geben, sondern verschiedene Konzepte werden miteinander verzahnt. Die Kombination aus ▷ **Elektromobilität** und intelligenten Stromnetzen – ▷ **Smart Grids** – könnte eine Schlüsselstellung einnehmen, in der die »mobilen« Batterien situativ als Speicher oder Quelle des Stromnetzes genutzt werden könnten.

Energiepufferung

> Unter **Elektromobilität** versteht man die Fortbewegung mit Fahrzeugen, die ausschließlich mit elektrischen Antrieben funktioniert. Solche Fahrzeuge müssen in der Regel einen elektrischen Energiespeicher mitführen.

> Ein Schlüssel zum Abgleich von Stromangebot und -nachfrage liegt in der Nutzung intelligenter Versorgungsnetze. Um das Problem des Energieüberschusses zu reduzieren, setzt man in Europa zunehmend auf sogenannte *Smart-Grids*. Diese intelligenten Stromnetze nutzen transnational die Informationstechnik für eine optimale Gestaltung der Erzeugung, der Verteilung und des Verbrauchs der Energie.

Power-to-Gas Regenerativer Strom wird durch Sonnenenergie, Wind- und Wasserkraft geliefert. Überschüsse werden genutzt, um Methan und Wasserstoff zu erzeugen und zu speichern (Quaschning 2015). Dieses Konzept wird auch *Power-to-Gas* genannt. Bereits heute gibt es Stromanbieter, die den überschüssigen Strom aus Windkraft zur Elektrolyse nutzen, um den erzeugten Wasserstoff in das Erdgasnetz einzuspeisen. Dies ist eine indirekte Form der Speicherung von elektrischer Energie (chemische Energiespeicherung).

Methanisierung Ein weiteres Konzept beruht auf der Methanisierung, der chemischen Bindung von Wasserstoff und Kohlendioxid aus Industrieprozessen als Methangas. Dies kann sowohl auf chemischem als auch auf biologischem Wege erfolgen. Auch hier kann die bestehende Erdgasstruktur zur Einspeisung genutzt werden. Bei steigendem Strombedarf kann dann Biogas im Blockheizkraftwerk oder aber auch Wasserstoff und Methan in Brennstoffzellen für die Stromerzeugung genutzt werden. Die dabei produzierte Abwärme wird ins Fernwärmenetz eingespeist.

Schlussbemerkungen

Um die ehrgeizigen klimapolitischen Ziele zu erfüllen und die CO_2-Emissionen drastisch zu reduzieren, sollte auf die Nutzung fossiler Energien vollständig verzichtet werden (▷ Kapitel 3.4). Die Substitution durch erneuerbare Energien kann nur eine von vielen Maßnahmen sein. Denn bis zum Jahr 2050 muss in Deutschland derselbe Bedarf an Nutzenergie mit wesentlich geringerem Einsatz an Primärenergie gedeckt werden (Quaschning 2015). Dieses kann nur durch die Umsetzung verschiedener Maßnahmen gelingen:

- generelle Einsparung, Vermeidung von Energie und Konsumverzicht,
- Umbau des Verkehrssektors hin zu CO_2-neutralen Konzepten (Elektromobilität, *Power-to-Gas*, Nutzung von Biomasse usw.),
- Ausbau der Infrastruktur für Fahrräder in städtischen Ballungsräumen,
- umfassende Wärmeschutzmaßnahmen an Gebäuden unter Verzicht des Einsatzes von fossilen Rohstoffen,

- konsequente Nutzung von Prozesswärme zum Heizen von Räumen,
- Entwicklung und Einsatz schneller und kostengünstiger Energiespeicher,
- Aufbau von *Smart Grids* zur besseren Anpassung von Angebot und Nachfrage,
- nachhaltiges Bauen unter Vermeidung von Stahl und Beton.

Obgleich in der Politik die Notwendigkeit des Klimaschutzes akzeptiert wird, ist das Handeln nach wie vor überwiegend an wirtschaftspolitischen Gesichtspunkten ausgerichtet (▷ Kapitel 3.4). Ein zentraler Streitpunkt betrifft das anzustrebende Tempo der Veränderungen: Langsame Änderungen fördern Ökonomie und Wohlstand, doch mögliche Klimafolgen drohen jedweden ökonomischen Erfolg zunichtezumachen. Auf der anderen Seite sind kurzfristige Änderungen gesellschaftlich nicht durchsetzbar, da u. a. schnell steigende Strompreise, Transportkosten und Mieten die Folge wären. Angesichts der großen Herausforderungen wäre es notwendig, dass die öffentliche Diskussion die Energiewende umfassender behandelt, anstatt sich weitgehend auf steigende Energiepreise zu beschränken.

Abschließend lässt sich festhalten, dass die Konzepte und Technologien für eine nachhaltigere Energieversorgung längst erprobt sind. Der Umbau bedarf einer hohen gesellschaftspolitischen und wirtschaftlichen Akzeptanz sowie tief greifender Maßnahmen zur Änderung der Versorgungsstrukturen. Noch immer werden die klimapolitischen Ziele nicht mit aller Konsequenz verfolgt. So hat Deutschland sich dazu verpflichtet, die CO_2-Emissionen zwischen 1990 und 2020 um 40 % zu reduzieren. Doch bis zum Jahr 2015 betrug die Einsparung lediglich 27 %, sodass man für die verbleibenden Jahre die Anstrengungen exponentiell verstärken müsste (ZEIT ONLINE 2017). Dabei steht Deutschland im besonderen Maße in der Pflicht, als Vorreiter aktiv zu werden, zumal die bevölkerungsreichsten Länder erst begonnen haben, sich zu Konsumgesellschaften mit den bekannten negativen Folgen zu entwickeln. Es ist zu hoffen, dass die Umsetzung der Energiewende zur Nachahmung in vielen anderen Ländern führt und damit einen indirekten Beitrag zum Klimaschutz leistet.

Die Steuerung: politische Systeme

Benjamin Nölting, Hermann E. Ott und Heike Walk

Die gesellschaftliche Entwicklung wird von verschiedenen gesellschaftlichen Teilsystemen wie Wirtschaft, Zivilgesellschaft und Wissenschaft mitgestaltet. Politik und staatliche Institutionen beanspruchen aufgrund ihrer demokratischen Legitimation eine Lenkungsfunktion. Entsprechend haben politische Systeme, verstanden als das Zusammenwirken von Politik und Verwaltung, einen beträchtlichen Einfluss auf nachhaltige Entwicklung – positiv wie negativ. Für eine Politik der Nachhaltigkeit stellen sich grundlegende Fragen nach dem Stellenwert, der Ausgestaltung und Umsetzung eines politischen Programms zur nachhaltigen Entwicklung. Diese Fragen lassen sich – zumal für den äußerst komplexen gesamtgesellschaftlichen Transformationsprozess zur Nachhaltigkeit – nur in Ausnahmefällen eindeutig beantworten. Daher befasst sich Politik mit der Aushandlung von Problembeschreibungen, Zielen, Lösungsansätzen und deren konkreter Umsetzung.

Politik für nachhaltige Entwicklung – wie geht das?

Politik als Aushandlung von Interessen

In einem demokratisch legitimierten Rechtsstaat wie der Bundesrepublik Deutschland lenkt und regelt das politische System (u. a. bestehend aus Parteien, staatlichen bzw. politischen Institutionen wie Bundestag, Bundesrat, Bundesverfassungsgericht sowie Verwaltungen) viele Lebensbereiche. Allerdings sind sowohl die Freiheit der Individuen, von Unternehmen und zivilgesellschaftlichen Organisationen als auch die Rechtsbindung staatlichen Handelns hohe Güter, die durch Politik und Rechtswesen geschützt werden sollten. Gesellschaftliche Ziele, politische Maßnahmen und deren administrative Umsetzung müssen im Rahmen der Gewaltenteilung *(Checks and Balances)* ausgehandelt werden. Das politische System spiegelt die gesellschaftliche Vielfalt wider und kann nicht einfach »durchregieren«. Es muss vielmehr verschiedene Interessen gegeneinander abwägen, um Mehrheiten werben, Akzeptanz für Entscheidungen sichern, Minderheiten und Schwächere schützen und sich an die rechtlichen Vorgaben halten. Der Soziologie Max Weber (1864–1920) hat dies so formuliert:

>> Politik bedeutet ein starkes langsames Bohren von harten Brettern mit Leidenschaft und Augenmaß zugleich« (Weber 1919, S. 66).

Politikziel Nachhaltigkeit

Vor diesem Hintergrund wird Politik zu ganz unterschiedlichen Themen gemacht, ein relativ neues Themenfeld ist die Nachhaltigkeit. Wie Politik für nachhaltige Entwicklung ausgestaltet werden kann, wird in diesem Kapitel am Beispiel der Bundesrepublik Deutschland dargelegt. Deutschland hat sich erstmals auf der Rio-Konferenz 1992 (▷ Kapitel 1.2) zum Ziel der nachhaltigen Entwicklung bekannt. Ziel der Konferenz war es, zu einer nachhaltigen Entwicklung beizutragen, indem Empfehlungen zu politisch und rechtlich verbindlichen Handlungsvorgaben weiterentwickelt wurden. In der Folge wurden in der deutschen Politik das Thema Nachhaltigkeit auf allen Ebenen vorangebracht und neue politische Institutionen geschaffen.

Zwar gibt es in Deutschland kein Ministerium für Nachhaltige Entwicklung, aber es wurden unterschiedliche politische Beratungsgremien eingerichtet, z. B. der *Rat für Nachhaltige Entwicklung*. Der Rat wurde 2001 berufen, und ihm gehören 15 Personen des öffentlichen Lebens an, die wichtige Positionen innehaben. Neben diesem Rat von Expert*innen gibt es noch den parlamentarischen Beirat für Nachhaltige Entwicklung. Dieser wurde 2004 im Deutschen Bundestag eingerichtet und wird in jeder Legislaturperiode neu eingesetzt. Er ist sozusagen die parlamentarische Begleitung der Nachhaltigkeitspolitik der Bundesregierung. Zu den Aufgaben gehören insbesondere die Fortentwicklung der Maßnahmen und Instrumente zur Umsetzung der Nachhaltigkeitsstrategie sowie die Vernetzung und Kontrolle der anderen Gremien des Deutschen Bundestages, die sich mit nachhaltiger Entwicklung beschäftigen.

Rat für Nachhaltige Entwicklung

Ein weiteres wichtiges Gremium ist der *Staatssekretärsausschuss für nachhaltige Entwicklung*. Dieser ist beim Bundeskanzleramt angesiedelt und setzt sich aus den Staatssekretär*innen[1] aller Bundesministerien zusammen. Sie wirken mit ihren jeweiligen Ressorts an der gemeinsamen Umsetzung der Deutsche Nachhaltigkeitsstrategie in vielen unterschiedlichen Politikbereichen mit.

Die erste 🔍 **Nachhaltigkeitsstrategie** der Bundesregierung wurde 2002 erarbeitet und hatte zum Ziel, eine nachhaltige Entwicklung im Regierungs- und Verwaltungshandeln Deutschlands zu verankern. An der Strategie haben zahlreiche wissenschaftliche, politische und zivilgesellschaftliche Organisationen mitgearbeitet. Die Neuauflage der Nachhaltigkeitsstrategie 2017 richtet sich an den UN-Nachhaltigkeitszielen aus und hat auch die globale Verantwortung im Blick.

Nachhaltigkeitsstrategie der Bundesregierung

---

1 Staatssekretär*innen kommen in der Rangfolge gleich hinter den Minister*innen, d. h., jedes Ministerium verfügt über eine*n oder mehrere Staatssekretär*innen, die für verschiedene Aufgabenbereiche zuständig sind und die/den Minister*in vertreten.

Deutsche Nachhaltigkeitsstrategie

»Basis der Nachhaltigkeitsstrategie ist ein ganzheitlicher, integrativer Ansatz: Nur wenn Wechselwirkungen […] beachtet werden, lassen sich langfristig tragfähige Lösungen erreichen. Die Strategie zielt auf eine wirtschaftlich leistungsfähige, sozial ausgewogene und ökologisch verträgliche Entwicklung, wobei die planetaren Grenzen unserer Erde zusammen mit der Orientierung an einem Leben in Würde für alle die absoluten Leitplanken für politische Entscheidungen bilden. Die Strategie bündelt die Nachhaltigkeitsbeiträge der unterschiedlichen Politikfelder und wirkt angesichts der Vielzahl an systemischen Wechselwirkungen auf stärkere Kohärenz und die Lösung von Zielkonflikten hin. Damit steuert sie eine global verantwortliche, generationengerechte und gesellschaftliche Politik« (Bundesregierung 2017, S. 17).

Politische Steuerung – einfach »durchregieren«?

Alle Politik-ebenen sind beteiligt

Nachhaltige Entwicklung ist eine globale Aufgabe, alle Politikebenen und -systeme – mit anderen Worten das sogenannte politische Mehrebenensystem – sind gefordert. Dazu gehören die internationale und die europäische Ebene. Hervorzuheben ist hier die Verabschiedung der 17 Ziele für nachhaltige Entwicklung *(Sustainable Development Goals)* mit 169 Unterzielen durch die Generalversammlung der Vereinten Nationen im September 2015; damit bekennen sich 193 Staaten zu diesen Zielen (Vereinte Nationen 2015a) (▷ Kapitel 1.2). In Deutschland befassen sich auf der nationalen Ebene der Bund, regional die Bundesländer und lokal die Kommunen mit nachhaltiger

Tabelle 1: Nachhaltigkeitsstrategien verschiedener politischer Ebenen

Politikebene	Akteure und Beispiele für Nachhaltigkeitsstrategien
Global	Vereinte Nationen: Sustainable Development Goals (2015)
EU	Rat der Europäischen Union: Die neue EU-Strategie für nachhaltige Entwicklung (2006)
National	Bundesregierung: Deutsche Nachhaltigkeitsstrategie (aktualisierte Fassung von 2017)
Bundesländer	Landesregierung Brandenburg: Nachhaltigkeitsstrategie für das Land Brandenburg (MUGV 2014)
Kommunen	Stadt Freiburg im Breisgau: 2. Freiburger Nachhaltigkeitsbericht 2016 (Stadt Freiburg i. B. 2016)

Entwicklung. Auf allen Ebenen wurden Nachhaltigkeitsstrategien beschlossen (vgl. Tab. 1).

Angesichts dieser geballten Bekenntnisse müsste die politische Durchsetzung von nachhaltiger Entwicklung ein Selbstläufer sein. Das ist jedoch nicht der Fall, denn Nachhaltigkeit lässt sich nicht staatlich verordnen. Warum das so ist, wird nachfolgend anhand von drei zentralen Fragen, die sich mit den politischen Zielen, inhaltlichen Strategien und der operativen Umsetzung einer Politik für nachhaltige Entwicklung befassen, herausgearbeitet (Brand 2002; Voß et al. 2007): Nachhaltigkeit lässt sich nicht von oben verordnen

1. Welchen Stellenwert hat das *Ziel* nachhaltige Entwicklung in der Politik?

2. Wie kann Politik für eine nachhaltige Entwicklung *inhaltlich ausgestaltet* werden?

3. Wie lassen sich politische Nachhaltigkeitsstrategien und -maßnahmen erfolgreich *umsetzen*?

Diese drei Fragen werden in den folgenden Unterkapiteln nacheinander beleuchtet und die Voraussetzungen und Möglichkeiten einer Politik für nachhaltige Entwicklung vorgestellt.

Aushandlung des politischen Ziels »nachhaltige Entwicklung«

Bei nachhaltiger Entwicklung geht es, global gesehen, ums Ganze. Genau daraus ergeben sich Probleme für die politische Steuerung, wenn die erste Frage gestellt wird, welchen politischen Stellenwert Nachhaltigkeitspolitik haben soll. Einerseits ist der Anspruch nachhaltiger Entwicklung so weitreichend, dass es schwierig ist, dieses politische Ziel präzise zu formulieren, andererseits ist Nachhaltigkeit nicht das einzige Ziel der Politik und steht in Konkurrenz zu anderen Themen und Interessen. Politik benötigt angesichts dieser Ambivalenz ▷ **Zielwissen**. Politik benötigt Zielwissen

> **Zielwissen** hat die Aufgabe, die Ziele nachhaltiger Entwicklung zu klären und zu differenzieren. Dies beinhaltet, die verschiedenen Problemsichten, Werte, Normen und Interessen der beteiligten bzw. betroffenen Akteure offenzulegen und Argumente für und gegen Ziele gegeneinander abzuwägen. Hier ist gerade auch die Auseinandersetzung mit Zielkonflikten wichtig.

Die Definition von Nachhaltigkeitsproblemen erfolgt häufig im vorpolitischen Raum durch zivilgesellschaftliche Initiativen, Umwelt- und Sozialverbände oder durch die Wissenschaft. Erst wenn politische Akteure diese Themen auf- Nachhaltigkeitspolitik und Zivilgesellschaft greifen und zur Aufgabe der Politik erklären, geht es um politische Steuerung. Zum Beispiel sind manche Umweltthemen lange Zeit ignoriert und nur durch massiven Druck der Umweltbewegung auf die politische Agenda gesetzt worden.

Da Nachhaltigkeit ein weit gefasstes Ziel ist, ist für alle Politikfelder eine Ausdifferenzierung bzw. Übersetzung in konkrete Ziele und Maßnahmen erforderlich. Diese Konkretisierung setzt zunächst einen inhaltlichen Maßstab für eine Politik der Nachhaltigkeit voraus, der sich folgendermaßen umreißen lässt:

a) dauerhafte Sicherung der natürlichen Lebensgrundlagen für künftige Generationen,

b) Schaffung befriedigender Lebensbedingungen für alle Menschen, verstanden als die Befriedigung der Grundbedürfnisse v. a. der Ärmsten der Welt, und

c) Problemlösungen, die auf globale Problemlagen mit einer Integration ökologischer, sozialer, ökonomischer und politisch-institutioneller Entwicklungsperspektiven antworten (Grunwald & Kopfmüller 2012).

Spannungen und Zielkonflikte

Aber es ist schwierig, dieses abstrakte Verständnis in konkrete Unterziele herunterzubrechen. Aus der breiten Zielsetzung ergeben sich nahezu zwangsläufig Konkurrenz, Spannungen oder Zielkonflikte. Ein grundlegendes Dilemma besteht zwischen der Produktion von Gütern zur Befriedigung selbst bescheidener Grundbedürfnisse und der Schonung natürlicher Lebensgrundlagen bzw. globaler Ökosysteme. Die Prinzipien der Marktkonkurrenz und effizienter Produktion verlangen, dass Unternehmen Ressourcen optimieren und zu minimalen Kosten ausbeuten und nutzen, was bei öffentlichen Gütern rasch zu einer Übernutzung führen kann. Das Prinzip der Nachhaltigkeit hingegen impliziert eine Regeneration von Ressourcen und die grundlegende Erhaltung der materiellen und immateriellen Basis für die Produktion. Beide Prinzipien schließen einander in ihrer Maximierung aus (Müller-Christ 2014). Daher bedarf es politischer Regelungen z. B. dazu, innerhalb welcher ökologischen Grenzen wirtschaftliche Produktion und Konsumption erfolgen dürfen (▷ Kapitel 1.2).

Notwendigkeit der gesellschaftlichen Aushandlung

Nachhaltige Entwicklung wird daher als regulative Idee im Sinne eines erstrebenswerten Ideals bezeichnet – ebenso wie Freiheit, Demokratie oder Gerechtigkeit. Sie gibt eine grobe Richtung für das Handeln der Politik vor, aber die konkreten Inhalte müssen immer wieder gesellschaftlich ausgehandelt werden. Politik steht vor der Aufgabe, mit den Widersprüchen umzugehen und Kompromisse zu schließen.

Enquetekommission »Wachstum, Wohlstand, Lebensqualität« des Bundestages

Enquetekommissionen des Deutschen Bundestages sind eine spezielle Einrichtung, die es in dieser Form in keinem anderen Parlament gibt. Hier wirken Abgeordnete und Sachverständige zu gleichen Teilen an der Klärung von Sachverhalten mit – anders als bei einem Untersuchungsausschuss geht es also nicht um das Aufklären von Skandalen, sondern um die wissenschaftlich-politische Erforschung eines Themengebietes, um eine Grundlage für gesetzgeberisches Handeln zu schaffen.

Die »Wachstumsenquete« wurde Anfang 2011 durch den 17. Deutschen Bundestag eingesetzt und legte 2013 ihren Bericht vor (Deutscher Bundestag 2013). Fünf Arbeitsgruppen zu den grundlegenden Konzepten des Wachstums, zur Erarbeitung eines neuen Wohlstandsindikators, zu Chancen einer Entkopplung von Wachstum und Wirtschaften sowie zu sektoralen Themen des Finanzsystems, der Arbeit und der Lebensstile befassten sich mit dem weit gefassten Thema.

Trotz dieser Arbeiten gehen Politik und Wissenschaft mehrheitlich weiter davon aus, dass ein stetig steigendes Bruttoinlandsprodukt nicht nur erforderlich ist, um materiellen Wohlstand zu schaffen, sondern dass das Wohlergehen der Menschen insgesamt vom so gemessenen Wirtschaftswachstum abhängt. Das Bewusstsein der Grenzen des Wachstums aufgrund der Grenzen unseres Planeten ist kurzfristig gestiegen, dies hat jedoch noch keine Auswirkung auf die Politik (vgl. Ott 2013).

Die Wirkungen der Wachstumsenquete waren aufgrund der nicht konsensualen Arbeitsweise begrenzt. Der vorgeschlagene Wohlstandsindikator wurde vom 18. Deutschen Bundestag nicht umgesetzt. Die größte Wirkung wird vermutlich eher langfristiger und unterschwelliger Natur sein: Die Enquetekommission hat viele Politiker*innen für das Thema sensibilisiert, zu einer Reihe von wissenschaftlichen Publikationen geführt und Forschungsprojekte angeregt.

Weiterhin befindet sich Nachhaltigkeit in Konkurrenz zu anderen Zielen und Interessen, die in unserer Gesellschaft verfolgt werden. In einer offenen demokratischen Gesellschaft ist eine Interessenpluralität gewollt und ein Ziel an sich. Unterschiedliche Interessen werden zunächst einmal als gleichermaßen berechtigt angesehen – solange sie sich im Rahmen des Grundgesetzes bewegen.

Gewollte Interessenpluralität

Ein Anliegen wie »nachhaltige Entwicklung« erwächst aus gesellschaftlichen Initiativen, häufig gepaart mit technischen und sozialen Innovationen wie z. B. erneuerbaren Energien, Ökolandbau oder lokalen Initiativen zum sozialen Zusammenhalt. Diese entwickeln sich immer wieder in gesellschaftlichen Nischen (▷ Kapitel 3.5), mitunter kommen sie aber auch aus der Mitte der Gesellschaft (Schneidewind & Scheck 2012). Politik kann diese Initiativen unterstützen und stärken, manchmal sogar initiieren. Dies zeigen vereinzelte politische Anstrengungen wie bei der Lokalen Agenda 21, der Agrarwende, der Energiewende oder der Klimapolitik.

Innovationen in gesellschaftlichen Nischen

Wenn Politik lokale Initiativen, Ökolandbau oder eine große Transformation unterstützt, dann ist damit eine Umverteilung von Chancen, Macht, Status und Einkommen verbunden. Dies ruft unweigerlich Interessengruppen auf den Plan, die von der gegenwärtigen Situation profitieren und in der Regel gut vernetzt, reich und mächtig sind, z. B. Energiekonzerne oder die Automobilindustrie. Sie können aus Sicht der Nachhaltigkeitspolitik als »Dinosaurierindustrien« bezeichnet werden. Von diesen Akteuren werden Nachhaltigkeitsbemühungen des politischen Systems häufig vehement bekämpft. Die Automobilindustrie weigerte sich beispielsweise über viele Jahre, ihren Flottenbestand auf schadstoffarme Autos auszurichten. Dies verdeutlicht, dass Nachhaltigkeit ein gesellschaftlich und politisch umkämpftes Ziel ist. Es beruht auf dem Werturteil der Gerechtigkeit und muss im Widerstreit von Interessen und Werten gesellschaftspolitisch begründet werden. Wissenschaft kann solche politischen Ziele nicht »objektiv« herleiten, aber die Konflikte herausarbeiten, wissenschaftliche Argumente bereitstellen und verschiedene Lösungsansätze aufzeigen.

Interessenkonflikte und Machtverteilung

Politik ist die zentrale Arena, in der diese Interessenkonflikte ausgetragen werden. Treiber*innen nachhaltiger Entwicklung und deren Gegner*innen befinden sich in einem Konkurrenzkampf um politische Aufmerksamkeit und Macht (Partzsch 2015). Aufgabe einer Nachhaltigkeitspolitik ist es, einerseits Nachhaltigkeitsinnovationen zu stärken und andererseits etablierte, nicht nachhaltige Handlungsmuster und Produktionssysteme in ihren Auflösungs-, Veränderungs- und Transformationsprozessen so zu begleiten, dass sie eine nachhaltige Entwicklung nicht länger blockieren. Ein solcher Prozess des Abschaffens und Beendens – wie etwa der Atomausstieg in Deutschland –

Politik als Wegbereiter

gehört zu dieser Veränderung hinzu und ist umkämpft, weil es Verlierer*innen gibt (»Exnovation«, vgl. Arnold et al. 2015).

Auf die erste Frage nach dem politischen Stellenwert von nachhaltiger Entwicklung lässt sich also zusammenfassend festhalten, dass es schwierig ist, Nachhaltigkeit zu konkretisieren, und dass gerade daraus gesellschaftliche Interessenkonflikte erwachsen. Eine erste Aufgabe politischer Steuerung ist es daher, Orientierung in der politischen Auseinandersetzung zu geben.

Formulierung politischer Nachhaltigkeitsstrategien

Wenn die Bedeutung von Nachhaltigkeitszielen politisch geklärt ist, dann muss die zweite Frage bearbeitet werden, wie Nachhaltigkeitsstrategien und -programme inhaltlich ausgestaltet sein müssen, um erfolgreich zu sein. Bei dieser Frage geht es um die fachlichen Anforderungen, die an die Erarbeitung konsistenter Politikstrategien beispielsweise für eine Verkehrswende oder die Klimapolitik gestellt werden. Politik benötigt ▷ **Systemwissen**, um fachlich und inhaltlich angemessene Entscheidungen treffen zu können.

Inhaltliche Ausgestaltung

> **Systemwissen** ist Wissen über empirische Sachverhalte, Prozesse und Wechselbeziehungen in und zwischen natürlichen und gesellschaftlichen Systemen, das dem Verständnis von komplexen Nachhaltigkeitsproblemen dient. Systemwissen analysiert Ursachen, Einflussfaktoren, Entwicklungsdynamiken und deren Einbettung in Gesellschafts- und Natursysteme und dient der Abschätzung der Wirkung verschiedener Handlungsoptionen.

Die Entstehung oder Erarbeitung von politischen Programmen lässt sich anhand des Politikzyklus idealtypisch darstellen (vgl. Abb. 1). Auch Nachhaltigkeitspolitik durchläuft diesen Politikzyklus, meist mit Abweichungen und Sprüngen in der Realität:

Politikzyklus

a) Ein Problem wird erkannt und definiert, was häufig in gesellschaftlichen Nischen erfolgt.

b) Politik greift diese Problemdefinition auf und setzt sie auf ihre Tagesordnung.

c) Im politischen Prozess werden Ziele formuliert und politische Maßnahmen ausgehandelt, die das Problem lösen sollen. In diesem Prozess werden politische Mehrheiten organisiert.

d) Im nächsten Schritt werden die Beschlüsse implementiert, für die Umsetzung sind in der Regel die Verwaltungen zuständig.

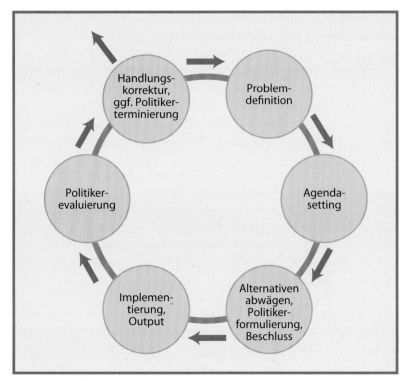

e) Abschließend wird die Wirkung der politischen Maßnahmen evaluiert,

f) um zu entscheiden, ob sie weitergeführt, verändert oder beendet werden sollen.

Nebenfolgen vermeiden

Ein Ziel der Politik ist dabei, solche Maßnahmen und Programme zu konzipieren, die konkrete Nachhaltigkeitsprobleme lösen. Bei der Entwicklung einer faktenbasierten Politik wirken die Ministerialverwaltungen mit ihrer Fachkompetenz in der Regel mit und beraten ihre Minister*innen. Häufig werden Expert*innen angehört, manchmal auch wissenschaftliche Beratungsgremien eingesetzt (z. B. 🔍 **Nachhaltigkeitsstrategie Brandenburg**). Dennoch muss Politik immer wieder unter Unsicherheit entscheiden, z. B. bei der Gentechnik. Hier sind die Auswirkungen von genetischen Manipulationen auf die Struktur des manipulierten Lebewesens unbekannt, da nicht sämtliche Vorgänge des Organismus auf bestimmte Gene zurückgeführt werden können. Auch die Reaktion der Umwelt auf die Veränderung ist von Ungewissheit über die Zusammenhänge geprägt. Dennoch muss die Politik aktiv werden und Problemverschiebungen oder unerwünschte Nebenfolgen gerade auch außerhalb Deutschlands frühzeitig vermeiden.

Nachhaltigkeitsstrategie des Landes Brandenburg

2010 beschloss das Brandenburger Parlament die Entwicklung einer Nachhaltigkeitsstrategie. Dafür wurde eine interministerielle Arbeitsgruppe unter Leitung des Ministeriums für Umwelt, Gesundheit und Verbraucherschutz eingesetzt. Diese Arbeitsgruppe steuerte den komplexen Entstehungsprozess. Zu den Aufgaben gehörten das Zusammenführen der verschiedenen Interessen und Anforderungen der beteiligten Ministerien sowie die Einbindung von Bürger*innen. 2010 wurde der Nachhaltigkeitsbeirat mit 13 Wissenschaftler*innen berufen, der wichtige Impulse für die Ausarbeitung der Strategie gab. Im April 2014 beschloss die Brandenburger Landesregierung die Strategie mit den Handlungsschwerpunkten (MUGV 2014):

1) Wirtschaft und Arbeit in der Hauptstadtregion,
2) lebenswerte Dörfer und Städte,
3) Brandenburg als Modellregion im Umgang mit Energie und Klimawandel,
4) zukunftsfähige Finanzpolitik,
5) Bildung für eine Nachhaltige Entwicklung (BNE).

Auf diese Strategie können sich alle berufen, die nachhaltige Entwicklung in Brandenburg voranbringen möchten. Allerdings treibt die Landespolitik die Umsetzung der Strategie kaum voran und hat den Nachhaltigkeitsbeirat in der Legislaturperiode ab 2014 nicht wieder eingesetzt. Dies zeigt, dass die staatliche Nachhaltigkeitspolitik in Brandenburg noch nicht konsolidiert ist.

Organisieren von Mehrheiten

In politischen Maßnahmen und Entscheidungen spiegeln sich immer auch Wertvorstellungen und Machtverhältnisse wider, die berücksichtigt werden müssen, denn knappe staatliche Ressourcen können jeweils nur für die Erreichung weniger Ziele, mitunter nur eines einzigen, eingesetzt werden. Deswegen müssen selbst für fachlich überzeugende Nachhaltigkeitspolitiken Mehrheiten organisiert werden.

Politikintegration erforderlich

Was für einzelne Politikfelder bereits kompliziert ist, wird noch schwieriger, wenn komplexe Querschnittsthemen wie Klimapolitik oder eine Verkehrswende adressiert werden. Dann ist eine Politikintegration quer durch mehrere, teilweise sehr unterschiedlich strukturierte Politikfelder erforderlich. Die Komplexität steigt zusätzlich, weil miteinander verwobene Politikebenen von EU, Bund, Ländern und Kommunen aufeinander abgestimmt werden müssen.

Hierbei kann es zu »Politikverflechtung« kommen. Gemeint ist damit, dass die politische Verantwortung für Entscheidungen nicht mehr transparent zugeordnet werden kann. Als Antwort auf die zweite Frage, wie stimmige politische Strategien entwickelt werden können, lässt sich folgendes Fazit ziehen:

> Die Herausforderung für politische Steuerung besteht darin, für komplexe Nachhaltigkeitsprobleme informierte Fach- und Querschnittspolitiken zu formulieren, die Widersprüche bearbeiten und trotz Unsicherheit unerwünschte Nebenfolgen vermeiden.

Umsetzung von Nachhaltigkeitspolitik

Wenn der Stellenwert von Nachhaltigkeitszielen politisch geklärt ist und konsistente politische Nachhaltigkeitsprogramme entwickelt worden sind, dann stellt sich als dritte Frage, wie diese Programme und Maßnahmen umgesetzt werden können. Mit welchen Instrumenten und Verwaltungsstrukturen kann Nachhaltigkeitspolitik implementiert werden? Um diese dritte Frage beantworten zu können, benötigt Politik ▷ **Transformationswissen**, um Nachhaltigkeitsstrategien operativ erfolgreich umzusetzen, gerade wenn politische Ziele nicht immer klar und die Nachhaltigkeitsstrategien nicht konsistent sind. Dies schließt Prozesswissen darüber, wie ein Vorhaben politisch durchgesetzt werden kann, mit ein.

> **Transformationswissen** befasst sich damit, wie erwünschte Zustände erreicht werden können und inwiefern die bestehenden Verhältnisse im Sinne des Ziel- und Systemwissens veränderbar sind. Untersucht werden Handlungsbedingungen und Voraussetzungen für die praktische Umsetzung von Lösungsstrategien und Nachhaltigkeitsprojekten.

Politik kann dabei auf ein Set von Instrumententypen zurückgreifen (vgl. Tab. 2 Politikinstrumente; Rogall 2012).

Tabelle 2: Instrumentenkasten der Politik

Instrumententyp	Beispiele für Politikinstrumente
Ordnungsrechtliche Instrumente	Gesetze, Verordnungen, Verbote
Planerische Instrumente	Regionalplanung, Landschaftsplanung
Marktwirtschaftliche bzw. finanzielle Anreize	Steuern, Abgaben, Subventionen
Informations- und Kommunikationsmaßnahmen	Öffentlichkeitsarbeit, Leitbilder, Aufklärung
Partizipationsinstrumente	Bürgerbeteiligung, Runde Tische, Bürgerbegehren

Die Instrumente haben jeweils Stärken und Schwächen. So haben Verbote eine starke Wirkung, aber häufig ist ihre Einführung mit hohem Aufwand verbunden, und ihre Einhaltung muss aufwendig überwacht werden. Hingegen ist die Wirkung finanzieller Instrumente oft einfacher durchsetzbar, jedoch weniger treffsicher, weil die Zielgruppen sich anders entscheiden können.

Daher muss für jedes Instrument geprüft werden, ob Zweck und Mittel in einem angemessenen Verhältnis stehen. Die voraussichtliche Wirkung lässt sich anhand folgender Kriterien abschätzen (Rogall 2012):

a) *Effektivität* –
   Werden die angestrebten Nachhaltigkeitswirkungen erreicht?

b) *Innovationswirkung* –
   Gibt es Anreize für eine Weiterentwicklung der Lösungsansätze?

c) *Effizienz* –
   Zu welchen gesamtwirtschaftlichen Kosten werden die Ziele erreicht?

d) *Fairness* –
   Tragen die Instrumente zu sozialer Fairness bei?

e) *administrative Praktikabilität* –
   Wie hoch ist der Verwaltungsaufwand?

f) *politische Akzeptanz* –
   Stoßen die Instrumente auf Widerstand?

Verwaltungen als Schlüsselakteure

Schlüsselakteure bei der Umsetzung sind die Verwaltungen, die für die Implementierung ausreichend fachliche und personelle Kapazitäten sowie eine politische Rückendeckung benötigen. Ansonsten kann es passieren, dass Widerstände gegen die politischen Entscheidungen während der Umsetzung wiederaufleben und zu Blockaden führen.

Angemessener Instrumentenmix

Der Umsetzungserfolg hängt weniger von dem »perfekten« Politikinstrument als von einem angemessenen Policy- bzw. Instrumentenmix ab, bei dem Schwächen einzelner Instrumente ausbalanciert werden können und der zu den Verwaltungsstrukturen und dem Politikstil passt. Werden diese Punkte berücksichtigt, können Vollzugsdefizite vermieden werden.

Insgesamt kommt es trotz guter Programme vor, dass Politikinstrumente zu kompliziert sind, deren Implementierung zu aufwendig oder die Einhaltung von Regelungen nur schwer zu überwachen ist. Wichtig für eine erfolgreiche Umsetzung sind deswegen ein passender Instrumentenmix und auf jeden Fall auch eine handlungsfähige Verwaltung.

Fallbeispiel Energiewendepolitik in Deutschland – Schlüssel für eine nachhaltige Entwicklung

Klimapolitik und Energiewende sind Schlüssel für eine nachhaltige Entwicklung, da der Klimawandel die Lebensbedingungen auf der Erde so zu verändern droht, dass zivilisatorische Mindeststandards der Menschheit nicht mehr gewährleistet werden können. Am Beispiel der Energiewende wird nachfolgend dargestellt, wie Politik mit den drei genannten Herausforderungen (Stellenwert von Nachhaltigkeitspolitik, konsistente Politikstrategien, Implementierung von Politikmaßnahmen) umgeht. Dabei werden Erfolge und Misserfolge aufgeführt, um die Möglichkeiten, aber auch Schwierigkeiten einer Energiewendepolitik deutlich zu machen.

Ist die Energiewende politisch gewollt und durchsetzbar?

Im Mittelpunkt des Klimaschutzes steht die Umstellung der Energieversorgung, da die Emissionen aus Stromerzeugung, Wärme und Verkehr zu ungefähr drei Vierteln verantwortlich sind. Diese Umstellung auf erneuerbare Energien und die effizientere Nutzung von Energie ist in Deutschland unter dem Begriff der »Energiewende« bekannt (▷ Kapitel 3.3).

Die Geschichte der Energiewende in Deutschland nahm ihren Ausgang in der Antiatombewegung in den 70er-Jahren des letzten Jahrhunderts. War der Widerstand gegen die Atomenergie anfangs noch in einem relativ kleinen, überwiegend jungen Teil der Bevölkerung verankert, änderte sich dies nach den Protesten gegen den Bau eines Atomkraftwerks im baden-württembergischen Wyhl, bei denen sich die eher radikale Antiatombewegung mit den lokalen Winzern verbündete und auf diese Weise Eintritt in die breite Bevölkerung fand.

Atomausstieg und erneuerbare Energien

Es dauerte rund 20 Jahre, bis die Antiatombewegung, verbunden mit der Umweltbewegung, in der Regierung ankam (vgl. Abb. 2). Mit dem Regierungsantritt der rot-grünen Koalition unter Bundeskanzler Schröder Ende 1998 wurde der Atomausstieg zur amtlichen Politik Deutschlands. Mit den Energiekonzernen wurde durch den ersten grünen Umweltminister Jürgen Trittin ein Atomausstieg verhandelt und ein Gesetz über erneuerbare Energien (EEG) in Kraft gesetzt. Diese Strategie konnte sich aufgrund der Besorgnisse über die atomaren Gefahren und des Willens zur Bekämpfung des Klimawandels auf eine breite Unterstützung in der Bevölkerung stützen. In den 2000er-Jahren bestimmte in zunehmendem Maße die Bekämpfung des Klimawandels die Energiewende und wurde, zumindest rhetorisch, von allen Parteien im Bundestag getragen. Mit der Annahme des Pariser Klimaabkommens im Dezember 2015 verstärkte sich die globale Dimension des Klimaschutzes – ein Wirtschaften, das die natürlichen Grenzen des Planeten berücksichtigt, ist seitdem Ziel der Weltgemeinschaft.

In der traditionellen Energiewirtschaft blieb der Widerstand gegen den Atomausstieg und den Umstieg auf erneuerbare Energien dagegen bestehen. Dies blieb nicht ohne Auswirkungen auf die Energiepolitik. So wurde der von der rot-grünen Regierung mit der Industrie verhandelte Atomausstieg von der ab 2009 regierenden Koalition aus CDU/CSU und FDP wieder rückgängig gemacht bzw. um zehn Jahre verlängert. Das Erneuerbare-Energien-Gesetz (EEG) wurde erheblich geschwächt und teilweise mit unnötigen Belastungen versehen, sodass der Ausbau von Wind- und Solaranlagen zurückging. Der »Ausstieg aus dem Ausstieg« bei der Atomenergie musste allerdings nach der Atomhavarie in Fukushima 2011 wiederum rückgängig gemacht werden: Die Bundesregierung verfügte einen erneuten Atomausstieg bis 2022.

Widerstand gegen Energiewende

Abbildung 2: Zeitstrahl zur Energiewende in Deutschland (nach Carbon Brief 2015).

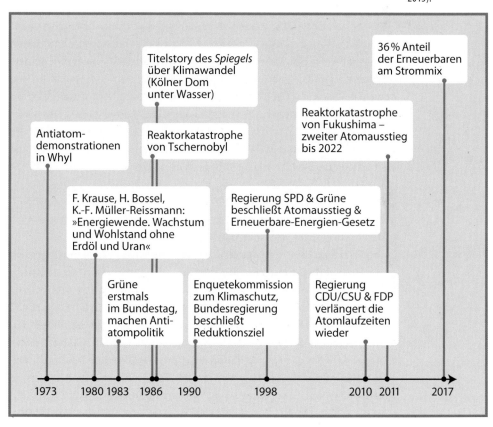

Gibt es eine konsistente Politikstrategie für eine Energiewende?

Umstellung mit Nebenwirkungen

Die deutsche Energiepolitik ist gekennzeichnet durch große Ziele, doch fehlt eine konsistente Strategie. Im Bereich der erneuerbaren Energien führte das EEG zu einem stetig wachsenden Anteil nicht fossiler und atomarer Energietechnologien. Bis 2017 wuchs der Anteil der Erneuerbaren am deutschen Strommix auf 36 %. Jedoch führte der Zickzackkurs unterschiedlicher Regierungen dazu, dass Nebenwirkungen nicht oder zu spät bekämpft wurden, wie z. B. die Beeinträchtigung von Mensch und Natur durch Windräder oder die »Vermaisung« der Landschaft als Folge der verbreiteten Biogaserzeugung.

Rebound-Effekte

Fortschritte in der effizienteren Verwendung von Energie wurden erzielt, jedoch wurden sie durch den wachsenden Energiebedarf wieder zunichtegemacht (▷ **Rebound-Effekt**; ▷ Kapitel 4.3). Dies liegt zum großen Teil daran, dass Strategien zum Energiesparen (Suffizienz) fehlten – der Glaube an den ursächlichen Zusammenhang zwischen Wohlstand, wirtschaftlichem Wachstum und Energieverbrauch ist weiterhin ungebrochen. Im Verkehrsbereich hatte die Energiewende keine Wirkung – die klimaschädlichen Emissionen aus dem Transportsektor steigen weiterhin und machen alle Erfolge in anderen Politikfeldern zunichte. In der Folge stiegen die Treibhausgasemissionen in Deutschland in den Jahren 2014 bis 2017 wieder an. Laut Umweltbundesamt (2018) stieg der CO_2-Ausstoß im Verkehrssektor insgesamt um 5,4 Millionen t, das ist ein Plus von 3,4 %. Der Güterverkehr auf der Straße nahm demnach um 2,6 % zu. Allein der höhere Dieselverbrauch sei für 4,8 Millionen t Treibhausgase mehr verantwortlich, heißt es in der Analyse von Arepo Consult für die Grünen (Arepo Consult 2017). So ist 2018 abzusehen, dass Deutschland seine politischen Klimaschutzziele für 2020 verfehlen wird.

> **Rebound-Effekt:** Bei diesem Effekt wird das Einsparpotenzial von Effizienzsteigerungen, die z. B. durch effizientere Technologien entstehen, durch vermehrte Nutzung und Konsum überkompensiert. Am Beispiel des Pkw lässt sich das sehr gut verdeutlichen: Wenn Pkws weniger Treibstoff verbrauchen, führt dies bei den Konsument*innen häufig dazu, dass beim Kauf die Entscheidung zugunsten des größeren, weniger sparsamen Modells ausfällt. Und die Einsparung eines sparsamen Pkw verursacht zwar geringere Treibstoffkosten pro gefahrenem Kilometer, allerdings kann auch hier beobachtet werden, dass sich die Einsparung auf das Fahrverhalten auswirkt: Wege werden häufiger mit dem Pkw zurückgelegt, längere Strecken gefahren und öffentliche Verkehrsmittel oder das Fahrrad dafür weniger genutzt.

Stehen passende Instrumente und Steuerungsformen für die Umsetzung zur Verfügung?

Deutschland gehörte bei der Erforschung und Erkundung alternativer Energiequellen zu den Vorreitern. Vor allem im Bereich der Windenergie wurden technische Entwicklungen von einzelnen Pionier*innen initiiert und vom ökologisch interessierten Bürgertum finanziell unterstützt. Forschungsinstitute wie das Ökoinstitut, das von engagierten Bürger*innen gegründet worden war, entwickelten erste Konzepte für eine »Energiewende«, die im Wesentlichen auf der Nutzung von erneuerbaren Energien und einer gesteigerten Energieeffizienz beruhte. Das Wuppertal Institut unter Ernst-Ulrich von Weizsäcker entwickelte die Idee einer ökologischen Steuerreform, der zufolge die Energiepreise langsam, aber stetig ansteigen und somit in das wirtschaftliche Kalkül einfließen.

Hermann Scheer – Antreiber der Energiewende in Deutschland

Hermann Scheer (1944–2010) war ein deutscher Politiker und 1980 bis 2010 Abgeordneter des Deutschen Bundestages für die SPD. Er gehörte zu den Initiator*innen vieler Gesetze zur Förderung erneuerbarer Energien, u. a. des Stromeinspeisungsgesetzes für erneuerbare Energien (1991) und des Erneuerbare-Energien-Gesetzes (2000). 1999 wurde ihm der *Right Livelihood Award* verliehen.

Abbildung 3:
Hermann Scheer
(Foto: Verlag
Antje Kunstmann).

»Mein Ausgangspunkt sind nicht die erneuerbaren Energien, sondern die Gesellschaft – aus der Erkenntnis, welche elementare Bedeutung der Energiewechsel für deren Zukunftsfähigkeit hat. Ich bin nicht von den erneuerbaren Energien zur Politik für diese gekommen, sondern aus meiner Problemsicht und von meinem Verständnis politischer Verantwortung zu den erneuerbaren Energien. [...] Knapp sind nicht die erneuerbaren Energien, knapp ist die Zeit« (Scheer 2010, S. 270).

Mittlerweile gibt es eine Reihe von Szenarien, wie eine Wirtschaft auf der Basis von 100 % erneuerbaren Energien organisiert werden kann (Umweltbundesamt 2010). Dies muss als großer Fortschritt gesehen werden, weil noch um das Jahr 2000 die meisten Expert*innen eine Stromversorgung mit mehr als 4 % Erneuerbaren im Netz als unmöglich ansahen. Der Instrumentenmix aus ordnungsrechtlichen Ge- und Verboten, finanziellen Anreizen, Informations- und Kommunikationsmaßnahmen und partizipativen Instrumenten sowie sanfter Beeinflussung *(Nudging)* ist sehr weit entwickelt. Schwierig ist jedoch die Umsetzung, weil die traditionellen wirtschaftlichen Akteure großen Einfluss haben und eine konsequente politische Umsetzung der Energiewende, zum Beispiel einen Ausstieg aus der Kohle, behindern. In der Bevölkerung ist die Akzeptanz für eine Energiewende weiterhin sehr hoch. Allerdings fehlt es gleichzeitig an einer breiten Akzeptanz für eine Suffizienzstrategie, die auf ein Weniger an Energie- und Ressourcenverbrauch abzielt (▷ Kapitel 1.2).

Als Fazit zum Fallbeispiel Politik für eine Energiewende lässt sich festhalten, dass einiges erreicht und viele Akteure eingebunden wurden. Aber gleichzeitig ist der Energiebereich einer demokratischen Kontrolle weitgehend entzogen. Stattdessen kann laut einer Studie des BUND (2011) vielfach eine Verstrickung von Parteien, Politiker*innen und Energiewirtschaft festgestellt werden, die die zentrale, ineffiziente und umweltgefährdende Energienutzung zementiert, während Umweltschutz und Nachhaltigkeit auf der Strecke bleiben. Darüber hinaus nahmen in den letzten Jahren Widerstände gegen einzelne Technologien wie z. B. Windenergie zu. Der Energieverbrauch steigt wieder, sodass politische Ziele nicht eingehalten werden können. Das Fallbeispiel macht deutlich, wie anspruchsvoll Politik für eine nachhaltige Entwicklung ist.

Möglichkeiten und Grenzen einer Politik der Nachhaltigkeit – Governance als Steuerungsansatz

Obgleich die Leitidee der nachhaltigen Entwicklung schon vor mehr als 25 Jahren auf globaler Ebene formuliert wurde, fehlen auf nationaler Ebene herausragende Beispiele und Durchbrüche in Sachen Nachhaltigkeit. Die Energiewende hat trotz einiger Erfolge ihre Ziele noch lange nicht erreicht, die Agrarwende ist in den 2000er-Jahren stecken geblieben, die Mobilitätswende startet gar nicht erst. Nachhaltige Entwicklung ist nicht als übergeordnetes Leitmotiv der Politik in Deutschland erkennbar. Abgesehen von einzelnen Erfolgen, bleibt es bei einem abstrakten politischen Lippenbekenntnis.

Angesichts der hohen Anforderungen an die politische Steuerung verwundert diese im besten Falle gemischte Bilanz nicht. Die politische Zielformulierung, die Entwicklung konsistenter Nachhaltigkeitsstrategien und die operative Umsetzung der Maßnahmen müssen höchsten Ansprüchen genügen. Politische Steuerung stößt somit in vielerlei Hinsicht an Grenzen. Eine gewisse Skepsis gegenüber der Steuerbarkeit nachhaltiger Entwicklung ist angebracht, der Planung von umfassenden Ideallösungen sollte mit Vorsicht begegnet werden. Gleichwohl muss und darf Politik nicht den Kopf in den Sand stecken und ihren Gestaltungsanspruch aufgeben (Voß et al. 2007). Wirtschaft oder Zivilgesellschaft allein sind der Aufgabe nicht gewachsen. Daher plädiert der *Wissenschaftliche Beirat Globale Umweltveränderungen der Bundesregierung*, ein Beratungsgremium für die Bundesregierung, angesichts globaler Umweltprobleme für einen grundlegenden ökonomischen und politisch-institutionellen Wandel, für eine »Große Transformation« (WBGU 2011) (▷ Kapitel 4.2). In einer solchen Transformation solle ein 🔍 **»gestaltender Staat«** in Sachen Nachhaltigkeit Verantwortung übernehmen, vorangehen und zugleich auf die Bürger*innen, auf Wirtschaft und Zivilgesellschaft zugehen und diese einbinden.

Notwendigkeit eines gestaltenden Staates

Gestaltender Staat

»Zentrales Element ist der aktivierende und gestaltende Staat, der aktiv Prioritäten setzt, gleichzeitig seinen Bürgerinnen und Bürgern erweiterte Partizipationsmöglichkeiten bietet und der Wirtschaft Handlungsoptionen für nachhaltiges Wirtschaften eröffnet. Die neuen Problemlagen verlangen nach einer anderen Politik, die über mehr politische Selbstbindung in Form von starken Regeln die Herausforderungen der Transformation annimmt und einen neuen Ordnungsrahmen schafft, innerhalb dessen sich Gesellschaft und Wirtschaft orientieren können und müssen. Diese Regeln umfassen ein Staatsziel Klimaschutz, ein starkes, auf lange Sicht angelegtes Klimaschutzgesetz […]; sie unterstreichen die Glaubwürdigkeit politischer Absichten, legen die (Interpretations-)Spielräume des Handelns fest, verringern den Einfluss von Partikularinteressen, schaffen langfristige Planungshorizonte und beschleunigen so den Prozess der Transformation. Die gesteigerte staatliche Handlungsfähigkeit ist untrennbar mit einer aktiven Bürgerschaft verbunden. Die Zivilgesellschaft muss Mitgestalter des Transformationsprozesses sein, denn sie setzt die Transformation in Bewegung und verleiht ihr die nötige Legitimation« (WBGU 2011, S. 252).

Dafür bedarf es jedoch erweiterter Steuerungsformen und neuer Steuerungsphilosophien, um die aufgezeigten Grenzen zu überwinden. ▷ **Governance** – verstanden als Erweiterung von *Government* (hierarchisches Regieren) – stellt einen vielversprechenden Ansatz dar. Hierarchisches staatliches Regieren wird dabei durch soziale Selbstorganisation ergänzt und ausgeweitet (Kooiman 2003). Governance öffnet und erweitert die Bearbeitung von Nachhaltigkeitsproblemen in nicht staatliche Bereiche hinein. Insbesondere für komplexe Aufgabenstellungen wie bei nachhaltiger Entwicklung eröffnet dies neue Handlungsspielräume und verbreitert die Akteurskonstellationen.

> **Governance** ist die Gesamtheit institutioneller Regelsysteme und akteursspezifischer Strukturen, die den politischen Prozess der Entscheidungsfindung und die Umsetzung für ein Politikfeld maßgeblich bestimmen. Governance zielt darauf ab, das Zusammenspiel unterschiedlicher Politikebenen und Akteursgruppen zu managen. Dabei kooperieren staatliche Institutionen mit nicht staatlichen Akteuren, ohne einen direkten Zugriff auf Letztere zu haben, die Organisationsgrenzen zwischen Staat und Gesellschaft werden überschritten (Benz & Dose 2010, S. 25 f.).

Ein zentrales Element solch ganzheitlicher Steuerungsansätze ist Reflexion, um einen Umgang mit komplexen Prozessen und Unsicherheiten über künftige Entwicklungen zu finden. Gesellschaftliches Lernen, transparente, partizipative Reflexionsprozesse zu Zielen und Vorgehensweise sowie eine bewusste Anpassung der Politik an sich dynamisch ändernde Bedingungen (Fehlertoleranz, Experimente und Rückholbarkeit von Entscheidungen) sind konstitutive Element einer reflexiven Governance für Nachhaltigkeit (Voß et al. 2006).

In den Niederlanden wurde für die Gestaltung einer Nachhaltigkeitstransformation das Konzept *Transition-Management* entwickelt (Loorbach 2010) (▷ Kapitel 4.2). Danach entwirft in einem ersten Schritt eine kleine Gruppe von Pionier*innen in einer *Transition-Arena* eine Nachhaltigkeitsvision (vgl. Abb. 4). Im zweiten Schritt formulieren Stakeholder und Expert*innen dazu eine *Transition-Agenda*, ein Konzept für die Umsetzung. Im dritten Schritt werden solche Konzepte durch eine Vielzahl von Experimenten und Projekten in die Breite getragen. Im vierten Schritt werden die Konzepte und Erfahrungen ausgewertet und das weitere Vorgehen selbstkritisch überdacht. Transition-Management erfolgt auf mehreren Ebenen: Strategisch zielt es auf langfristige kulturelle Änderung in der Gesellschaft ab, taktisch wird mittelfristig

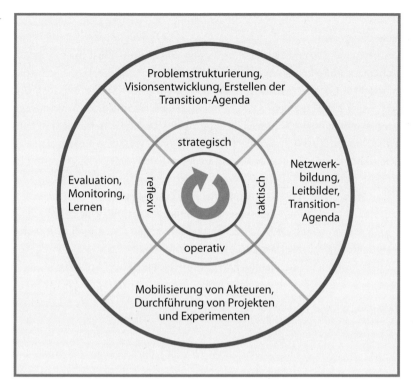

ein Umbau von politisch-institutionellen Strukturen angestrebt, und operativ werden kurzfristig neue soziale Praktiken entwickelt und erprobt.

Governance als politische Steuerung für nachhaltige Entwicklung weist ein beträchtliches Potenzial auf, bringt aber auch neue Schwierigkeiten und Probleme mit sich. Die Ergebnisse sind offener und unberechenbarer als beim hierarchischen Regieren (Government), die Prozesse dynamisch und nicht immer transparent, was aber auch auf traditionelle Regierungsformen zutreffen kann. Vor allem aber stellt sich die Frage nach der Legitimation einer solchen Art erweiterter Steuerung, weil Entscheidungen und Umsetzungsprozesse nicht mehr allein von demokratisch legitimierten Institutionen verantwortet werden. Stattdessen setzen sich die Governance-Kooperationen häufig aus staatlichen sowie aus zivilgesellschaftlichen und privaten Akteuren (wie Interessengruppen, Verbänden, Unternehmen) zusammen, die auch als willkürliche und situationsabhängige Konstrukte bezeichnet werden können.

Probleme von Governance

Dennoch kann Governance erheblich zu »robusten« politischen Entscheidungen beitragen und Nachhaltigkeitsstrategien auf den Weg bringen, die trotz unvermeidlicher Widersprüche und Interessenkonflikte in einem gesellschaftlich umkämpften Feld bestehen können. Voraussetzung für solche

Transparente und partizipative Kommunikation

»robusten« Entscheidungen sind transparente und partizipative Kommunikationsstrukturen.

Fazit   Zusammenfassend lässt sich festhalten, dass Politik selbst bei bester Absicht nicht »durchregieren« und nachhaltige Entwicklung durch eine Reihe gut gemachter Gesetze verordnen kann. Ein umfassender Steuerungsanspruch sollte sehr sorgfältig geprüft werden, denn eine Nachhaltigkeitstransformation ist ein äußert komplexer Prozess (bewussten) gesellschaftlichen Wandels. Dies erfordert eine fehlerfreundliche und lernfähige Politik, die ihre Maßnahmen ständig überprüft und gegebenenfalls korrigiert. Weiterhin ist es eine gesellschaftliche Machtfrage, welche Priorität die Gesellschaft und damit letztlich auch die Politik nachhaltiger Entwicklung zuweist. Doch auch bei einem vorsichtigen (reflektierten) Steuerungsanspruch bleibt staatliche Politik ein zentraler gesellschaftlicher Akteur mit hoher Legitimation und großen Einflussmöglichkeiten. Ohne einen gestaltenden Staat wird eine große Transformation für nachhaltige Entwicklung jedenfalls nicht gelingen.

Die Beteiligten: zivilgesellschaftliche Systeme

Heike Walk, Hermann E. Ott und Martin Welp

Neben dem staatlichen und marktwirtschaftlichen System stellt das zivilgesellschaftliche System eine wichtige Sphäre des Anthroposystems dar. Kaum ein gesellschaftliches oder politisches Problem wird heute noch ohne die Einbeziehung zivilgesellschaftlicher Gruppen und Organisationen diskutiert. Diese sind maßgeblich an der Umsetzung der Nachhaltigkeitsagenda im 21. Jahrhundert beteiligt. Die Rolle der Zivilgesellschaft erlangte vor allem im Zusammenhang mit der Etablierung der internationalen Konferenzen eine neue Aufmerksamkeit. Was sind die Kernelemente, die das zivilgesellschaftliche System prägen? Welche Formen der Beteiligung gibt es, und wie erfolgt die demokratische Partizipation im Sinne der Sicherung von Teilhabe und Mitgestaltung in unterschiedlichen Bereichen?

Zivilgesellschaft – ein Begriff mit einer langen Tradition

Historische Bezüge

Schon in den Philosophenschulen der Antike galt die *Societas Civilis* von freien Bürgern als Garant für ein funktionierendes Gemeinwesen (damals hatten allerdings nur die Männer Bürgerrechte). Im 18. und 19. Jahrhundert wurde das Konzept der Zivilgesellschaft in der Phase der Aufklärung und vor allem im Zusammenhang mit der französischen und amerikanischen Revolution von unterschiedlichsten Intellektuellen aufgegriffen (z. B. Alexis de Tocqueville, John Locke, Adam Ferguson, Charles de Montesquieu und Immanuel Kant). Sie alle hoben die positiven Wirkungen einer funktionierenden Zivilgesellschaft hervor. Diese Wirkungen bezogen sich vor allem auf das soziale und solidarische Miteinander in einer Gemeinde. Durch eine aktive Zivilgesellschaft wurde das Vertrauen der Bürger*innen in das politische System gefördert (mit politischem System sind hier politische Institutionen wie beispielsweise Ministerien, Parteien oder Verwaltungen gemeint).

> Zivilgesellschaft ist ein Begriff mit einer langen Tradition und bezeichnet eine Sphäre zwischen Individuum bzw. Privatbereich und dem Staat. Ihr Spektrum umfasst u.a. Bürgerinitiativen und Bürgerrechtsgruppen, Verbände und Interessengruppen, Kultur- und Bildungseinrichtungen, religiöse Vereinigungen, Entwicklungsorganisationen und verschiedenste Selbsthilfegruppen.

Renaissance des Konzepts

Ende der 1980er- und Anfang der 1990er-Jahre erlebte der Begriff »Zivilgesellschaft« in Deutschland durch die friedliche Revolution in der DDR und die ▷ **postsozialistischen Transformationen** (▷ Kapitel 4.2) in Mittelosteuropa

einen starken Aufschwung. Beeindruckt von den Erfolgen der Bürgerrechts-
bewegungen, die für die staatliche Unabhängigkeit, freie Wahlen sowie Ver-
sammlungs-, Rede- und Meinungsfreiheit eintraten, begann die Anzahl der
wissenschaftlichen und publizistischen Beiträge über Zivilgesellschaft in die
Höhe zu schnellen. Auch auf internationaler Ebene intensivierten sich die Diskussionen über die wachsenden Gestaltungsmöglichkeiten einer »internationalen Zivilgesellschaft« – nicht zuletzt durch den Wandel der weltpolitischen
Machtkonstellationen und der rasanten Entwicklung der Kommunikations-
technologien. Als Akteure der Zivilgesellschaft wurden vor allem die sogenannten Nichtregierungsorganisationen (NRO, aus dem Englischen *non-go-
vernmental organisation* NGO) hervorgehoben (Brunnengräber et al. 2005).
Diese NROs nahmen drei Hauptfunktionen in der internationalen Politik ein:
die Kontrolle politischer Prozesse, die Mobilisierung einer kritischen Öffentlichkeit sowie die Bereitstellung von Sachinformationen.

> **Postsozialistische Transformation** bezeichnet eine Sonderform der
> Transformation, in der sich der Übergang von ehemals kommunisti-
> schen bzw. sozialistischen Systemen hin zu marktwirtschaftlich-libera-
> len Demokratien vollzieht.

In der Literatur finden sich zahlreiche Definitionen von Zivilgesellschaft, und   Definition
Kocka (2003) weist darauf hin, dass der Begriff in unterschiedlichen Wissen-
schaftsdisziplinen ganz unterschiedlich interpretiert wird. Da hier nicht alle
Stränge aufgezeigt werden können, erfolgt eine Beschränkung auf die Definition von Habermas:

> Die Zivilgesellschaft setzt sich »aus jenen mehr oder weniger spontan ent-
> standenen Vereinigungen, Organisationen und Bewegungen zusammen,
> welche die Resonanz, die die gesellschaftlichen Problemlagen in den pri-
> vaten Lebensbereichen finden, aufnehmen, kondensieren und lautverstär-
> kend an die politische Öffentlichkeit weiterleiten« (Habermas 1992, S. 443).

Jürgen Habermas

Jürgen Habermas (*1929 in Düsseldorf) zählt zu den weltweit meistrezi-
pierten Philosophen und Soziologen der Gegenwart. Im Mittelpunkt seiner umfangreichen und vielfach preisgekrönten Werke steht das Bemühen um die Erneuerung der kritischen Gesellschaftstheorie, wie sie von
Vertretern der sogenannten Frankfurter Schule ausgearbeitet wurde. In

seinem Hauptwerk »Theorie des kommunikativen Handelns« wird die Bedeutung der Kommunikation für das soziale Leben der (post-)modernen Gesellschaft behandelt.

Akteure und Ziele Mit dem Begriff der Zivilgesellschaft wird demzufolge ein buntes Spektrum von zum Teil sehr unterschiedlichen Akteuren umschrieben. Hierzu zählen u. a. Vereine, NROs, Stiftungen, Bürgerinitiativen, Interessenverbände der Wirtschaft und Kirchen. Wie die Akteure der Zivilgesellschaft, so sind auch deren Ziele sehr unterschiedlich. Diese reichen von allgemeingesellschaftlichen Problembearbeitungen, z. B. der »Steigerung der Bildungschancen« oder »kommunaler Klimaschutz« bis hin zu Anliegen und Bedürfnissen spezieller Gruppen, z. B. »Bürgerinitiative Lärmschutz« und »Hilfe für Geflüchtete«. In der Regel geht es um die Erbringung gemeinwohlorientierter Güter und Leistungen oder aber um die Einflussnahme auf die öffentliche Meinung durch die Beteiligung an Debatten, Protesten und anderen öffentlichkeitswirksamen Aktionen. Vor allem in den ersten Jahren des 21. Jahrhunderts konnte im öffentlichen Diskurs eine allmähliche Begriffsverlagerung beobachtet werden – vom Begriff der Zivilgesellschaft hin zum Begriff der Bürgerbeteiligung. Diese Verschiebung weist zum einen auf eine Öffnung der politischen Systeme, zum anderen aber auch auf eine stärkere Fokussierung auf das Engagement einzelner Bürger*innen hin.

Die Bedeutung von Zivilgesellschaft auf verschiedenen politischen Ebenen

Die Rolle der Zivilgesellschaft erlangte vor allem im Zusammenhang mit der Etablierung der internationalen Konferenzen eine neue Aufmerksamkeit. Einerseits trugen die zivilgesellschaftlichen Akteure inhaltlich zur Agenda-Gestaltung bei, z. B. indem sie sogenannte »Gegengipfel« (wie auch in Rio 1992) organisierten, auf denen die kritischen bzw. sensiblen Themen diskutiert wurden. Andererseits wurden sie zum Gradmesser einer transparenten und demokratischen Gestaltung der globalen, europäischen, nationalen und lokalen Institutionen. Um die gegenwärtigen Diskussionen zum zivilgesellschaftlichen Engagement und Beteiligung im Bereich der Nachhaltigkeit nachvollziehen zu können, ist ein Rückblick auf die Bedeutung der Zivilgesellschaft und Bürgerbeteiligung auf den unterschiedlichen politischen Ebenen hilfreich.

Sowohl im Brundtland-Bericht der Weltkommission für Umwelt und Entwicklung (Hauff 1987) als auch in der 🔍 **Agenda 21** der UN-Konferenz für

Umwelt und Entwicklung in Rio von 1992 (BMU o. J.; engl. Originaldokument: United Nations 1992b) (▷ Kapitel 1.2) werden die Zivilgesellschaft und Bürgerbeteiligung als wichtige Elemente für die Entwicklung von Nachhaltigkeitsstrategien hervorgehoben. So heißt es beispielsweise in der Agenda 21:

»Durch Konsultation und Herstellung eines Konsenses würden die Kommunen von ihren Bürgern und von örtlichen Organisationen, von Bürger-, Gemeinde-, Wirtschafts- und Gewerbeorganisationen lernen und für die Formulierung der am besten geeigneten Strategien die erforderlichen Informationen erlangen« (BMU o. J., S. 231).

Am Beispiel der internationalen Klimapolitik lässt sich die Bedeutung von nicht staatlichen Akteuren gut nachzeichnen. Schon vor der Unterzeichnung der Klimakonvention im Jahre 1992 hatten sich nationale Umweltverbände und lokale Umweltgruppen organisiert, um größeren politischen Einfluss zu erzielen. Im Laufe der Jahre haben beispielsweise das Climate Action Network (CAN) und viele andere in Netzwerken organisierte Initiativen Druck auf nationale Entscheidungsträger ausgeübt, die Öffentlichkeit informiert und wissenschaftliche Erkenntnisse in politische Ziele übersetzt. In den letzten Jahren haben sich die Rolle und der Status von nicht staatlichen Akteuren auf der internationalen Ebene ausgeweitet. Auf der UN-Klimakonferenz in Paris 2015 wurden die »subnationalen« Akteure ausdrücklich als wichtige Verbündete im Kampf gegen den Klimawandel anerkannt (Obergassel et al. 2015, 2016). Ein Jahr später wurde auf der nächsten UN-Klimakonferenz die *Marrakech Partnership for Global Climate Action* gegründet, um gemeinsame Maßnahmen staatlicher und nicht staatlicher Akteure zu bündeln. Das UN-Klimasekretariat in Bonn registriert und fördert »subnationale« klimawirksame Maßnahmen von Städten, Regionen, Unternehmen, Investoren und zivilgesellschaftlichen Organisationen.

Agenda 21

Die Agenda 21 ist ein entwicklungs- und umweltpolitisches Aktionsprogramm, das von den Mitgliedstaaten der UN verabschiedet wurde und Leitlinien für das 21. Jahrhundert festlegt, um eine veränderte Wirtschafts-, Umwelt- und Entwicklungspolitik herbeizuführen. Nach der Agenda 21 sind es in erster Linie die Regierungen der einzelnen Staaten, die auf nationaler Ebene die Umsetzung der nachhaltigen Entwicklung planen müssen in Form von Strategien, nationalen Umweltplänen und

nationalen Umweltaktionsplänen. Dabei sind auch regierungsunabhän-
gige Organisationen und andere Institutionen zu beteiligen. Durch das
Aktionsprogramm und die damit verbundenen öffentlichen Diskussionen wurden viele neue Beteiligungsformen, Modellprojekte und Dialogformen angestoßen. Mit anderen Worten wirkte die Agenda 21 auf zwei
Ebenen: Sie verbesserte die Zusammenarbeit zwischen den kommunalen Verwaltungen und den zivilgesellschaftliche Organisationen, und sie
stellte den Zusammenhang zwischen globalen und lokalen Nachhaltig-
keitsprojekten her.

Europäische Ebene Auch auf europäischer Ebene spielt die Zivilgesellschaft eine nicht unwe-
sentliche Rolle. Sie wurde gestärkt durch die im Jahr 1998 von allen europäischen Staaten und der EU unterzeichneten Aarhus-Konvention (▷ Kapitel 3.1).
Die Konvention bezieht sich auf den Zugang zu Informationen (eine wichtige

Abbildung 1: Sitzung der UNESCO-Welterbe-Kommission in Krakau im Sommer 2017.
Die multilateralen Abkommen und Treffen der Vereinten Nationen sind wichtige Möglichkeiten
auch für Vertreter*innen der Zivilgesellschaft, um sich beratend, beobachtend oder
als Lobbygruppen in internationale Entscheidungsprozesse einzubringen (Foto: P. Ibisch).

Voraussetzung für zivilgesellschaftliches Engagement), Öffentlichkeitsbeteiligung an Entscheidungsverfahren sowie Zugang zu Gerichten. In Deutschland sind diese drei Säulen im Umweltinformationsgesetz der Bundesregierung (2005) und im Öffentlichkeitsbeteiligungsgesetz (2006) sowie im Umweltrechtsbehelfsgesetz verankert. Ein weiteres Beispiel für die Rolle der EU ist die im Jahr 2000 verabschiedete Wasserrahmenrichtlinie. In der Umsetzung in den einzelnen EU-Mitgliedstaaten müssen auf Ebene der Flusseinzugsgebiete Managementpläne erstellt werden, bei der betroffene ▷ **Stakeholder** sowie die breitere Öffentlichkeit informiert und gehört werden müssen (Artikel 14). Die Richtlinie hat auf europäischer Ebene wichtige Impulse für die Umsetzung von partizipativen Ansätzen im Bereich Wasser- und Landmanagement gegeben. Mitgliedsländer mussten ihre nationale Gesetzgebung entsprechend anpassen und Verfahren für die Umsetzung auf regionaler Ebene entwickeln.

> **Stakeholder** (auch Anspruchsgruppen) umfassen alle Personen, Gruppen oder Institutionen, die von den Aktivitäten eines Projekts direkt oder indirekt betroffen sind oder die irgendein Interesse an diesen Aktivitäten haben. Der Begriff »Stakeholder« wurde erstmals 1963 in einem internen Memorandum des Stanford Research Institute (SRI) erwähnt und entstand aus der Kritik an der Einseitigkeit des Shareholder-Ansatzes.

Seit 2012 gibt es darüber hinaus die Europäische Bürgerinitiative (EBI). Mit dieser Initiative ist es Bürger*innen unterschiedlicher EU-Staaten möglich, gemeinsam die Europäische Kommission aufzufordern, sich mit einem Thema zu befassen oder eine Gesetzesinitiative zu ergreifen. Die EBI ist damit ein unverbindliches Beteiligungsinstrument, mit dem Anregungen für EU-Gesetzesvorhaben gegeben werden können.

Auch auf der nationalen Ebene sind die zivilgesellschaftlichen Gruppen die wesentlichen Treiber für die Ausarbeitung der globalen Nachhaltigkeitsziele. Eine der zentralen Studien im Zusammenhang mit der Ausbuchstabierung der Forderungen der internationalen UN-Konferenzen auf nationaler Ebene war »Zukunftsfähiges Deutschland« (Loske & Bleischwitz 1997). Diese Studie wurde vom Bund für Umwelt und Naturschutz (BUND) und Misereor beim Wuppertal Institut für Klima, Umwelt, Energie in Auftrag gegeben und entwickelte sich zu einem wichtigen Impulsgeber im deutschen Diskurs über Nachhaltigkeit (▷ Kapitel 1.2). Der Zivilgesellschaft wird eine Schlüsselrolle zugewiesen im Zusammenhang von politischen Reformen, neuen Allianzen, einer Langzeitorientierung und dem politischen Mut für neue Ideen und Visionen.

Deutschland (nationale Ebene)

Abbildung 2:
Zivilgesellschaft-
liche Aktionen sind
fester Bestandteil
der UN-Klimakon-
ferenzen. Das Bild
zeigt eine Aktion
von Greenpeace zum
Klimagipfel in Paris
2015: die Sonne als
Sinnbild der techno-
logischen Revolution
(Foto: Greenpeace).

Mit der Einrichtung der ▷ **Enquetekommission** des Deutschen Bundestages »Zukunft des Bürgerschaftlichen Engagements« wurde 1999 eine umfassende Bestandsaufnahme des Forschungsstandes zur »Zivilgesellschaft« auf den Weg gebracht. In der Folge fand unter der Schirmherrschaft des Bundesministeriums für Familie, Senioren, Frauen und Jugend (BMFSFJ) eine gezielte Förderung diverser Programme, Projekte und Einrichtungen statt. Beispielsweise wurden ebenfalls seit 1999 regelmäßig Befragungen zum freiwilligen Engagement in Deutschland durchgeführt (Freiwilligensurvey), um die Bedeutung des Sektors zu erfassen und die Sichtbarkeit der Zivilgesellschaft zu erhöhen. Darüber hinaus wurden seit 2009 von der Bundesregierung zwei Engagementberichte erstellt, die die Entwicklung des Engagements bzw. der ▷ **Partizipation** in Deutschland zusammenfassen und Handlungsempfehlungen präsentieren.

> **Enquetekommissionen** werden vom Deutschen Bundestag oder von einem Landesparlament mit dem Auftrag eingesetzt, zur Vorbereitung von Entscheidungen über umfangreiche und bedeutsame Sachkomplexe Material zusammenzutragen. Dies erfolgt durch die Vergabe von Gutachten an ausgewiesene Expert*innen.

> **Partizipation** und Bürgerbeteiligung werden häufig synonym verwandt. Partizipation bezeichnet sehr allgemein die Teilhabe einer Person oder Gruppe an Entscheidungsprozessen oder an Handlungsabläufen, die in der Politik oder in Organisationen stattfinden. Es handelt sich dabei um sehr verschiedene Arten und Formen von Teilhabe, Teilnahme, Mitwirkung und Mitbestimmung, wobei auch Funktion, Umfang und Begründung der Partizipation sehr unterschiedlich sein können.

Lokale Ebene

Parallel und infolge der UN-Konferenzen wurden in Deutschland in den 1990er-Jahren in vielen Kommunen die sogenannten Agenda-21-Prozesse eingeleitet, die auf Kooperation und Vernetzung der Kommunalverwaltung und der Zivilgesellschaft angelegt waren. Die Projekte dienten der gemeinsamen Bearbeitung der im UN-Aktionsprogramm vorgegebenen Ziele und Maßnahmen (Brand & Warsewa 2003). In ihrer Vorgehensweise unterschieden sich die Lokale-Agenda-Projekte zum Teil allerdings erheblich. Es gab solche, bei denen – in einem relativ straff organisierten Prozess – die Verwaltung eine aktive und federführende Rolle einnahm *(top down)*, aber auch Projekte, die den Prozess der Initiative beteiligter Bürger*innen und seiner eigenen Dynamik überließen *(bottom up)* (Rösler et al. 1999; Kern et al. 2002). Zu den aktuellen Bottom-up-Beispielen zählen u. a. die 🔍 **Transition-Town-Initiativen** (▷ Kapitel 4.2, 4.3), die zwar lokal Aktivitäten und Maßnahmen zum Klimaschutz umsetzen, aber auch international gut vernetzt sind und alle lokalen Aktivitäten als Teil einer größeren Transformationsbewegung sehen.

Transition-Town-Initiativen

Transition Town bedeutet so viel wie »Stadt im Wandel« und umfasst sehr vielfältige Nachhaltigkeitsprojekte, wie z. B. Stadtgärten, Tauschläden oder Repair-Cafés. In vielen Ländern weltweit haben sich Transition-Initiativen gegründet, von der südenglischen Stadt Totnes (dem Ursprungsort) über brasilianische Favelas bis zu energieautarken Orten in Japan. Es handelt sich um ein loses Netzwerk von Gruppen, die vor dem Hintergrund von Erdölknappheit *(Peak Oil)* und Klimawandel zukunftsfähige und ressourcenschonende Projekte vorantreiben wollen.

Neue Dialogformen

Hinsichtlich der Dialogformen lassen sich unterschiedliche Phasen beobachten: Während in den 1990er-Jahren die Agenda-21-Projekte im engen Verbund mit der Verwaltung durchgeführt wurden, verlagerten sich Mitte der 2000er-

Jahre die Nachhaltigkeitsinitiativen in andere Netzwerke, Foren und Plattformen – nicht zuletzt auch durch die Ausweitung der Kooperation auf Wirtschaftsakteure. Die Debatte um Zivilgesellschaft und Bürgerbeteiligung
wurde zunehmend breiter in der Öffentlichkeit diskutiert (Olk et al. 2010).
Die Dialogforen im Internet, die Rolle der sozialen Medien (Facebook, Twit-
ter usw.) im Zusammenhang mit internationalen Protesten und schließlich
die Erfahrungen mit dem Protest gegen das Verkehrs- und Städtebauprojekt
»Stuttgart 21«[1] führten zu einem erneuten Öffnungsprozess in Richtung einer
stärkeren Bürgerbeteiligung in Politik und Verwaltung (Sommer 2015b). In der
Folge kam es zu auch zu einer Ausweitung von Beteiligungsverfahren.

Von der Zivilgesellschaft zur Bürgergesellschaft: neue Ungleichheiten

Bürger-
gesellschaft

Der Öffnungsprozess in Richtung einer stärkeren Bürgerbeteiligung ging mit
einer allmählichen Verschiebung der Begrifflichkeiten von der Zivilgesellschaft zur Bürgergesellschaft einher. Dabei werden die Begriffe meistens syn-
onym verwendet und eine klare definitorische Unterscheidung existiert nicht.
Dennoch ist offensichtlich, dass der intensive Ausbau der Beteiligungsmöglichkeiten in den vergangenen Jahren eng mit der Übernahme des Bürger-
gesellschaftsbegriffs verbunden ist. Zum Beispiel hat das Bundesministerium
für Familie, Senioren, Frauen und Jugend den Unterausschuss »Bürgerschaftliches Engagement« eingerichtet. Dieser beschäftigt sich mit aktuellen Geset-
zesvorhaben, die bürgerschaftliches Engagement betreffen. Darüber hinaus
hat sich eine Reihe von Organisationen und Institutionen dem Ausbau und
der Weiterentwicklung von Beteiligung verpflichtet. Das Bundesnetzwerk
Bürgerschaftliches Engagement (BBE), das von der Sozialdemokratischen
Partei (SPD) 2002 eingesetzt wurde, setzt sich als trisektorales Netzwerk (hier
sind die drei Sektoren Zivilgesellschaft, Markt und Staat gemeint) mit vielfältigen Informationen, Maßnahmen und Projekten für die Förderung des bürgerschaftlichen Engagements und der Bürgergesellschaft ein.

---

1 Der Protest gegen den Ausbau des Stuttgarter Bahnhofs eskalierte 2010, nachdem es zu
schweren Auseinandersetzungen von Demonstrant*innen mit der Polizei gekommen war.
Im Anschluss an die Demonstrationen wurden eine Volksabstimmung über das Infrastruk-
turprojekt auf den Weg gebracht und in der Landesregierung sehr weitreichende Beteiligungsverfahren eingeführt.

Engagement in der Bevölkerung: Anteile und Themenfelder

Laut dem aktuellen Engagementbericht der Bundesregierung verteilt sich das Engagement der Bürger*innen unterschiedlich auf die Altersgruppen, die Einkommensgruppen und die einzelnen Bereiche (BMFSFJ 2017). Insbesondere in den Altersgruppen von 60 bis etwa Mitte 70 gibt es heute den größten Anteil von Freiwilligen. In den letzten Jahren wurde auch eine Zunahme des Engagements der aktiven Jüngeren, insbesondere von 14-/15- bis 19-Jährigen, festgestellt. Frauen sind etwas weniger engagiert als Männer und verteilen sich auf andere Themenfelder. Während Männer vor allem im Sport, bei den Unfall- oder Rettungsdiensten und in der Politik zu finden sind, verteilen sich die Frauen bei ihrem Engagement eher auf die Themenfelder Kirche oder Religion, Gesundheit oder Soziales sowie Schule oder Kindergarten (BMFSFJ 2017).

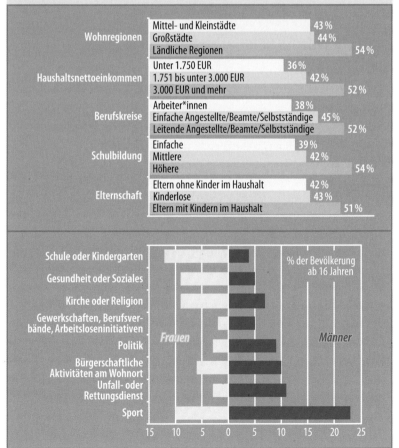

Abbildung 3: Anteil der bürgerschaftlich Engagierten (weiter Kreis, einschließlich Helfer) in den verschiedenen Bevölkerungsgruppen (Datenquelle: IfD Allensbach 2013).

Abbildung 4: Engagement von Männern und Frauen in verschiedenen Themenfeldern (Datenquelle: IfD Allensbach 2013).

Insbesondere Großorganisationen und die Parteien scheinen immer weniger in der Lage zu sein, langfristig zivilgesellschaftliches bzw. bürgerschaftliches Engagement zu bündeln. Demgegenüber nehmen die kurzfristigen, themen- und projektbezogenen Formen des Engagements zu. Auch wird das zivilgesellschaftliche Engagement zunehmend mit einer beruflichen Qualifikation und Weiterbildung verbunden, z. B. bietet der ▷ **Bundesfreiwilligendienst** praxisorientierte Weiterbildungsprogramme an. Darüber hinaus zeichnet sich ab, dass sich auch im Bereich der politischen Beteiligung soziale Ungleichheiten herausbilden, d. h., dass Bürgerbeteiligung mithin zu einer Spielwiese der sogenannten »Modernisierungsgewinner« geworden ist. In dieser Bevölkerungsgruppe besitzt das Bewusstsein der mit der Beteiligung verbunden individuellen (persönlichen und beruflichen) Vorteile weit größere Attraktivität als für die anderen Bevölkerungsgruppen.

Der **Bundesfreiwilligendienst** wurde von der Bundesregierung als Reaktion auf die Aussetzung der Wehrpflicht und des Zivildienstes geschaffen. Er ist als Initiative zur freiwilligen, gemeinnützigen und unentgeltlichen Arbeit eingerichtet worden und soll das bürgerschaftliche Engagement fördern.

Die empirischen Befunde zeigen auf, dass ein qualitativer Unterschied hinsichtlich des Bildungsabschlusses und des Einkommens zu beobachten ist (Embacher 2009). Je niedriger der Bildungsabschluss und das Einkommen, desto geringer die Wahl- und sonstige Beteiligung. Jene Bürger*innen, die sich kaum noch von den politischen Eliten verstanden und respektiert fühlen, ziehen sich nachweislich aus den demokratischen Beteiligungsverfahren zurück. In den USA sowie in vielen Ländern Europas sind Bewegungen entstanden, die gegen die Politikeliten und gegen die etablierten Medien vor allem durch Nutzung sozialer Netzwerkmedien agieren. Dies hat zu einer wachsenden Fragmentierung in der Gesellschaft geführt. Damit verbunden ist ein weiteres wichtiges Ungleichgewicht, denn nicht alle Bürger*innen verfügen über die notwendigen Ressourcen für die Beteiligungsverfahren, z. B. Zeit, Sachkenntnis sowie rhetorische Fähigkeiten und selbstbewusstes Auftreten. Häufig sind gerade diese Ressourcen sehr ungleich in den Milieus verteilt. Daher ist es auch nicht verwunderlich, wenn die neuen Beteiligungsformen vornehmlich von den gut ausgebildeten Mittelschichten dominiert werden.

Die Nutzung des Internets hat das Engagement der zivilgesellschaftlichen Gruppen und die Beteiligungsformen stark verändert (Voss 2014). Dies betrifft sowohl die Beteiligung an einem konkreten Anliegen bzw. einer Kampagne als auch die Beteiligung am Medium Internet selbst. Bislang überwiegt deutlich die Informationsfunktion im Vergleich zur aktivistischen Nutzung, dennoch gibt es eine zunehmende Nutzung webbasierter Beteiligungsverfahren. Die Bürger*innen beteiligen sich beispielsweise bei Onlinepetitionen des Deutschen Bundestags oder bei Kampagnenorganisationen, die binnen kürzester Zeit zahlreiche Unterschriften für aktuelle politische Anliegen einholen (in Deutschland erhielt z. B. Campact in den letzten Jahren einen sehr starken Zulauf; vgl. Campact e.V. 2016). Einerseits erscheint die Beteiligung im Internet relativ einfach und bequem; andererseits bietet das Netz eine so große Vielfalt an Inhalten und Plattformen, dass die Gefahr besteht, dass die Beteiligung als schnelllebig, teilweise sogar oberflächlich und wirkungslos wahrgenommen wird. Noch ist das volle Potenzial der Onlinebeteiligung sicherlich nicht ausgeschöpft. Gerade auch in der Stadt- und räumlichen Planung lassen sich Präferenzen der Bürger, lokales Wissen sowie die Kreativität der Einzelnen durch Onlinebeteiligung integrieren.

Unterschiedliche Formen der Bürgerbeteiligung

In der Literatur wird meist zwischen formellen (verfassten) und informellen (nicht verfassten) Formen bzw. Verfahren der Bürgerbeteiligung unterschieden. Formelle Verfahren sind gesetzlich geregelt, beispielsweise Volksbegehren und -entscheide auf Landesebene sowie Bürgerbegehren und -ent-

Formelle und informelle Beteiligung

Abbildung 5: Bürgerworkshop zur Landschaftsrahmenplanung im Landkreis Barnim (Foto: Centre for Econics and Ecosystem Management)

Planfeststellungsverfahren

Planfeststellungsverfahren sind Genehmigungsverfahren für größere Infrastrukturvorhaben (z. B. Straßen, Eisenbahn- oder Stadtbahnen) und bestimmte Großprojekte. Sie werden zur umfassenden Problembewältigung aller durch diese Vorhaben betroffenen öffentlich-rechtlichen und privaten Belange durchgeführt. Das Planfeststellungsverfahren wird von der jeweiligen Behörde durchgeführt, die auch einen Planfeststellungsbeschluss erarbeitet.

Ein Antrag des Vorhabenträgers (meist Land oder Bund) eröffnet das Verfahren, bei dem erst nach längerer informeller Zusammenarbeit zwischen den verantwortlichen bzw. betroffenen Behörden und dem Träger die Öffentlichkeit beteiligt wird. Nach einer öffentlichen Bekanntmachung (meist in den Zeitungen oder Amtsblättern der Gemeinden) werden die Pläne in den betroffenen Gemeinden für einen Monat ausgelegt. Einwendungen können bis zwei Wochen nach Ablauf der Auslegungsfrist eingereicht werden. Die Stellungnahmen und Einwendungen werden an den Vorhabenträger übermittelt. Dieser setzt sich mit den Argumenten fachlich auseinander und erwidert. In einem Erörterungstermin mit dem Vorhabensträger, den Behörden und weiteren Trägern öffentlicher Belange, den Betroffenen sowie mit Personen, die Einwendungen erhoben haben, werden offene Fragen und Einwendungen geklärt. Nach Erhalt und Prüfung der Stellungnahme zum Ergebnis des Anhörungsverfahrens durch die Planfeststellungsbehörde bereitet diese einen Planfeststellungsbeschluss vor. Mit diesem entscheidet die Behörde über alle entscheidungserheblichen Fragen, auch über die Einwendungen, über die keine Einigung erzielt wurde.

Kritiker*innen der Planfeststellungsverfahren weisen darauf hin, dass zum einen die Beteiligung häufig zu spät erfolgt und dass zum anderen die Frist der Auslegung zu kurz sowie der Ort der Bekanntmachung wenig geeignet ist, um tatsächlich eine breite Öffentlichkeitsbeteiligung zu erzeugen

scheide auf kommunaler Ebene (Nanz & Fritsche 2012). Darüber hinaus ist Bürgerbeteiligung z. B. in der Bauleitplanung und auch in Planfeststellungsverfahren festgeschrieben. Im Gegensatz dazu gibt es informelle, gesetzlich nicht geregelte Verfahren der Öffentlichkeitsbeteiligung. Sie werden freiwillig (und häufig zusätzlich) durchgeführt und haben lediglich konsultativen Charakter. Immer mehr Kommunen und auch staatliche Institutionen, z. B. Ministerien, nutzen die freiwilligen Verfahren der Bürgerbeteiligung, um Ideen und Meinungen der Öffentlichkeit in Erfahrung zu bringen. Allerdings erfolgt die Anwendung dieser Verfahren sehr unterschiedlich, denn noch immer gibt es seitens der Politiker*innen Bedenken, ob die Beteiligung nicht ihre Entscheidungskompetenzen beschneidet. Dementsprechend sind der Umgang mit den Ergebnissen solcher Verfahren, aber auch die Beteiligungsverfahren selbst sehr unterschiedlich (Sommer 2015a, S. 13).

Die Beteiligung kann sich auf die Informationsbeschaffung beschränken oder aber verstärkte Teilhabe als Selbst- und Mitbestimmung in verschiedenen gesellschaftlichen Bereichen beinhalten. Allgemein bekannt ist die Beteiligung in Vereinen, an Hochschulen, bei politischen Entscheidungen und beim Aufbau eigenverantwortlich gestalteter Bereiche (z. B. selbstverwaltete Betriebe, Kinderläden, Einkaufs- oder Hausgemeinschaften). Bürgerbeteiligung wird also in höchst unterschiedlichen gesellschaftlichen Bereichen und unterschiedlichen Formen praktiziert.

Beteiligungsformen und -bereiche

Welches Verfahren für einen konkreten Beteiligungsprozess sinnvoll ist, hängt unter anderem davon ab, welchen Hintergrund die Teilnehmer*innen haben, was die Ziele der Beteiligung sind (informieren, konsultieren oder Mitbestimmung), wie hoch die Zahl der Teilnehmer*innen ist, wie viel Zeit zur Verfügung steht und welches Beteiligungsverfahren den verantwortlichen Organisatoren bekannt ist bzw. welche Formate gerade in der aktuellen Diskussion positiv bewertet werden (Walk 2008; Welp et al. 2009). Waren es in den 1970er-Jahren Zukunftswerkstätten, Planungszellen, Bürgerversammlungen und Modelle der Anwaltsplanung, in den 1990ern Runde Tische, Mediation und Agenda-Prozesse, so sind derzeit eher Onlinebürgerforen, Reallabore und im Energiebereich auch finanzielle Beteiligungsmöglichkeiten, z. B. in Bürgersolaranlagen und Energiegenossenschaften, sehr beliebt.

Vielfältige Beteiligungsformate

Für eine Einordnung der unterschiedlichen Verfahren hinsichtlich demokratisierender Wirkungen wird in der wissenschaftlichen und öffentlichen Debatte häufig die sogenannte Beteiligungsleiter von Sherry Arnstein (1969) angewendet. Die einzelnen Stufen symbolisieren eine spezifische Form der Beteiligung. Je höher die Stufen der Leiter liegen, desto größer ist der Einfluss der Beteiligung auf die Entscheidungen, desto mehr ▷ **Empowerment** wird unter den Bürger*innen erzeugt, und desto mehr Machtabgabe erfolgt vonseiten des politischen Systems. In einem Beteiligungsverfahren sind Aktivitäten auf mehreren Beteiligungsstufen notwendig (Informieren, Meinungen einholen, Dialoge). Methoden, die in vielen Praxisbeispielen erfolgreich angewendet wurden, sind beispielsweise World Cafés und Open Space (vgl. Toolbox für Zivilgesellschaft und Politik; Institut für ökologische Wirtschaftsforschung o. J.).

Stufen der Beteiligung

Abbildung 6:
Beteiligungsleiter
mit abgestuften
Beteiligungsformen
(nach Arnstein 1969).

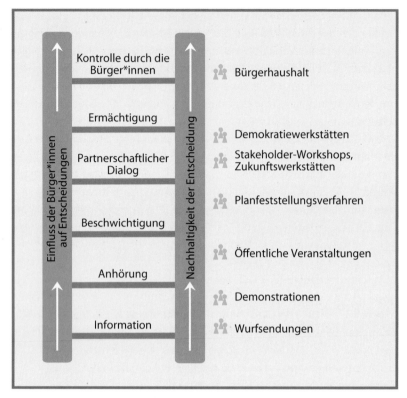

Empowerment (von engl. *empowerment* = Befähigung, Ermächtigung, Übertragung von Verantwortung) bezeichnet einen Prozess bzw. verbundene Strategien und Maßnahmen, der die Autonomie und Selbstbestimmung im Leben von Menschen oder Gemeinschaften erhöht.

Je größer der Einfluss, desto nachhaltiger die Wirkungen

In der Praxis zeigt sich immer wieder, dass gerade die Beteiligungsverfahren, die einen großen Wert auf das Empowerment der Bürger*innen legen, auch eine nachhaltige Wirkung haben. Mit nachhaltiger Wirkung sind hier vor allem die längerfristigen Verbesserungen der jeweiligen Bedingungen gemeint. Gute Beispiele für eine einflussreiche Beteiligung (im Sinne des Empowerment der Bürger*innen und der Nachhaltigkeit der politischen Entscheidungen) sind Bürgerhaushalte und Demokratiewerkstätten. Zur weiteren Auseinandersetzung mit den vielfältigen Beteiligungsformaten und zur tiefer gehenden Analyse der tatsächlichen Wirkungen bieten sich die zahlreichen Leitfäden und Handbücher (Nanz & Fritsche 2012; Sommer 2015b) als auch die wissenschaftlichen Strukturierungs- und Vergleichsstudien an (Alcántara et al. 2016).

Beispiele nachhaltiger Beteiligung

Das Beteiligungsverfahren Bürgerhaushalt ist ein Instrument bei Fragen rund um die Verwendung von öffentlichen Geldern (Sintomer et al. 2013). Bei diesem Verfahren wird den Bürger*innen die Möglichkeit gegeben, zu einem festgelegten Bereich des kommunalen Haushalts oder zum Gesamthaushalt Vorschläge einzubringen. Die Idee dieses Formats stammt aus Porto Alegre, Brasilien, wo es 1989 erstmalig als kommunale Bürgerbeteiligung initiiert wurde (Rodrigues Mororó 2014). Das Format hat sich seitdem länder- und kulturspezifisch weiterentwickelt und findet weltweit Anwendung in sehr unterschiedlichen Ausprägungen. Je nach Schwerpunktsetzung des Bürgerhaushalts geht es entweder darum, Ideen und Varianten für eine Haushaltskonsolidierung zu sammeln oder aber Vorschläge für potenziell neue Projekte und Ausgaben einzureichen. Die Verwaltung berücksichtigt die Vorschläge und Hinweise bei der Aufstellung des Haushalts. Der Gemeinderat entscheidet über die Vorschläge und begründet, welche Vorschläge umgesetzt werden können und welche nicht. Anschließend wird die Bevölkerung über die umzusetzenden Empfehlungen informiert.

Die Demokratiewerkstatt hat eine etwas andere Ausrichtung und Zielgruppe. Sie wendet sich vor allem an junge Menschen, die in selbstorganisierten Lernseminaren, aber von einer Dozentin oder einem politischen Bildner betreut, eine Bildungsaktivität planen und durchführen (Alcántara et al. 2014, S. 32 ff.). Diese Lernprojekte können im Rahmen von Unterrichts- oder Seminareinheiten konzipiert werden oder aber zusätzlich zur (Hoch-)Schule mit externen Kooperationspartner*innen und Bildungsformaten. Die durchgeführten Aktionen reichen von Ausstellungen und Studienfahrten über Lernortseminare und Projekttage bis zu Schul- und Universitätsmessen. Dabei steht bei den Demokratiewerkstätten nicht nur die Umsetzung von Bildungsaktivitäten im Zentrum, sondern die jungen Menschen entwickeln eigene didaktische Mittel und Projekte, wie z. B. Unterrichtsinformationen zu Wahlen oder anderen Ereignissen oder Themen. Die gemeinsame Idee hinter den Demokratiewerkstätten ist, dass die jungen Menschen lernen, wie Politik und Beteiligung funktioniert und wie Konflikte geregelt werden können. Darüber hinaus sollen sie die Botschaft mitnehmen, dass das demokratische System nicht selbstverständlich ist und nicht nur durch Wahlen geprägt wird, sondern die aktive Beteiligung von Bürger*innen benötigt.

Der Zusammenhang von Nachhaltigkeit und Bürgerbeteiligung

Die Beteiligung von Bürger*innen an politischen Entscheidungsprozessen, von der kommunalen bis hin zur nationalen und globalen Ebene, ist für nachhaltige Entwicklung essenziell.

Zusammen-bringen von Wissen

Zum einen kann die Grundlage für Entscheidungen durch das Zusammenbringen von unterschiedlichem Wissen (u. a. Alltagswissen, historische Daten, lokales Wissen) gestärkt werden. Nicht nur die öffentliche Verwaltung oder die Wissenschaft verfügen über relevantes Wissen, sondern viele Akteure können einen Beitrag zu robustem Wissen und somit potenziell besseren Entscheidungen leisten (Welp et al. 2009).

Förderung der Gestaltungs-kompetenz

Zum anderen wird die Akzeptanz für neue nachhaltige Entwicklungsmodelle gesteigert, und die Menschen fühlen sich in den Veränderungsprozessen mitgenommen. Schließlich werden auch die Gestaltungskompetenzen der Beteiligten für die Durchführung von Veränderungsprozessen erhöht. Zum Beispiel werden den Teilnehmer*innen in Demokratiewerkstätten didaktische und kommunikative Fähigkeiten vermittelt.

Mit anderen Worten kann die Fähigkeit, einerseits Wissen über nachhaltige Entwicklung anzuwenden und Probleme nicht nachhaltiger Entwicklung zu erkennen und andererseits darauf aufbauende Entscheidungen zu treffen, mit denen sich nachhaltige Entwicklungsprozesse verwirklichen lassen, die Gestaltungskompetenzen erhöhen. Der Kompetenzerwerb richtet sich in diesem Falle auf die Frage, wie alltags- und zukunftsrelevantes Wissen aufgebaut und so strukturiert werden kann, dass der Transfer exemplarisch gewonnener Erkenntnisse auf neue Anwendungsgebiete möglich ist. Und natürlich können sich insgesamt durch die Fokussierung auf die Gestaltungskompetenzen auch die Wertvorstellungen hinsichtlich der Bedeutung zivilgesellschaftlichen Engagements und zusätzlicher Beteiligungsformen verändern.

Kommunikation und Kooperation

Darüber hinaus kann die Beteiligung von Bürger*innen auch verschiedene Bereiche der Verwaltung und Politikressorts dazu motivieren, besser miteinander zu kommunizieren und zu kooperieren. Bestehende Machtverhältnisse und Entscheidungshierarchien, die in Verwaltungen vorherrschend sind, können durch Beteiligungsverfahren aufgebrochen werden und zusätzliche Perspektiven und Ideen in etablierte Bereiche und Abläufe integriert werden.

Somit kann Bürgerbeteiligung intersektorale Zusammenarbeit fördern – eine wichtige Voraussetzung für systemisches Denken für eine nachhaltige Entwicklung.

Insbesondere in der naturräumlichen Planung und im entsprechenden Management von Naturressourcen sind die sektoralen und administrativen Grenzen zu überwinden. Die bereits erwähnte EU-Wasserrahmenrichtlinie fördert – in Kombination mit Beteiligungsverfahren – einen ökosystemaren Ansatz, welcher die Flusseinzugsgebiete als ganzheitliche Planungseinheit sieht (Hartje & Klaphake 2006; Stoll-Kleemann & Welp 2006).

Es gibt aber natürlich auch Grenzen bzw. Probleme von Beteiligung; so kann eine wenig zielführende Beteiligung zu einem erheblichen Frustpotenzial führen. Natürlich können Beteiligungsprozesse auch dazu führen, dass nur der kleinste gemeinsame Nenner von Nachhaltigkeit umgesetzt wird oder aber nicht nachhaltige Entscheidungen durchgeführt werden (z. B. Aufhebung von Tempolimits). Die Realisierung von Beteiligungsprozessen stellt hohe Anforderungen an die Gestaltung des Prozess- und Kommunikationsmanagements. Häufig kommt es – aufgrund unterschiedlicher Einstellungen, Sichtweisen, Kompetenzen und Potenziale – zu Schwierigkeiten und Störungen. Dies gehört zum Alltag von Bürgerbeteiligung. Die Einbettung vereinzelter Interessen in einen demokratischen Ausgestaltungsprozess, der wiederum an nachhaltige Modelle gekoppelt wird, dürfte aber in einer längeren Perspektive zielführend sein.

Grenzen der Beteiligung

Vereine, Organisationen und Netzwerke der Zivilgesellschaft sind maßgeblich an der Umsetzung der Nachhaltigkeitsagenda im 21. Jahrhundert beteiligt. Bürgerbeteiligung wird damit zusätzlich zu einem Weg der Erweiterung der Demokratie und auch zu einem Kriterium der Transparenz von politischen Systemen. Die Formen des zivilgesellschaftlichen Engagements ändern sich schnell durch neue Formen des Arbeitens, die technischen Möglichkeiten und ein verändertes Verständnis über die Rolle der Bürger*innen. Es ist eine Herausforderung für Politik, Gesetzgebung, Planung und Wissenschaft, nach Wegen zu suchen, den Dialog mit der Zivilgesellschaft aufrechtzuerhalten. Das kann bedeuten, Freiräume und Möglichkeiten für Bürgerinitiativen zu schaffen oder Verfahren, Prozesse und Methoden anzubieten, in denen sich die Akteure sinnvoll, strukturiert und transparent einbringen können (Welp et al. 2009).

Erweiterung der Demokratie

Inwiefern allerdings diese Freiräume tatsächlich genutzt werden, hängt auch vom Willen vieler ab, »mehr Beteiligung zu wagen« (Beck & Ziekow 2011). Auch wenn wir seit einigen Jahren einen starken Zuwachs an unterschiedlichen Beteiligungsformen beobachten können und die Schlagworte Zivilgesellschaft, Engagement und Bürgerbeteiligung im öffentlichen und wissenschaftlichen Diskurs häufig genannt werden, gibt es gerade vonseiten der Verwaltung auch viele kritische Stimmen. Diese sehen in einer steigenden Bürgerbeteiligung nur eine Verkomplizierung und eine zusätzliche Belastung

Verschränkung der Beteiligungs- und Nachhaltigkeitskultur

für die Entscheidungs- und Steuerungsprozesse. In den kommenden Jahren wird es darum gehen, die geforderte »Kultur der Beteiligung« (Alcántara et al. 2016) in die Breite zu tragen und mit der »Kultur der Nachhaltigkeit« zu verschränken.

4
Transformation zur Nachhaltigkeit

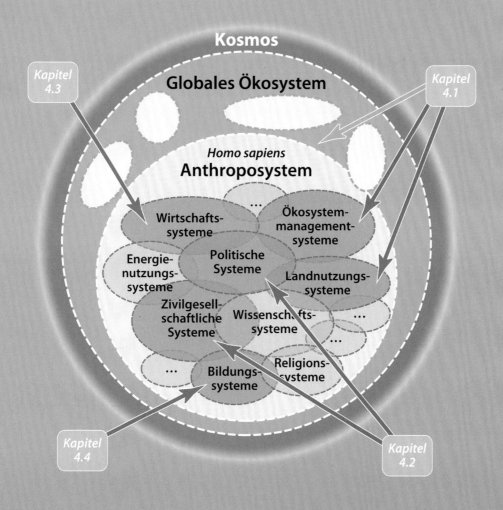

Pierre L. Ibisch

Biosphärenreservate
Ökosystem
Umwelt
Funktionstüchtigkeit
Ökosystemmanagement
Beteiligung
Klimawandel
Ökosystemansatz
Natur
Bürger*innen
Ökonik
Schutzgebiete
Systeme
global Land
Kultur
Ressourcen
Menschen
Ökosystemethik
Ökosystemleistungen
Naturschutz

Wenn das Anthroposystem – die Menschheit mit ihren sozialen, wirtschaftlichen und politischen Systemen – ein abhängiger Teil des globalen Ökosystems ist, kann nachhaltige Entwicklung nicht gelingen, ohne dass dessen Funktionstüchtigkeit erhalten oder wiederhergestellt wird. Es geht nicht nur darum, den Menschen mit der für ihn arbeitenden Lebensgrundlage zu »versöhnen«, sondern sämtliches Wirtschaften bewusst und systematisch auf dem Fundament der funktionierenden und arbeitenden Ökosysteme neu zu gestalten. Dies bedarf nicht neuer technologischer Lösungen und vermehrten Wissens als vielmehr konsequenter politischer Entscheidungen auf Grundlage existierender Befunde und einer neuen Ökosystemethik. Diese ist mit derzeitig vorherrschenden rechtlichen und ökonomischen Rahmensetzungen nicht vereinbar.

Rationalisierung der Natur und Entdeckung ihrer Schutzwürdigkeit

Die Entheiligung der Natur

Die im eigenen Überlebenskampf notwendigerweise angewendete Gewalt der Menschen gegenüber anderen Mitgliedern der Ökosysteme – die bei der landwirtschaftlichen Nutzung erheblich über das jagdliche Töten einzelner Tiere hinausgeht – bedingt eine Veränderung der Einstellungen der Individuen und der Gesellschaften zur Natur. Der Grad des Aufgehobenseins in lokalen Ökosystemen prägt die kulturelle Entwicklung von Gemeinschaften sowie religiöse Vorstellungen – und umgekehrt können kulturelle Veränderungen auch die Einstellung zur Natur verschieben. Kulturen, die von sich überwiegend selbst regulierenden Ökosystemen leben und dabei eine größere Vielfalt der »naturgegebenen« Ressourcen nutzen, erlegen sich in größerem Maße Nutzungstabus auf und pflegen tendenziell pantheistische Religionen – die Erde und ihre Bestandteile selbst sind heilig. In Räumen, in denen der Mensch die Ökosysteme intensiv bewirtschaftend umgestaltete, entstanden hingegen meist oligo- bzw. monotheistische Religionen, denen nicht mehr sämtliche Naturelemente heilig sind (Ibisch et al. 2010a). Spiritistische Rituale der Kontaktaufnahme bzw. Verbindung mit der Natur verloren an Bedeutung, und letztlich waren auch die Götter selbst nicht mehr »auf der Erde angesiedelt«, sondern im Himmel oder in abstrakten Sphären. Während ein andiner Bauer ggf. noch der Mutter Erde opfert und sich zumindest spirituell nicht stark über die Natur erhebt, ist das christliche Untertanmachen der Erde geradezu sprichwörtlich. Die Ausbreitung von christlichen Orden in Europa und das Zurückdrängen der Wälder gingen Hand in Hand (Williams 2006). Und während den jenseitsorientierten Religionen der Kleinbauern und Viehzüchter der Respekt vor der Schöpfung noch in mehr oder weniger starkem Maße innewohnt oder zumindest die Verantwortung der Menschen für Bewahrung und Schutz der Mitgeschöpfe kulturell verankert sein kann (▷ Kapitel 1.2), ist in den modernen weltlichen Gesellschaften der Groß- und Megastädte oftmals auch die letzte naturbezogene Spiritualität verloren gegangen (wobei sie in den sogenannten postmodernen Gesellschaften in neuer Form auch wiederentdeckt wird; vgl. Griffin 1988; Taylor 2001).

Je umfassender und komplexer die sozialen Systeme wurden und umso mehr sie den Individuen nicht nur dienen, sondern auch erhebliche Aufmerksamkeit abverlangen, desto stärker stiften sie auch Identität und Aufgehobensein. Sie lösen damit die entsprechende identitätsstiftende Wirkung ab, die in weniger differenzierten Gesellschaften in erheblichem Maße auch von der Natur ausging. Ein vorläufiger Höhepunkt dieser Verschiebung und der Dominanz der sozialen Systeme wurde mit der Entstehung der sogenannten sozialen Medien und Netzwerke erreicht, welche mit ihren Angeboten und Anforderungen einen erheblichen Zeitaufwand und Aufmerksamkeitsanteil fordern (▷ Kapitel 1.1). Viele Menschen postindustrieller Gesellschaften verspüren keinen Wunsch mehr, mit Natur zu interagieren, bzw. erfüllen entsprechende, mehr oder weniger unbewusste Bedürfnisse virtuell oder im Umgang mit isolierten Naturkomponenten (z. B. Haustieren). Modernen Gesellschaften gefällt es, mit kulturellen Leistungen die Überlegenheit über die Natur zum Ausdruck zu bringen, z. B. durch kilometergroße Gebäude, künstliche Inseln oder klimanlagengekühlte Indoor-Strände[1] (Ibisch et al. 2010a).

Bedeutungsgewinn der sozialen Systeme zuungunsten der Natur

Auch jenseits der religiösen Gefühle wurde die Einstellung zur natürlichen Mitwelt rational. Lebewesen werden zu erneuerbaren Ressourcen und Biomasse, Ökosysteme zu Dienstleistern (▷ Kapitel 3.1: Ansatz der Ökosystemleistungen). Mit der Entstehung der Landwirtschaft werden nicht angebaute Pflanzen zu Unkräutern, wilde Tiere und Pilze zu Schädlingen bzw. Krankheitserregern. Es entsteht eine Konkurrenz um Raum mit den wilden, nicht vom Menschen gesteuerten Ökosystemen, ihren Bestandteilen und Prozessen. Vor allem in Europa, dem Ursprungsraum des modernen Wirtschaftens und der bisherigen ökonomisch-politischen Globalisierungskultur, bildete sich ein regelrechter Antagonismus *Kultur* gegen *Natur* aus, der bis heute tief in Sprache und Denken verankert ist (Haila 2000; Ibisch et al. 2010a) (▷ Kapitel 3.1).

Natur-Kultur-Antagonismus

In modernen, stark urbanisierten Kulturen vermag sich durchaus eine romantisierende Sehnsucht nach heiler Natur Bahn brechen, ist aber letztlich auch nur eine Facette des Natur-Kultur-Antagonismus. Natur wird idealisie-

Naturschutz als kulturelle Aufgabe

---

1 Kühlschlangen im Sand: »Chill out, you beautiful people, the Versace beach is refrigerated« (J. Leake, The Sunday Times, 14. Dezember 2008).

rend der Kultur als Sehnsuchtsort gegenübergestellt (▷ Kapitel 2.2). Konkret ist Natur für die moderne Gesellschaft oft ein Ziel für Ausflüge zu einem Ort, der – z. B. in Nationalparks – besucht wird, weil es dort so schön und erholsam ist, aber auch zu einem gefährdeten Schutzobjekt, welches wegen seiner Eigenart und Seltenheit um seiner selbst willen und zur Freude der Menschen zu bewahren ist. Interessanterweise wurden Naturschutz und die Einrichtung der modernen Schutzgebiete zunächst in besonderem Maße auch von Kulturschaffenden vorangetrieben. Naturschutz wurde zur kulturellen Bewegung, die am Ende des 19. Jahrhunderts als Reaktion auf die fortschreitende Rationalisierung der Ökosystemnutzung und die entsprechende Umgestaltung der Landschaft verstanden werden konnte. Der frühe Naturschutz war z. B. in Deutschland vor allem Naturdenkmalschutz. Hinzu trat aber schnell auch eine rationale Begründung, die sich aus der Beobachtung der Bedrohung von Arten und Naturelementen sowie nach und nach auch aus dem Verständnis natürlicher Prozesse ergab (Kreft et al. 2012). Zusehends lieferten auch Biologie und Ökologie Argumente für immer neue Schutzobjekte, für die bestimmte Räume reserviert werden sollten. So kam es zur entsprechenden Erfindung von vielerlei Kategorien wie Vogelschutz-, Wildnisschutz-, Ressourcenschutz- oder Landschaftsschutzgebieten.

Schutzgebiete

Die Einrichtung von Gebieten, in denen die Ressourcennutzung bzw. die menschlichen Aktivitäten verschiedener Art beschränkt werden, ist zum zentralen und vermutlich effektivsten Instrument des Naturschutzes geworden. Die Gründung des Yellowstone-Nationalparks im Jahr 1872 gilt als Geburtsstunde des modernen Naturschutzes. Inzwischen gibt es ca. 209.000 Schutzgebiete weltweit; sie umfassen 15,5 % der Kontinente und 8,4 % der Meeresoberfläche (Juffe-Bignoli et al. 2014). Die IUCN (International Union for Conservation of Nature) hat verschiedene Managementkategorien definiert, die mehr oder weniger in den verschiedenen nationalen Gesetzgebungen reflektiert werden: Kategorie Ia/Ib: Strenges Naturreservat/Wildnisgebiet; Kategorie II: Nationalpark; Kategorie III: Naturdenkmal; Kategorie IV: Lebensraum-/Artenschutzgebiet; Kategorie V: Geschützte Landschaft/Geschütztes Marines Gebiet; Kategorie VI: Ressourcenschutzgebiet.

Schutzgebiete repräsentieren die verschiedenen Biome und Ökosystemtypen in unterschiedlichem Maße (Juffe-Bignoli et al. 2014). Beispielsweise befinden sich die Wälder in den Tropen Mittel- und Südamerikas zu fast 40 % in Schutzgebieten und in den afrikanischen Tropen nur zu ca. 18 %. Gemäß den globalen Naturschutzzielen der Biodiversitätskonvention (Aichi-Ziele der CBD) sollen bis 2020 17 % der Landoberfläche und 10 % der Meere geschützt werden. Allerdings gilt es zu beachten, dass Existenz und Management von Schutzgebieten aus unterschiedlichen Gründen nicht automatisch den erhofften Schutz garantieren. Manche sind sogar lediglich *Paper Parks*, die nur auf dem Papier existieren; deshalb ist die Gewährleistung der Managementeffektivität besonders bedeutsam (u. a. Bruner et al. 2001). Bedeutung und Effektivität der Schutzgebiete können in der Zukunft weiter leiden, wenn v. a. der Klimawandel nicht angemessen in das Management integriert wird (Geyer et al. 2017a).

Abbildung 1: Naturschutzgebiet in Brandenburg: Unterschutzstellung eines durch menschliche Nutzung veränderten und weiterhin beeinflussten Ökosystems mit dem Ziel der Erhaltung spezieller seltener Arten bzw. der Bewahrung eines kulturell geprägten Ökosystemzustands. In diesem Fall richtet sich das Ökosystemmanagement gegen die natürlichen Prozesse der Sukzession – eigentlich würde eine Wiederbewaldung erfolgen, wie die Kiefern anzeigen. Es handelt sich um einen statischen Schutzansatz; Funktionstüchtigkeit und Wandlungsfähigkeit des Systems spielen keine Rolle (Foto: P. Ibisch).

Vom Ökosystemansatz zu Ökosystemrecht und Ökosystemethik

Segregativer Naturschutz vs. Ökosystem- ansatz

Viele Schutzgebiete stehen für einen segregativen Naturschutzansatz: Natur soll jenseits und unabhängig von den vom Menschen genutzten Räumen bewahrt werden. Sie separieren regelrecht genutztes und geschütztes Land. Bei eher integrativen Ansätzen werden ökologisch begründete Beschränkungen in die Nutzung integriert (z. B. Vorschriften zur guten fachlichen Praxis in Land- oder Forstwirtschaft).

Ökosystem- ansatz

Ein Hauptproblem der segregativen Schutzgebiete ist, dass sie häufig inmitten der Nutzlandschaft vorkommen und die zu schützenden Ökosysteme bzw. die Arten in ihnen ihre Funktionstüchtigkeit einbüßen. Das Problem wird im Klimawandel verschärft, da geschützte Gebiete oft zu klein sind, um Anpassungsprozesse zu erlauben (Ibisch et al. 2012). Noch kritischer sind statische Ansätze zu beurteilen, die versuchen, definierte Ökosystemzustände zu bewahren (siehe Abb. 1). Vor allem ab den 1990er-Jahren wuchs die Einsicht, dass Schutzgebiete und Naturschutz nicht isoliert funktionieren und dass es um das große Ganze geht. Das tiefer gehende ökosystemare Verständnis der Natur erlaubte die Ableitung wichtiger Prinzipien für einen ▷ Ökosystemansatz. Ein entsprechendes Leitkonzept wurde im Jahr 2000 auf der 5. Vertragsstaatenkonferenz des Übereinkommens über die biologische Vielfalt (auch Biodiversitätskonvention; engl. *Convention on Biological Diversity* – CBD) offiziell als *Ökosystemansatz* verabschiedet.

Reintegration des Menschen in die Natur

Der Ökosystemansatz addressiert u. a. das Management von Schutzgebieten und ist für Naturschutzstrategien relevant. Genauso ist seine Bedeutung für verschiedene Ökosystemnutzungen diskutiert worden (z. B. Forstwirtschaft). Bemerkenswerterweise war es der ursprünglich ökologisch motivierte Ökosystemansatz, der den Menschen in die Natur »re-integrierte«. Ausgerechnet die naturwissenschaftlichen, systemischen und ökologischen Befunde verdeutlichen, wie sehr die Menschen als Individuen und Gesellschaften lediglich ein abhängiger Teil des globalen Ökosystems darstellen (▷ Kapitel 1.3) – und zwar in noch stärkerem Maße, als dies vom Ökosystemansatz der Biodiversitätskonvention reflektiert wird. Daraus ergeben sich wichtige konzeptionelle und ethische Implikationen: Unter anderem ist nun Naturschutz nicht mehr allein Angelegenheit von Liebhaber*innen seltener Vögel und schöne Landschaften liebenden Romantiker*innen.

Mitbestimmung im Ökosystem- management als Menschen- recht

Und darüber hinaus gilt: Wenn alle Menschen Teil des globalen Ökosystems sind und auf Gedeih und Verderb von dessen Funktionstüchtigkeit abhängen, ist Naturschutz auch Menschenschutz. Wenn außerdem der universelle Anspruch aller Menschen auf Leben, Freiheit und Sicherheit besteht

> ### Ökosystemansatz
>
> »Der Ökosystemansatz ist eine Strategie für das integrierte Management von Land, Wasser und lebenden Ressourcen, welches die Erhaltung und nachhaltige Nutzung gleichermaßen voranbringt. [...] Er erkennt an, dass Menschen mit ihrer kulturellen Vielfalt ein integraler Bestandteil vieler Ökosysteme sind. [...] Der Ökosystemansatz erfordert ein adaptives Management, um der komplexen und dynamischen Natur von Ökosystemen und der Abwesenheit eines vollständigen Wissens um oder Verständnisses ihrer Funktionalität gerecht zu werden. Ökosystemprozesse sind oft nicht linear, und die Ergebnisse solcher Prozesse zeigen oft Zeitverzögerungen. Das Ergebnis sind Diskontinuitäten, die zu Überraschung und Unsicherheit führen. Management muss adaptiv sein, um angemessen mit dieser Unsicherheiten umzugehen, und Elemente eines ›Lernens-durch-Handeln‹ oder Forschungsrückkopplungen umfassen. [...] Ökosystemmanagement soll als Langzeitexperiment betrachtet werden, welches sich sowohl an seinen Ergebnissen als auch seinen Fortschritten orientiert« (Übersetzung des Autors aus dem engl. Original; CBD 2000).

(vgl. »Allgemeine Erklärung der Menschenrechte«; Vereinte Nationen 1948), so muss es auch ein Recht auf Mitbestimmung im Ökosystemmanagement geben. Es verdient dann geradezu den Rang eines Menschenrechts (Ibisch 2015). Als wichtiges Prinzip des Ökosystemansatzes wurde festgelegt, dass der Umgang mit Ökosystemen eine Angelegenheit der gesellschaftlichen Wahl darstellen soll, gerade weil Menschen ein Teil von Ökosystemen sind. Entsprechend ist es besonders wichtig und stellt ein besonderes Recht der Menschen dar, über den Zustand derjenigen Ökosysteme informiert zu sein, in denen bzw. von denen sie leben. Das weltweit weitreichendste Gesetzeswerk ist in diesem Zusammenhang die recht moderne ○ **Aarhus-Konvention** (▷ Kapitel 3.5) mit Gültigkeit in 47 europäischen Ländern (einschließlich aller EU-Länder), welche neuartigen rechts- und sozialphilosophischen Ansätzen folgt und den Bürger*innen entsprechende Informationsrechte zubilligt.

Informationspflichtig sind nicht nur die Regierung und andere Stellen der öffentlichen Verwaltung, sondern auch »natürliche oder juristische Personen des Privatrechts, soweit sie öffentliche Aufgaben wahrnehmen oder öffentliche Dienstleistungen erbringen, die im Zusammenhang mit der Umwelt stehen, insbesondere solche der umweltbezogenen Daseinsvorsorge, und dabei der Kontrolle des Bundes oder einer unter der Aufsicht des Bundes stehenden juristischen Person des öffentlichen Rechts unterliegen« (§ 2 Abs. 1 S. 2 UIG).

Aarhus-Konvention
Übereinkommen über den Zugang zu Informationen, die Öffentlichkeitsbeteiligung an Entscheidungsverfahren und den Zugang zu Gerichten in Umweltangelegenheiten

Die Konvention bezieht sich auf die Erklärung von Stockholm über die Umwelt des Menschen, die Erklärung von Rio über Umwelt und Entwicklung, mehrere UN-Resolutionen sowie die Europäische Charta Umwelt und Gesundheit. Sie wurde 1998 verabschiedet:

»[…] In Bekräftigung der Notwendigkeit, den Zustand der Umwelt zu schützen, zu erhalten und zu verbessern und eine nachhaltige und umweltverträgliche Entwicklung zu gewährleisten; in der Erkenntnis, dass ein angemessener Schutz der Umwelt für das menschliche Wohlbefinden und die Ausübung grundlegender Menschenrechte, einschließlich des Rechts auf Leben, unabdingbar ist; ferner in der Erkenntnis, dass jeder Mensch das Recht hat, in einer seiner Gesundheit und seinem Wohlbefinden zuträglichen Umwelt zu leben, und dass er sowohl als Einzelperson als auch in Gemeinschaft mit anderen die Pflicht hat, die Umwelt zum Wohle gegenwärtiger und künftiger Generationen zu schützen und zu verbessern« (UNECE 1998, S. 1 f.).

In Deutschland wird die Umsetzung durch das Umweltinformationsgesetz (UIG) geregelt. Alle Bürger*innen haben gemäß § 2 Abs. 3 das Recht, Umweltinformationen zu erhalten – diese beziehen sich u. a. nicht nur auf den »Zustand von Umweltbestandteilen wie Luft und Atmosphäre, Wasser, Boden, Landschaft und natürliche Lebensräume einschließlich Feuchtgebiete, Küsten- und Meeresgebiete, die Artenvielfalt und ihre Bestandteile, einschließlich gentechnisch veränderter Organismen, sowie die Wechselwirkungen zwischen diesen Bestandteilen; Faktoren wie Stoffe, Energie, Lärm und Strahlung, Abfälle aller Art sowie Emissionen, Ableitungen und sonstige Freisetzungen von Stoffen in die Umwelt, die sich auf die Umweltbestandteile […] auswirken oder wahrscheinlich auswirken; […] oder den Schutz von Umweltbestandteilen […] bezwecken«, sondern auch »Kosten-Nutzen-Analysen oder sonstige wirtschaftliche Analysen und Annahmen, die zur Vorbereitung oder Durchführung von Maßnahmen oder Tätigkeiten […] verwendet werden, und den Zustand der menschlichen Gesundheit und Sicherheit, die Lebensbedingungen des Menschen sowie Kulturstätten und Bauwerke, soweit sie jeweils vom Zustand der Umweltbestandteile […] oder von Faktoren, Maßnahmen oder Tätigkeiten […] betroffen sind oder sein können« (§ 2 Abs. 3 UIG).

Aus der (gar nicht ganz neuen) ⚲ Erkenntnis, dass die Menschheit ein Teil des globalen Ökosystems ist, ergeben sich weitere weitreichende ethische Konsequenzen. Der vom Menschen konstruierte Kultur-Natur-Antagonismus ist also nichtig. Eine anthropozentrische Ethik, die den Menschen in den Mittelpunkt stellt, kann nicht gegen eine ökozentrische ausgespielt werden. Das globale Ökosystem schließt sämtliches Leben ein, auch eine Differenzierung von Ökosystemethik und Lebensethik (vgl. »Oikos-Ethik« und »Bios-Ethik«; Münk 2006, S. 141 f.) ist damit hinfällig. Eine »Landethik« im Sinne des amerikanischen Philosophen und Naturschützers Aldo Leopold (1887–1948), die aus heutiger Sicht vielleicht besser »Ökosystemethik« genannt wird, umfasst die Sorge um das Wohlergehen der Menschen. Folgerichtig ist dann auch die Betrachtung der Zerstörung ökologischer Systeme als Verbrechen gegen die Menschheit. Tatsächlich existiert seit einigen Jahren eine Initiative, Ökozid als international zu ahndendes Verbrechen anzuerkennen.[2]

Historische Einsichten zur Position des Menschen in der Natur

»Der Mensch lebt von der Natur, heißt: Die Natur ist sein Leib, mit dem er in beständigem Prozess bleiben muss, um nicht zu sterben. Dass das physische und geistige Leben des Menschen mit Natur zusammenhängt, hat keinen anderen Sinn, als dass die Natur mit sich selbst zusammenhängt, denn der Mensch ist ein Teil der Natur.«

Karl Marx 1844

»[A] land ethic changes the role of Homo sapiens from conqueror of the land-community to plain member and citizen of it. It implies respect for his fellow-members, and also respect for the community as such.« (Eigene Übersetzung: »Eine Landethik verändert die Rolle des *Homo sapiens* vom Eroberer der Landgemeinschaft zum vollen Mitglied und Bürger derselben. Sie bedeutet Respekt vor den anderen Mitgliedern und Respekt vor der Gemeinschaft als solcher.«)

Aldo Leopold 1949

---

2 Europäische Bürgerinitiative *End Ecocide on Earth*: »Ein Ökozid ist die Zerstörung der globalen Umwelt. *End Ecocide on Earth* definiert daher das Ökozid-Verbrechen als eine umfassende Schädigung oder Zerstörung des Ökosystems Erde in einem Ausmaß, dass es die natürlichen, planetaren Grenzen ihrer Widerstandsfähigkeit überschreitet. Infolgedessen ist dies eine große und dauerhafte Veränderung der globalen, öffentlichen Güter oder der ökologischen Systeme der Erde, von denen das ganze Leben auf der Erde im Allgemeinen und die Menschheit im Besonderen wesentlich abhängt« (End Ecocide on Earth 2017).

Eine wichtige konkrete Frage ist, wer das Recht hat, Ökosysteme zu verändern oder zu (zer)stören, um daraus Vorteile zu ziehen. Gemeinhin haben die nationalen Staaten das souveräne Recht, nicht nur Land zu veräußern, sondern auch Konzession zur Extraktion von Naturressourcen zu vergeben. Wenn allerdings alle Menschen Teil des globalen Ökosystems sind und Ökosysteme in der Regel über nationale Grenzen hinweg funktionieren, sind entsprechende globale Regelungen und Konventionen unumgänglich – wie sie v. a. nach dem Erdgipfel in Rio de Janeiro realisiert wurden (▷ Kapitel 1.2).

Es stellt sich in diesem Zusammenhang das Problem, ob Landbesitz auch Ökosystembesitz einschließt bzw. inwiefern Eigentum von Ökosystemkomponenten im Sinne ihrer Erhaltung zu steuern ist. Im deutschen Grundgesetz (Art. 14) ist die sogenannte Sozialpflichtigkeit des Eigentums von großer Bedeutung:

>> Eigentum verpflichtet. Sein Gebrauch soll zugleich dem Wohle der Allgemeinheit dienen« (Art. 14 Abs. 2 BGBl).

Landbesitzer verfügen letztlich auch über auf ihrem Land vorkommende Organismen (z. B. Bäume), dürfen aber z. B. Vertreter staatlich geschützter Arten nicht entnehmen oder beeinträchtigen. Diese besitzen sie also genau genommen nicht. Ebenso wenig gilt dies für mobile Organismen wie zum Beispiel rastende Vögel oder gar ökologische Prozesse wie etwa Bestäubung. Aber genau genommen geht es nicht nur darum, ob Ökosystemkomponenten besessen werden können. Vielmehr bedürfte es eines Pendants zur Sozialpflichtigkeit: Eine Ökologiepflichtigkeit des Eigentums würde bedeuten, dass Landbesitz und -gebrauch dem Wohle des größeren Ökosystems dienen müssen.

Die Kontrolle der die Ökosysteme bewirtschaftenden und verändernden Landbesitzer*innen und die Überprüfung, ob sie dem Auftrag der Sozialpflichtigkeit nachkommen, wird vom Staat übernommen, der auch gesetzliche Vorgaben macht, was in bestimmten Ökosystemen verboten oder erlaubt ist. Eine direktere und aktive Beteiligung von Bürger*innen am Ökosystemmanagement und seiner Kontrolle ist bisher nur in wenigen Fällen gegeben. In diesem Bereich gibt es erheblichen Entwicklungsbedarf (Ibisch 2015). Theoretisch fällt es dort leichter, wo staatliche Stellen z. B. mit dem Management von Wald oder Schutzgebieten betraut sind. In diesem Falle übernehmen die entsprechenden Akteure allerdings auch die Kontrolle ihres eigenen Managements (z. B. Forstministerien), sodass unabhängiges Monitoring und eine entsprechende Evaluierung nicht gegeben sind. Im Falle von privaten

Landbesitztümern ist nicht nur die Bürgerbeteiligung schwierig, auch Kontrolle und Steuerung können nur über gesetzliche Vorgaben erfolgen.

Gerade bezüglich der Primärwirtschaft, die die Gesellschaft mit Naturgütern versorgt, sind die Gesetze in den meisten Ländern zurückhaltend. So gibt es z. B. im Bundesnaturschutzgesetz (BNatSchG) eine Eingriffsregelung, die sicherstellen soll, dass Natur keinen substanziellen Schaden nehmen kann:

Welche Ökosystemeingriffe erlaubt sind

>> Eingriffe in Natur und Landschaft im Sinne dieses Gesetzes sind Veränderungen der Gestalt oder Nutzung von Grundflächen oder Veränderungen des mit der belebten Bodenschicht in Verbindung stehenden Grundwasserspiegels, die die Leistungs- und Funktionsfähigkeit des Naturhaushalts oder das Landschaftsbild erheblich beeinträchtigen können« (§ 14 Abs. 1 BNatSchG).

Gleichzeitig wird festgelegt, dass Land-, Forst- und Fischereiwirtschaft in der Regel nicht als Eingriff anzusehen seien, wenn allgemeine Naturschutz- und Bodenschutzanforderungen erfüllt werden. Gesetzgeber und Regierungen sahen sich im Sinne der Erhaltung der Wettbewerbsfähigkeit dieser Sektoren sogar gezwungen, die Industrialisierung der Ökosystemnutzung mit erheblichen ökologischen Wirkungen zu decken bzw. zu fördern. Dabei wird einseitig der Maßgabe gefolgt, dass ausgewählte unmittelbare Bedürfnisse der gegenwärtigen Generation zu befriedigen sind. Dabei werden sogar mittelbare Gesundheitsbeeinträchtigungen von aktuell lebenden Bürger*innen z. B. im Zuge der Benutzung von Pestiziden oder der Nitratanreicherung im Trinkwasser in Kauf genommen. Eine Land- oder Ökosystemethik bzw. eine Sorge um zukünftige Generationen kommen dabei schon gar nicht zur Anwendung.

Diejenigen Sektoren, die zum vermeintlichen Wohle der Gesellschaft (z. B. beim Ausbau von Siedlungen oder Verkehrs- und Energieinfrastruktur) Eingriffe in die Natur vornehmen, können diese durch Ausgleichs- oder Ersatzmaßnahmen (an anderer Stelle) kompensieren (§ 15 Abs. 2–4 BNatSchG). Im schlimmsten Falle gilt: »Wird ein Eingriff […] zugelassen oder durchgeführt, obwohl die Beeinträchtigungen nicht zu vermeiden oder nicht in angemessener Frist auszugleichen oder zu ersetzen sind, hat der Verursacher Ersatz in Geld zu leisten. Die Ersatzzahlung bemisst sich nach den durchschnittlichen Kosten der nicht durchführbaren Ausgleichs- und Ersatzmaßnahmen einschließlich der erforderlichen durchschnittlichen Kosten für deren Planung und Unterhaltung sowie die Flächenbereitstellung unter Einbeziehung der Personal- und sonstigen Verwaltungskosten. Sind diese nicht feststellbar,

Kann Ökosystemzerstörung kompensiert werden?

bemisst sich die Ersatzzahlung nach Dauer und Schwere des Eingriffs unter Berücksichtigung der dem Verursacher daraus erwachsenden Vorteile« (§ 15 Abs. 6 BNatSchG).

Vorsorge-prinzip

Obwohl moderne Prinzipien wie »Vorsorgen ist besser als Nachsorgen« (Vorsorgeprinzip) im nationalen und internationalen Umweltrecht verankert sind,[3] gestaltet sich die Praxis oftmals gänzlich anders. Auf Grundlage eines mechanistischen und auch ökonomistischen Naturmodells geht der Gesetzgeber davon aus, dass (Zer-)Störungen von Ökosystemen regelmäßig nicht vermieden werden können und dass sie grundsätzlich ausgeglichen bzw. zumindest durch Geldzahlungen gerechtfertigt werden können. Dies ist ein Beleg dafür, wie weit die deutsche Naturschutzgesetzgebung von einer ökologischen bzw. Ökosystemethik entfernt ist. Naturschutz wird (nicht nur in Deutschland) häufig als ein weiterer um Raum konkurrierender Sektor der Landnutzung angesehen. Gleichsam gibt es eine starke öffentliche Wahrnehmung des Naturschutzes als Bau- und Fortschrittshemmer, der wirtschaftliche Entwicklung durch zu viele Vorschriften und Verbote bremst. Über das zugrunde liegende Missverständnis muss unermüdlich aufgeklärt werden.

Beweislast

Relevant ist auch das Problem der Beweislast: In der Regel müssen Akteure des Naturschutzes (Verbände, Wissenschaftler*innen) nachweisen, dass Eingriffe und Naturnutzungen eine Schädigung des Ökosystems verursachen. Keinesfalls müssen Ökosystemnutzende belegen, dass ihre Praktiken keine nachhaltigen Beeinträchtigungen des Ökosystems bewirken. Allerdings bedarf es für staatliches Handeln theoretisch »nicht der Überzeugung, dass ein Risiko tatsächlich vorliegt. Vielmehr genügen plausible oder ernsthafte Anhaltspunkte für ein Umweltrisiko. Liegen diese vor, ist es Sache des Risikoverursachers, die begründeten Anzeichen für bestimmte Ursache-Wirkungs-Beziehungen zu widerlegen und die der Besorgnis unterliegenden Annahmen zu erschüttern« (Umweltbundesamt 2015b).

Was wäre nun – unter Berücksichtigung der vorangegangenen Ausführungen – das Wesen einer ▷ **Ökosystemethik** gewissermaßen als aktualisierte Fortentwicklung der Landethik Leopolds?

---

3 Siehe zum Beispiel Art. 34 Abs. 1 des deutschen Einigungsvertrags als Selbstverpflichtung des Gesetzgebers, Art. 191 des Vertrags über die Arbeitsweise der Europäischen Union, UN-Klimarahmenkonvention, OSPAR-Übereinkommen zum Schutz der Meeresumwelt des Nordostatlantiks; Umweltbundesamt 2015b.

4 Transformation zur Nachhaltigkeit

Ökosystemethik

Eine Ökosystemethik wird hier definiert als eine normative Grundlage für den Auftrag, das sich dynamisch wandelnde Gefüge des globalen Ökosystems nicht so zu stören, dass es Gefahr läuft, an Funktionalität und Reparaturfähigkeit irreversibel Schaden zu nehmen, womit auch Lebensgrundlagen und Lebensraum der Menschheit – heutiger und zukünftiger Generationen – gefährdet wären.

Sie umfasst einen gebührenden Respekt für die emergenten Eigenschaften komplexer Systeme einschließlich ihrer Selbstorganisationsfähigkeit (▷ Kapitel 1.3), die nur in einem gewissen Umfang vorhergesehen, geschweige denn nachhaltig gesteuert werden können.

Sie erkennt an, dass Ökosysteme angesichts ihrer auf Emergenz und fortwährender Entwicklung beruhenden Funktionalität und ihrer zeitlich-räumlichen Dynamik nicht Besitz einzelner Menschen oder bestimmter Generationen sein können. Entsprechend ist es auch unmöglich, für Teile der Natur festzulegen, welchen Wert sie für die Menschheit haben. Vielmehr ergibt sich aus dem bestimmte Ökosysteme betreffenden Landeigentum die Verpflichtung, zur Funktionstüchtigkeit des größeren Ganzen beizutragen.

Ferner wurzelt die Ökosystemethik im Bewusstsein, dass der Mensch eine abhängige Komponente des globalen Ökosystems ist und damit die angemessene Information über deren Zustand sowie eine Beteiligung am Ökosystemmanagement ein Menschenrecht darstellt.

Jegliches Ökosystemmanagement hat dem Vorsorgeprinzip zu folgen und muss adaptiv gestaltet werden, um in angemessenen Zeiträumen Veränderungen oder neues Wissen berücksichtigen zu können.

---

4 Eigenschaften von komplexen Systemen, die sich erst aus der Interaktion ihrer Komponenten ergeben.

Ökosystembasierte nachhaltige Entwicklung

Die Über-
lebensfrage:
Wirtschaften
ökosystem-
gerecht
gestalten

Es gibt bedeutende Fortschritte des wissenschaftlichen Verständnisses unserer Position auf der Erde, einer entsprechenden Entwicklung der Umweltethik sowie des Umweltrechts. Der Diskurs ist vorhanden und wächst – aber gleichzeitig auch sehr weit vom Allgemeinwissen der Bevölkerung entfernt. Viele Vertreter*innen aus Ökologie und Naturschutz haben den Weg eingeschlagen, die »Sprache der Ökonomisierung der Natur« zu sprechen, um in Politik und Wirtschaft Gehör zu finden. Die entscheidende Frage ist allerdings, wie eine Ökologisierung der Ökonomie erreicht werden kann (▷ Kapitel 4.3). Es sind einfache, aber grundlegende Einsichten:

1. Wir Menschen sind als Ergebnis der Evolution aus dem globalen Ökosystem hervorgegangen.

2. Wir können uns von lokalen Ökosystemen emanzipieren, wenn wir die benötigten Ökosystemleistungen aus anderen Systemen herbeischaffen und dafür große Energiemengen aufwenden.

3. Wir sind aber mit sämtlicher wirtschaftlicher Aktivität und bezüglich unserer physischen Existenz weiterhin von der Funktionstüchtigkeit des globalen Ökosystems abhängig, die sich allerdings durch unser Wirtschaften rapide verschlechtert.

Daraus kann nur folgen, dass wir lernen müssen, unser Leben und damit v. a. unser Wirtschaften ökosystemgerecht zu gestalten. Dies ist eine Überlebensfrage, wenn nicht für die Menschheit als solche, so doch für die industrialisierte Zivilisation mit der derzeitigen Bevölkerungsdichte. Diese Überlebensfrage hat eine neue Dimension bekommen, da es inzwischen nicht mehr nur darum geht, unsere Aggression gegenüber den uns tragenden Ökosystemen zu zähmen, sondern gleichzeitig mit den Folgen des von uns ausgelösten Klimawandels zurechtzukommen. Dabei würden uns die Ökosysteme helfen, wenn wir sie nur erhielten bzw. ihre Arbeit tun ließen. Die Naturschutzbemühungen sollten sich auf diejenigen Ökosysteme konzentrieren, welche zurzeit noch die beste Funktionstüchtigkeit aufweisen und lebenserhaltende Leistungen nicht nur für den Menschen, sondern auch für das globale Ökosystem insgesamt erbringen (Freudenberger et al. 2012; Freudenberger et al. 2013). Von zentraler Bedeutung ist die Frage, wie viele sich weitgehend selbst steuernde Wildökosysteme zur Aufrechterhaltung zentraler ökologischer Funktionen erforderlich sind und wie Ökosysteme intelligent genutzt werden können, ohne dass sie ein zu großes Maß an Funktionstüchtigkeit einbüßen. Hierbei müssen auch nicht konventionelle Nutzungen in Betracht gezogen werden (z. B. Nutzung von Mooren durch Paludikultur; ▷ Exkurs 2 Paludi-Kultur).

Es bedarf neuer komplexer Entwicklungsmodelle mit vielerlei Dimensionen – u. a. räumlich, ökonomisch, gesellschaftlich –, die uns Orientierung geben können, wie der Umgang mit den Ökosystemen nachhaltiger erfolgen kann. Dazu sollten weltweit ökosystemare Reallabore geschaffen werden, in denen nicht nur sanftere Praktiken der Ressourcennutzung erprobt werden, sondern ebenso innovative Ansätze von Management und Governance (▷ Kapitel 4.1). Die von der UNESCO ins Leben gerufenen 🔍 **Biosphärenreservate** könnten eine solche Rolle übernehmen.

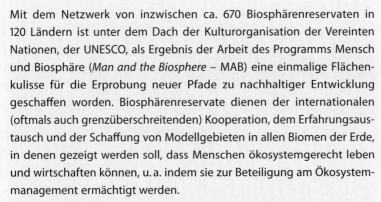

Biosphärenreservate als Modellregionen und ökosystemare Reallabore

Mit dem Netzwerk von inzwischen ca. 670 Biosphärenreservaten in 120 Ländern ist unter dem Dach der Kulturorganisation der Vereinten Nationen, der UNESCO, als Ergebnis der Arbeit des Programms Mensch und Biosphäre (*Man and the Biosphere* – MAB) eine einmalige Flächenkulisse für die Erprobung neuer Pfade zu nachhaltiger Entwicklung geschaffen worden. Biosphärenreservate dienen der internationalen (oftmals auch grenzüberschreitenden) Kooperation, dem Erfahrungsaustausch und der Schaffung von Modellgebieten in allen Biomen der Erde, in denen gezeigt werden soll, dass Menschen ökosystemgerecht leben und wirtschaften können, u. a. indem sie zur Beteiligung am Ökosystemmanagement ermächtigt werden.

Das MAB-Programm wurde schon 1971 nach der Biosphärenkonferenz angelegt (1968: *Conference on the Rational Use and Conservation of the Resources of the Biosphere*) und 1974 gestartet – also lange vor den bedeutenden Meilensteinen der internationalen Nachhaltigkeitsagenda (▷ Kapitel 1.2). 1976 kam es zur Einrichtung der 58 ersten Biosphärenreservate. Von Anfang an stand das nachhaltige Management von Land und genetischen Ressourcen in repräsentativen Ökosystemen im Vordergrund. Zunächst wurde strategisch v. a. auf Schutz und Forschung fokussiert. Ökosystemnutzung und Aspekte der menschlichen Entwicklung blieben zunächst unbeachtet.

Zum Konzept gehörte frühzeitig eine abgestufte Zonierung, damit in den Biosphärenreservaten Naturvorrangräume in sogenannten Kernzonen genauso eingerichtet werden konnten wie Übergangs- und Entwicklungszonen. Nach den ersten Jahrzehnten wurde festgestellt, dass viele Akteure und Länder das Konzept nicht wirklich umsetzten. Oftmals gilt das Biosphärenreservat immer noch als eine weitere Schutzgebietskategorie mit besonderer Auszeichnung der Vereinten Nationen, die sich werbewirksam z. B. im Tourismusmarketing einsetzen lässt. In diesem Zusammenhang war nur bedingt hilfreich, dass verschiedene Länder (wie auch Deutschland) Biosphärenreservate in ihre Schutzgebietsgesetzgebung einbezogen und diese damit bezüglich institutioneller Einbettung und Personalkapazitäten oftmals nur wenig auf die Arbeit mit Bürger*innen abzielen und gerade im Bereich der Akteurspartizipation schwerwiegende Defizite aufweisen. Zur umfassenden Würdigung der Biosphärenreservate und Darstellung ihrer Geschichte siehe u. a. Coetzer et al. (2014).

Abbildung 2:
Ökologische Rinderfreilandhaltung als Teil einer nachhaltigen Ökosystemnutzung in der Entwicklungszone des Biosphärenreservats Schorfheide-Chorin, Brandenburg (Foto: P. Ibisch).

Im Rahmen der Erarbeitung der sogenannten Sevilla-Strategie im Jahr 1995 kam es zur Modernisierung des Konzepts der Biosphärenreservate (Deutsche UNESCO-Kommission 1996/2018) und hernach zur strengeren Anwendung der Kriterien für die Ausweisung und Evaluierung.

»Das Konzept der Biosphärenreservate betrifft eine der wichtigsten Fragen, denen die Welt heute gegenübersteht: Wie können wir den Schutz der biologischen Vielfalt und der biologischen Ressourcen mit ihrer nachhaltigen Nutzung in Einklang bringen? Ein leistungsfähiges Biosphärenreservat erfordert die Beteiligung von Natur- und Sozialwissenschaftlern, Naturschutz- und Entwicklungsgruppen, Behörden und lokalen Gemeinschaften; sie alle müssen an diesem komplexen Thema mitwirken« (Deutsche UNESCO-Kommission 1996/2018).

2008 kam es mit dem Madrid-Aktionsplan zu einer erneuten Aktualisierung, wobei auf wichtige Themen des 21. Jahrhunderts wie Klimawandel und Globalisierung (der Umweltprobleme) stärker Bezug genommen wurde. Und 2015 hat sich das MAB-Programm mit dem Lima-Aktions-Plan (*Lima Action Plan*; vgl. auch UNESCO *Man and the Biosphere Programme* 2018) noch strategischer aufgestellt sowie eine starke Integration in die globale Nachhaltigkeitsagenda angestrebt. Nunmehr sollen Biosphärenreservate bis 2025 Modellräume für die Umsetzung der globalen Ziele für nachhaltige Entwicklung (SDG) werden (▷ Kapitel 1.2). Zu den Zielen des Programms gehören explizit nicht nur die Erhaltung der Biodiversität, sondern auch die Wiederherstellung und Förderung von Ökosystemleistungen und das Voranbringen der nachhaltigen Nutzung von natürlichen Ressourcen. Dabei soll zur Schaffung von nachhaltigen, gesunden und gerechten Gesellschaften, Volkswirtschaften und Siedlungen beigetragen werden. Eine besondere Rolle soll ihnen auch in der Bildung für nachhaltige Entwicklung (▷ Kapitel 4.4) sowie im Klimawandelmanagement zukommen. Noch einmal stärker als zuvor wird der Ansatz der Partizipation hervorgehoben.

Die Herausforderung unserer modernen Gesellschaften ist die Erreichung einer wirklich ökosystembasierten nachhaltigen Entwicklung. Entsprechende Prinzipien sind zumindest für einzelne Sektoren vorgeschlagen worden wie etwa der *Ökosystemansatz* (der Biodiversitätskonvention), *ökosystembasiertes Management* (v. a. im marinen Bereich; vgl. z. B. *NOAA – National Oceanic and Atmospheric Administration* des US-amerikanischen Handelsministeriums) oder der Ansatz der *ökosystembasierten Anpassung an den Klimawandel*. Für viele Akteure in Umwelt und Entwicklung scheinen dies jedoch eher »Arme-Länder-Lösungen« zu sein, die sich fortschrittliche Technologien (noch) nicht leisten können, obwohl es seit Längerem Bemühungen gibt, die Relevanz auch für reiche und scheinbar »entwickelte« Länder zu beleuchten (Doswald & Osti 2011). Naturbasierte Lösungen *(nature-based solutions)* haben inzwischen sogar Eingang in die politische Agenda der Euro-

Mit naturbasierten Lösungen zu einer ökosystembasierten nachhaltigen Entwicklung

Abbildung 3: Eine ökosystembasierte nachhaltige Entwicklung muss die zukünftigen Veränderungen von Ökosystemen antizipieren und berücksichtigen. Am Beispiel der kalifornischen Sierra Nevada wird die Herausforderung deutlich. Das in den 2010er-Jahren einsetzende massive Absterben von Nadelbäumen in einem Mammutbaum-Kiefern-Douglasien-Wald dürfte auf den Klimawandel zurückgehen und wird durch vielzählige Faktoren wie etwa Pilzerkrankungen ausgelöst (Sequoia National Park, oben). Zudem kommt es immer häufiger zu ausgedehnten Waldbränden (wie hier im Eichenwald der tieferen Lagen; Sequoia National Forest, unten). In naher Zukunft stehen wichtige Ökosystemfunktionen wie Generieren und »Einfangen« von Niederschlägen, Wasserrückhaltung oder Bodenschutz auf dem Spiel. Es ist unklar, welche Baumarten zukünftig einen neuen Wald bilden können – bzw. ob der Wald durch Gebüsche oder Grasland ersetzt wird (Sequoia National Park und Sequoia National Forest, USA; Fotos: P. Ibisch).

4 Transformation zur Nachhaltigkeit

päischen Union gefunden. In diesem Zusammenhang wird inzwischen u. a. auch von einer Renaturierung der Städte gesprochen (Europäische Kommission 2015b; 2017). Aus wissenschaftlicher und systemtheoretischer Sicht wäre vorzuziehen, dass von ökosystembasierten Lösungen gesprochen wird. Gleichzeitig gibt es Bemühungen, die Ideen mit »knackigen« Begriffen in eine breite Öffentlichkeit zu transportieren. So wird von Ökosystemen und ihren Komponenten inzwischen auch als *Grüner Infrastruktur* gesprochen, die nicht nur die Ökosystemfunktionen trägt, sondern auch die Ökosystemleistungen für den Menschen bereitstellt (z. B. Tzoulas et al. 2007). Der Begriff entstand zunächst in der Stadtplanung, die zusehends die Bedeutung des Stadtgrüns für das menschliche Wohlergehen erkannte (Sandström 2002). Die Europäische Union sieht in der Grünen Infrastruktur als Netzwerk gesunder Ökosysteme eine Alternative zur sogenannten Grauen Infrastruktur und legte 2013 sogar eine entsprechende Strategie vor (Europäische Kommission 2013). Auch die US-amerikanische Umweltbehörde griff das Konzept auf.

Bei der weiteren Konzeption ökosystembasierter Lösungen ist ein naiver neoromantischer Ansatz zu vermeiden. Die Natur ist den Menschen keine treu sorgende Mutter, sondern »verhält« sich ihnen gegenüber neutral. Da die Menschheit viele Ökosysteme schwer geschädigt hat, verändern bzw. verringern sich nunmehr deren Funktionen, Leistungen und ökologische Tragfähigkeit. Dies bedeutet auch, dass sich das Potenzial für eine ökosystembasierte nachhaltige Entwicklung fortschreitend verringert. Besonders gravierend ist, dass der anthropogene Klimawandel vielen Ökosystemen einen schwerwiegenden Umbau aufzwingt (Abb. 3). Lokales Unterschutzstellen von Ökosystemen allein kann damit die Funktionstüchtigkeit nicht mehr gewährleisten. Allerdings können lokale Managementmaßnahmen, die sich ökosystemaren Prozessen entgegenstellen oder auch Heilungs- und Anpassungsleistungen der Ökosysteme erschweren, zusätzliche Risiken generieren.

Je mehr in ein Ökosystem eingegriffen wurde, desto eher sind immer weitere kostspielige Maßnahmen erforderlich, um eine gewisse Funktionstüchtigkeit aufrechtzuerhalten. Besonders augenscheinlich ist dies etwa im Falle von künstlichen Agrarökosystemen wie z. B. bewässerten Plantagen, für die aus immer größeren Entfernungen Wasser herbeigeschafft werden muss. Da die Ernährung eines großen Teils der Weltbevölkerung von naturfernen, industrialisierten Monokulturen abhängt, die mit erheblichem Technik- und Energieeinsatz Produktionsbedingungen herstellen können, ist die Vulnerabilität gegenüber dem Umweltwandel viel größer als derzeitig wahrgenommen. Ökosystemmanagement ist oftmals zum Ökosystemdesign geworden, wobei regelmäßig komplexe Wechselwirkungen innerhalb und zwischen Ökosystemen unterschätzt werden. Eine große Frage der Menschheit dürfte

Ökosystembasiertes Potenzial verringert sich mit fortschreitender Schädigung

Ökosystemdesign und Geo-Engineering

in Zukunft das sogenannte *Geo-Engineering* darstellen. Hier geht es um Vorschläge, v. a. den Klimawandel durch Manipulation der Atmosphäre zu begrenzen (z. B. durch Freisetzung von Partikeln zur Filterung der Sonnenstrahlung). Da die jüngste Vergangenheit gezeigt hat, dass Ingenieur*innen auch in vergleichsweise kleinen lokalen Ökosystemen unerwartete Folgen ihres Tuns übersehen, gebietet sich bezüglich der technischen Intervention auf globaler Ebene strenge Zurückhaltung. Dies bedarf auch neuer völkerrechtlicher Anstrengungen, um zu verhindern, dass vom Klimawandel stark betroffene sowie technologisch fortgeschrittene Länder wie z. B. Indien unabgestimmt mit Maßnahmen voranpreschen. Schon jetzt sorgen die Ansätze und Forderungen für starke Verunsicherung und vielfältige Verschwörungstheorien (Tingley & Wagner 2017).

Ökonik: soziale Systeme lernen vom Haushalten und Funktionieren der Ökosysteme

Viele Akteure haben sich auf den Weg gemacht. Wenn ein hinreichendes ökosystemares Wissen in politische Entscheidungsprozesse integriert werden könnte und sich auf Grundlage einer Ökosystemethik, die den Menschen nicht mehr der Natur gegenüberstellt, in vielen Gesellschaften eine systemische Problemlösungskompetenz entwickelte, bestünde Anlass zur Hoffnung. Davon ausgehend, dass die sozialen Systeme als abhängige Holone im globalen Ökosystem und im übergeordneten Anthroposystem existieren (▷ Kapitel 1.3), gelten für sie die gleichen Bedingungen der Funktionstüchtigkeit und nachhaltigen Entwicklung wie bereits formuliert. Entsprechend sollte es möglich sein, aus dem Studium langfristig erfolgreich haushaltender biologischer und ökologischer Systeme für die menschliche Entwicklung zu lernen. Die *Bionik*[5] sucht systematisch in der Natur nach Inspiration für Konstruktionen und Technik (vgl. z. B. Cerman et al. 2005). Die systemische Bionik fokussiert dabei auf Aspekte der Selbstorganisation und -regulation (Küppers 2015). Die *Ökonik* betont die emergente Eigenschaft des Haushaltens und Entwickelns in effizienten, resilienten, suffizienten und kohärenten natürlichen und menschengemachten Systemen (Ibisch et al. 2010b).[6] Beispiele sind etwa die industrielle Ökologie, die u. a. auf Kreislaufwirtschaft setzt, das von adaptiven Zyklen inspirierte adaptive Management (Holling 1978), das systemische Management (z. B. Malik 2006) oder die Holokratie, die von der Funktion natürlicher holarchischer Systeme lernt, dass es nicht auf Führungspersönlichkeiten ankommt, sondern auf Steuerungsprinzipien und -mechanismen (Robertson 2016) (▷ Kapitel 4.2).

---

5 Im Englischen eher bekannt als *biomimicry* (vgl. u.a. Benyus 1997).

6 Der Begriff der Ökonik wurde 2007 von Dirk Althaus erstmals publiziert (Althaus 2007) und international als *Econics* im Jahre 2010 eingeführt (Ibisch et al. 2010a). Unabhängig davon wurde er von mehreren Arbeitsgruppen »entdeckt«.

Die dreifaltige Aufgabe ist leicht zu beschreiben, aber nicht einfach umzusetzen:

1. **Für die Ökosysteme sorgen:** Ökosystemen sollten vor allem Raum und Rahmenbedingungen gewährleistet werden, damit sie für sich und für die Menschheit arbeiten können.

2. **Mit den Ökosystemen wirtschaften:** Die Nutzungen von Ökosystemen müssen auf Grundlage einer Ökosystemethik und im Rahmen eines behutsamen und angemessenen Ökosystemmanagements so ausgerichtet werden, dass sie nicht gegen die ökosystemaren Prozesse, sondern mit ihnen wirken und eine möglichst große Funktionstüchtigkeit erhalten bleibt.

3. **Von den Ökosystemen lernen:** Die Gesellschaften müssen so gestaltet werden, dass sie sich von der Natur für ein besseres Wirtschaften und Regieren inspirieren lassen können.

Heike Walk und Pierre L. Ibisch

Viele Nachhaltigkeitsakteure beschleicht nicht selten ein Gefühl von Ungeduld und Ohnmacht, da ihre Bemühungen und konkreten Erfolge im Vergleich zu den sich beschleunigenden Krisen nicht hinreichend erscheinen
und viel zu viel Zeit benötigen. Gleichzeitig wird immer offensichtlicher,
dass der geforderte Wandel zur Nachhaltigkeit zu sehr einschneidenden
strukturellen Änderungen in der Gesellschaft führen wird, die sich auf die
Kultur, die Wertvorstellungen, die Produktionsweise, den Konsum, die Politik – letztlich fast alle Bereiche des Zusammenlebens von Menschen – auswirken werden. Wir stehen gegenwärtig vor einer »Großen Transformation«. Aber was genau bedeutet das? Was heißt »Große Transformation« im
21. Jahrhundert? Welcher Zusammenhang besteht zwischen einer Transformation zur Nachhaltigkeit und der Funktionstüchtigkeit demokratischer
Systeme? Wie müssen gesellschaftliche Transformationsprozesse inhaltlich ausgerichtet werden? Wer sind die Akteure dieser Prozesse? Und wie
muss die Politik selbst transformiert werden, um die Nachhaltigkeitstransformation effektiv gestalten zu können?

Die Notwendigkeit einschneidender Veränderungen

Der Nachhal-
tigkeitsdiskurs
als außer-
gewöhnliche
Errungenschaft

Die vielfältigen gemeinsamen Anstrengungen von Regionen, Kommunen
und unternehmerischen sowie zivilgesellschaftlichen Initiativen zeigen, dass
die Menschheit einen in der Geschichte einmaligen Prozess eingeleitet hat,
der erst im Zuge der Globalisierung und der (informations-)technologischen
Entwicklung möglich geworden ist. Es handelt sich dabei um den Versuch, auf
verschiedenen Ebenen des komplexen Weltgesellschaftssystems kohärent in
Richtung einer nachhaltigen Entwicklung umzusteuern. Dabei geht es um
die enorme Herausforderung, eine Logik des Wirtschaftens infrage zu stellen,
deren Wurzeln Jahrtausende zurückreichen und von der sich nach wie vor
Milliarden von Menschen versprechen, kurzfristig ihre persönliche Situation
zu verbessern, ohne dabei das Wohl nachfolgender Generationen im Blick zu
haben. So gesehen, sind der anschwellende Nachhaltigkeitsdiskurs, die vielen globalen und regionalen umweltbezogenen Konventionen bzw. Abkommen sowie die weltweite Agenda 2030 mit ihren Zielen für eine nachhaltige
Entwicklung (▷ Kapitel 1.2, 3.5) – nach einem Jahrhundert, welches die ersten
Weltkriege hervorgebracht hat – eine, historisch gesehen, außergewöhnliche
Errungenschaft.

Dennoch teilen viele Nachhaltigkeitsakteure ein Gefühl von Ungeduld und
Ohnmacht, da ihre Bemühungen und konkreten Erfolge im Vergleich zu den
sich beschleunigenden und systemisch ineinandergreifenden Krisen (Biggs

et al. 2011) nicht hinreichend erscheinen oder zu viel Zeit benötigen. Nachdem nunmehr ein umfassendes Wissen zu Herausforderungen und deren Gründen wie aber auch zu Lösungen zur Verfügung steht, handelt es sich inzwischen vorrangig um ein politisches Problem: Welche Steuerungs- und Regulierungsmechanismen können nicht nur sozialverträglich und politisch attraktiv gestaltet, sondern auch wirksam eingesetzt werden, um der Krise der Ökosysteme, des Wirtschafts- und Finanzsystems und vieler sozialer Systeme entgegenzutreten? Können sich die Gesellschaften (zumindest in den westlichen Industrieländern) eine Transformation politisch verordnen und dann umsetzen, ohne dramatische Brüche und Konflikte zu riskieren?

Suche nach sozialverträglichen Steuerungsmechanismen

Es gibt unterschiedlichste Ideen dazu, wie ein gesellschaftlicher Wandel, der auch als eine Art kollektiver Suchprozess verstanden werden muss, aussehen kann, aber es gibt keine gemeinsame Strategie. Selbst die globalen Nachhaltigkeitsziele (▷ Kapitel 1.2) stehen teilweise im direkten Widerspruch zueinander (z. B. Ökosystemerhaltung vs. Wirtschaftswachstum). Auch zu der Frage, inwiefern nachhaltige Entwicklung im Rahmen der gesellschaftlichen Suche als ein normativer Bezugsrahmen, d. h. als ein Wertefundament, dienen soll, gibt es unterschiedliche Auffassungen. Die Erfahrung zeigt, dass Demokratie und Nachhaltigkeit keine Selbstläufer sind. Auch gibt es immer mehr Studien, die darauf hinweisen, dass der gesellschaftliche Wandel eine Systemperspektive erfordert (▷ Kapitel 1.3). Systemperspektive bedeutet hier, dass nicht einzelne, mehr oder weniger isolierte Maßnahmen, Programme und Innovationen in den Blick genommen werden, denn diese isolierten Ansätze und Aktivitäten dürften nicht ausreichen, um einen nachhaltigen Wandel zu befördern. Stattdessen müssen möglichst viele gesellschaftliche Bereiche sowie die Wechselwirkungen einzelner Politikentscheidungen berücksichtigt werden. Gerade die unbeabsichtigten Folgen bzw. negativen Wechselwirkungen einzelner Aktivitäten zeigen, dass lineare Ergebnis-Wirkungs-Ketten häufig nicht funktionieren und stattdessen systemische Ursachen und Wirkhebel identifiziert und berücksichtigt werden müssen (z. B. hat der gezielte Anbau von Energiepflanzen Nutzflächen beansprucht, die in der Folge für den Anbau von Nahrungsmitteln fehlen). Vor allem ist die systemische Einsicht bedeutsam und im politischen Kontext nicht leicht zu akzeptieren, dass bei aller Steuerung unvorhersagbar bleibt, wie sich ein komplexes System tatsächlich entwickelt und welche unerwarteten Prozesse den beabsichtigten Wandel befördern oder hemmen werden.

Systemperspektive erforderlich

Der geforderte Wandel zur Nachhaltigkeit wird zu sehr einschneidenden strukturellen Änderungen in der Gesellschaft führen, die sich auf die Kultur, die Wertvorstellungen, die Produktionsweise, den Konsum, die Politik – letztlich fast alle Bereiche des Zusammenlebens von Menschen – auswirken

Solidarisch und demokratisch gestaltete Transformation

werden (Simonis 1989; Umweltbundesamt 2015c). Diese Transformationsanforderungen können unterschiedlichste Initiativen und soziale Bewegungen in der Gesellschaft auslösen. Einerseits können dies unterstützende Protestbewegungen sein, die mehr Gerechtigkeit und eine soziale und ökologische Gestaltung der Transformation befördern wollen. Andererseits können aber auch reaktionäre Protestbewegungen aufkeimen, die den transformativen Prozessen entgegenwirken, nationalistisch-rassistische Stimmungen schüren und Veränderungen zurückdrängen wollen. Eine nachhaltige Politik erfordert also nicht weniger, sondern mehr politische Gestaltung (▷ Kapitel 3.4); gleichzeitig muss die Transformation – unter Bezugnahme auf die Menschenrechte – nicht nur demokratisch und solidarisch gestaltet werden, sondern auch reaktionäre Gegenbewegungen befrieden.

Was bedeutet Transformation?

Ursprünge des Begriffs Der Begriff ▷ Transformation war zunächst vor allem in den Naturwissenschaften gebräuchlich (z. B. Physik/Elektrotechnik, Bodenkunde, Genetik), doch ab der Mitte des 20. Jahrhunderts wurde es ein politischer Begriff mit großer Strahlkraft. Dies geht vor allem auf das Konzept der 🔍 »Großen Transformation« *(Great Transformation)* zurück, welches 1944 vom ungarisch-österreichischen Wirtschaftssoziologen Karl Polanyi (1886–1964) vorgeschlagen wurde, um die Prozesse der Industrialisierung und der Herausbildung von Nationalstaaten verständlich zu machen.

> **Politische und gesellschaftliche** Transformation **beschreibt einen umfassenden Wandel von Struktur und Funktion der entscheidungsbildenden und die Diskurse beherrschenden Systeme in einem Staat, der nicht nur grundlegend, sondern oft auch unumkehrbar ist. Der Begriff unterstreicht eine strukturelle Metamorphose, eine radikale Veränderung von einer Form zur anderen. Transformationen können in sehr unterschiedlicher Geschwindigkeit ablaufen: Sie können von wenigen Jahren bis über mehrere Jahrzehnte bzw. Jahrhunderte andauern. Sie können friedlich und kaum spürbar, aber auch sehr gewaltsam und konfliktär verlaufen. Auch können sie völlig überraschend und ungeplant verlaufen oder aber gezielt eingeleitet werden. Bei einer geplanten Transformation bedarf es allerdings einer gesellschaftlichen Einigung über die übergeordneten Ziele, und es bedarf einer Befriedung von Widerständen (einseitigen Interessen, diffusen Ängsten in der Bevölkerung, kurzfristigen Lösungen usw.).**

4 Transformation zur Nachhaltigkeit

Das Konzept der »Großen Transformation« von Karl Polanyi

Polanyis Untersuchung beschäftigte sich mit den sozialen und politischen Umwälzungen, die in England während des Aufstiegs der Marktwirtschaft – vom 16. Jahrhundert bis in die 1930er-Jahre – stattfanden. In seinem Werk dekonstruiert Polanyi den Mythos einer sich naturwüchsig und spontan entwickelnden freien Marktwirtschaft. Der Markt war, so seine Hauptthese, »das Resultat einer bewussten und oft gewaltsamen Intervention von Seiten der Regierung, die der Gesellschaft die Marktorganisation aus nichtökonomischen Gründen aufzwang« (Polanyi 1944 [1978], S. 331). So gesehen, ist die Analyse der »Großen Transformation« von Polanyi der Beleg für die Möglichkeit, einen tief greifenden Wandel zumindest politisch auslösen zu können (wenngleich das Ergebnis für die Verantwortlichen nicht absehbar war).

Von Transformation wird in der Literatur dann gesprochen, wenn – wie weiter oben schon angedeutet – die Veränderungen in der Kultur, Technik, Konsum und Politik zum einem tief greifend sind und zum anderen ineinandergreifen und sich wechselseitig beeinflussen und verstärken. Durch diese sich beeinflussenden systemischen Prozesse lassen sich die Veränderungen nicht mehr aufhalten und umkehren.

Transformationen sind tief greifende Veränderungen

In der Geschichte gibt es einige Beispiele für Transformationen, u. a. der Umbruch von der feudalen Agrargesellschaft zur kapitalistischen und städtischen Industriegesellschaft. Auch der Übergang der mittel- und osteuropäischen Staaten von sozialistischen Systemen zu demokratisch verfassten Marktwirtschaften wird als Transformation beschrieben. Transformationen sind in der Regel konfliktreich und erzeugen Widerstände, denn gültige Werte, Traditionen, Lebensstile werden infrage gestellt. Auch kommt es häufig zu Verteilungskonflikten zwischen unterschiedlichen Bevölkerungsteilen und zu neuen Machtkonstellationen. Abrupte Brüche und Revolutionen können dementsprechend Teil eines längerfristigen Transformationsprozesses sein und diesen beschleunigen oder auch abbremsen.

Transformationen sind konfliktreich und erzeugen Widerstände

In einem der Berichte des *Wissenschaftlichen Beirats der Bundesregierung Globale Umweltveränderungen* (WBGU 2011) werden Transformationen u. a. nach ihrer Dimension unterschieden. Wir stehen gegenwärtig vor einer »Großen Transformation« und einem neuen sozialen Vertrag, der die Verantwortung für künftige Generationen mit einer Kultur der demokratischen Partizi-

Dimensionen der Transformation

pation und einer nachhaltigen Wirtschaftsweise verbindet. Aber was genau bedeutet das? Was heißt »Große Transformation« im 21. Jahrhundert? Einige Autor*innen versuchen hierauf konkretere Antworten zu geben. Graeme Maxton und Jørgen Randers beispielsweise identifizieren in ihrem Bericht an den *Club of Rome* 13 steuer- und handelspolitische Lösungsvorschläge, die sie für geeignet halten, den globalen Raubbau zu bremsen und die Menschen mithilfe politischer Beschränkungen zu einem nachhaltigen Wirtschaften zu bewegen (Randers & Maxton 2016).

Trans-
formationen
entstehen aus
Nischen

Auch große Transformationen entstehen häufig aus Nischenentwicklungen, die sich dann in das Regime (bestehend aus Akteuren und Institutionen des herrschenden politischen Systems) ausbreiten (Geels & Schot 2007). Welche Idee bzw. Innovation oder Politik sich im Einzelnen durchsetzt, wird häufig durch eine mehr oder weniger intensive Interaktion bzw. Wechselwirkung mit anderen Teilelementen des Regimes bestimmt. Eine Systemtransforma-

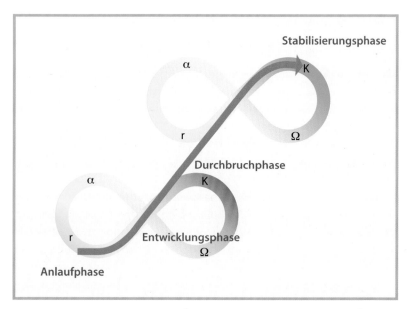

Abbildung 1: Transformation als nicht linearer Übergang von einem Systemzustand in einen nächsten. Transformation wird häufig mit einer S-Kurve charakterisiert. Allerdings kommt es im Zuge des Übergangs nach Phasen des raschen Wachstums und der Veränderung von Schlüsselattributen (r-Phase) sowie sich anschließenden Stabilisierungsphasen (K-Phase) häufig auch zu kleineren und größeren Zusammenbrüchen von Teilsystemen (Ω-Phase) sowie zur Neuordnung von Systemkomponenten (α-Phase). Stabilisierte Zustände sind oft nur temporär, bis weitere Anpassungen erforderlich werden. Dieser dynamische und adaptive Systemwandel erfolgt über alle miteinander in Verbindung stehenden Systemebenen hinweg. Deshalb wird das Modell auch »Panarchie« genannt (aus dem Griechischen: *pan* = alles, *archie* = Herrschaft). Zur Diskussion des Panarchie-Modells bei der Analyse von Weltsystemen siehe Gotts (2007) (eigene Darstellung nach Rotmans et al. 2001; Gunderson & Holling 2002).

4 Transformation zur Nachhaltigkeit

tion besteht nicht nur aus technischen Innovationen. Es müssen Innovationen aus unterschiedlichen Bereichen aus Technik, Wirtschaft, Politik und Kultur zusammenkommen.

Transformationen folgen – ähnlich wie Innovationen – einem typischen Verlauf (mit unterschiedlichen Geschwindigkeiten) (Ilten 2009): In einer ersten Phase finden zahlreiche Experimente statt, oft in Nischen. Es gibt nur wenige Akteure und kaum Unterstützung durch das politische System. In einer zweiten Phase werden die Experimente zunehmend von dominanten Akteuren des politischen Systems aufgegriffen. Es kommt zu Konflikten, aber auch zu ersten Synergien bzw. Verschränkungen mit vorherrschenden Technologien. In einer dritten Phase, der Durchbruchphase, setzen sich die Experimente und Nischeninnovationen gegen die »alten« dominanten Akteure und Modelle des politischen Systems durch. Die vierte Phase wird als Stabilisierungsphase beschrieben, in der sich die politischen Systeme auf einer neuen Stufe in einem Gleichgewicht einpendeln. Dieser idealtypische Verlauf von Transformationen wird häufig in einer S-Kurve dargestellt (Abb. 1).

Transformation läuft in unterschiedlichen Phasen ab

Nachdem u. a. in den sogenannten Transformationsländern, welche aus der aufgelösten Sowjetunion hervorgingen, Demokratisierungs- und Modernisierungsprozesse ins Stocken gerieten oder gar scheiterten, ist der politische Glaube an die Zwangsläufigkeit einer Transformation »zum Besseren«, wie er in den 1990er-Jahren vorherrschte, einem größeren Realismus gewichen. Auch hierbei kann eine systemische Perspektive helfen, die verinnerlicht hat, dass es in komplexen Systemen keinen sicher vorherbestimmten Weg geben kann, dass die Integrität und Funktion von Systemen durch externe und interne Faktoren permanent herausgefordert wird. Idealerweise entwickeln politische Systeme sowohl Resistenz als auch Resilienz, die ihnen erlaubt, Störungen abzupuffern, aber auch aus Krisen durch flexible Anpassungs- und Umstrukturierungsprozesse gestärkt hervorzugehen (Gunderson & Holling 2002) (▷ Kapitel 1.3).

Es gibt keine Zwangsläufigkeit einer Transformation »zum Besseren«

Neuartige Kooperationsformen für Transformation

Über das Zusammenwirken der (Teil-)Systeme in Transformationsprozessen gibt es bislang keine theoriegeleiteten Erklärungsansätze, und es fehlt an konkreten Strategien für eine übergreifende Gestaltung von Transformationen über die Grenzen von staatlichen, marktwirtschaftlichen und zivilgesellschaftlichen Systemen hinweg. In der Literatur (Umweltbundesamt 2015c) wird auf die Bedeutung von sogenannten aktiven Akteurskooperationen und auf eine neue Qualität politischer Gestaltung und gesellschaftlicher Kommunikation hingewiesen.

Eine zukunftsfähige Gesellschaft braucht, so formuliert es der *Wissenschaftliche Beirat Globale Umweltveränderungen* in seinem Bericht (WBGU 2011), nicht nur eine postfossile Wirtschaftsweise, sondern auch »einen neuen Gesellschaftsvertrag«. Dieser »neue Gesellschaftsvertrag« beinhaltet eine gesellschaftliche Transformation durch 🔍 **neuartige Kooperationsformen** zwischen Regierungen und Bürger*innen. Doch wie können solche neuen Akteurs- und Kooperationsformen aussehen? Aus erfolgreichen Netzwerken bzw. Best-Practice-Beispielen können einige Lehren gezogen werden. Gerade im Zuge einer nachhaltigen Entwicklung sind zahlreiche NRO- und Unternehmensnetzwerke für die Verbreitung von neuen Ideen und Innovationen von großer Bedeutung.

Erfolgreiche Beispiele neuartiger Kooperationsformen

Das Städtenetzwerk *International Council for Local Environmental Initiatives* (ICLEI) engagiert sich in unterschiedlichsten Städten und Gemeinden weltweit und begleitet Kommunen auf ihrem Weg zu mehr Nachhaltigkeit. Es handelt sich um einen weltweiten Verband von aktiven Städten und Gemeinden, die sich der nachhaltigen Entwicklung verpflichtet haben. ICLEI nahm im August 1991 zunächst in Toronto (Kanada) seine Arbeit auf; zeitgleich wurde in Freiburg im Breisgau das Europasekretariat eingerichtet. Inzwischen ist ICLEI mit zwölf Büros an zehn Standorten auf allen Kontinenten vertreten. Dieser Verband ist als Verbindungsstelle zwischen der lokalen und globalen Ebene tätig. Auf der globalen Bühne vertritt ICLEI die Kommunen auf UN-Konferenzen und in vielen internationalen Gremien. Gleichzeitig fördert ICLEI kommunale Nachhaltigkeit mit Beratungsangeboten zur innovativen Gestaltung der Beziehungen zwischen öffentlicher Verwaltung und der Gesellschaft.

Der Unternehmerverband *UnternehmensGrün* setzt sich für verantwortungsvolles Wirtschaften ein. Er ist ein ökologisch orientierter Verband, in dem sich seit 1992 Unternehmen engagieren, die Verantwortung für Wirtschaft, Umwelt und Gesellschaft übernehmen wollen. UnternehmensGrün wird von mehr als 220 Mitgliedsunternehmen getragen und ist in unterschiedlichsten Bereichen aktiv, z. B. bei der Finanzierung von Bildungsprojekten, der Erarbeitung von Positionen, Studien und Befragungen für eine ökologisch-soziale Folgenabschätzung von politischen Entscheidungen (wie Agrarreform, sektorspezifische Auswirkungen von Freihandelsabkommen auf kleine und mittlere Unternehmen, Erneuerbare-Energien-Gesetz [EEG], ökologische Steuerreform usw.).

Aus den vorangegangenen Aussagen wird deutlich, dass ein »Mix« organisa-torischer und individueller Kompetenzen über den Erfolg der Kooperationen bestimmt. Die Kompetenzen sind in den Themen Innnovationsbereitschaft, Dialog- und Überzeugungsfähigkeit bzw. der Fähigkeit, im Prozessmanage-ment den Wandel voranzutreiben, angesiedelt und werden von einzelnen Akteur*innen vorangetrieben. Für diese werden unterschiedliche Bezeich-nungen verwendet: Pioniere des Wandels, *Change Agents* usw. Sie setzen ein gezieltes *Change Management* ein, das sich vor allem auf die Koordination von Prozessen und Aktivitäten sowie die Formulierung von Visionen und Leit-bildern konzentriert, die neue Werte vermitteln helfen (David & Leggewie 2015).

Change Agents als Pioniere des Wandels

Den Change Agents kommt in Transformationsprozessen eine bedeut-same Rolle zu – sie können zu Promotor*innen werden, können Gelegenhei-ten erkennen und neue Optionen entwickeln. Dabei ist es sinnvoll, zwischen Fach- bzw. Beziehungspromotor*innen (Umweltbundesamt 2015c, S. 16) zu unterscheiden. Während die Fachpromotor*innen hinsichtlich des spezifi-schen Fachwissens, der Identifikation von Problemen und möglicher Alterna-tiven relevant sind, können die Beziehungspromotor*innen bei den Kommu-nikations- und Interaktionsprozessen bedeutsam sein.

Unterscheidung zwischen Fach- und Beziehungs-promotor*innen

Mit dieser gezielten Unterstützung durch die Promotor*innen können transformative Ideen, Werte und Innovationen in die Breite getragen wer-den. Der Einbezug vieler einzelner Aktiver und Organisationen ist von hoher Bedeutung für den Erfolg einer Transformation. Von den Bürger*innen ist mehr Eigeninitiative und von der Politik die Bereitstellung geeigneter Dis-kussionsforen gefragt. Vor allem in den Kommunen kann die Eigeninitiative durch eine gezielte Unterstützung befördert werden; Kenntnis und Anwen-dung von unterschiedlichen Beteiligungsverfahren sind hier oft sehr hilfreich (▷ Kapitel 3.5).

Während die Bedeutung der Bürgerbeteiligung schon ausführlich in ▷ Kapitel 3.5 diskutiert wurde, soll hier erneut die Systemperspektive betont werden. Eine systemisch verstandene Transformationspolitik kann nicht allein auf einzelne (z. B. soziale) Innovationen abzielen, sondern muss anstreben, verschiedene Innovationen miteinander zu verknüpfen und mehrere gesell-schaftliche Teilsysteme gleichzeitig zu transformieren. Eine nachhaltige Ent-wicklung der Gesellschaften bedarf einer ökologischen Wirtschaftsweise, die die Grenzen des Erdsystems respektiert und irreversible Schäden vermeidet. Das bedeutet einerseits, dass es vielerlei Innovationen z. B. in der landwirt-schaftlichen und industriellen Produktion, der Energieversorgung oder der Mobilität bedarf. Andererseits werden vor allem auch neue Wohlstandskon-zepte gebraucht: soziale Innovationen sowie neue Modelle der Beteiligung

Verknüpfung der Innova-tionen und (Teil-)Systeme

und der solidarischen Zusammenarbeit auf lokaler, nationaler und internationaler Ebene, damit die veränderten Wirtschafts-, Produktions- und Lebensweisen gesellschaftlich getragen werden.

Mehr Solidarität wagen – Lösungsansätze einer systemischen Transformation

Obwohl die Notwendigkeit gesellschaftlicher Transformation weitgehend erkannt und akzeptiert wurde, stehen Fragen ihrer inhaltlichen Ausrichtung und gesellschaftspolitischen Gestaltung noch relativ am Anfang. Für einen Wandel in Richtung Nachhaltigkeit müssen sich die vorherrschenden Denk- und Handlungsweisen ändern, durch die wir geprägt wurden und die unseren Alltag bestimmen, d. h. die Abläufe und Routinen, die wir »automatisiert« haben (Haderlapp & Trattnigg 2013, S. 113) (▷ Kapitel 1.2). Diese Änderung kann als demokratischer und solidarischer Lernprozess verstanden werden, der von der Politik und von Promotor*innen bzw. Change Agents angestoßen wird. Diese Akteure fungieren als Türöffner und Mediator*innen und verknüpfen lokale Debatten und Bedürfnisse mit der globalen Nachhaltigkeitsagenda.

Real-
experimente
und Reallabore

Die Change Agents benötigen aber Zeit und Unterstützung, um solche Lern- und Experimentierprozesse in die Wege zu leiten und neue Gestaltungsmöglichkeiten auszuprobieren. Dafür werden Realexperimente bzw. Reallabore vorgeschlagen (Schneidewind & Singer-Brodowski 2013). Ein Charakteristikum solcher ⊙ Reallabore sind die Experimentiermöglichkeit sowie die intensive und konstruktive Zusammenarbeit von Wissenschaft und Praxis.

Die Transition-Town-Bewegung hat in einigen Städten, vor allem in ihrem Ursprungsort in Südengland, ein solches Reallabor geschaffen (▷ Kapitel 4.3). Auch UNESCO-Biosphärenreservate, die weltweit in nahezu 700 Modellregionen etabliert wurden, sind von ihrer Konzeption her als Reallabore prädestiniert (▷ Kapitel 4.1).

Reallabore

In sogenannten Reallaboren werden Praktiker*innen aus Kommunen, Sozial- und Umweltverbänden oder Unternehmen in den Forschungsprozess einbezogen und unterstützen z. B. den Schutz der Naturressourcen, die Landschaftsplanung und -pflege oder die Einführung neuer Mobilitäts- und Energiesysteme. Anliegen und Interessen eines Umweltverbandes, eines Kulturvereins oder eines Fahrradklubs können dabei ebenso einfließen wie die eines Technologiekonzerns. In ergebnisoffenen Prozessen entsteht Wissen, das in der Praxis einen zukunftsfähigen Lebensstil und nachhaltige Wirtschaftsmodelle befördert (Schäpke et al. 2017). Entscheidend ist dabei, dass ein derartiges modernes »Wissenschaffen« als koproduktiver Prozess verstanden wird, in dem auch lokales Wissen wertgeschätzt und integriert wird (vgl. Jasanoff 2006).

Neben den Experimentiermöglichkeiten ist aber noch ein anderer Aspekt ganz wesentlich für die sozialökologische Transformation: die Unterstützung von unterschiedlichen gesellschaftlichen Gruppen und deren aktive Teilhabe an transformativen Prozessen. Damit verbunden ist die Befähigung zur verantwortungs- und vertrauensvollen sowie solidarischen Gestaltung unmittelbarer Lebensräume. Dies beinhaltet mehr Engagement vonseiten der Gesellschaft, mehr Beteiligung vonseiten des politischen Systems und mehr Solidarität in den Arbeits- und Wirtschaftsprozessen. Wenngleich die Politik entsprechende Anreize geben kann, ist eine Öffnung vonseiten des politischen Systems meist nicht ausreichend. Auch auf ökonomischer Seite benötigen wir nachhaltigere Beteiligungsmodelle, die sich an demokratischen Werten eines ▷ Gemeinwesens orientieren. Die jahrzehntelange ökonomische Doktrin des Vorrangs individueller wirtschaftlicher Vorteile und des Wettbewerbs steht im Widerspruch zur wertebasierten Diskussion einer solidarischen Gemeinschaft (Altvater 2005).

Gemeinwesen: **Alle gegenwärtigen und historischen Organisationsformen des menschlichen Zusammenlebens lokaler Gemeinschaften, die über den Familienverband hinausgehen. Meistens werden staatliche oder kommunale Einrichtungen als Gemeinwesen bezeichnet. Darüber hinaus zielt der Begriff auf das sozialkulturelle Beziehungsgefüge in den lokalen Gemeinschaften.**

Es gibt vielfältige Ansätze einer nachhaltigen Wirtschaft (▷ Kapitel 4.3). Paech (2015) weist darauf hin, dass sich unsere Vorstellungen von der Entwicklung von Arbeit, Wirtschaft und Gemeinwesen grundlegend ändern müssten und dass sich Genossenschaften zur dominanten Unternehmensform herausbilden sollten, weil sie über eine demokratische Steuerung die gegebenen Kapitalverwertungszwänge dämpfen könnten. Produkte könnten reparaturfreundlicher und langlebiger sein, und Dienstleistungsunternehmen würden den vorhandenen Bestand an Gütern erhalten, pflegen, optimieren oder um-

Beteiligung ist eine notwendige Bedingung

Grundlegende Änderung von Arbeit und Wirtschaft

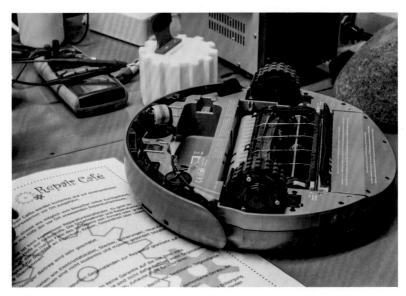

Abbildung 2: Ressourcenschonung und gemeinschaftliches Umdenken im Repair-Café des Hebewerk e. V. (oben) und einem Lastenradbau-Workshop der Transition-Town-Initiative »wandelBar« in der offenen Transformationswerkstatt des Hebewerk e.V. in Eberswalde (Fotos: C. Gäbler).

4 Transformation zur Nachhaltigkeit

bauen. Erste Ansätze eines solchen Umdenkens zeigen wiederauflebende Initiativen wie Gemeinschaftsgärten, Repair-Cafés oder aber Mehrgenerationenhäuser.

▷ **Genossenschaften** könnten eine wichtige Rolle bei der Ausgestaltung neuer Kooperationsformen in Richtung der »Großen Transformation« spielen. Diese Organisationsform fordert von den Mitgliedern, dass sie ihre Interessen und Ziele gemeinsam und gleichzeitig eigenverantwortlich vorantreiben und sich aktiv an der Gestaltung ihres lokalen Umfelds beteiligen. Die genossenschaftlichen Prinzipien und Werte wie Solidarität, Demokratie und Nachhaltigkeit lassen Genossenschaften zu zentralen Akteuren der Transformation werden.

Genossenschaften als wichtige Akteure

Genossenschaften sind freiwillige Zusammenschlüsse von Personen, die solidarisch gemeinsame Ziele (z. B. im Konsum, Mobilität, Wohnen, Gesundheit) verfolgen und zu diesem Zweck einen Wirtschaftsbetrieb gründen. Bei dieser Organisationsform gilt Vertrauen als eine bedeutsame Voraussetzung für die Motivation zur Selbsthilfe bzw. zum Zusammenschluss. Von anderen unternehmerischen Modellen, wie beispielsweise dem GmbH-Modell, unterscheiden sich die Genossenschaften dadurch, dass kein Mindestkapital notwendig ist und dass der Stimmenanteil sich nicht an der Kapitalanlage bemisst (d. h., jedes Mitglied hat eine Stimme – unabhängig von der Höhe der Kapitaleinlage). Darüber hinaus haben sich Genossenschaften nicht ausschließlich der Verfolgung wirtschaftlicher Ziele verschrieben; in der Regel sind für die Genossenschaftsmitglieder soziale, demokratische und nachhaltige Ziele ebenso zentral.

🔍 **Genossenschaften** sind ein Ökonomiemodell für ökosoziale Transformationen und gleichzeitig Lernorte für zivilgesellschaftliche und demokratische Werte. Genossenschaften entstehen in der Regel aus einem konkreten Bedarf im zivilgesellschaftlichen Kontext (Atmaca 2014). Zwar dienen Genossenschaften hauptsächlich der Verfolgung wirtschaftlicher Ziele, gleichzeitig haben sie aber auch eine soziale und kulturelle Dimension und sind nicht von Kapital- und Wachstumsinteressen dominiert. Diese verschiedenen Rationalitäten (und die Einbindung in die Zivilgesellschaft) erzeugen neue lebensnahe Möglichkeiten, die in marktförmige Innovationen münden können, z. B. im Bereich des Recycling, der Biolandwirtschaft oder im Energiebereich.

Genossenschaft als Lernort

Genossenschaft »Unser Dorfladen« Grambow eG

Seit Oktober 2014 betreibt die Genossenschaft »Unser Dorfladen« Grambow eG einen Dorfladen in Grambow in Mecklenburg-Vorpommern (einem Rund-680-Seelen-Dorf). In dem Einkaufsladen wird ein Vollsortiment angeboten und ein Schwerpunkt auf regionale Produkte gelegt. Viele Kunden sind gleichzeitig Mitglied der Genossenschaft und engagieren sich ehrenamtlich im Einkaufsladen; darüber hinaus gibt es einige Angestellte. Durch die demokratische Beteiligung identifizieren sich die Mitglieder mit ihrem Laden. Das wiederum stärkt die Kundenbindung. Außerdem wird mit dem Dorfladen auch ein kommunikativer Treffpunkt für die Einwohner*innen geschaffen.

Abbildung 3:
Dorfladen in
Grambow (Fotos:
»Unser Dorfladen«
Grambow eG).

Demokratische Rahmenbedingungen für die »Große Transformation«

Eine »Politik der Zukunftsfähigkeit« (Loske 2016) muss durch veränderte Rahmenbedingungen für Bildung, Wissenschaft und solidarisches Handeln sowie durch Anreize für nachhaltigere Produktionsweisen das komplexe gesellschaftliche System in Richtung Nachhaltigkeit umlenken. Eine zentrale Frage ist, ob die bestehenden demokratischen Systeme dafür hinreichend vorbereitet sind oder nicht zuvor selbst des Wandels bedürfen. In Deutschland wurde eine der modernsten Demokratien mit vielfältigen Mechanismen der Überprüfung und des Ausgleichs geschaffen (engl. Fachbegriff: *checks and balances*), die die Gesellschaft auch in einem gewissen Rahmen davor schützen kann, diese Demokratie leichtfertig aufs Spiel zu setzen. Allerdings ist dieses System nur unzureichend darauf eingerichtet, die Interessen zukünftiger Generationen in aktuelle Entscheidungen einzubeziehen. Auch ging die Reifung vieler demokratischer Systeme Hand in Hand mit der Liberalisierung der Wirtschaft und der Förderung von wachstums- und wettbewerbsbasierten Konzepten. Im Zuge der ökonomischen Globalisierung und der Entstehung von einflussreichen lateralen Weltsystemen – wie internationale Finanz- und Wirtschaftsinstitutionen bzw. transnationale Unternehmen – schrumpften die Steuerungsmöglichkeiten der politischen Systeme auf der nationalen Ebene.

Staatenbünde wie die Europäische Union entstanden zunächst als Wirtschaftsgemeinschaften. Bestrebungen, auch als politische Systeme ein starkes Gewicht zu bekommen, wurden lange ignoriert bzw. bekämpft. Mitte der 2000er-Jahre scheiterte die Initiative einer EU-Verfassung; die Vision der »Vereinigten Staaten von Europa« verschwand erst einmal wieder von der Tagesordnung. Auf EU-Ebene gab es wichtige Impulse zur Beförderung der Nachhaltigkeitstransformation. Im Jahre 2001 schlug die Kommission eine EU-Nachhaltigkeitsstrategie vor. Ein Beleg dafür, wie der Diskurs der Nachhaltigkeitstransformation voranschreitet und auch staatliche Institutionen beeinflussen kann, ist Frankreichs Ministerium für Ökologie und nachhaltige Entwicklung, das 2017 zum Ministerium des ökologischen und solidarischen Übergangs wurde *(Ministère de la transition écologique et solidaire)*.

Wichtige Impulse auf EU-Ebene

Diverse NGOs fordern seit Langem, dass ▷ Ombudsleute für zukünftige Generationen die Politik beeinflussen können sollten. Die UNO beschäftigte sich schon 2006 mit dem Thema und verwies auf Staaten, die solche oder ähnliche politischen Funktionen eingeführt haben, z. B. Ungarn ab 2008 (Vereinte Nationen 2013, S. 29); der Vorschlag eines *High Commissioner for Future Generations* setzte sich letztlich nicht durch.

Ombudsleute für zukünftige Generationen

> **Ombudsleute** erfüllen (meist ehrenamtlich) die Aufgabe einer unparteiischen Schiedsperson, um eine ungerechte Behandlung von Personengruppen bzw. die Berücksichtigung von Belangen marginalisierter Gruppen zu verhindern. Sie fungieren als Sprachrohr von Interessen, die ansonsten wenig beachtet würden (z. B. von Kindern, Gewaltopfern, der Umwelt).

Nachhaltigkeits- und Zukunftsräte

In Deutschland wurden ab 2001 auf Bundes- und Länderebene Nachhaltigkeitsräte bzw. -beiräte eingeführt, die allerdings über keine politische Macht verfügen (und teilweise schon wieder abgeschafft wurden, z. B. der Beirat für Nachhaltige Entwicklung in Brandenburg 2015) (weitere Ausführungen zur Politik der Nachhaltigkeit ▷ Kapitel 3.4).

Einen neuen Anlauf nahmen Nanz und Leggewie mit ihrer Idee der »Zukunftsräte« (Nanz & Leggewie 2016) als eine dauerhafte Einrichtung »von unten«, die Zukunftsfragen im Stadtteil identifizieren und Lösungsvorschläge ausarbeiten soll, die in der Gemeindesatzung fest verankert werden. Einem Zukunftsrat könnten bis zu 15 ausgewählte Personen angehören, welche die lokale Bevölkerung in ihrer Generationenmischung annähernd abbilden sollten. Die Mitwirkenden würden sich regelmäßig treffen und erhielten, ähnlich wie Schöffen, eine maßvolle Aufwandsentschädigung. Die Amtsperiode des Zukunftsrates könnte zwei Jahre betragen, und Stadtverordnete und Magistrate wären verpflichtet, die Vorlagen der Zukunftsräte in den Entscheidungsprozess einzubringen.

Systemlogik und konventionelle Funktionalität werden bislang nicht infrage gestellt

Am Beispiel Deutschlands zeigt sich, dass demokratische Systeme nicht nur relativ resistent gegenüber Herausforderungen sein können, sondern auch eine gewisse Lern- und Anpassungsfähigkeit aufweisen. Neuen Herausforderungen wird mit neuen Strukturen begegnet, die der inhärenten Systemlogik folgen und nicht die konventionelle Funktionalität infrage stellen. Aus der Schaffung von Beiräten, Beteiligungsgremien und Strategien ergibt sich allerdings noch keine wahre Transformation.

Wichtige Fragen sind: Wird eine ökologisch wirksame und sozial verträgliche Transformation der Gesellschaft gelingen, ohne dass dem politischen System neue Institutionen hinzugefügt werden? Welche Mechanismen ermöglichen dem demokratischen Staat, deutlich stärker als bisher die Interessen zukünftiger Generationen zu berücksichtigen und dabei auch Bedürfnisse und Wünsche, die sich eher an kurzfristigen und eigenen Interessen orientieren, zurückzustellen?

Es ist noch unklar, inwiefern die akuten und sich verdichtenden sozialen und politischen Krisen sowie das Geflecht von Sachzwängen und Pfadabhängigkeiten einer langfristig konzipierenden Nachhaltigkeitspolitik genügend Raum geben; zudem nimmt die Uneindeutigkeit durch wachsende Medien- und Informationsabundanz eher zu (Ibisch 2016b). Die jüngere Vergangenheit lehrt uns außerdem, dass sich mehr oder weniger unerwartet »neue Formen autoritärer Gouvernementalität«[1] ausbreiten (z. B. auf dem Balkan oder in der Türkei; Džihić 2017) und vermeintlich erfolgreiche Demokratien gespaltener Gesellschaften (z. B. Polen, Ungarn, USA) unter erheblichen Druck geraten können.

Ob und wie sich in politischen Systemen neuartige Konzepte durchsetzen, die auf systemtheoretischem Fundament erdacht wurden und stärker auf hierarchielose Selbstorganisation und Machtverteilung setzen – genannt seien hier z. B. 🔍 Soziokratie und Holokratie –, muss die nähere Zukunft zeigen.

Soziokratie und Holokratie: Entscheidungen ohne Hierarchie

Soziokratie ist ein systemischer Ansatz, der anstrebt, hierarchische Strukturen in Organisationen zumindest temporär außer Kraft zu setzen. Dabei werden Repräsentanten eines Teilsystems in einer Organisation, etwa eines sich regelmäßig treffenden Kreises von Mitarbeiter*innen, zeitweise in höhere Hierarchieebenen einer Organisation entsandt und beeinflussen so Entscheidungen auf einer höheren Systemebene (De Florio 2015).

Holokratie bedeutet, dass Entscheidungsprozesse nicht mehr in starren Hierarchien erfolgen, sondern dass themenbezogen Rollen zugewiesen werden, die für autonome Entscheidungen zuständig sind (Robertson 2016; HolacracyOne 2017). Weitere Modelle der geteilten Führung werden aktuell immer intensiver diskutiert (z. B. Mohammed & Thomas 2014).

---

1 Der Begriff der Gouvernementalität geht auf den französischen Philosophen Michel Foucault zurück, der sich in den 1970er-Jahren um eine systematische Theorie des Regierens bemühte und den Zusammenhang zwischen den Herrschaftstechniken des Regierens *(gouverner)* und der Denkweise des »Sich-selbst-Regierens« der Subjekte *(mentalité)* analysierte.

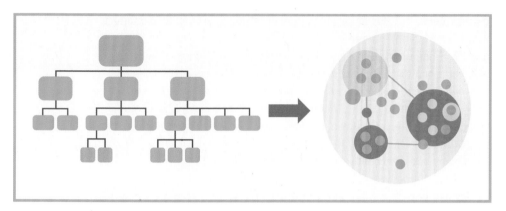

Abbildung 4: Von steifen hierarchischen Institutionsmodellen könnte die Entwicklung zu organischeren und systemischen Strukturen führen, die sich beispielsweise stärker an der Selbstregulation von anpassungsfähigen Ökosystemen orientieren. In diese Richtung gehen auch holokratische Organisationsmodelle.

Zur Erreichung eines *Great* Mindshift muss vielleicht nicht alles Bestehende infrage gestellt werden (Göpel 2016). Transformationswissen und -fähigkeit (engl. *transformative literacy*) können aus einem besseren Systemverständnis erwachsen, welches Akteuren erlaubt, Pfadabhängigkeiten frühzeitig zu erkennen und zu verlassen sowie Systeme und ihre Funktion zu verändern (»Hacking systems and their purpose«; Göpel 2016, S. 155). Neue Pfade können idealerweise als »lustmachende und bessere Wege erkennbar« werden; ansonsten werden auch Erkenntnis und zunehmender Leidensdruck eine Rolle spielen (Loske 2016). Mit anderen Worten: Die Gestaltungsmöglichkeiten einer systematischen Transformation sind vielfältig, aber zwei weitere Aspekte sind notwendig. Erstens muss die Politik offen sein und gesellschaftliche Räume für seine Entfaltung zur Verfügung stellen. Zweitens müssen die Impulse zur Veränderung von einer Vielzahl unterschiedlicher Akteure kommen, also nicht nur vom Staat, sondern aus der Zivilgesellschaft und den Vordenker*innen und Praktiker*innen.

*Alexander Conrad, Jan König
und Hans-Peter Benedikt*

Transition-Town-Bewegung
Postwachstumsökonomie
Unternehmen
Wohlfahrtsmessung
Gesellschaft
Wachstum
Steady State Economy
Grenzen des Wachstum
Ökologie
Externalitäten
Gemeinwohlökonomie
Ressourcen
Wirtschaft
nachhaltiges Wirtschaftssystem
Grenzen
Reduktion
Gemeinwohl
Blue Economy
Buen Vivir
Factor-X-Bewegung
Green Economy
Solidarische Ökonomie

Seit der Erfindung der Dampfmaschine hat der Kapitalismus besser als jedes andere System dafür gesorgt, dass für breite Bevölkerungsgruppen, insbesondere in der westlichen Welt, Wohlstand geschaffen wurde, und hat, wie der Wirtschaftshistoriker Werner Plumpe feststellte, die »größte Wohlstandsvermehrung der Weltgeschichte ausgelöst« (Plumpe 2010). Dennoch ist Kapitalismus und der spezifische Wohlstand, den er schafft, ohne Krisen nicht zu haben, indem er ökonomische Crashs wie Spekulationsblasen und ökologische Krisen, ausgelöst durch Übernutzung natürlicher Ressourcen und Verschmutzung der Umwelt, hervorbringt. Er ist wie ein Raubtier, das unsere Wirtschaft in ein Spielcasino verwandelt hat, in dem niedrigste Instinkte wie Gier und Profitsucht dominieren. Er fördert aber auch Innovationen, schafft technischen Fortschritt und »trägt zum friedlichen Miteinander der Völker bei, weil er ideologische und religiöse Differenzen ausklammert und das gemeinsame Interesse nach materiellen Verbesserungen in den Vordergrund rückt« (Miersch 2009). Spätestens seit der großen Finanzkrise ist der Kapitalismus jedoch vielen Menschen suspekt und verhindert oftmals auch in der Wissenschaft die vernünftige Suche nach einem besseren Ordnungsrahmen ohne erregte Schuldzuweisungen und ideologisch gefärbten Antikapitalismus. Dennoch oder gerade daher ist es wichtig, die Frage zu stellen und zu diskutieren, wie eine nachhaltige Ökonomie aussehen könnte.

Wirtschaften im Kontext der schwachen und starken Nachhaltigkeit

Kapitel 1.2 geht auf die Entwicklung verschiedener Nachhaltigkeitskonzepte ein und zeigt auf, wie in Abhängigkeit des jeweiligen Konzepts die ökonomische Dimension der Nachhaltigkeit als Grundlage der Ausgestaltung eines nachhaltigen Wirtschaftssystems aufgefasst werden kann. Im Drei-Säulen-Modell steht die Wirtschaft als eigenständige Säule der Gesellschaft und Ökologie gegenüber, die Gewichtung und Verknüpfung der Säulen ist nicht definiert. Umweltschäden, soziale Probleme usw. würden insofern von der Ökonomie als ▷ Externalität bewertet (oder eben auch vernachlässigt) werden.

Eine nachhaltige Wirtschaft könnte hiernach kurz als ein System definiert werden, das weiterhin auf Wachstum und Gewinnmaximierung setzt, dabei aber bestimmte ökologische und gesellschaftliche Aspekte berücksichtigt.

Eine Schwächung einer der drei Säulen könnte theoretisch durch den Ausbau einer anderen Säule kompensiert werden (▷ Kapitel 1.2 und 1.3): Wenn die Möglichkeit besteht, Naturkapital durch Sachkapital (Maschinen, Technologien usw.) zu substituieren, ergeben sich keine Wachstumsgrenzen bzw. könnten die Grenzen des Wachstums ständig ausgedehnt werden, und ein *Business as usual* wäre möglich.

> **Externalität** **oder auch externer Effekt: Hiermit werden in der Volkswirtschaftslehre die unkompensierten Auswirkungen ökonomischer Entscheidungen von Vertragspartner*innen auf unbeteiligte Dritte bezeichnet. Sie können positiv und negativ sein. Eine negative Externalität besteht, wenn z. B. eine Fabrik im Rahmen ihrer Produktion schädliche Abwässer in einen Fluss einleitet und damit die Erwerbsgrundlage des ansässigen Fischereibetriebs gefährdet.**

Ergebnisse eines Business-as-usual-Szenarios für Deutschland

Gran (2017) zeigt in einer umfangreichen empirischen Arbeit für Deutschland, wie sich bestimmte Wirtschaftspolitiken auf die ökonomische, soziale und ökologische Sphäre auswirken könnten. Als Referenz berechnet er ein Business-as-usual-Szenario (BAU-Szenario), das auf der Basis historischer Daten und unter Berücksichtigung bestehender Trends (darunter auch Effizienzsteigerungen, Reduktion der Wachstumsraten des BIP u. a. infolge der demografischen Entwicklung, das Anstreben von Umweltschutzzielen usw.) eine Prognose für die Jahre bis 2040 ermöglicht. Relevante Ergebnisse des BAU-Szenarios werden in Tab. 1 zusammengefasst. Es zeigt sich, dass sich im BAU-Szenario sowohl die ökonomischen als auch sozialen und ökologischen Indikatoren verbessern: Die Wirtschaftsleistung der Volkswirtschaft pro Kopf und die Erwerbstätigenquote steigen trotz weiterhin sinkender Wachstumsraten (siehe Abb. 1). Auf dieser Basis kann die relative Staatsverschuldung (Schulden/BIP) deutlich reduziert werden. Die Einkommensverteilung verbessert sich, das Bildungsniveau steigt, und auch die Erlebenswahrscheinlichkeit (bezogen auf das 60. Lebensjahr) kann gesteigert werden. Schließlich weist auch der ökologische Fußabdruck pro Kopf gemäß Szenariorechnung eine deutliche Verbesserung auf. Diese reicht aber bei Weitem nicht aus, um das theoretisch verfügbare Maß von 1,7 globalen Hektar (gH) (Global Footprint Network 2017) bzw. unter Berücksichtigung von Produktivitätssteigerung auf den vorhandenen bioproduktiven Flächen von rd. 2,2 gH (Szenario!) in 2040 zu erreichen.

Tabelle 1:
Ergebnisse des
BAU-Szenarios für
Deutschland bis 2040
(Quelle: Gran 2017,
S. 207).

Indikatoren	Veränderung von 2007 bis 2040	Absoluter Wert 2040
BIP	+24 %	2.961 Mrd. Euro
BIP pro Kopf	+34 %	38.787 Euro
Schuldenquote	−32 %	44 %
Erwerbslosenquote	−29 %	6 %
Ökologischer Fußabdruck pro Kopf	−21 %	3,8 gH
Gini*	−7 %	0,27
Bildung**	+8 %	78,3 %*
Sterblichkeit***	−83 %	1,4 %**

* Der Gini-Koeffizient wird als Indikator für die Einkommensverteilung verwendet. Je näher der Wert an null, desto gleichmäßiger sind die Einkommen in der Volkswirtschaft verteilt.
** Das Bildungsniveau wird gemessen am Anteil der 20–24-Jährigen, die über einen Bildungsabschluss der Stufe 3–6 (3 = Duale Berufsausbildung, 6 = Studienabschluss i. d. R. BA-Niveau) verfügen.
*** Sterblichkeit bezieht sich auf die Wahrscheinlichkeit, nicht das 60. Lebensjahr zu erreichen.

Abbildung 1:
Entwicklung der
Wachstumsraten des
BIP im BAU-Szenario
(nach Gran 2017,
S. 209).

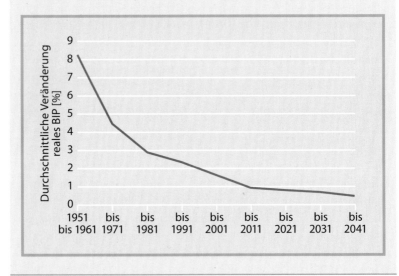

Die (vollständige) Substituierbarkeit ist aber nicht gegeben (▷ Kapitel 1.1, 3.1), womit sich (u. a.) Grenzen des Wachstums begründen lassen. Diese Grenzen bezieht das systemische Nachhaltigkeitskonzept ein (▷ Kapitel 1.2). Eine nachhaltige Ökonomie könnte hiernach wie folgt beschrieben werden:

》Die Ökonomie ist in diese Systeme [Ökosystem und Gesellschaftssystem] eingebettet, um die natürlichen Lebensgrundlagen von Menschen, Tieren und Pflanzen zu erhalten. […] [Nachhaltige Ökonomie] beinhaltet daher vorsorgende Ressourcenschonung und Verantwortung für mögliche Eingriffe sowie einen sorgsamen und zukunftsorientierten Umgang mit den Menschen, ohne die wirtschaftliches Handeln nicht möglich ist. Dieses Verständnis beruht auf der Einsicht, dass eine reine Wachstumsorientierung, auch bei ökologischer und sozialer Ausrichtung, keine Zukunftschancen mehr bietet« (HNEE 2016a).

Oder kürzer (nach Rogall 2013, S. 135): Eine nachhaltige Ökonomie ist eine »Langfristökonomie […], die die Grenzen der natürlichen Tragfähigkeit und die Gerechtigkeitsprinzipien [gegenüber Mensch, Tier und Natur] zu respektieren lernt«. Da die Ökonomie hier als Subsystem des Öko- und Gesellschaftssystems verstanden wird, existieren keine Externalitäten. Alle Auswirkungen ökonomischen Handelns auf Gesellschaft und Umwelt würden stets »eingepreist«, d. h. ökonomisch wirksam werden.

Aus dieser Betrachtung ergeben sich verschiedene Anforderungen an ein nachhaltiges Wirtschaftssystem, die im Verlauf dieses Kapitels näher beleuchtet werden. Konkret stehen dabei folgende Fragen im Mittelpunkt:

1. Wie muss ein Wirtschaftssystem ausgestaltet sein, das nicht auf Wachstumsorientierung setzt, sondern an den Grenzen des Öko- und Gesellschaftssystems ausgerichtet ist?

2. Wie lässt sich sicherstellen, dass das Wirtschaftssystem eine dienende Funktion erhält, indem es die natürliche Lebensgrundlage von Menschen, Tieren und Pflanzen bewahrt und diese nicht zur Bereicherung einzelner Menschen, Länder oder Wirtschaftsräume (usw.) zerstört?

Ökonomie in der starken und schwachen Nachhaltigkeit

Ist das ökologische System endlich nutzbar, besteht aus ökonomischer Sicht ein Knappheits- und Zuteilungsproblem. Die zentrale Frage lautet: Wie ist mit den vorhandenen natürlichen Ressourcen umzugehen, bzw. wie sind sie über die Zeit zu verteilen?

Eine Antwort hierauf liefert das Konzept der starken Nachhaltigkeit, welches maßgeblich durch die Ideen von Herman E. Daly beeinflusst wurde. So wird der natürliche Ressourcenbestand (das Naturkapital, z. B. die Atmosphäre, Wälder, Fischbestand, Luft) als Wert an sich gesehen und ist nicht durch physisches reproduzierbares Kapital (Infrastruktur, Fabriken usw.) substituierbar, sodass er schützenswert ist. Radikal interpretiert, folgt daraus die *Constant Natural Capital Rule*, also die faktische Nichtnutzung fossiler nicht erneuerbarer Ressourcen. Das Konzept der starken Nachhaltigkeit fordert demnach den Erhalt des Naturkapitals. Aufbauend auf diesem Postulat sowie den Forderungen Dalys (1974) und des Sachverständigenrates für Umweltfragen (2002), lassen sich grundlegende Verhaltensregeln für eine nachhaltige Ökonomie formulieren (▷ Kapitel 3.1):

1. Aufrechterhaltung der Funktionalität des globalen Ökosystems; Vermeidung irreversibler Schädigungen, wie z. B. das Aussterben von Arten.

2. Schaffung einer hinreichenden ökologischen Resilienz, d. h. Widerstands- und Anpassungsfähigkeit.

3. Erneuerbare Ressourcen dürfen nur im Umfang, wie sie regenerieren, genutzt werden.

4. Nicht erneuerbare Ressourcen dürfen nur in dem Umfang genutzt werden, wie erneuerbare Substitute geschaffen werden.

Zentrales Element der starken Nachhaltigkeit ist damit die Komplementarität zwischen physischem Kapital und Naturkapital. Im Gegensatz hierzu sehen Verfechter der schwachen Nachhaltigkeit die Substituierbarkeit als Möglichkeit an (Solow 1974, S. 11): Wirtschaftswachstum ist dann so lange möglich, wie begrenzte natürliche Ressourcen durch Maschinen, Technologie usw. ersetzt werden können. Die Frage ist nur, ob sich natürliche Ressourcen überhaupt ohne Auswirkung auf das komplexe Ökosystem ersetzen lassen.

Theoretischer Rahmen –
Ausgestaltung eines nachhaltigen Wirtschaftssystems

Wirtschaftssysteme bilden komplexe wirtschaftliche Prozesse ab, an denen unterschiedliche Akteure beteiligt sind, zwischen denen Wechselwirkungen bestehen. Zur Unterscheidung bzw. zur Beschreibung von Wirtschaftssystemen kann auf die Teilsysteme des Wirtschaftssystems zurückgegriffen werden. Nach Sik (1987, S. 17 ff.) können hierzu folgende fünf wechselwirkende Teilsysteme betrachtet werden (siehe auch Abb. 2):

Teilsysteme

1. *Güterverteilung und Verteilung der Eigentumsverhältnisse.* Hier wird z. B. danach gefragt, wer das Eigentum an Produktionsmitteln und Gütern besitzt.

2. *Ökonomische Interessen und Motivation.* Im Mittelpunkt steht die Frage, wer warum wirtschaftet oder z. B. ein wirtschaftliches Risiko übernimmt.

3. *Ökonomische Leitung und Koordination.* Zu diskutieren ist, wer darüber entscheidet, was, wie, wann, wo und für wen produziert wird.

4. *Beziehungen zwischen Wirtschaftssubjekten.* Wer leitet Unternehmen und setzt das Management ein?

5. *Informationsverarbeitung und Wissensbildung.* Abschließend wird danach gefragt, wie mit Wissen um Fehlsteuerungen (z. B. Externalitäten) umgegangen wird.

Abbildung 2: Teilsysteme zur Beschreibung von Wirtschaftssystemen. Pfeile verweisen auf Quellen, die auf die einzelnen Teilsysteme (und die mit ihnen verbundenen Wirtschaftssubjekte) einwirken können.

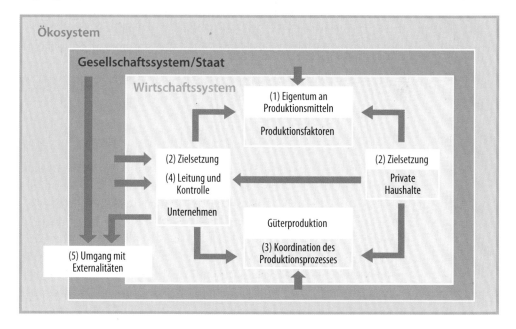

Folgendes Gerüst eines nachhaltigen Wirtschaftssystems könnte sich hiernach im Kontrast der beiden gegensätzlichen Pole – kapitalistisches und planwirtschaftliches Wirtschaftssystem – ergeben:

Eigentum
an den
Produktions-
mitteln

Im kapitalistischen System sind Produktionsmittel Privateigentum und im planwirtschaftlichen System Staatseigentum. Beide Systeme, die als gegensätzliche Pole interpretiert werden können, weisen in der Realität Funktionsmängel auf: Das kapitalistische System lebt von Ungleichheit *(win–lose)*. In der Folge kann es zu einer Konzentration der Produktionsmittel kommen, die so stark ist, dass sie zur Gefahr eines demokratischen Gesellschaftssystems wird (Stichwort: defekte Demokratie). Das planwirtschaftliche System lebt hingegen von der Vorstellung vollständiger Gleichheit. Die vorhandenen Produktionsmittel gehören bzw. dienen allen gleichermaßen. Eine staatliche Planungsinstanz, die im besten Fall demokratisch legitimiert (Theorie), im schlechtesten Fall jedoch Organ einer Diktatur (Praxis) ist, kümmert sich um den Erhalt der Produktionsmittel und stellt sicher, dass die knappen Ressourcen ihrer effizientesten Verwendung zugeführt werden – dass also nichts verschwendet wird. Daraus ergibt sich ein Herrschaftsmonopol an den Produktionsmitteln.

Ein nachhaltiges Wirtschaftssystem könnte alternativ »eine Vielzahl von Eigentumsformen aufweisen« (Rogall 2013, S. 159) und neben dem Eigentum an Produktionsmitteln privater und staatlicher Akteure auch Eigentum bei Akteuren eines starken »Dritten Sektors«, der »Gemeinwirtschaft« (z. B. gemeinnützige Genossenschaften, Stiftungen, Non-Profit-Organisationen, *Social Entrepreneurs* u. v. m.) verorten. Die Vielfalt würde das Wirtschaftssystem resilienter machen, indem es die Konzentration und den damit möglichen Missbrauch bei nur wenigen (Kapitalismus) bzw. nur einer einzigen Instanz (Planwirtschaft) verhindert. Das Eigentum an Produktionsmitteln in einer Genossenschaft (▷ Kapitel 4.3) würde beispielsweise sicherstellen, dass die Genoss*innen ein Mitspracherecht erhalten und dass die mit der Genossenschaft verbundenen Produktionsmittel im Sinne ihrer Interessen eingesetzt werden.

Ökonomische
Interessen,
Motivation und
Wachstums-
orientierung

Die Wirtschaftssubjekte in einem kapitalistischen Wirtschaftssystem haben unterschiedliche Interessen. Die Unternehmen zielen auf Gewinnmaximierung und die privaten Haushalte auf Nutzenmaximierung ab. Die Folgen dieser Zielsetzung entsprechen den Folgen der Wachstumsorientierung (▷ Kapitel 3.2). Was bietet im Gegensatz dazu die zentrale Planungswirtschaft an? Sie zielt (in der Theorie!) auf eine bestmögliche Befriedigung materieller und kultureller Bedürfnisse ab und operationalisiert diese Ziele mithilfe von Planvorgaben. Die Hauptzielrichtung ist hiernach nicht die Erwirtschaftung oder Maximierung von Gewinnen einzelner Produktionseinheiten. Ziel ist es, *top-down* formulierte, zentrale Planvorgaben zu erreichen. Die Folgen können sein:

♦ Demotivation, wenn Ziele zu hoch oder zu niedrig gesteckt sind,

♦ Fehlleistungen, wenn Ziele nicht konkret genug formuliert wurden, und auch

♦ Fehlplanungen, wenn einzelne Produktionseinheiten falsche Angaben über ihre Leistungsfähigkeit in den Planungsprozess einbringen.

Die Wachstumsorientierung besteht darin, die Zielvorgaben ständig zu erhöhen – nicht zuletzt aufgrund der Konkurrenz zum kapitalistischen System.

Ein nachhaltiges Wirtschaftssystem könnte alternativ so gestaltet sein, dass es »die persönliche Initiative fördert (Eigenverantwortung) und das Eigeninteresse in den Dienst des Gemeinwohls stellt (Regelverantwortung), um das Wohlergehen der derzeitigen und künftigen Bevölkerung zu sichern. Es soll so organisiert werden, dass es auch gleichzeitig die übergeordneten Interessen [Schutz des Ökosystems] wahrt« (Lexikon der Nachhaltigkeit 2015) und damit auch Grenzen des Wachstums definiert. Konkretisierend: »Kostendeckung und angemessener Gewinn [über deren Höhe und Verteilung die Eigentümer entscheiden], ausreichend hohe ökologische, ökonomische und sozial-kulturelle Standards im Rahmen der natürlichen Tragfähigkeit« könnten nach Rogall (2013, S. 161) konkrete Ziele eines auf marktwirtschaftlichen Prinzipien aufgebauten nachhaltigen Wirtschaftssystems sein.[1]

In kapitalistischen Systemen bestimmen die Eigentümer*innen selbst über die Leitung und Koordination ihrer Unternehmen. In eigentümergeführten Unternehmen (z. B. eigentümergeführte GmbH) können die Eigentümer*innen unter Berücksichtigung des gesetzlichen Rahmens frei über die Verwendung ihrer Produktionsmittel verfügen und nach Maximierung der Gewinne streben. Alternativ kann die Leitung und Koordination an ein Management delegiert werden. Dies geschieht immer dann, wenn die Eigentümer*innen selbst kein ausreichendes Wissen oder über kein Interesse an der Unternehmensführung verfügen oder wenn die Interessen sehr heterogen sind. Aktiengesellschaften bilden diesen Fall sehr gut ab. Das Management hat dann die Aufgabe, die Einzelinteressen der Eigentümer*innen (Shareholder) bestmöglich zu befriedigen. Diese Einzelinteressen lassen sich in der Regel auf einen gemeinsamen Nenner zusammenführen, nämlich die Maximierung der Ren-

Leitung und Koordination von Wirtschaftseinheiten

---

1 Inwiefern ein nachhaltiges Wirtschaftssystem den Markt als Koordinierungsmechanismus benötigt, kann mit Blick auf Corneo (2014) wie folgt zusammengefasst werden: Alle bisherigen Systeme der Planwirtschaft scheiterten entweder an Kooperations- oder Allokationsproblemen, sodass Märkte für die Steuerung einer komplexen Volkswirtschaft unerlässlich sind.

dite des investierten Kapitals. Das Management konzentriert sich hiernach auf Ziele von Akteuren, die nicht direkt mit der unternehmerischen Aktivität in Verbindung stehen – dies zulasten der Ziele anderer an der unternehmerischen Leistungserstellung und Leistungsverwertung beteiligter Akteure, wie Mitarbeiter*innen, Kund*innen, Lieferant*innen usw. In der Folge können Zielkonflikte entstehen: Während die Shareholder Kosteneinsparungen fordern, um den eigenen Gewinn zu maximieren, könnten die Mitarbeiter*innen an einer höheren, leistungsgerechten Entlohnung interessiert sein. Auch die Delegation selbst kann zu Problemen führen, mit denen sich die sogenannte *Principal Agent Theory* befasst. Hiernach kann das Management *(Agent)* einen Informationsvorsprung gegenüber den Shareholdern *(Principal)* aufbauen und auf dieser Basis eigene Interessen (Eigennutzmaximierung) verfolgen. Das Management kann in der Folge (z. B.) zu hohe Risiken eingehen und die Existenz des Unternehmens gefährden. Zwar bestehen rechtliche Rahmen zur Vermeidung von Principal-Agenten-Problemen, doch zeigt uns die Praxis in regelmäßigen Abständen deren Grenzen auf.[2] Das gleiche Problem besteht auch im System der zentralen Planwirtschaft. Hier delegiert ein Staatsorgan die Unternehmensführung und hat ebenso wie in der kapitalistischen Marktwirtschaft mit moralischem Risiko des eingesetzten Managements zu kämpfen.

Wie sähen Leitung und Koordination alternativ in einem nachhaltigen Wirtschaftssystem aus? Hierzu finden sich in Literatur und Praxis sehr verschiedene Ansichten: Einige Ansätze sehen vor, die Leitung und Koordination der Wirtschaftseinheiten auf jene Akteure zu begrenzen, die unmittelbar am Leistungserstellungsprozess beteiligt sind (vgl. Felber 2012, S. 89 ff.). Das heißt, Mitarbeiter*innen bestimmen ebenso die wirtschaftliche Aktivität der Unternehmung wie langfristig mit dem Unternehmen verbundene, risikotragende Anteilseigner*innen. Rogall (2013, S. 159) fordert in diesem Zusammenhang ein neues Aktienrecht, das bewirkt, dass Eigentümer*innen bzw. Anteilseigner*innen mit einer langfristigen Ausrichtung im Vergleich zu jenen mit einem kurzfristigen, eher spekulativen Anlagemotiv ein höheres Stimmrecht erhalten. Im Sinne des Ansatzes der Selbstverwaltungswirtschaft würden die Leitung und Koordination von Unternehmen sogar ausschließlich in den Händen der Mitarbeiter*innen liegen. Corneo formuliert dieses die Selbstverwaltungswirtschaft kennzeichnende Prinzip so:

---

2 Als ein sehr präsentes Beispiel kann die Dieselgate-Affäre benannt werden: In der Folge des Bekanntwerdens der Abgasmanipulationen verlor die VW-Aktie (18.09.2015) in wenigen Stunden fast 30 % an Wert.

»Selbstverwaltung bedeutet hier, dass die Autorität im Betrieb von der Gesamtheit seiner Mitarbeiter ausgeht. Die arbeitenden Menschen sind weder einem Kapitalisten noch einem Bürokraten unterworfen, sondern entscheiden selbst über die eigene konkrete Produktionstätigkeit und über die Verwendung ihres Produktionsergebnisses. Die Mitarbeiter eines selbstverwalteten Betriebs bilden eine auf Dauer eingerichtete Gemeinschaft von Erwerbstätigen, die als gleichberechtigte Mitglieder an der Führung ihres Betriebs teilnehmen« (Corneo 2014, S. 191).

Ebenso ist zu diskutieren, in welcher Beziehung die Wirtschaftssubjekte stehen und wie das Produktionsprogramm in einem nachhaltigen Wirtschaftssystem bestimmt wird. In der zentralen Planwirtschaft wird zwischen produzierenden (staatliche Betriebe) und konsumierenden (private Haushalte) Wirtschaftssubjekten unterschieden. Ziel ist, wie oben beschrieben, die Bedürfnisse der privaten Haushalte bestmöglich zu befriedigen. Hierzu werden die Bedürfnisse zentral erfasst und bilden die Basis für einen zentralen Planungsprozess. Die Komplexität dieses Vorgehens ist enorm und führte in den real existierenden Planwirtschaften oftmals zu Fehlsteuerungen und damit zur Verschwendung von Ressourcen: In der ehemaligen DDR wurden im Rahmen der zentralen Planung ca. 4.500 Einzelpläne erstellt, mit rd. 100.000 Positionen im Bereich der Erzeugungs- und Leistungsplanung und rd. 82 Millionen Positionen im zentralen Artikelkatalog (vgl. Gutzeit 2006, S. 114).

Alternativ zur zentralen Planung erfolgt die Planung im System der kapitalistischen Marktwirtschaft dezentral. Jedes Wirtschaftssubjekt stellt unter Berücksichtigung eigener Bedürfnisse, Ziele und Restriktionen (Budget, Kosten usw.) einen bestmöglichen Plan auf. Die Einzelpläne sind Grundlage für Verhandlungen auf Märkten, die den Abgleich der Einzelpläne übernehmen. Die theoretischen Ergebnisse der dezentralen Marktkoordination sind dann wieder die bereits bekannte Nutzenmaximierung der privaten Haushalte und Gewinnmaximierung der Unternehmen. Was aber, wenn der Marktmechanismus nicht richtig funktioniert? Was ergibt sich aus einer Situation, in der eine Verhandlungsseite über Marktmacht verfügt und insofern nicht auf Interessenausgleich angewiesen ist? Welches Ergebnis entsteht zudem, wenn die dezentralen Pläne nicht alle Folgen ihrer Durchführung berücksichtigen, wenn sie zu Externalitäten führen?

Mit Blick auf die Unvollkommenheiten sowohl des zentralen (Staat) als auch des dezentralen (Markt) Koordinierungsprozesses stellt sich die Frage, wie Planung in einem nachhaltigen Wirtschaftssystem ausgestaltet werden sollte. Stiglitz sagt in diesem Zusammenhang:

》Ich glaube, dass Märkte im Zentrum jeder erfolgreichen Volkswirtschaft stehen, dass sie aus eigener Kraft aber nicht richtig funktionieren […]. Volkswirtschaften brauchen ein Gleichgewicht zwischen Markt und Staat – mit wichtigen Beiträgen von nicht-marktgestützten und nichtstaatlichen Institutionen« (Stiglitz 2010, S. 10).

Hiernach könnte ein nachhaltiges Wirtschaftssystem wie folgt aussehen: »Die Rahmenbedingungen des Wettbewerbs sind so zu gestalten, dass funktionsfähige Märkte entstehen und aufrechterhalten bleiben, Innovationen angeregt werden, dass langfristige Orientierung sich lohnt und der gesellschaftliche Wandel, der zur Anpassung an zukünftige Erfordernisse nötig ist, gefördert wird. […] Preise müssen [in einem nachhaltigen Wirtschaftssystem] dauerhaft die wesentliche [d. h. effiziente] Lenkungsfunktion […] wahrnehmen. Sie sollen dazu weitestgehend die Knappheit der Ressourcen, Senken, Produktionsfaktoren, Güter und Dienstleistungen wiedergeben [und damit alle externen Effekte internalisieren bzw. einpreisen]« (Lexikon der Nachhaltigkeit 2015).

Ergänzend schlägt Rogall (2013, S. 161) den »Einsatz von Instrumenten (Leitplanken) zur Erreichung des Zielsystems« einer nachhaltigen Ökonomie vor. Beispiele hierfür können sein: Ergänzung der Leistungserstellung auf Märkten durch staatseigene und kommunale Betriebe (Rekommunalisierung statt Privatisierung), wirkungsvolle Gesetze und Verordnungen zum Schutz von Mensch und Natur (ökologische Steuerreform, Naturschutzzertifikate) u. v. m.

Umgang mit negativen externen Effekten

Schließlich muss beantwortet werden, wie in einem nachhaltigen Wirtschaftssystem mit Externalitäten umgegangen wird. Sowohl das kapitalistische als auch das planwirtschaftliche[3] System weisen im Ergebnis eine schlechte Umwelt- (und Sozial-)Bilanz auf (▷ Kapitel 1.1, 3.1). In der Folge wurde mit Blick auf die Ausgestaltung eines nachhaltigen Wirtschaftssystems die Forderung formuliert, dass es in einem nachhaltigen Wirtschaftssystem zu einer vollständigen Internalisierung externer Effekte kommt. Es werden Instrumente gefordert, mit denen die Internalisierung gelingt. Diese Instrumente müssten sowohl auf der mikroökonomischen Ebene, d. h. beim einzelnen Wirtschaftssubjekt, als auch auf makroökonomischer Ebene, d. h. in der gesamten Volkswirtschaft bzw. wirtschaftsraumübergreifend, Anwendung finden. Was das konkret bedeutet und wie eine praktische Ausgestaltung aussehen könnte, wird nachfolgend im Rahmen der Präsentation praktizierter Ansätze nachhaltigen Wirtschaftens untersucht.

---

3 Z. B.: Die Planungsbürokratie besaß kein Wissen über effizientere Produktionsmöglichkeiten, und in den Betrieben gab es kaum Anreize, neue Produkte und Produktionsverfahren zu entwickeln, sodass sich Neuerungen insgesamt nur sehr langsam einstellten und Ineffizienzen lange Bestand hatten (vgl. Gutzeit 2006, S. 156 und 168).

Wirtschafts- system Teilsystem	Kapitalismus	Zentrale Verwaltungswirtschaft	Nachhaltige Wirtschaft
Eigentum an Produktions- mitteln	Privatpersonen, Unternehmen	Staat	Vielzahl von Eigentumsformen (privat, staatlich, gemischt)
Zielsetzung der Wirtschafts- akteure	Unternehmen: Gewinnmaximierung Private Haushalte: Nutzenmaximierung	Erreichung von Planvorgaben	Förderung persönlicher Initiative, Eigenverantwortung, verknüpft mit Gemeinwohlorientierung
Koordination des Produk- tionsprozesses	Märkte	Staat	Effiziente Märkte, die sich inner- halb gesellschaftlich definierter Grenzen bewegen und z. B. die Internalisierung externer Effekte sicherstellen
Leitung und Kontrolle der Wirtschafts- einheiten	Eigentümer und Shareholder (ohne zwingende Mitarbeit im Unternehmen)	Staat	Jene Akteure, die unmittelbar an der Leistungserstellung beteiligt sind (Mitarbeiter*innen, langfristig an das Unternehmen gebundene Eigenkapital- geber*innen)
Umgang mit Externalitäten	Kaum oder wenn nur schwache Ansätze, Umweltschäden zu vermeiden (z. B. durch Gesetze); Wirtschaftswachstum als Basis für die Lösung von Umweltproblemen	Fehlende Innovationskraft, keine Anreize zu effizienterem Verhalten, sodass Umwelt- probleme nicht gelöst werden	Vollständige Internalisierung der Umweltkosten (Einbeziehung der Umweltkosten in die Preis- setzung)

Tabelle 2: Zusammenfassung der Vorschläge für die Ausgestaltung eines nachhaltigen Wirtschafts- systems im Kontrast zur Ausgestaltung des kapitalistischen bzw. planwirtschaftlichen Systems (nach Royal 2013, S. 145).

Umsetzungskonzepte nachhaltigen Wirtschaftens

Während auch heute noch ein großer Teil der Studierenden wirtschaftswis- senschaftlicher Studiengänge vor allem mit sogenannten Standardmodellen der Mainstreamökonomie (Konsumenten-, Produzententheorie in der Mikro- und Neoklassik sowie Keynesianismus in der Makroökonomie) konfrontiert werden, arbeiten weltweit immer mehr Lehrende und auch Lernende daran, ein Curriculum der »Pluralen Ökonomie« zu erstellen und frei zugänglich zu machen. Ziel ist es, aufzuzeigen, welche Alternativen zur Mainstreamökono- mie bestehen und welchen Beitrag sie zur Nachhaltigkeit leisten (Netzwerk Plurale Ökonomik 2018). Dabei werden auch solche Ansätze berücksichtigt, die nicht formaltheoretisch bzw. mathematisch ausgearbeitet oder möglichst allgemeingültig sind. Vielmehr handelt es sich bei den präsentierten Lösun-

Plurale Ökonomie und Ökonomie- konzepte der schwachen sowie starken Nachhaltigkeit

gen häufig noch um Konzepte oder Feldversuche mit begrenztem regionalen Anwendungsbereich.

Tab. 3 fasst relevante Ansätze zusammen und ordnet sie den Konzepten der schwachen und starken Nachhaltigkeit zu. Auf sie wird nachfolgend eingegangen. Auf die Postwachstums- und Gemeinwohlökonomie wird dabei besonderes Augenmerk gelegt, denn beide Ansätze beinhalten ein vergleichsweise umfangreiches konzeptionelles Gerüst, das mithilfe weiterer Ansätze konkreter ausgestaltet werden kann.

Tabelle 3:
Auswahl an Ansätzen nachhaltigen Wirtschaftens

Ansätze	Zielsetzung
(eher schwache Nachhaltigkeit)	
Green Economy	Grüner Umbau der Wirtschaft
Blue Economy	Innovative Nutzung von Abfällen und Ressourcen zur Errichtung einer Zero Emission Economy
Faktor X	Effizienz der eingesetzten Naturressourcen steigern
(eher starke Nachhaltigkeit)	
Steady State Economy	Wirtschaftliche Entwicklung auf optimalem physischen Niveau
Degrowth und Postwachstum	Gesundschrumpfen der Wirtschaft bzw. Wirtschaft, die ohne Wachstum hohe Lebensqualität ermöglicht
Gemeinwohlökonomie	Wirtschaft, die auf gemeinwohlorientierten Grundsätzen basiert
Buen Vivir	Gleichgewicht mit der Natur, Reduktion von sozialer Ungleichheit, solidarische Wirtschaft
Solidarische Ökonomie	Basisdemokratische, bedürfnisorientierte Wirtschaftsformen
Transition-Town-Bewegung	Lokale resiliente und autarke Gemeinschaften

Green Economy, Green Deal oder auch Green Growth

Die *Green Economy* wird auch mit den Begriffen *Green Deal* oder *Green Growth* in Verbindung gebracht und steht heute im Mittelpunkt der Nachhaltigkeitsstrategie der BRD (vgl. Bundesregierung 2017). Ziel ist der grüne Umbau des bestehenden Wirtschaftssystems. Die politischen Rahmenbedingungen sind dafür anzupassen und die Finanz-, Wirtschafts- und Ökologiekrise in Win-win-Situationen zu verwandeln. Krise wird als Chance verstanden, die zu einer Ökonomie führen kann, die menschliches Wohlbefinden sowie soziale Gerechtigkeit fördert und gleichzeitig Umweltrisiken sowie ökologische Knappheit reduziert. Hiermit verbunden ist auch die Idee, dass der unter Umweltgesichtspunkten notwendige Umbau der Wirtschaft hin zu mehr Energie- und Ressourceneffizienz und einem besseren Management von Naturkapital zu einem starken Wachstumstreiber werden kann: Es können neue

4 Transformation zur Nachhaltigkeit

»grüne« Märkte erschlossen werden, und es entstehen Wettbewerbsvorteile durch Ökoinnovationen. Das heißt, in der Green Economy sollen Wachstum und Umweltschutz Hand in Hand gehen. Die Wachstumsorientierung bleibt bestehen (vgl. Fiorino 2018, S. 130).

Der Begriff der *Blue Economy* wurde 2010 vom Unternehmer Gunter Pauli geprägt und orientiert sich an der Farbe der Erde (Blick von außen). In Abgrenzung zur Green Economy soll die Blue Economy Ansätze finden, die für alle leistbar und gänzlich umweltfreundlich sind, die das gesamte Wirtschaftssystem verändern und nicht zu vermeintlich nachhaltigen Produkten führen, die das Ökosystem weiterhin schädigen oder nur wenigen Menschen zur Verfügung stehen.[4]

Blue Economy als Weiterentwicklung der Green Economy

Ziel dieser Initiative ist daher, die besten von der Natur inspirierten, klimafreundlichen, effizienten und gleichzeitig marktfähigen Technologien im Bereich des Umgangs mit natürlichen Ressourcen zu finden und der breiten Öffentlichkeit zugänglich zu machen. Die *Blue Economy Alliance* sammelt und veröffentlicht die Ideen und hilft bei deren Übersetzung in Geschäftsmodelle. Ziel ist es zudem, eine neue Generation von Unternehmer*innen zu unterstützen, die nur lokale Ressourcen verwendet und Abfall zum Ausgangspunkt ihrer Geschäftsmodelle macht (vgl. Pauli 2017, S. 2, 104 ff.). Die Blue Economy basiert insofern auf der Funktionsweise von Ökosystemen und ahmt die Kaskadenwirtschaft der Natur nach, indem Abfall (aus Stoffwechselprozessen) stets Ausgangsmaterial für die nächste Wertschöpfungsstufe ist. Eine klare Aussage zur Wachstumsorientierung ist nicht ersichtlich; vielmehr kann die Blue Economy als Weiterentwicklung des Konzepts der Green Economy verstanden werden, die wichtige Beiträge liefert, wie die Konzentration auf lokale Ressourcen und eine konsequente Kreislaufwirtschaft.

Die Überlegungen der Faktor-X-Bewegung finden sich auch in der Green und Blue Economy wieder. Sie zielt auf die Dematerialisierung der Wirtschaft ab, d.h., den Materialverbrauch weltweit auf ein tragfähiges Maß zu reduzieren. Faktor X beschreibt dabei, wie hoch die Reduktion ausfallen sollte, um die Tragfähigkeit zu garantieren. Über die Höhe herrscht allerdings Uneinigkeit. Faktor vier, fünf oder auch zehn wurden in der Vergangenheit diskutiert. »Die Bezeichnung Faktor X weist darauf hin, dass es in vielen Bereichen der Produktion und des Konsums enorme, bisher aber weitestgehend ungenutzte und zum Teil auch noch nicht ausreichend bekannte Potenziale für Ressourceneffizienz gibt« (Umweltbundesamt 2016b). Dabei setzt die Faktor-X-Bewegung sowohl auf der Makro- als auch auf der Mikroebene an: Auf der Makro-

Faktor-X-Bewegung – Wachstum der Grenzen statt Grenzen des Wachstums

---

4 Pauli stellt in diesem Zusammenhang z. B. auf die schlechte Ökobilanz von Biokraftstoffen ab und weist darauf hin, dass nachhaltige Produkte häufig sehr hochpreisig sind und damit nur von privilegierten Menschen konsumiert werden können (Pauli 2017, S. 14 f.).

ebene wird die Reduktion des Verbrauchs bestimmter nationaler oder auch globaler Ressourcen gefordert, und auf der Mikroebene wird auf die Verringerung der Produktion bestimmter Güter abgestellt. Der Ansatz beinhaltet zudem die Messbarmachung von Verbräuchen, z. B. mithilfe des MIPS-Konzepts (Materialintensität pro Serviceeinheit). Der Materialinput wird z. B. mithilfe von ökologischen »Rucksäcken« (Wasserrucksack, CO_2-Rucksack usw.) veranschaulicht (vgl. Lebensministerium 2012, S. 29 ff.). Im Mittelpunkt des Konzepts steht die Idee, dass mehr Wohlstand mit weniger Naturkapital geschaffen werden kann. Wachstum ist insofern weiter möglich, und zwar in dem Maße, wie es gelingt, effizienter mit dem vorhandenen Naturkapital umzugehen bzw. dieses durch neue Technologien zu substituieren. Kritisch zu sehen ist jedoch, dass die Faktor-X-Bewegung keine Antworten auf die Tendenz der Rebound-Effekte gibt: Ressourcen, die durch Effizienzsteigerungen eingespart werden sollen, werden vielmehr in neue Produktionsmöglichkeiten überführt, sodass sich in der Summe der Ressourcenverbrauch weiter erhöht (vgl. Umweltbundesamt 2014) (▷ Kapitel 3.4). Damit wird klar: Die Orientierung auf steigende Effizienz allein führt nicht zu einem nachhaltigen Wirtschaftssystem. Die Grenzen des Wirtschaftswachstums lassen sich durch Effizienzgewinne immer weiter ausdehnen. Vielmehr muss nach Ansätzen gesucht werden, die von den Grenzen des Ökosystems ausgehen und diese in den Mittelpunkt sämtlicher wirtschaftlicher Aktivitäten stellen – so wie in der *Steady State Economy*.

Steady State als Bedingung für starke Nachhaltigkeit und damit eines nachhaltigen Wirtschaftssystems

Aus der deutschen Übersetzung des *Steady State* heraus wird das Kernelement der Steady State Economy ersichtlich: Es handelt sich um die Betrachtung eines stabilen Zustandes der Ökonomie. Die Ruhelage des Wirtschaftssystems kann jedoch unterschiedlich interpretiert werden. So können alle relevanten Größen wie Bevölkerung, Arbeitseinsatz, Ressourcenverbrauch, Konsum usw. in Relation zueinander konstant sein oder, absolut gesehen, auf einem konstanten Niveau verharren – die Veränderungsraten sind null. Aus dem ersten Fall (relativ zueinander konstant) folgt, dass alle Kenngrößen mit der gleichen positiven Rate wachsen können. Die Ökonomie befindet sich auf einem stetigen Entwicklungspfad mit konstantem positiven Wachstum (z. B. 1 %, wie in einem der Berichte an den *Club of Rome* gefordert – vgl. Randers und Maxton 2016). Geht aber dieses Wachstum zulasten einer endlichen Ressource, weil Ressourcenverbrauch und Wachstum nicht entkoppelt werden können, ist ein Erliegen der ökonomischen Wachstumsdynamik unausweichlich. In diesem Zeitpunkt herrscht Nullwachstum – alle Größen verbleiben dann auf einem konstanten Niveau. Das Wachstum dieser Ökonomie endet an den Grenzen des Ökosystems. Die Steady State Economy beschreibt damit die Grundlagen einer Ökonomie, die dem Konzept der starken Nachhaltigkeit gerecht wird. Doch wie genau kann die Steady State Economy umgesetzt werden, d.h., wie sähe eine praktische Umsetzung aus, und welche Konsequenzen hätte sie für die an der Wirtschaft beteiligten Akteure?

Stationary State als Endpunkt des Wirtschaftswachstums?

Schon Adam Smith (1723–1790) verwies auf einen sogenannten *Stationary State* als Endpunkt des Wirtschaftswachstums (vgl. Smith 1776). Neben Smith sah auch Robert Malthus (1766–1834) solch eine Entwicklung als unausweichlich voraus, da das exponentielle Bevölkerungswachstum nicht mit einer ausreichenden Lebensmittelversorgung einhergeht (vgl. Malthus 1798) (▷ Kapitel 1.2).

Mit der einsetzenden Industrialisierung und neuen wissenschaftlichen Entdeckungen änderte sich jedoch auch der Blick auf den stationären Zustand. Durch produktivere Methoden und technologische Fortschritte schienen natürliche Grenzen überwindbar und Wachstum unbegrenzt möglich. Dies spiegelte sich auch in der ökonomischen Denkweise wider (siehe Idee der kreativen Zerstörung von Schumpeter 1942).

Erst in den 1970ern rückte die Wachstumskritik mit den »Grenzen des Wachstums« (Meadows et al. 1972) des *Club of Rome* und damit der Stationary State wieder in den Fokus der ökonomischen Debatte. Durch die Einbettung der Ökonomie in das bestehende ökologische System können ein unbegrenztes Wachstum und damit stetig steigender Wohlstand nicht möglich sein. Im Gegenteil, durch den Verbrauch endlicher natürlicher Ressourcen reduziert sich der für den Wohlstand notwendige Kapitalstock. Sich hierauf und auf den Stationary State beziehend, definierte Daly (1974):

Eine Steady-State-Ökonomie zeichnet sich durch konstante Bestände an physischem (durch Menschen gemachtes) Kapital und einen konstanten Bevölkerungsstand aus. Das Niveau beider Bestände ist so zu wählen, dass sie sich durch möglichst niedrige Durchsatzraten auszeichnen. Dabei beginnt der Durchsatz mit Entnahmen aus der Natur und endet mit der Verschmutzung der Natur. Beides bedeutet Kosten der Aufrechterhaltung der Bestände, und es ist deshalb sinnvoll, für jeden gegebenen Bestand den Durchsatz zu minimieren.

Während Vertreter der klassischen Ökonomie den stationären Zustand durchaus als Stagnation interpretierten und daher Auswege wie den globalen Handel als Option zur Vermeidung des stationären Zustands ansahen, sieht Daly diesen als ein notwendiges Szenario zur Sicherung des Überlebens an, weil eine Ökonomie mit einem endlichen Vorrat an Ressourcen nicht unbegrenzt wachsen kann. Da sich der Steady State, im Gegensatz zu Smith' Auffassung, nicht von selbst einstellt, fordert Daly dauerhafte staatliche Restriktionen und Interventionen bei der Nutzung von Ressourcen, um das fragile Ökosystem, welches nicht unbegrenzt in Anspruch genommen werden kann, zu schützen.

Postwachstums-
ökonomie –
Gesund-
schrumpfen der
Wirtschaft

Die Postwachstumsökonomie (PWÖ) versucht die Anforderungen einer Steady State Economy mit konkreten Umsetzungskonzepten zu verbinden. Dabei geht es der PWÖ mit Blick auf die ökologischen Grenzen um ein »Gesundschrumpfen« der Wirtschaft. Nach Paech (2011, S. 66 ff.) sind aber nicht nur die ökologischen Grenzen erreicht, die eine PWÖ erforderlich machen. Paech weist darauf hin, dass die Ökonomie selbst an ihre Grenzen stößt und längst kein Zusammenhang zwischen Wirtschaftswachstum und Wohlfahrt der Bevölkerung mehr besteht. Zudem betont er mit Blick auf die Green Economy oder auch Faktor-X-Bewegung, dass es schließlich nicht zu einer Entlastung des Ökosystems kommt, sondern dass Effizienzsteigerungen durch die bereits erwähnten Rebound-Effekte (Bumerang-Effekte; ▷ Kapitel 3.4) »aufgefressen« werden (Paech 2011, S. 93).

Auf die begrenzte Belastbarkeit der Ökosysteme und der begrenzten Verfügbarkeit natürlicher Ressourcen muss gemäß PWÖ mit Wachstumsrückgang reagiert werden. Es steht daher nicht die Frage im Mittelpunkt, ob die Wirtschaft schrumpfen muss, sondern wie sie schrumpfen soll. Paech strebt eine »sanfte Landung« im Sinne eines ökologisch und sozial verträglichen Schrumpfens an. Gran (2017, S. 222) unterstreicht mit seinen Modellrechnungen für Deutschland die Notwendigkeit einer geplanten und staatlich gelenkten »Schrumpfungskur«. Produktion und Konsum müssen dazu reduziert werden, was aber nicht gleichbedeutend mit einer Reduktion der Lebensqualität ist. Im Gegenteil: Nach Paech (2011, S. 110), der sich auf die Ergebnisse der Glücks- und Zufriedenheitsforschung bezieht, kann die Lebensqualität sogar gesteigert werden, wenn bestehender Überfluss reduziert wird (weniger Arbeitsstress, weniger Konsumdruck usw.). Gran (2017, S. 228 ff.) untermauert diese Argumentation mit empirischen Ergebnissen und zeigt, dass sich trotz Schrumpfung der Wirtschaftsleistung Wohlfahrtsindikatoren wie das Bildungsniveau, die Lebenserwartung oder auch Staatsschuldenquote positiv entwickeln können.

Ergebnisse eines Degrowth-Szenarios für Deutschland

Die Ergebnisse des Business-as-usual-Szenarios zeigen, dass sich mit einem »Weiter so« ein Wirtschaften innerhalb der ökologischen Grenzen nicht erreichen lässt. Gran stellt mit seinem Degrowth-Szenario deshalb eine Prognose für Deutschland vor, die explizit darauf ausgerichtet ist, die Ökonomie so »einzustellen«, dass sie sich entlang der ökologischen Grenzen – gemessen an der verfügbaren Biokapazität (2,2 gH in 2040) – entwickelt. Konkret bedeutet das eine Reduktion des BIP (Verwendungsseite) so weit, dass bis 2040 das Verhältnis ökologischer Fußabdruck pro Kopf zur Biokapazität ausgeglichen ist, kein Überschießen (Overshoot) mehr erfolgt. Tab. 4 stellt die Ergebnisse des Schrumpfungsszenarios im Vergleich zum BAU-Szenario und zum Basisjahr von 2007 dar. Es zeigen sich im Bereich der ökonomischen Indikatoren im Vergleich zum BAU-Szenario und auch zum Basisjahr erwartungsgemäß Reduktionen im Bereich des BIP und BIP pro Kopf. Da es sich in der Modellierung von Gran um einen kontrollierten Schrumpfungsprozess handelt (begleitet von staatlichen Maßnahmen), weist die geschrumpfte Ökonomie in 2040 weiterhin eine hohe Beschäftigung auf, die allerdings nicht mehr im Schnitt 40 Stunden Arbeitszeit pro Woche und Kopf umfasst, sondern nur noch rund 24 Stunden (vgl. Gran 2017, S. 239). Die Staatsverschuldungsquote konnte auch im Schrumpfungsszenario reduziert werden, was vor allem darauf zurückgeführt werden kann, dass die Schrumpfung mit einer entsprechenden Reduktion der Staatsausgaben einhergeht. Die Gleichverteilung der Einkommen verbessert sich sowohl im Vergleich zum Basisjahr als auch im Vergleich zum BAU-Szenario. Die Indikatoren für das Bildungsniveau und die Erlebenswahrscheinlichkeit des 60. Lebensjahres fallen besser aus als im Basisjahr, aber etwas schlechter aus als im BAU-Szenario, da sich die staatlichen Ausgaben in den Bildungs- und Gesundheitsbereich reduzieren würden. Schließlich wird im Bereich des ökologischen Fußabdrucks pro Kopf die Zielvorgabe von 2,2 gH im Schrumpfungsszenario bis 2040 erreicht. Es zeigt sich, dass die Schrumpfung der Wirtschaftsleistung nicht gleichbedeutend ist mit einer Verschlechterung der Lebenssituation der Menschen einer Volkswirtschaft. Voraussetzung ist aber, dass diese Lebenssituation oder auch gesellschaftliche Wohlfahrt nicht allein an den bekannten ökonomischen Indikatoren wie dem BIP oder BIP pro Kopf ausgemacht wird.

Tabelle 4:
Ergebnisse des
Degrowth-Szenarios
für Deutschland
bis 2040
(Quelle: Gran 2017,
S. 207 und 231).

Indikatoren	Absolute Werte 2007	Absoluter Wert 2040 BAU	Absoluter Wert 2040 Degrowth
BIP	2.387 Mrd. Euro	2.961 Mrd. Euro	2.039 Mrd. Euro
BIP pro Kopf	28.945 Euro	38.787 Euro	26.710 Euro
Schuldenquote	65 %	44 %	42 %
Erwerbslosenquote	9 %	6 %	6 %
Ökologischer Fußabdruck pro Kopf	4,8 gH	3,8 gH	2,2 gH
Gini*	0,29	0,27	0,23
Bildung**	72,5 %	78,3 %	77,5 %
Sterblichkeit***	8,2	1,4	2,2

* Der Gini-Koeffizient wird als Indikator für die Einkommenverteilung verwendet. Je näher der Wert an null, desto gleichmäßiger sind die Einkommen in der Volkswirtschaft verteilt.

** Das Bildungsniveau wird gemessen am Anteil der 20–24-Jährigen, die über einen Bildungsabschluss der Stufe 3–6 (3 = Duale Berufsausbildung, 6 = Studienabschluss i. d. R. BA-Niveau) verfügen.

*** Sterblichkeit bezieht sich auf die Wahrscheinlichkeit, nicht das 60. Lebensjahr zu erreichen.

Das Schrumpfen der Wirtschaft soll nach Paech (2011, S. 131 und 150) u. a. dadurch erreicht werden, dass die Einbringung des Produktionsfaktors Arbeit in den arbeitsteiligen globalen Produktionsprozess drastisch reduziert wird. Insgesamt sollen nur noch rund 50 % der gewöhnlichen Arbeitszeit auf klassische Erwerbsarbeit, d. h. auf den monetären bzw. kommerziellen Bereich, entfallen. Die übrigen 50 % können im Sinne der Suffizienzstrategie (▷ Kapitel 1.2) »eingespart« oder für Subsistenzwirtschaft verwendet werden.[5]

Das Einsparen begründet Paech (2011, S. 125 f.) wie folgt: Wenn die Befreiung vom »Wohlstandsballast« gelingt, ist weniger Erwerbsarbeit notwendig, um das Geld zu verdienen, das heute noch benötigt wird, um Produkte zu kaufen, die nicht zufriedener machen, sondern belasten. Wenn dann noch Zeit darauf verwendet wird, einen Teil der Konsumgüter selbst herzustellen oder die Lebensdauer gekaufter Konsumgüter zu verlängern, reduzieren sich der Geldbedarf und damit die Notwendigkeit für kommerzielle Erwerbsarbeit weiter.

Auch für die 50 % klassische Erwerbsarbeit macht Paech (2011, S. 130 ff.) konkrete Vorschläge: Ähnlich wie in der Blue Economy wird auf eine starke regio-

---

5 Den Modellrechnungen Grans (2017) zufolge müsste die kommerzielle Arbeitszeit bis 2040 im Rahmen eines Degrowth-Szenarios, das die wirtschaftliche Leistungserstellung auf die Grenzen unseres Ökosystems begrenzt, auf ca. 60 % sinken.

4 Transformation zur Nachhaltigkeit

nale Ökonomie mit deglobalisierten Wertschöpfungsketten und vielfältigen Ansätzen aus dem Bereich der solidarischen Ökonomie abgestellt. So viel wie möglich soll hiernach vor Ort und in der Gemeinschaft produziert werden. Die Nutzung von Regionalwährungen soll zudem die regionale Ökonomie stärken und sie vor externen Schocks der globalen Finanzwirtschaft schützen. Paech räumt in diesem Zusammenhang aber auch ein, dass sich durch Suffizienz, Subsistenz und regionalisierte Wirtschaftskreisläufe nicht alle Bedarfe decken lassen. Ein Teil der Leistungserstellung wird weiterhin auf globale Arbeitsteilung angewiesen sein. Für diesen Teil schlägt Paech (ebd.) Folgendes vor: (1) Steigerung der Effizienz und Konsistenz der eingesetzten Technologien bei gleichzeitiger Verhinderung von Rebound-Effekten durch eine entsprechende »politische Flankierung«; (2) Ressourcengewinnung durch Rückbau alter Industrien – auch um sicherzustellen, dass alte, umweltschädigende Technologien und Industrien nicht parallel zu den neuen, effizienten und konsistenten Technologien bestehen.

Generell werden für die Produkte, die weiterhin in globaler Arbeitsteilung hergestellt werden, Langlebigkeit, Reparierbarkeit und Modularität gefordert. Obsoleszenz gilt es insofern zu vermeiden, und statt Neuproduktion werden Instandhaltung, Renovierung, Ertüchtigung und Umgestaltung angestrebt. Schließlich geht Paech in seinem Ansatz auch auf die Frage der Wohlstandsmessung ein. Er verweist auf die Messprobleme des BIP und fordert einen um ökologische und soziale Aspekte erweiterten Messansatz (vgl. Wohlfahrtsmessung – Alternativen zum BIP).

Die PWÖ zeigt insofern einen komplexen Ansatz für eine Ökonomie im Sinne der starken Nachhaltigkeit und macht konkrete Vorschläge für die Anwendung der Strategien (bzw. Maßnahmen) eines systemischen Nachhaltigkeitskonzeptes (Effizienz, Suffizienz, Subsistenz, Konsistenz und Bildung; ▷ Kapitel 1.2). Der Ansatz von Paech fordert Überzeugung sowie Selbstbindung und ermöglicht hierdurch einen Bottom-up-Ansatz,[6] der sich in Wirtschaft und Politik nach und nach durchsetzen könnte. Die nachfolgend beschriebenen Ansätze der Gemeinwohlökonomie, des *Buen Vivir* sowie der Solidarischen Ökonomie und Transition-Town-Bewegung zeigen wiederum, wie sich die einzelnen Säulen der PWÖ mit konkreten Handlungsansätzen verbinden und damit einer Umsetzung zuführen ließen (Abb. 3).

---

6 Bottom-up-Ansatz: Veränderungen erfolgen von »unten«, d. h., interessierte Akteure (Einzelpersonen, Vereine, Gemeinschaften, usw.) erproben selbstständig und im eigenen Interesse bestimmte Lösungsansätze. Durch entsprechende Kommunikation können sich diese Ansätze verbreiten und finden in immer mehr Orten, Gemeinschaften usw. Anwendung. Die Politik kann diese dann aufgreifen und in Gesetze, Förderprogramme usw. einbinden, wodurch sie dann eine breite, überregionale Wirkung entfalten.

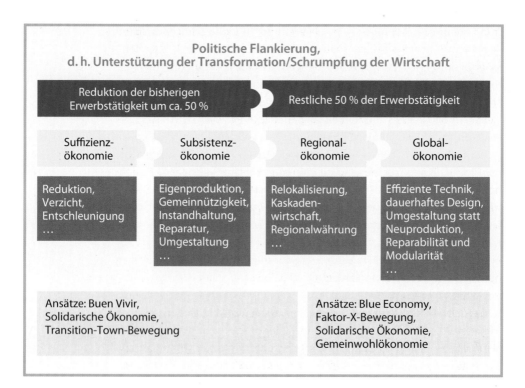

Politische Flankierung,
d. h. Unterstützung der Transformation/Schrumpfung der Wirtschaft

| Reduktion der bisherigen Erwerbstätigkeit um ca. 50 % | Restliche 50 % der Erwerbstätigkeit |

| Suffizienz-ökonomie | Subsistenz-ökonomie | Regional-ökonomie | Global-ökonomie |

| Reduktion, Verzicht, Entschleunigung … | Eigenproduktion, Gemeinnützigkeit, Instandhaltung, Reparatur, Umgestaltung … | Relokalisierung, Kaskaden-wirtschaft, Regionalwährung … | Effiziente Technik, dauerhaftes Design, Umgestaltung statt Neuproduktion, Reparabilität und Modularität … |

| Ansätze: Buen Vivir, Solidarische Ökonomie, Transition-Town-Bewegung | Ansätze: Blue Economy, Faktor-X-Bewegung, Solidarische Ökonomie, Gemeinwohlökonomie |

Abbildung 3:
Puzzle der
Postwachstums-
ökonomie
(nach Paech 2001,
S. 142).

Der Ansatz der
Gemeinwohl-
ökonomie nach
Christian Felber

Felber formuliert das Anliegen des von ihm maßgeblich geprägten Konzepts einer Gemeinwohlökonomie (GWÖ), die gewichtig dazu beitragen könnte, die von Paech skizzierte PWÖ konkreter auszugestalten, anhand folgender drei Punkte:

Erstens will die GWÖ »den Werte-Widerspruch zwischen der Wirtschaft und der Gesellschaft auflösen, indem in der Wirtschaft dieselben Verhalten und Werte belohnt und gefördert werden sollen, die unsere zwischenmenschlichen Beziehungen gelingen lassen: Vertrauensbildung, Wertschätzung, Kooperation, Solidarität und Teilen« (Felber 2012, S. 12). Statt Konkurrenz und Egoismus möchte die GWÖ Kooperation und Solidarität fördern. Denn Konkurrenz bedeutet: Ich gewinne nur, wenn andere verlieren. Angst zu verlieren und die Lust zu siegen prägen die bestehende Wirtschaftsordnung. Die vorherrschenden Win-lose-Beziehungen zwischen den Wirtschaftssubjekten sollen durch eine kooperative und solidarische Wirtschaftsweise, die zu Win-win-Beziehungen führen, abgelöst werden.

Zweitens sollen der »Geist, die Werte und Ziele unserer Verfassung […] in der Wirtschaft konsequent durchgesetzt werden. Die gegenwärtige realverfasste Wirtschaftsordnung verletzt den Geist der Verfassung« (Felber 2012, S. 12 f.). Felber führt hierzu als Beispiel die Verfassung des Freistaats Bayern an, in der in Art. 151 Folgendes festgelegt ist: »Alle wirtschaftliche Tätigkeit dient dem Gemeinwohl« (Verfassung Freistaat Bayern, Art. 151). Hiernach müsste wirtschaftlicher Erfolg neu definiert werden. Der »Anreizrahmen für die individuellen Wirtschaftsakteure muss umgepolt werden von Gewinnstreben und Konkurrenz auf Gemeinwohlstreben und Kooperation. […] Neues Ziel aller Unternehmen ist es, einen größtmöglichen Beitrag zum allgemeinen Wohl zu leisten« (Felber 2012, S. 38).

In Ergänzung dazu fordert Felber drittens, dass die »wirtschaftliche Erfolgsmessung […] von Tauschwertindikatoren auf Nutzwertindikatoren [umgestellt werden]. [Denn der] Zweck allen Wirtschaftens ist nicht die Bereitstellung von Tauschwerten, sondern von Nutzwerten […]. Am Beginn des Geldwesens war es hilfreich, Nutzwerte in Tauschwerte zu übersetzen. Heute ist das Mittel zum Zweck geworden, der Diener zum Herrscher« (Felber 2012, S. 13.). Die Messung wirtschaftlichen Erfolgs heute (Gewinn) muss ersetzt werden und sich künftig auf die Befriedigung der Bedürfnisse (das Wohl aller, d. h. Gemeinwohl) konzentrieren.

Felber stellt aber nicht nur Forderungen auf, sondern unterlegt diese mit umsetzungsorientierten Lösungsansätzen. So schlägt er als Ersatz für das BIP die Einführung des Gemeinwohlprodukts (GWP) auf der Makroebene (gesamte Volkswirtschaft) vor, welches sich als Summe der Gemeinwohlbilanzen (GWB), die auf der Mikroebene (einzelne Unternehmen) zu erstellen sind, ergibt.

Gemeinwohlbilanz (GWB)

Die GWB kann wie folgt erläutert werden (vgl. Felber 2011, S. 38 ff.): Die GWB ist eine Bewertungsmatrix, die sich auf der Y-Achse auf relevante interne und externe Unternehmensbeteiligte (Stakeholder wie Mitarbeiter*innen, Kund*innen, Lieferant*innen, die Öffentlichkeit usw.) bezieht. Dies geschieht aus der Erkenntnis heraus, dass es eine Leistungserstellung und Leistungsverwertung in Unternehmen ohne diese Beteiligten nicht gibt. Auf der X-Achse stellt die GWB diesen Beteiligten die Grundprinzipien/Werte (z. B. Menschenwürde, Solidarität, Mitbestimmungsmöglichkeiten) der GWÖ gegenüber. Die Matrixeinträge signalisieren mit Punktwerten, inwiefern diese Grundprinzipien im Rahmen des unternehmerischen Handelns zur Anwendung kommen. Je höher der Punktwert, desto besser wird die jeweilige Zielsetzung erreicht. Die Summe der Punktwerte über alle Matrixeinträge ergibt den Gesamtwert der GWB. Dabei wird das Ergebnis nicht nur von positiven Werten bestimmt. Es werden jene unternehmerischen Aktivitäten mit hohen negativen Punktwerten bestraft, die in einer GWÖ vermieden werden sollen – z. B. illegitime Umweltbelastungen, feindliche Unternehmensübernahmen usw. Der Logik der GWB folgend, fördern Unternehmen dann das Gemeinwohl, wenn sie sozial verantwortlich handeln, ökologisch nachhaltig produzieren und vertreiben, gerecht verteilen, die Arbeitsplätze eine hinreichend hohe Qualität aufweisen, Mitbestimmung im Unternehmen gelebt wird und das Unternehmen politische Verantwortung wahrnimmt.

Beispiele, wie diese Ziele erreicht werden können, liefert die Gemeinschaft der Anwender*innen: So ließe sich beispielsweise im Sinne der Selbstbestimmung im Unternehmen von den Mitarbeiter*innen selbst bestimmen, wie hoch die jeweiligen Einkommen sind, welche Produktions- und Vertriebsziele angestrebt werden oder was mit erwirtschafteten Gewinnen passieren soll. Auf diese Weise wird die Mitbestimmung im Unternehmen gefördert.

Felber erläutert darüber hinaus weitere Ansätze (ca. 20) und Instrumente für die GWÖ. Besonders relevante Ansätze werden nachfolgend kurz skizziert (vgl. Felber, 2012, S. 38 ff., zusammengefasst und kritisch gewürdigt in Leschke 2015, S. 11 ff.):

- Einführung einer Gemeinwohlprüfung für Kredite und einer Gemeinwohlbilanz für Unternehmen, wobei Unternehmen mit guten Gemeinwohlbilanzen rechtliche und wirtschaftliche Vorteile erhalten.

- Bilanzielle Überschüsse dürfen entstehen und verwendet werden für Investitionen (mit sozialem und ökologischem Mehrwert), Rückzahlung von Krediten, Rücklagen in einem begrenzten Ausmaß, begrenzte Ausschüttungen an die Mitarbeiter*innen sowie für zinsfreie Kredite an Mitunternehmen.

- Es werden demokratische Allmenden *(Commons)* in Form von Gemeinwirtschaftsbetrieben im Bildungs-, Gesundheits-, Sozial-, Mobilitäts-, Energie-, Kommunikations- und Finanzbereich (demokratische Bank!) eingeführt. Diese sollen die Daseinsvorsorge in allen Regionen sicherstellen.

- Der Staat finanziert sich primär über zinsfreie Zentralbankkredite. Die Zentralbank erhält das Geldschöpfungsmonopol und wickelt den grenzüberschreitenden Kapitalverkehr ab, um Steuerflucht zu unterbinden. Auf lokaler Ebene können Regionalwährungen die Nationalwährung ergänzen.

- Einkommens- und Vermögensungleichheiten werden in demokratischer Diskussion und Entscheidung begrenzt. Zudem wird ein Maximaleinkommen eingeführt. Privatvermögen, Schenkung und Vererbung sollen ebenfalls begrenzt werden. Darüber hinausgehendes Erbvermögen wird über einen Generationenfonds als »Demokratische Mitgift« an alle Nachkommen der Folgegeneration verteilt.

- Die repräsentative Demokratie wird ergänzt durch Elemente der direkten und partizipativen Demokratie.

- Die Erwerbsarbeitszeit wird schrittweise auf das mehrheitlich gewünschte Maß von 30 bis 33 Wochenstunden reduziert. Dadurch wird Zeit frei für andere zentrale Arbeitsbereiche wie z. B. die Gemeinwesenarbeit.

Die GWÖ stellt in der Summe auf die Schaffung eines neuen Ordnungsrahmens für gemeinwohlorientiertes Wirtschaften, eingebettet in einen verbindlichen Rechtsrahmen, ab. Sie entwickelt hierfür konkrete Instrumente und bringt diese in Anwendung: »Die Gemeinwohlökonomie ist nicht nur eine Idee, sondern Realität. Weltweit hat sich eine zivilgesellschaftliche Bewegung in über 40 Staaten mit 19 Vereinen und über 100 regionalen Gruppen aufgespannt. Mehr als 2.000 Unternehmen unterstützen das Modell, 350 davon haben bereits eine Gemeinwohl-Bilanz erstellt« (Ecogood 2017). Die Umsetzung erfordert demnach (nach Felber und ähnlich wie im Fall der PWÖ) intrinsische Motivation und Eigenverantwortung, rechtliche Anreize, einen ordnungspolitischen Rahmen sowie eine entsprechende Bewusstseinsbildung.

Das Konzept des *Buen Vivir* (▷ Kapitel 1.2), das im Rahmen einer PWÖ einen Beitrag im Bereich der Suffizienz- und Subsistenzökonomie leisten kann, kann heute als systemkritische Antwort auf das westliche Entwicklungsdenken und insofern als Gegenentwurf zum kapitalistischen Lebensmodell verstanden werden. Es beinhaltet die Rückbesinnung auf Lebensphilosophien indigener Völker Südamerikas, die nicht den Menschen allein im Mittelpunkt der Entwicklung sehen, sondern alles, was existiert, als eine Einheit begreifen. Die Ziele des Konzepts gehen über reines Erhöhen des individuellen Wohlbefindens und einen hohen Lebensstandard hinaus. Einerseits wird ein Recht auf ein gutes Leben definiert. Andererseits wird der Natur eine herausragende Bedeutung zugesprochen, und es werden ihr Rechte eingeräumt. Die Rolle des Staates ist in der Wirtschafts- und Sozialpolitik stark ausgeprägt. Der Staat soll den Schutz der Natur sicherstellen (vgl. Acosta 2017, S. 70 ff.).

Buen Vivir bzw. Gutes Leben – Natur als Trägerin von Rechten

Die Solidarische Ökonomie, die eine wichtige Säule im Bereich der Subsistenz- und Regionalökonomie der PWÖ werden könnte, stellt auf Wirtschaftsformen ab, die menschliche Bedürfnisse ins Zentrum des Handelns

Solidarische
Ökonomie –
Nutzen statt
Besitzen,
Beitragen statt
Tauschen,
Teilen statt
Kaufen

stellen. Im Mittelpunkt der Solidarischen Ökonomie steht zudem das Wirtschaften ohne Gewinnerzielung. Wirtschaftliche Aktivitäten richten sich an den Bedürfnissen der Beteiligten (auch künftiger Generationen) aus und sollen diesen einen Nutzen stiften. Produktionsmittel befinden sich im kollektiven Eigentum, und über deren Verwendung wird im Rahmen kooperativer Entscheidungsfindungen bestimmt. Das Motto »›Nutzen statt besitzen‹, ›Beitragen statt Tauschen‹, ›Teilen statt Kaufen‹« (Lebensministerium 2012, S. 48) macht zudem die Stoßrichtung und gleichzeitig das Spektrum dieses Ansatzes deutlich. In der Praxis zeigen sich diverse Ausprägungen: selbstverwaltete Betriebe, lokale Direktvermarktung, Tauschringe, fairer Handel, Regionalwährungen, Ökodörfer, Garten- oder Wohnraumprojekte, Open-Source-Projekte u. v. m. (vgl. Embshoff et al. 2017) (▷ Kapitel 3.5, 4.2).

Transition-
Town-
Bewegung:
Gestaltung einer
resilienten,
autarken
Gesellschaft

Die Transition-Town-Bewegung setzt sich schließlich die Gestaltung des Übergangs zu einer resilienten, autarken Gesellschaft zum Ziel. Resilienz wird als Widerstandsfähigkeit der lokalen Gesellschaft gegenüber externen Störungen verstanden und geht auf die Frage ein, wie Gemeinschaften weiterhin gut oder besser leben können, wenn fossile Energieträger verbraucht sind. Ziel ist es insofern, möglichst ohne fossile Energieträger auszukommen und den CO_2-Fußabdruck zu minimieren. Die Transition-Bewegung versteht sich als soziale, lernende, proaktive Gemeinschaft, die konkrete Lösungsansätze erarbeitet und durch Vernetzung verbreitet. Zu diesen Instrumenten, die auch der PWÖ zur weiteren Konkretisierung verhelfen könnten, zählen (Auswahl): Selbstversorgung durch Nahrungsmittelanbau, lokale Währung, lokale Energieunternehmen und Energiesparpläne sowie Ausbildungsprojekte (vgl. Maschkowski et al. 2017, S. 368 ff.). In Eberswalde und im Barnim existiert bereits seit mehreren Jahren eine Transition-Town-Bewegung (»wandelBar«). Sie ist Teil der weltweiten Transition-Bewegung. Sie »möchte Menschen dafür begeistern, ermutigen und unterstützen, eine positive Zukunftsvision zu entwickeln und diesen Wandel selbst zu gestalten« (wandelBar 2015).

Messung der Zielerreichung in nachhaltigen Wirtschaftssystemen

Das BIP ist mit einigen »Messfehlern« verbunden, denn es blendet relevante soziale, ökologische und auch wichtige ökonomische Aspekte aus (▷ Kapitel 3.2). Im Rahmen der Vorstellung nachhaltiger Wirtschaftssysteme (bzw. von Bausteinen, die ein nachhaltiges Wirtschaftssystem ausgestalten könnten) wurde bereits erläutert, dass es notwendig ist, die Entwicklung einer Ökonomie, die auf Prinzipien der starken Nachhaltigkeit basiert, mithilfe alternativer Messkonzepte zu erfassen. Die Gemeinwohlbilanz, die sich national zum

Gemeinwohlprodukt aggregieren lässt, stellt bereits einen konkreten Ansatz eines alternativen, auf die Entwicklung des Gemeinwohls der Gesellschaft ausgerichteten Erfassungsansatzes dar. Ergänzend werden in Tab. 5 weitere Messkonzepte benannt und kurz erläutert (vgl. Diefenbacher und Zieschank 2011, S. 39 ff., und ergänzend zum GNH-Index siehe Ura et al. 2012, S. 13 ff.).

Tabelle 5: Alternative Konzepte gesellschaftlicher Wohlfahrtsmessung (Auswahl)

Messkonzept	Erläuterung	Dimensionen und Erhebungsmethode
Alternative Messkonzepte mit internationaler Reichweite		
Index of Sustainable Economic Welfare bzw. **Index nachhaltiger ökonomischer Wohlfahrt (ISEW)**	Erweitert das BIP um Einkommensverteilung, unbezahlte Haus- und Familienarbeit, öffentliche Ausgaben für Gesundheitswesen, Bildung, Luftverschmutzung, Umweltverschmutzung, Kosten der globalen Erwärmung	Ökonomie, Gesellschaft und Ökologie in Ansätzen Quantitativer/objektiver Messansatz
Genuine Progress Indicator bzw. **Echter Fortschrittsanzeiger (GPI)**	Ist Weiterentwicklung aus ISEW und misst, ob wirtschaftliches Wachstum tatsächlich zu steigendem Wohlstand führt – dies durch Einbeziehung sozialer und ökologischer Dimensionen	Ökonomie, Gesellschaft und Ökologie Quantitativer/objektiver Messansatz
Happy Planet Index bzw. **Glücklicher-Planet-Index (HPI)**	2006 in Großbritannien als Alternative zum BIP entwickelt; informiert darüber, in welchen Ländern die Bürger ein gutes Leben haben – dies durch Einbindung der Messung von subjektivem Wohlbefinden, Lebenserwartung und ökologischem Fußabdruck	Gesellschaft und Ökologie Qualitativer/subjektiver Messansatz
Human Development Index bzw. **Index der menschlichen Entwicklung (HDI)**	Fortschrittsindikator der UN mit Berücksichtigung von drei Dimensionen: Bildung (Ausbildungsjahre), Gesundheit (Lebenserwartung von Neugeborenen) und Einkommen (Bruttonationaleinkommen/Kopf); ohne ökologische Dimension	Ökonomie und Gesellschaft Quantitativer/objektiver Messansatz
Canadian Index of Well-Being bzw. **Index für die Wohlfahrt bzw. das Wohlergehen in Kanada (CIW)**	Nationales Maß für Lebensqualität der Kanadier; acht Dimensionen, 64 Variablen: Lebensstandard, Gesundheit, Bildung, Umwelt, Vitalität der Gemeinde, Funktionieren der Demokratie, Kultur, Zeitverwendung usw.	Ökonomie, Gesellschaft und Ökologie Qualitativer/subjektiver Messansatz

Messkonzept	Erläuterung	Dimensionen und Erhebungsmethode
National Accounts of Well-Being bzw. Nationale Bilanzierung der Wohlfahrt bzw. des Wohlergehens (NAWB)	Zwei Hauptdimensionen: Personal Well-Being (Gefühle, Zufriedenheit, Vitalität, Robustheit, Selbstvertrauen, Potenzialnutzung) und Social Well-Being (Zusammengehörigkeit, Vertrauen …)	Vor allem Gesellschaft Qualitativer / subjektiver Messansatz
Bruttonational-Glück (GNH)	Der Indikator, der im buddhistischen Königreich Bhutan entwickelt wurde, bezieht vier Themenfelder ein: (1) Nachhaltigkeit und gerechte sozioökonomische Entwicklung, (2) Erhalt der natürlichen Umwelt, (3) Bewahrung und Förderung der Kultur und (4) gute Regierungsführung.	Ökonomie, Gesellschaft und Ökologie Qualitativer / subjektiver Messansatz
Alternative Messkonzepte mit Anwendung in Deutschland		
Nationaler Wohlfahrtsindikator (NWI)	Indikator erhöht das BIP um vernachlässigte Wohlfahrtsleistungen wie z. B. Hausarbeit oder ehrenamtliche Tätigkeit und reduziert das BIP um Umweltschäden sowie die Verringerung des Naturkapitals. Er bezieht zudem soziale Faktoren wie Verteilungsgerechtigkeit, öffentliche Ausgaben für Gesundheit und Bildung, Kriminalitätsprävention ein.	Ökonomie, Gesellschaft und Ökologie Quantitativer / objektiver Messansatz
Umweltgesamtrechnung (UGR)	Volkswirtschaftliche Gesamtrechnung (VGR) Deutschlands wird um ökologische Dimension ergänzt; Umweltbelastungen, Umweltzustand und Umweltschutzmaßnahmen werden erfasst, und es wird ermittelt, wie sich wirtschaftliche Aktivitäten auf diese auswirken … Grundlage ist Erhebung von Rohstoff-, Energie-, Wasser- und Flächenverbrauchs-, Abfall-, Abwasser- und Luftbelastungsdaten.	Ökonomie und Ökologie Quantitativer / objektiver Messansatz

Es wird deutlich, dass eine Vielzahl konkreter und teils bereits in der Anwendung befindlicher Konzepte existieren. Im Gegensatz zum BIP sind diese häufig auf eine qualitative Analyse angewiesen, z. B. dann, wenn es darum geht, das Wohlbefinden oder die Zufriedenheit der Menschen zu ermitteln. Den Ungenauigkeiten und der begrenzten Übertragbarkeit (z. B. internationaler und intergenerationeller Vergleich) der qualitativen Messung stehen die Unzulänglichkeiten der Fortschrittsmessung des BIP gegenüber. Eine Ergänzung der Messansätze ist vor diesem Hintergrund zu empfehlen.

Fazit

In diesem Kapitel wurde auf die Grundlagen eines nachhaltigen Wirtschaftssystems eingegangen. Mit Blick auf real existierende und teils auch idealisierte Wirtschaftssysteme stand anschließend die zunächst recht theorielastig wirkende Diskussion der Ausgestaltung eines nachhaltigen Wirtschaftssystems im Mittelpunkt. Dabei wurde gezeigt, dass jede Reformierung des gegenwärtigen kapitalistischen Wirtschaftssystems (schwache Nachhaltigkeitsstrategie) oder deren alternative Modelle einen doppelten Eignungstest bestehen müssen. Sie müssen eine effiziente Kooperation zwischen den verschiedenen an der Wirtschaft beteiligten Akteuren sicherstellen und eine gerechte und verschwendungsfreie Allokation gewährleisten. Darauf aufbauend, wurden konkrete Umsetzungskonzepte präsentiert. Einen besonderen Schwerpunkt nahmen hierbei die Postwachstums- und Gemeinwohlökonomie ein.

Die PWÖ stellt ein Rahmenkonzept dar, dass, z. B. mithilfe der Ansätze der GWÖ ausgefüllt werden könnte. Die GWÖ wiederum bindet Ideen aus den Bereichen der Solidarischen Ökonomie und Transition-Town-Bewegung ein. Es zeigt sich, dass sich durch Kombination der verschiedenen Ökonomieansätze ein umfangreiches Gesamtkonzept ergeben könnte, das im Vergleich zu den in der Mainstreamökonomie vorherrschenden formaltheoretischen Standardmodellen durch einen hohen Praxisbezug besticht und die Erkenntnisse angrenzender Wissenschaftsbereiche (Soziologie, Psychologie, Naturwissenschaften allgemein) von vornherein einbezieht. Damit treten die Ansätze nachhaltigen Wirtschaftens deutlich aus dem Abstrakten hervor, und interessierten Akteuren bieten sich konkrete Handlungsfelder für die Umsetzung.

Bildung für nachhaltige Entwicklung

Heike Molitor

Nachhaltige Entwicklung als Prozess schließt das Lernen für Nachhaltigkeit mit ein. Eine Neuausrichtung der Bildung auf nachhaltige Entwicklung ist sehr bedeutsam als Strategie in der Gestaltung einer nachhaltigen Gesellschaft. Bildung für eine nachhaltige Entwicklung (BNE) ist ein internationales werteorientiertes Konzept, dem im Prozess der Umsetzung einer nachhaltigen Entwicklung eine besondere Rolle zukommt. Bildungsinstitutionen wie zum Beispiel Hochschulen sind aufgefordert, BNE zu implementieren, sowohl in der Lehre wie auch auf Ebene der Organisation. Bildung für nachhaltige Entwicklung kann an Hochschulen in unterschiedlichen Formaten umgesetzt werden.

Hintergrund und politische Entwicklung

Kapitel 36 der Agenda 21: Neuausrichtung der Bildung

Nach der ersten Erwähnung von nachhaltiger Entwicklung im Brundtland-Bericht (1987) fand 1992 auf Empfehlung der Brundtland-Kommission die bis dahin größte Konferenz für Umwelt und Entwicklung der Vereinten Nationen in Rio de Janeiro statt. Diese brachte neben anderen Dokumenten und Konventionen auch die Agenda 21 als Maßnahmenpaket für öffentliches Handeln hervor (▷ Kapitel 1.2). Kapitel 36 forderte eine Neuausrichtung der Bildung und rief Bildungsakteure dazu auf, nachhaltige Entwicklung in die Bildungsbereiche zu implementieren, d. h. Neuausrichtung der Bildung auf eine nachhaltige Entwicklung, Förderung der öffentlichen Bewusstseinsbildung sowie Förderung der beruflichen Ausbildung (Vereinte Nationen 1992a).

⟩⟩ Sowohl die formale, als auch die nichtformale Bildung sind unabdingbare Voraussetzungen für die Herbeiführung eines Bewusstseinswandels bei den Menschen, damit sie in der Lage sind, ihre Anliegen in bezug auf eine nachhaltige Entwicklung abzuschätzen und anzugehen. Sie sind von entscheidender Bedeutung für die Schaffung eines ökologischen und eines ethischen Bewußtseins sowie von Werten und Einstellungen, Fähigkeiten und Verhaltensweisen, die mit einer nachhaltigen Entwicklung vereinbar sind, sowie für eine wirksame Beteiligung der Öffentlichkeit an der Entscheidungsfindung. Um wirksam zu sein, soll sich eine umwelt- und entwicklungsorientierte Bildung/Erziehung sowohl mit der Dynamik der physikalischen/biologischen und der sozioökonomischen Umwelt als auch mit der menschlichen (eventuell auch geistigen) Entwicklung befassen, in alle Fachdisziplinen eingebunden werden und formale und nonformale Methoden und wirksame Kommunikationsmittel anwenden« (BMU o. J., S. 261).

Damit bot sich die erste offizielle Verknüpfung von Bildung und nachhaltiger Entwicklung. Diese Neuausrichtung der Bildung wurde seit Mitte der 1990er-Jahre konzeptionell als *Bildung für nachhaltige Entwicklung* (BNE) bzw. als *Education for Sustainable Development* (ESD) entwickelt.

UN-Dekade »Bildung für nachhaltige Entwicklung«

Zehn Jahre nach Rio (2002) traf sich die Weltgemeinschaft zum *World Summit on Sustainable Development* in Johannesburg, um die Pläne des ersten Erdgipfels zu präzisieren und weiterzutragen (Rio+10). Im Rahmen dieser Konferenz beschloss die Vollversammlung der Vereinten Nationen, der Bildung eine besondere Rolle in der Nachhaltigkeitsentwicklung zukommen zu lassen, und die UN-Dekade »Bildung für nachhaltige Entwicklung« wurde für die Zeit 2005–2014 ausgerufen. Damit waren Bildungsakteur*innen aufgefordert, BNE aktiv in den Bildungsbereichen umzusetzen. Alle Mitgliedstaaten verpflichteten sich, besondere Anstrengungen zu unternehmen, um BNE in allen Bildungsbereichen zu verankern. Sie wurden aufgefordert, eigene Strukturen zu schaffen, mit denen die Ziele der Dekade in ihren Ländern erreicht werden können. In dieser Dekade wurden in Deutschland fast 2.000 Projekte als UN-Dekade-Projekte, ca. 50 Maßnahmen und 21 Kommunen für gute Praxis einer BNE ausgezeichnet. BNE strukturell z. B. in Bildungsplänen (z. B. Rahmenlehrpläne) zu verankern gelang allerdings nicht.

Weltaktionsprogramm BNE 2015–2019

Deshalb knüpft das Weltaktionsprogramm Bildung für nachhaltige Entwicklung (2015–2019) seit 2015 an die UN-Dekade BNE an, um den Weg von vielen Projekten hin in Richtung struktureller Umsetzung zu gehen (vom Projekt zur Struktur). Das Weltaktionsprogramm (WAP) richtet sich an Akteursgruppen aus Politik, Zivilgesellschaft, Privatwirtschaft, Medien, Wissenschaft, Organisationen, die Bildung ermöglichen und unterstützen, und an Lehrkräfte und Lernende (Deutsche UNESCO-Kommission 2016).

Umsetzung des Weltaktionsprogramms BNE in Deutschland

Das Bundesministerium für Bildung und Forschung (BMBF) ist in Deutschland für die Umsetzung des Weltaktionsprogramms verantwortlich.[1] Dazu wurde ein Nationaler Aktionsplan mit konkreten Vorschlägen und Umsetzungsplänen von der Nationalen Plattform unter dem Vorsitz der Staatssekretärin im BMBF verabschiedet. Die Nationale Plattform besteht aus Mitgliedern aus Politik, Wissenschaft, Wirtschaft und Zivilgesellschaft mit wissenschaftlicher bzw. internationaler Beratung. Weiterhin wurden Fachforen zu konkreten Bildungsbereichen etabliert, die die jeweiligen Fachkompetenzen auf dem Feld bündeln und sich an der Erarbeitung des Nationalen Aktionsplanes beteiligten. Damit fließt die Fachexpertise, die sich in den zehn Jahren der UN-Dekade aufgebaut hat, in das Weltaktionsprogramm ein. An die Fachfo-

---

1 Folgendes Internetportal bietet umfassende Informationen zu BNE und dem Weltaktionsprogramm: www.bne-portal.de.

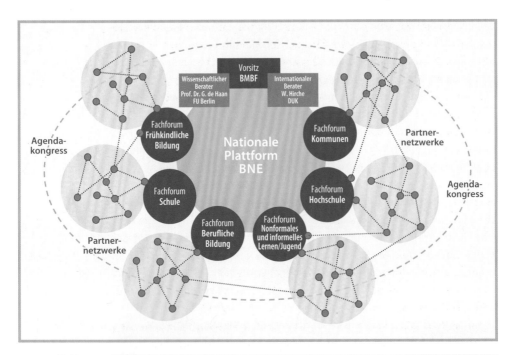

Abbildung 1: Nationaler Aktionsplan Bildung für nachhaltige Entwicklung: Gremienstruktur im Rahmen des UNESCO-Weltaktionsprogramms Bildung für nachhaltige Entwicklung (Bundesministerium für Bildung und Forschung 2017).

Abbildung 2: Lernorte mit Auszeichnung 2017/2018 auf dem Agendakongress 2017. Die Deutsche UNESCO-Kommission zeichnet während des Zeitraums des Weltaktionsprogramms gemeinsam mit dem Bundesministerium für Bildung und Forschung Lernorte, Netzwerke und Kommunen für eine besonders gelungene Umsetzung von Bildung für nachhaltige Entwicklung in hoher Qualität aus. Die Hochschule für nachhaltige Entwicklung wurde als Impulsgeber für nachhaltige Entwicklung auf dem Agendakongress 2017 als ein solcher Lernort ausgezeichnet (Foto: Thomas Köhler/photothek.net).

ren sind Partnernetzwerke angeschlossen, die sich zum Teil während der UN-Dekade etabliert haben und im Weltaktionsprogramm weiterarbeiten (Deutsche UNESCO-Kommission 2017; Deutscher Bundestag 2017).

Als weiterer politischer Prozess zur Beförderung von Bildung für nachhaltige Entwicklung ist die Agenda 2030 als »globaler Aktionsplan für die Menschen, den Planeten und den Wohlstand«, der »universellen Frieden in größerer Freiheit festigen möchte«, zu verstehen (DGVN 2018) (▷ Kapitel 1.2). Mit den 17 Zielen für nachhaltige Entwicklung (*Sustainable Development Goals* – SDG) sind überprüfbare Zielsetzungen entstanden. Für den Bildungsbereich ist insbesondere das vierte Ziel der SDGs relevant, das eine inklusive, gleichberechtigte und hochwertige Bildung gewährleisten und Möglichkeiten lebenslangen Lernens für alle fördern soll (ebd.): Ziele der nachhaltigen Entwicklung (SDG), Unterziel 4.7

>> Bis 2030 sicherstellen, dass alle Lernenden die notwendigen Kenntnisse und Qualifikationen zur Förderung nachhaltiger Entwicklung erwerben, unter anderem durch Bildung für nachhaltige Entwicklung und nachhaltige Lebensweisen, Menschenrechte, Geschlechtergleichstellung, eine Kultur des Friedens und der Gewaltlosigkeit, Weltbürgerschaft und die Wertschätzung kultureller Vielfalt und des Beitrags der Kultur zu nachhaltiger Entwicklung« (Generalversammlung der Vereinten Nationen 2015, SDG Ziel 4.7).

Bildungsinstitutionen (insbesondere Hochschulen; ebd.) sind einerseits aufgefordert, Bildung für nachhaltige Entwicklung in ihrer Einrichtung zu implementieren und andererseits die Inhalte der SDGs zum Inhalt pädagogischen Handelns zu machen (Engagement Global 2016, 2017).

Bildung (für eine nachhaltige Entwicklung)

Bildung für eine nachhaltige Entwicklung (BNE) ist ein internationales werteorientiertes Konzept, dem im Prozess der Umsetzung einer nachhaltigen Entwicklung eine besondere Rolle zukommt. Mit BNE wird das Ziel verfolgt, Menschen in die Lage zu versetzen, ihr Leben und ihre Umwelt im Sinne einer nachhaltigen Entwicklung gestalten zu können. Das Konzept setzt am Allgemeinen Verständnis von Bildung an. Bildung für eine nachhaltige Entwicklung

Im internationalen Kontext werden im Hinblick auf Bildung für nachhaltige Entwicklung der Wertebezug und die Wertschätzung (engl.: *respect*) für andere Menschen einschließlich künftiger Generationen, für Vielfalt und Verschiedenheit, für andere Lebensgemeinschaften und für die Rohstoffe unseres Planeten hervorgehoben. Diese Werthaltungen sollen in alle Aspekte des Ler- Wertebezug nens integriert werden, um letztlich Verhalten und Handeln für eine gerechtere und nachhaltigere Gesellschaft zu ermöglichen (UNESCO 2006, S. 4).

BNE als ganzheitliche Weiterentwicklung der Umweltbildung

Bildung für nachhaltige Entwicklung hat sich, national gesehen, aus der Diskussion um Umweltbildung entwickelt. Im Unterschied zur Umweltbildung werden in der BNE Themen nicht allein auf ökologische Aspekte fokussiert, sondern um soziale und ökonomische Aspekte einer nachhaltigen Entwicklung erweitert und damit ganzheitlich betrachtet. Neu ist die Auseinandersetzung grundlegender Wertefragen von Gerechtigkeit im Hinblick auf jetzt lebende Generationen und den jetzt und zukünftig lebenden Generationen.

>> Bildung für nachhaltige Entwicklung […] hat zum Ziel, die Menschen zur aktiven Gestaltung einer ökologisch verträglichen, wirtschaftlich leistungsfähigen und sozial gerechten Umwelt unter Berücksichtigung globaler Aspekte zu befähigen.« (BMBF 2002, S. 4).

Bildungstheorien

Bildung als Prozess der Persönlichkeitsentwicklung bzw. als »Sichbilden« umfasst deutlich mehr als den Erwerb von Wissen (von Hentig 1999). Auf der Suche nach dem, was Bildung beinhaltet, können materiale und formale Ansätze (Bildungstheorien) unterschieden werden. Bei materialen Ansätzen werden Wissen und die Auseinandersetzung mit bestimmten Inhalten als Bildung verstanden, die scheinbar quantifizierbar sind (»je mehr, desto gebildeter«). Bei formalen Ansätzen steht der Mensch, das Subjekt mit seinen zu entwickelnden individuellen Fähigkeiten und Fertigkeiten, im Mittelpunkt. Bildung bedeutet die Entwicklung des Subjektes (Fromm 2015).

Der Erziehungswissenschaftler Klafki hat in seinen theoretischen Auseinandersetzungen mit der Frage, was Bildung beinhaltet, beide Ansätze in der Idee der kategorialen Bildung zusammengeführt. Gute Bildung geht über reines Faktenwissen hinaus, sie vermittelt Fähigkeiten auf der Grundlage spezifischer Werte. Bildung stellt einen lebenslangen Prozess und eine immer wieder neu zu bewältigende Aufgabe im Spannungsfeld zwischen Mensch und Welt dar (Klafki 1991). Bildung ist nach Klafki als »ein geschichtlich vermitteltes Bewusstsein von zentralen Problemen der Gegenwart und – soweit voraussehbar – der Zukunft«, verbunden mit der »Einsicht in die Mitverantwortlichkeit aller angesichts solcher Probleme und Bereitschaft, an ihrer Bewältigung mitzuwirken« (Klafki 1991, S. 56). Zentrale Probleme der Gegenwart sind für Klafki die Umwelt- oder

Friedensfrage, die in pädagogischen Bildungskontexten bearbeitet werden sollten (ebd.). Somit ergibt sich nicht nur aus der politischen Diskussion, sondern auch aus pädagogischen Begründungszusammenhängen heraus schon seit den 1990er-Jahren die Begründung, Themen der nachhaltigen Entwicklung in pädagogischen Kontexten zu bearbeiten.

Abbildung 3:
Materiale und formale Bildungstheorien (nach Jank & Meyer 2005).

Wichtige Merkmale einer Bildung für nachhaltige Entwicklung in der Hochschullehre

Vor dem Hintergrund der politischen und pädagogischen Rahmung sind Hochschulen aufgefordert, Bildung für nachhaltige Entwicklung konzeptionell umzusetzen. Folgende Merkmale sind besonders relevant:

1. Bearbeitung von relevanten Themenfeldern bzw. -komplexen einer nachhaltigen Entwicklung – mit Bezug zu den SDGs

2. Kompetenzorientierung in der Lehre

3. Selbstbestimmung – Mitbestimmung – Mitwirkung

4. *Whole Institution Approach*

1. Merkmal:
Bearbeitung von relevanten Themenfeldern bzw. -komplexen einer nachhaltigen Entwicklung – mit Bezug zu den SDGs

Themen einer BNE

Themen einer nachhaltigen Entwicklung sind gesellschaftsrelevante, umfassende und mehrperspektivische Themenkomplexe. Diese sollten

- eine zentrale lokale und globale Problemlage betreffen,
- von längerfristiger Bedeutung sein,
- auf breitem und differenziertem Wissen über das Thema basieren und
- möglichst großes Handlungspotenzial bieten.

Da die Welt sich als komplexes, in sich vernetztes ökologisches, psychologisches, gesellschaftliches und ökonomisches System beschreiben lässt, erfordert dies eine mehrperspektivische systemische Herangehensweise (▷ Kapitel 1.3). Themenfelder bzw. -komplexe wie biologische Vielfalt, Klimawandel, Minderung von Armut, Gesundheit, Management natürlicher Ressourcen und Produktion und Konsum sind eng miteinander verwoben bzw. vernetzt. Sie müssen von verschiedenen Perspektiven (wie z. B. der Ökologie, Psychologie, Soziologie, Politologie, Ökonomie, also ▷ interdisziplinär und ▷ transdisziplinär) her bearbeitet werden, um Problemlösungen zu bearbeiten und damit zu einer Transformation hin zu einer gerechteren und nachhaltigeren Gesellschaft beizutragen. Die Bearbeitung mit BNE-relevanten Themen bedeutet gleichzeitig eine intensive Beschäftigung mit den SDGs (Overwien & Rathenow 2009; Rieckmann 2018a). Themenkomplexe einer nachhaltigen Entwicklung erfordern (insbesondere an Hochschulen) eine transdisziplinäre Arbeitsweise, denn diese betreffen Menschen, die lokal eingebunden und Expert*innen ihrer Lebens- und Arbeitswelt sind sowie konkrete Fragen und Antworten anbieten können (Graumann & Kruse 2008).

Ein interdisziplinäres (fächerübergreifendes) Vorgehen beschreibt in der Wissenschaft eine Arbeitsweise, die Theorien und Methoden verschiedener Disziplinen (Fächer/Fachrichtungen) nutzt, um Problem zu lösen oder Fragen zu beantworten (Graumann & Kruse 2008).

Ein transdisziplinäres Vorgehen schließt das interdisziplinäre mit ein und bezieht darüber hinaus Perspektiven und Wissen nicht wissenschaftlicher Personen (Stakeholder) in den Prozess einer gemeinsamen Problembearbeitung mit ein. Die Grenze zwischen Wissenschaft und Praxis verschwimmt (Graumann & Kruse 2008).

Tabelle 1:
Beispielhafte nachhaltigkeitsrelevante Themenfelder und Bezüge zu den SDGs
(▷ Kapitel 1.2):

Themenfeld	SDG	Bezug zu BNE
Biologische Vielfalt	SDG 14 Leben unter Wasser	Ozeane, Meere und Meeresressourcen im Sinne einer nachhaltigen Entwicklung erhalten und nachhaltig nutzen
	SDG 15 Leben an Land	Landökosysteme schützen, wiederherstellen und ihre nachhaltige Nutzung fördern, Wälder nachhaltig bewirtschaften, Wüstenbildung bekämpfen, Bodenverschlechterung stoppen und umkehren und den Biodiversitätsverlust stoppen
Klimawandel	SDG 13 Klimaschutz und Anpassung	Umgehend Maßnahmen zur Bekämpfung des Klimawandels und seiner Auswirkungen ergreifen
Minderung von Armut	SDG 1 Keine Armut	Armut in jeder Form und überall beenden
Soziale Gleichheit	SDG 10 Weniger Ungleichheiten	Ungleichheit innerhalb von und zwischen Staaten verringern
Gesundheit	SDG 2 Kein Hunger	Den Hunger beenden, Ernährungssicherheit und eine bessere Ernährung erreichen und eine nachhaltige Landwirtschaft fördern
	SDG 3 Gesundheit und Wohlergehen	Ein gesundes Leben für alle Menschen jedes Alters gewährleisten und ihr Wohlergehen fördern
Management natürlicher Ressourcen	SDG 6 Sauberes Wasser und sanitäre Einrichtungen	Verfügbarkeit und nachhaltige Bewirtschaftung von Wasser und Sanitärversorgung für alle gewährleisten
	SDG 7 Bezahlbare und saubere Energie	Zugang zu bezahlbarer, verlässlicher, nachhaltiger und zeitgemäßer Energie für alle sichern
Produktion und Konsum	SDG 12 Für nachhaltige Konsum- und Produktionsmuster sorgen	Für nachhaltige Konsum- und Produktionsmuster sorgen

2. Merkmal:
Kompetenzorientierung in der Lehre

Kompetenz-
orientierter
Ansatz

Das Konzept einer Bildung für nachhaltige Entwicklung hat neben der Bearbeitung mit Nachhaltigkeitsthemen das Ziel, durch kompetenzorientierte Methoden die Bildungsprozesse Einzelner zu unterstützen. Zentral ist dabei die Förderung von ▷ Schlüsselkompetenzen, wie beispielsweise

* systemisches und vorausschauendes Denken, denn nachhaltigkeitsrelevante Themen sind komplex, häufig nicht eindeutig und zum Teil mit Unsicherheit behaftet, vieles ist miteinander vernetzt bzw. greift systemisch ineinander;

* Kooperations-, Aushandlungs- und Partizipationsfähigkeit, denn nachhaltigkeitsorientiertes Handeln erfordert eine Beteiligung am Aushandeln von Problemstellungen nachhaltiger Entwicklung sowie gemeinsam getragene Entscheidungen;

* Reflexionsfähigkeit im Hinblick auf eigene Wertvorstellungen und die anderer Menschen im Kontext nachhaltiger Entwicklung sowie der eigenen Rolle in lokalen Gemeinschaften und (als Weltbürger*in) im globalen Zusammenhang, da nachhaltigkeitsrelevante Themen und Probleme nicht an der eigenen Landesgrenze aufhören;

* Empathiefähigkeit, die das gegenseitige Verstehen und Respektieren der Bedürfnisse, Vorstellungen und des Handelns von anderen Menschen umfasst (Michelsen 2009; Deutsche UNESCO-Kommission 2016; Rieckmann 2018b).

> **Kompetenzen charakterisieren die Fähigkeiten von Menschen, sich in offenen und unüberschaubaren, komplexen und dynamischen Situationen zurechtzufinden, und lassen sich damit als Selbstorganisationseigenschaft beschreiben (Lehner 2009).**

Im deutschen Diskurs wurde das Konzept der ▷ Gestaltungskompetenz entwickelt, das die oben genannten Schlüsselkompetenzen in zwölf ◌ Teilkompetenzen konkretisiert. Diese sind notwendig zur Bearbeitung komplexer gesellschaftlicher, lokaler, globaler, aber auch persönlicher Herausforderungen einer (un-)nachhaltigen Entwicklung und leisten einen Beitrag zu einem an Gerechtigkeit orientierten, guten Leben. Die Teilkompetenzen wurden aus den Nachhaltigkeitswissenschaften (z. B. Interdisziplinarität), der sozialen Praxis (z. B. gemeinsam Planen und Handeln), der Zukunftsforschung (z. B. vorausschauend Analysieren und Beurteilen) abgeleitet bzw. normativ begründet (z. B. Gerechtigkeit als Entscheidungsgrundlage) (de Haan 2008).

> »Mit Gestaltungskompetenz wird das nach vorne weisende Vermögen bezeichnet, die Zukunft von Sozietäten, in denen man lebt, in aktiver Teilhabe im Sinne nachhaltiger Entwicklung modifizieren und modellieren zu können« (de Haan & Harenberg 1999, S. 62).

Die 12 Teilkompetenzen der Gestaltungskompetenz:

- ◆ Weltoffen und neue Perspektiven integrierend Wissen aufbauen
- ◆ Vorausschauend Entwicklungen analysieren und beurteilen können
- ◆ Interdisziplinär Erkenntnisse gewinnen und handeln
- ◆ Risiken, Gefahren und Unsicherheiten erkennen und abwägen können
- ◆ Gemeinsam mit anderen planen und handeln können
- ◆ Zielkonflikte bei der Reflexion über Handlungsstrategien berücksichtigen können
- ◆ An kollektiven Entscheidungsprozessen teilhaben können
- ◆ Sich und andere motivieren können, aktiv zu werden
- ◆ Die eigenen Leitbilder und die anderer reflektieren können
- ◆ Vorstellungen von Gerechtigkeit als Entscheidungs- und Handlungsgrundlage nutzen können
- ◆ Selbstständig planen und handeln können
- ◆ Empathie für andere zeigen können

(Programm Transfer-21 o. J.)

3. Merkmal:
Selbstbestimmung – Mitbestimmung – Mitwirkung

Theoretische Überlegungen, wie innerhalb der BNE gelehrt und gelernt werden kann, werden durch didaktische Prinzipien fundiert. Zentral für die Umsetzung von BNE an der Hochschule sind dabei das Prinzip der Partizipation hinsichtlich der Selbstorganisation, Selbstbestimmung, Mitbestimmung und Mitwirkung. Das bedeutet, dass insbesondere Studierende die Möglichkeit haben sollten, ihren Lernprozess selbst bestimmen, mitbestimmen oder zumindest daran mitwirken zu können. Verschiedene Lehr-Lern-Settings werden diesem Anspruch gerecht. Dies erfordert einen besonderen Anspruch an konzeptionelles und methodisches Herangehen in der Lehre. Der Mitwirkungsgrad kann dabei unterschiedlich gestaltet sein (Hart 1992), von offenen Fragen hin zu Murmelgruppen (Zweiergespräche von wenigen Minuten als Einstieg in ein Thema) oder Kleingruppen bis hin zu komplett eigens orga-

Partizipation

nisierten Veranstaltungen (Projektwerkstätten). In diesem Kapitel werden im letzten Teil zwei Formate vorgestellt, die einen unterschiedlichen Grad an Partizipationsmöglichkeit von Studierenden aufweisen. Zum einen wird eine stark inputorientierte Vorlesung mit einer großen Studierendenzahl vorgestellt, in denen fachliche Grundlagen der nachhaltigen Entwicklung gelegt werden. An einem Veranstaltungstermin im Semester ist eine offene Diskussionsform vorgesehen, in der Studierende sich in Fragen der nachhaltigen Entwicklung der eigenen Hochschule einbringen können. Der Partizipationsgrad dieses Formates ist eher gering. Zum anderen wird ein Format vorgestellt, das von Studierenden für Studierende entwickelt worden ist und ein hohes Maß an Partizipationsmöglichkeit aufweist. Die Studierenden wählen selbstbestimmt ein Thema nachhaltiger Entwicklung und arbeiten selbstorganisiert in Begleitung mit zwei Dozierenden ein Semester lang daran.

Alternative Lehr-Lern-Settings

Studierende sind wichtige Akteur*innen bei der Gestaltung nachhaltiger Entwicklung an der eigenen Hochschule. Die Beteiligung und Mitwirkung an Hochschulprozessen sind entscheidend für das Gelingen der Umsetzung nachhaltiger Entwicklung. Runde Tische, offene Lehr- und Lernformen, selbstorganisierte Veranstaltungen, Projektarbeiten, Plan- und Rollenspiele u. a. sind als Lehr-Lern-Settings besonders geeignet, nachhaltige Entwicklung an der eigenen Bildungsinstitution zu befördern (Nationale Plattform Bildung für nachhaltige Entwicklung 2017) (▷ Kapitel 4.5).

Um eine Transformation der Gesellschaft hin zu einer nachhaltigen Entwicklung mitzugestalten (▷ Kapitel 4.2), sind insbesondere Projekte, die die Bearbeitung von wirklichkeitsnahen Problemen und Situationen in Kooperation mit Praxispartner*innen (z. B. in der Region) ermöglichen, für Studierende besonders geeignete Lehr-Lern-Formate. Diese Lernerfahrungen sind deshalb von hoher Bedeutung, da hier Erfahrungen in der Praxis erworben werden und vor dem Hintergrund eines Theorierahmens bearbeitet und reflektiert werden können. Lernort ist damit nicht allein die Hochschule, sondern der öffentliche Raum bzw. die Arbeits- und Lebenswelt der Praxispartner*innen und ihrer Themen. Dieses Format des Projektbasierten Lernens weist ein hohes Maß an Selbstbestimmung der Studierenden auf.

Für diese Lehr-Lern-Formen, die insbesondere den Nachhaltigkeitstransfer in der Lehre[2] unterstützen, sind Dialogfähigkeit, Selbstreflexionsfähigkeit, die Fähigkeit zu interdisziplinärem und transdisziplinärem Denken und Handeln Grundbedingung, die die Kompetenzorientierung innerhalb einer Bildung für nachhaltigen Entwicklung zudem begründen.

---

2 Nachhaltigkeitstransfer in der Lehre beschreibt Lehr-Lern-Prozesse, die in ein Praxissetting eingebettet sind und in denen ein echter Austausch zwischen Studierenden, Lehrenden und Transferpartner*innen unterstützt wird. Der Lernprozess wird gemeinsam gestaltet.

4. Merkmal:
Whole Institution Approach

Für die Umsetzung von BNE ist nicht nur die Lehr-Lern-Situation entscheidend, sondern auch die organisationale Ebene im Verhältnis von Bildungsinstitution und Gesellschaft sowie für die Gestaltung der Bildungseinrichtung selbst (*Whole Institution Approach*; ▷ Kapitel 4.5). Diesem transformativen Ansatz zufolge orientiert sich die gesamte Bildungseinrichtung am Leitbild einer nachhaltigen Entwicklung (Michelsen et al. 2011; Mathar 2014). Es geht »[…] um die gesamte Reorganisation der Bildungseinrichtungen. Das betrifft die Stoffströme (Materialbeschaffung, Ver- und Entsorgung, Ressourcenverbrauch), die Kooperation mit Nachhaltigkeitsakteuren vor Ort (Umweltverbände, Organisationen der Entwicklungszusammenarbeit, Bürgerinitiativen, nachhaltig wirtschaftende Unternehmen), die Qualifikation des Personals, die Nutzung lokaler Ressourcen und die Stärkung von BNE im Curriculum« (Erben & Haan 2014). Das bedeutet, dass nachhaltige Entwicklung nicht einfach nur als Thema gelehrt werden kann, sondern dass sich beispielsweise eine Hochschule nach diesem Leitbild ausrichtet und folgende Schritte einleitet (UNESCO 2014):

Transformativer Ansatz

◆ die Einbeziehung der Nachhaltigkeit als Inhalt und Querschnittsthema ins Curriculum;

◆ die Verringerung des ökologischen Fußabdrucks einer Bildungseinrichtung;

◆ die Stärkung der Beteiligung der Studierenden an Nachhaltigkeitsaktivitäten in der Hochschule, in der Gesellschaft (mit unterschiedlichen Stakeholdern);

◆ die Verbesserung der Beziehungen zwischen Hochschulen und der Region, aber auch in internationalen Verbindungen in allen Fragen im Zusammenhang mit nachhaltiger Entwicklung,

◆ die Unterstützung der Schulleitung durch eine übergreifende Politik bei der Finanzierung von Zuwendungen, Einstellung, Förderung und Einkauf usw.

Um zu konkretisieren, wie Beispiele von Lehr-Lern-Settings an Hochschulen gestaltet sein können, werden hier – wie erwähnt – zwei Formate mit einem unterschiedlichen Partizipationsgrad der Studierenden vorgestellt (s. o.).

Klassische Vorlesungen lassen einer Beteiligung von Studierenden kaum Raum und Platz für eigene Ideen, Vorstellungen und Fragen. Sie legen oft die Grundlagen für weitere Lehrveranstaltungen. Das erste Beispiel zeigt, dass auch in inputorientierten Lehrveranstaltungen (zum Teil Massenveranstaltungen mit einigen Hundert Personen) ein gewisser Beteiligungsgrad der Studierenden möglich ist.

Beispiel I:
Einführungsvorlesung zur nachhaltigen Entwicklung
unter Beteiligung der Studierenden

Im Kontext der fachbereichsübergreifenden einführenden Vorlesung zur nachhaltigen Entwicklung haben die Studierenden an der *Hochschule für nachhaltige Entwicklung Eberswalde* die Möglichkeit, sich an einem Veranstaltungstermin in einem sehr offenen Format Gedanken über die Weiterentwicklung der Hochschule zu machen. Wie stellen sich Studierende am Anfang ihres Studiums ihre Hochschule im Hinblick auf nachhaltige Entwicklung zum Ende ihres eigenen Studiums vor? Was erwarten sie nach drei Jahren Bachelorstudium?

Als Ergebnis werden Visionen formuliert, die (hier exemplarisch) im eigenen Alltag beginnen, z. B. in der Kommunikation miteinander, mit der Bevorzugung von regionalem und saisonalem Obst und Gemüse, in Tauschgeschäften und mit CO_2-freier Mobilität (Fahrradfahren, CO_2-neutrales Studierendenticket für den öffentlichen Personennahverkehr). Auf organisationaler und gesellschaftlicher Ebene sollte der endgültige Umstieg von fossilen Energiequellen auf Ökostrom vollendet sein. Und das Zeitalter der Einwegbecher ist dann auch beendet. Ein Teil der Studierenden geht davon aus, dass als Alternative zu den Wassertoiletten auch Komposttoiletten zur Verfügung stehen werden. Drehwasserhähne sind dann ersetzt, das Heizsystem verbessert, weniger Papier für Kopien verbraucht und das Nachhaltigkeitskonzept an andere Hochschulen weitergetragen. Andere träumen von Revolutionen ...

Einbindung der Ergebnisse ins Nachhaltigkeitsmanagement

Die Ergebnisse werden von der Nachhaltigkeitsreferentin, die in die Veranstaltung einbezogen ist, aufgegriffen und zur Weiterentwicklung der Hochschule genutzt. Die Studierenden können so an der Weiterentwicklung der eigenen Hochschule mitwirken (geringer Partizipationsgrad), sich in die Nachhaltigkeitsthematik eindenken und eigene Erfahrungen beim fortwährenden Transformationsprozess der eigenen Hochschule sammeln.

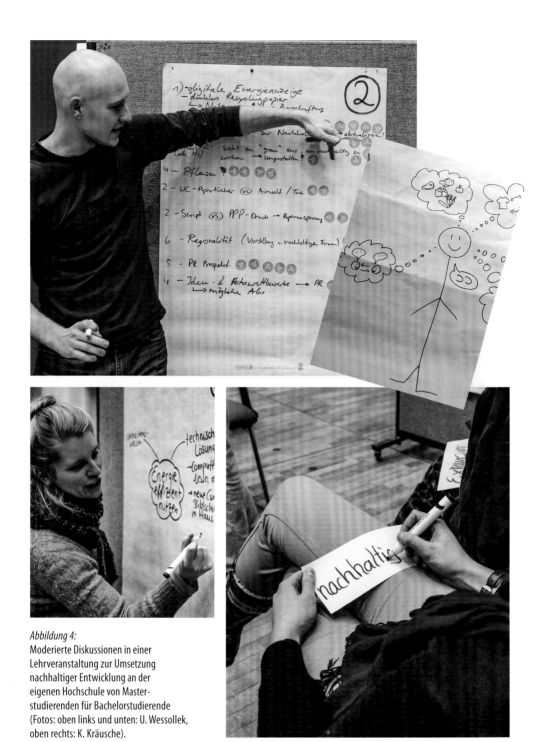

Abbildung 4:
Moderierte Diskussionen in einer
Lehrveranstaltung zur Umsetzung
nachhaltiger Entwicklung an der
eigenen Hochschule von Master-
studierenden für Bachelorstudierende
(Fotos: oben links und unten: U. Wessollek,
oben rechts: K. Kräusche).

Beispiel II:
Projektwerkstätten

Eigen-
verantwortung
und Selbst-
organisation

Das zweite Format zeigt einen sehr hohen partizipativen Anspruch von und an Studierende. Projektwerkstätten, die vom Prinzip her adaptiv und ergebnisoffen sind, ermöglichen eine eigenständige und selbstorganisierte Arbeit der Studierenden an selbst gewählten Themen und Zielen. Ein wichtiges Element ist dabei das Konsensprinzip (Projektwerkstättenrat an der HNEE 2016). Projektwerkstätten sind vollwertige studienrelevante Veranstaltungen, bei denen Professor*innen für eine Beratung bzw. Begleitung auf Wunsch zur Verfügung stehen, jedoch nicht die Rolle der treibenden Akteur*innen einnehmen.

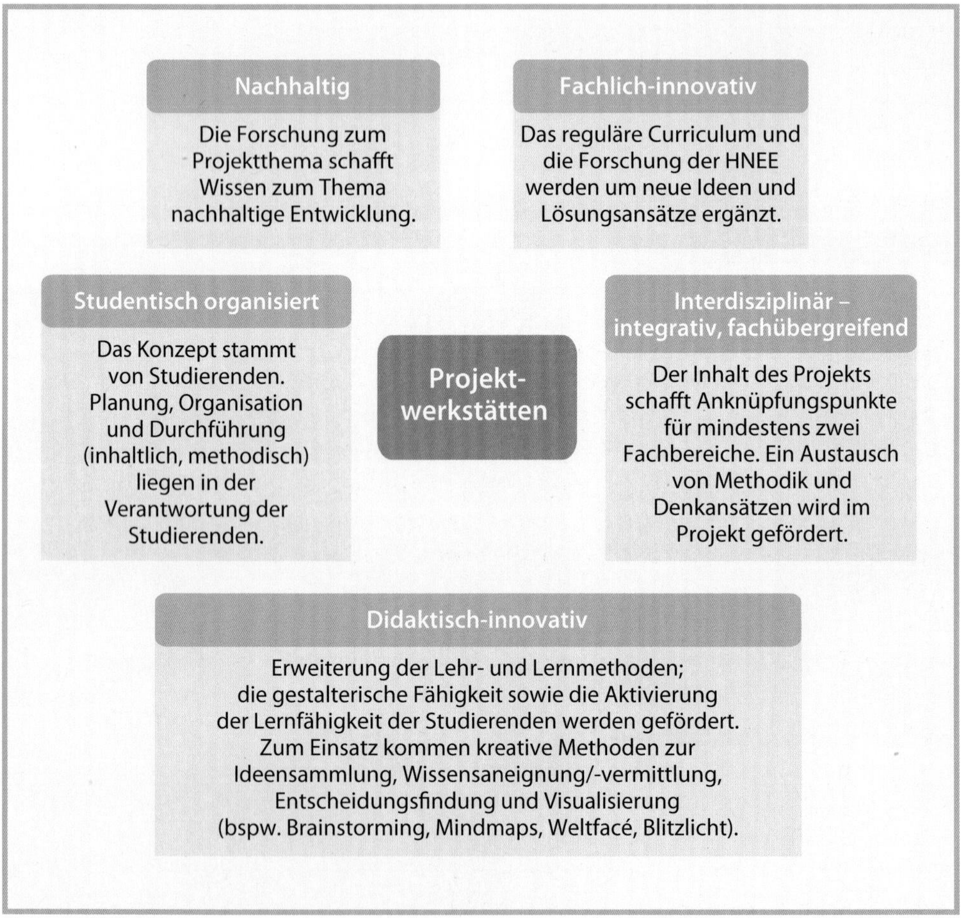

Abbildung 5:
Die Qualitätsmerk-
male einer Projekt-
werkstatt an der HNE
(Projektwerkstätten-
rat an der HNEE 2016).

Nachhaltig

Die Forschung zum Projektthema schafft Wissen zum Thema nachhaltige Entwicklung.

Fachlich-innovativ

Das reguläre Curriculum und die Forschung der HNEE werden um neue Ideen und Lösungsansätze ergänzt.

Studentisch organisiert

Das Konzept stammt von Studierenden. Planung, Organisation und Durchführung (inhaltlich, methodisch) liegen in der Verantwortung der Studierenden.

Projekt-werkstätten

Interdisziplinär – integrativ, fachübergreifend

Der Inhalt des Projekts schafft Anknüpfungspunkte für mindestens zwei Fachbereiche. Ein Austausch von Methodik und Denkansätzen wird im Projekt gefördert.

Didaktisch-innovativ

Erweiterung der Lehr- und Lernmethoden; die gestalterische Fähigkeit sowie die Aktivierung der Lernfähigkeit der Studierenden werden gefördert. Zum Einsatz kommen kreative Methoden zur Ideensammlung, Wissensaneignung/-vermittlung, Entscheidungsfindung und Visualisierung (bspw. Brainstorming, Mindmaps, Weltfacé, Blitzlicht).

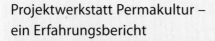

Projektwerkstatt Permakultur – ein Erfahrungsbericht

»An der Hochschule für nachhaltige Entwicklung Eberswalde gibt es Projektwerkstätten zu verschiedenen Themen, organisiert durch Studierende. Alle Fachbereiche können teilnehmen. Den sehr kleinen vorgegebenen Rahmen bei diesem Konzept bildet eine Prüfungsleistung am Ende des Semesters, die aus einer wissenschaftlichen Hausarbeit sowie einer frei gestalteten Präsentation der Ergebnisse besteht. Bei Fragen stehen zwei studentische Tutor*innen sowie die betreuenden Professor*innen zur Verfügung. Ansonsten sind die Teilnehmenden bei der Gestaltung des Moduls zu dem jeweiligen Thema als Gruppe völlig frei.

Ich habe an der Projektwerkstatt zum ziemlich weit gefassten Themenkomplex »Permakultur« teilgenommen. Als kleinen Wissensinput zu den Grundlagen der Permakultur organisierten die beiden Tutorinnen ein freiwilliges Einführungswochenende.

Permakultur als Konzept, das so ziemlich alle Lebensbereiche umfasst, eröffnete uns ein riesiges Feld an möglichen Themen. Plötzlich standen wir vor der Frage, mit welchen Themen wir uns denn überhaupt auseinandersetzen wollen. Wollen – nicht müssen! Ideen gab es sehr viele, aber wo fangen wir an? Wir haben nur einen begrenzten Zeitrahmen, wir können uns nicht mit allem beschäftigen. Was hat für uns höchste Priorität?

Und wie erreichen wir unsere selbst gesteckten Ziele? Wie finden wir die richtigen Informationen in einem Berg an Wissen und eignen sie uns an ohne ein*e Dozent*in, der/die uns das alles bereits aufbereitet vermittelt? Wie organisieren wir uns als Gruppe? Etwas planlos standen wir zunächst vor diesen Fragen.

Anfangs noch alle zusammen und später in selbst gewählten Kleingruppen suchten wir uns Themen, erstellten Zeitpläne und machten uns schließlich an die Umsetzung.

Zu viert als Kleingruppe wollten wir uns mit dem Thema »Lehmbau« beschäftigen. Wir entwickelten einen Baustein (Begriff aus dem Bereich der *Commons*: übertragbare »Anleitung« zu einem bestimmten Thema, Sammlung an Wissen, anwendbar für jeden Menschen, frei verfügbar, z. B. im Internet) als Anleitung für den Bau eines Lehmofens zum Pizza- und Brotbacken sowie ein kleines Theaterstück als Präsentation der Ergebnisse. Unsere Pläne, einen solchen Lehmofen im Rahmen eines Workshops auf unserer Versuchsfläche zu bauen, scheiterten leider an unseren begrenzten Zeitkapazitäten.

Ein Wassernutzungskonzept für die Fläche, eine Anleitung zum Bau einer Gilde und einer Komposttoilette, ein Kinderbuch und weitere spannende Projekte entstanden in den anderen Gruppen.

Uns als große Gruppe zu organisieren, verschiedene Interessen und Erwartungen unter einen Hut zu bringen war eine Herausforderung und ein Lernprozess für uns.

Für mich persönlich habe ich gemerkt, wie motivierend es ist, mir ein Thema selbst anzueignen, weil ich es lernen möchte, statt etwas vorgesetzt zu bekommen und es lernen zu müssen. Herauszufinden, was mich eigentlich interessiert, was sinnvoll ist zu lernen im Hinblick auf meine persönlichen Ziele sowie die konkrete Zielsetzung und Planung sind ein Prozess, der gelernt werden will. Das Verfolgen des Plans, die Umsetzung und schließlich das Erreichen der gesteckten Ziele brauchen eine Menge Selbstdisziplin und vor allem Übung. Die Projektwerkstatt bietet Raum, um – ganz im Sinne der Permakultur – neben dem offensichtlichen Wissen auch auf diesen Ebenen zu lernen.«

(Eine Studierende der Hochschule für nachhaltige Entwicklung Eberswalde im dritten Semester, Studiengang Holztechnik).

Fazit

Der Weg zum ganzheitlichen Ansatz an Hochschulen

Bildung für nachhaltige Entwicklung an Hochschulen kann vielfältig umgesetzt werden. Dabei kann die Integration singulärer Methoden in Lehrveranstaltungen ein Anfang für einen Transformationsprozess an Hochschulen sein. Für den Anspruch, ein Lernort für BNE zu sein, der einem ganzheitlichen Anspruch des Whole Institution Approach folgt, bedarf es eines umfassenden Ansatzes, der vom Lehr-Lern-Setting über die Organisation auch das Leitbild umfasst; Lehre, Forschung, Transfer und Betrieb der Hochschule müssen zielgerichtet und aktiv nachhaltig gestaltet werden. Das gesamtheitliche Denken und tatsächlich nachhaltige Handeln in allen Bereichen ist eine Herausforderung für die Organisation, aber auch für die Hochschulangehörigen und -partner*innen und zugleich ein Erfolgskriterium für nachhaltige Entwicklung (▷ Kapitel 4.5).

Institutionelle Nachhaltigkeitstransformation am Beispiel der Hochschule für nachhaltige Entwicklung Eberswalde

Wilhelm-Günther Vahrson und Kerstin Kräusche

Nicht nur das Wirtschaftssystem oder politische Systeme bedürfen einer Transformation, um einer nachhaltigen Entwicklung gerecht zu werden bzw. diese zu befördern. Auch einzelne Institutionen können und müssen im Rahmen einer »Großen Transformation« nachhaltig(er) werden. Hochschulen haben eine besondere Verantwortung zur nachhaltigen Entwicklung der Gesellschaft, die sich auch dadurch verdeutlicht, dass an Hochschulen zukünftige Entscheidungsträger ausgebildet werden. Hochschulen sehen sich hier immer mehr in der Pflicht und werden von externen Akteuren wie auch von den eigenen Hochschulangehörigen aufgefordert, ihren Beitrag zur nachhaltigen Entwicklung, zu einem gerechten Zusammenleben und für das Gemeinwohl zu leisten. Die Entwicklung der ehemaligen Fachhochschule Eberswalde zur *Hochschule für nachhaltige Entwicklung* kann exemplarisch die Randbedingungen, Möglichkeiten und Risiken, vor allem aber auch die Chancen einer institutionellen Transformation zur Nachhaltigkeit belegen. Wie kann eine solche Transformation gelingen, wie lassen sich die Protagonisten zu einem solchen Systemwandel finden und das Thema in den Köpfen verankern? Gab es spezielle Startbedingungen, die dieses Unterfangen befördern? Und handelt es sich überhaupt um einen stringent gesteuerten Prozess oder doch eher um die Abfolge von zufälligen Ereignissen?

Geschichtlicher Hintergrund

Im Jahr 1992 fand der Weltgipfel in Rio de Janeiro statt oder präziser: die Konferenz der Vereinten Nationen über Umwelt und Entwicklung. Es gelang der große visionäre Wurf, der schließlich mit Rio +20 in die Forderung nach der »Großen Transformation« in eine klimaverträgliche Gesellschaft ohne Nutzung fossiler Brennstoffe und in die Klimaabkommen von Paris und Marrakesch mündete (▷ Kapitel 1.2). Zeitgleich – aber eben nur zeitgleich und keineswegs bedingt durch Rio – nahm nach der politischen Wende am 1. April 1992 die Fachhochschule Eberswalde in Brandenburg mit 45 Forststudierenden ihren Betrieb auf. Schon damals mit klarem Profil, sollte sich durch alle Fachbereiche und Studienangebote auf Beschluss des Gründungssenats ein »grüner Faden« ziehen. Dieser »grüne Faden« nahm eine lange und im Wesentlichen forstlich geprägte Tradition auf.

Der Forstwissenschaftler Georg Ludwig Hartig (1764–1837) hatte schon 1804 die erste Umsetzung des Prinzips der Nachhaltigkeit für die forstliche Praxis ausformuliert. In der zweiten Auflage seiner »Anweisung zur Taxation der Forsten« heißt es:

Aus forstlicher Tradition entwickelte sich der »grüne Faden«

»… es läßt sich keine dauerhafte Forstwirtschaft denken und erwarten, wenn die Holzabgabe aus den Wäldern nicht auf Nachhaltigkeit berechnet ist. Jede weise Forstdirektion muss daher die Waldungen des Staates ohne Zeitverlust taxieren lassen und sie zwar so hoch als möglich, doch so zu benutzen suchen, daß die Nachkommenschaft wenigstens ebensoviel Vorteil daraus ziehen kann, als sich die jetzt lebende Generation zueignet« (Hartig 1804, S. 1).

Im Jahr 1821 wurde auf Betreiben Georg Ludwig Hartigs an der Universität zu Berlin (der heutigen Humboldt Universität zu Berlin) die *Königliche Forstakademie* eingerichtet, zu deren Leiter der Oberforstrat Wilhelm Pfeil (1783–1859) berufen wurde. Pfeil wiederum suchte bald die Verlegung der forstlichen Ausbildung und begründete 1830 in Neustadt-Eberswalde – und damit in Waldnähe und deutlich praxisorientiert – die *Höhere Forstlehranstalt*. Nachhaltigkeit war schon damals ein sehr wichtiges Thema in der Forstwissenschaft (▷ Kapitel 1.2): Pfeil setzte sich mit ihr auseinander und zerriss u. a. in seinen damals gefürchteten »Kritischen Blättern für Forst- und Jagdwissenschaft« (Pfeil 1822–1859) unbarmherzig jeden, den er verdächtigte, vom Pfad der Nachhaltigkeit abzuweichen.

Forstliche Lehre und Forschung gehörten seitdem zu Eberswalde, bis 1963 die Lehre in Eberswalde aus politischen Gründen von der Regierung der DDR abgewickelt wurde. Die Forschung wurde am 1954 gegründeten *Institut für Forstwissenschaften Eberswalde* (IFE) mit bis zu 700 Mitarbeiter*innen bis zu dessen Abwicklung in den Jahren 1990 bis 1991 fortgesetzt. Nachhaltigkeit war damals meist gleichgesetzt mit ökologisch, also »grün«, und bis in die Mitte der 1970er-Jahre weltweit ein eher marginales Thema. Mitarbeiter des IFE wiederum engagierten sich bald nach der Wende für die (Wieder-)Eröffnung einer forstwissenschaftlichen Fakultät der Humboldt-Universität zu Berlin mit Standort Eberswalde, was schließlich in die Gründung der Fachhochschule Eberswalde einmündete. Aus dem abgewickelten IFE entstanden in mehreren Zwischenschritten das heutige *Thünen-Institut für Waldökosysteme Eberswalde* als Bundesressortforschungseinrichtung, das heutige *Landeskompetenzzentrum Forst Eberswalde* (LFE) als Landesressortforschungseinrichtung und die *Fachhochschule Eberswalde*, deren Fachbereich Forstwirtschaft damals zahlreiche Kollegen des ehemaligen IFE rekrutierte und der über sechs gemeinsame Professuren eng mit den Vorgängereinrichtungen des LFE verbunden war. Frühere Mitarbeiter des IFE behielten hier lange die Deutungshoheit.

Vom Institut für Forstwissenschaften zur Fachhochschule

Zurück in die Gegenwart

Stagnation
der Entwicklung
der Fach-
hochschule
Eberswalde
1992–1998

Die Fachhochschule Eberswalde wurde 1992 mit vier Fachbereichen und vier entsprechenden Diplomstudiengängen (Forstwirtschaft, Landschaftsnutzung und Naturschutz, Holztechnik und Betriebswirtschaftslehre) wiedergegründet und drohte im strukturschwachen Nordosten des extrem finanzschwachen Landes Brandenburg schon sehr bald in einer prekären Situation

Kennzahlen der
Hochschule für nachhaltige Entwicklung Eberswalde 2017

Finanzen
- Landesmittel: 12,8 Mio. Euro
- Bundesmittel: Hochschulpakt 1, 5 Mio. Euro
- Drittmittel: 8,7 Mio. Euro (>158.000 Euro/Professur)

3 Standorte
- Stadtcampus
- Waldcampus
- Forstbotanischer Garten

4 Fachbereiche
- Wald und Umwelt
- Landschaftsnutzung und Naturschutz
- Holzingenieurwesen
- Nachhaltige Wirtschaft

3 Forschungsschwerpunkte
- »Nachhaltige Entwicklung des ländlichen Raumes«
- »Nachhaltige Produktion und Nutzung von Naturstoffen«
- »Nachhaltiges Management begrenzter Ressourcen«

10 Bachelor und 10 Masterstudiengänge

55 Professuren, insgesamt

ca. 2.200 Studierende

ca. 270 Mitarbeiter*innen,

ca. 438 Absolvent*innen (im Jahr 2017)

6.085 Absolvent*innen seit Neugründung

Gegenwärtig gehört die HNEE zu den kleinen, gut nachgefragten und sehr effizienten Hochschulen in Deutschland, die Drittmitteleinwerbung pro Professur liegt 3–5-fach über dem Bundesdurchschnitt.

zu erstarren: Die ursprünglichen Ausbauziele wurden Mitte der 1990er-Jahre von 55 auf 40 Professuren reduziert, tatsächlich besetzt waren davon im Jahr 1998 erst 28 Professuren, Lücken wurden notdürftig mit befristeten Bundesprogrammen gestopft, Bauvorhaben verzögerten sich zum Teil um mehr als zehn Jahre, der Hochschulhaushalt stagnierte sowohl im Land Brandenburg als auch in Eberswalde. Hochschulen hatten in Brandenburg keine Tradition, die öffentliche Wertschätzung der Hochschulen war allgemein gering.

Change Process I: Selbstfindung

Zur Bestimmung des eigenen Standpunktes, zur Lösung aus der damals stark dominierenden forstlichen Tradition, aber auch um die wenigen Ressourcen zielorientierter einzusetzen, wurde von 1998 bis 2000 eine intensive Leitbilddiskussion geführt. Diese ergab die explizite Verankerung der Nachhaltigkeit in der Präambel der Grundordnung. Dort heißt es seit dem Jahr 2000:

Entwicklung eines Leitbilds

> **Mit der Natur für den Menschen:** Lehre und Forschung sind einer Zukunftsfähigkeit verpflichtet, die in der Einheit von Ökologie, Ökonomie und sozialer Verantwortung besteht. Erhaltung der Vielfalt der Natur und deren Nutzung sind für uns kein Gegensatz.

Es dominiert hierbei ein immer noch »grün gefärbtes«, stark ökologisch geprägtes Verständnis von Nachhaltigkeit; diese Positionierung gab dann in den Folgejahren den Entscheidungsrahmen für die Weiterentwicklung der Hochschule und eine verstärkte Profilierung auf dem Gebiet der Nachhaltigkeit. Der Vorschlag auf Änderung des Hochschulnamens (damals in der Diskussion: Fachhochschule für Natur, Technik und Wirtschaft) war zu diesem Zeitpunkt nicht mehrheitsfähig; er musste nach mehreren erregten Vollversammlungen aufgegeben werden. Im Nachhinein betrachtet, erwies sich das als Glücksfall, da diesem Vorschlag schlichtweg die Prägnanz fehlte und eine solche Namensgebung im Jahr 2000 die spätere Namensdiskussion mit hoher Wahrscheinlichkeit verhindert hätte.

Profilierung mit Nachhaltigkeit

Change Process II: Externe Faktoren als *Winds of Change*

Ab dem Jahr 2000 wurden im Rahmen des Bologna-Prozesses die Diplomstudiengänge auf Bachelor- und Masterabschlüsse umgestellt. Das hat die Hochschule, wenn auch der Verlust der gut strukturierten und gut nachgefragten Diplomstudiengänge von vielen bedauert wurde, als Chance der Emanzipation begriffen. Mit den hochschulartenübergreifenden Qualitätssicherungs-

Bologna-Prozess

instrumenten Akkreditierung und Reakkreditierung wurden bestehende Vorbehalte gegen Fachhochschulen konterkariert und gleichzeitig ambitionierte Bachelor- und Masterstudiengänge positioniert.

Entwicklungsschub durch politische Unterstützung

Gleichzeitig – und unmittelbar verbunden mit der damals neuen Ministerin für Wissenschaft, Forschung und Kultur, Prof. Dr. Johanna Wanka – gelang es graduell, die Wertschätzung für Hochschulen in der Landesregierung zu steigern. Mit dem sogenannten »Überlastprogramm« sollten für einen prognostizierten »Studentenberg« in einem wettbewerblichen Verfahren zwischen allen Hochschulen Brandenburgs etwa 3.000 neue Studienplätze befristet geschaffen werden. Die finanziellen Mittel waren gering, die Wirkung aber enorm. Nach Jahren der Stagnation gab es wieder Entwicklungsmöglichkeiten, und das hochschulinterne Leitbild gab die Richtung vor: Mit diesen Programmmitteln konnten nach 2001 die Studiengänge *Ökolandbau und Vermarktung* (B.Sc.), *Nachhaltiges Tourismusmanagement* (M.Sc.), *Forest Information Technology* (M.Sc.) sowie *Ökoagrarmanagement* (M.Sc.) und *Global Change Management* (M.Sc.) aufgebaut und das Leitbild mit seinem ökologisch geprägten Nachhaltigkeitsprofil umgesetzt werden.

Forschungsorientierung

Im Bereich der Forschung – die Hochschule war immer forschungsorientiert und nicht zuletzt mangels Haushaltsmitteln immer sehr drittmittelstark – wurde das Thema der Erneuerbaren Energien als Schwerpunktthema definiert.

Abbildung 1: Fachbereiche und Studiengänge der Hochschule für nachhaltige Entwicklung Eberswalde.

Fachbereich 1: Wald und Umwelt Forstwirtschaft (B.Sc.) International Forest Ecosystem Management (B.Sc.) Forest Information Technology (M.Sc.) Global Change Management (M.Sc.) Forestry System Transformation (M.Sc., in Vorbereitung)	**Fachbereich 2: Landschaftsnutzung und Naturschutz** Landschaftsnutzung und Naturschutz (B.Sc.) Ökolandbau und Vermarktung (B.Sc.) Ökolandbau und Vermarktung (B.Sc. dual) Öko-Agrarmanagement (M.Sc.) Regionalentwicklung und Naturschutz (M.Sc.) Strategisches Nachhaltigkeitsmanagement (M.A., berufsbegleitend)
Fachbereich 3: Holzingenieurwesen Holztechnik (B.Eng.) Holztechnik (B.Eng. dual) Holzmechatronik (B.Eng. dual, in Vorbereitung) Holztechnik (M.Sc.)	**Fachbereich 4: Nachhaltige Wirtschaft** Finanzmanagement (B.A.) Regionalmanagement (B.A.) Unternehmensmanagement (B.A.) Nachhaltiges Tourismusmanagement (M.A.) Nachhaltige Unternehmensführung (M.A.) Kommunalwirtschaft (M.A., berufsbegleitend)

Schon früh wurden – das war eine Frage der inneren Überzeugung, aber auch der Glaubwürdigkeit – der eigene institutionelle ökologische Fußabdruck und die internen Prozesse ins Auge gefasst und eine*n Ressourcenschutzbeauftragte*n in der Grundordnung festgeschrieben. Eine deutliche Beschleunigung erfuhr die Bearbeitung dieses Themas allerdings erst ab 2007 mit der Entscheidung zur Professionalisierung durch die Einstellung einer hauptamtlichen Umweltmanagerin, die ein systematisches Umweltmanagement und die Zertifizierung nach EMAS-Standards voranbrachte.

Anforderungen von EMAS

EMAS *(Eco-Management and Audit Scheme)* ist ein von den Europäischen Gemeinschaften 1993 entwickeltes Instrument für Unternehmen, die ihre Umweltleistung verbessern wollen. Die Verordnung (EG Nr. 1221/2009) des Europäischen Parlaments und des Rates vom 25. November 2009 über die freiwillige Teilnahme von Organisationen an einem Gemeinschaftssystem für Umweltmanagement und Umweltbetriebsprüfung umfasst:

- ◆ die Festlegung einer betrieblichen Umweltpolitik,
- ◆ die Bestimmung, Bewertung und Überwachung bedeutender Umweltaspekte in einer regelmäßigen Umweltbetriebsprüfung,
- ◆ die kontinuierliche Verbesserung der Umweltleistung über die gesetzlichen Anforderungen hinaus sowie die Einführung und Verwirklichung umweltbezogener Zielsetzungen,
- ◆ die Bereitstellung von Ressourcen (Personal, Infrastruktur, technische und finanzielle Mittel inkl. einer*s Umweltmanagementbeauftragten),
- ◆ die Schulung, Information und Beteiligung der Angehörigen der Organisation zum Umweltmanagement,
- ◆ die transparente Dokumentation des Umweltmanagementsystems und Veröffentlichung einer Umwelterklärung, in der umweltrelevante Tätigkeiten und Daten, z. B. zu Ressourcen- und Energieverbräuchen, Emissionen, Abfälle, Biodiversität etc., genau dargestellt werden,
- ◆ die Prüfung und Validierung des Managementsystems durch eine*n unabhängigen, externe*n, geprüfte*n und zugelassene*n Gutachter*in.

Umweltmanagement an der HNEE

In den Aufbau des Umweltmanagementsystems an der HNEE sind alle Hochschulangehörigen – Studierende, Mitarbeiter*innen in Lehre, Forschung und Verwaltung, aber auch Kooperationspartner*innen und Geschäftspartner*innen (wie Studentenwerk, Kommune und Region) – eingebunden.

Ein systematisches Umweltmanagements zielt darauf ab:

- Transparenz im Umwelthandeln zu zeigen,
- Abläufe im betrieblichen Umweltschutz zu optimieren,
- negative Umweltauswirkungen kontinuierlich zu verringern sowie die Verbesserung der Umweltleistung zu erreichen,
- eine Erhöhung der Effizienz bei der Verwendung von Energie und Materialien zu erlangen,
- Hochschulangehörige zum umweltgerechten Handeln an der Hochschule und im privaten Bereich zu informieren, zu sensibilisieren und zu motivieren sowie
- Erkenntnisse zu Verbesserungspotenzialen in der Organisation von Prozessen, Steuerung des Ressourcenverbrauchs und bei der Nutzung von Technik zu gewinnen.

Die HNEE nutzt für die Umweltanalyse und Vorbereitung der EMAS-Validierung die EMASeasy-Methodik (einen aktuellen Leitfaden für Umweltmanagementbeauftragte bietet der Umweltgutachterausschuss beim Bundesministerium für Umwelt, Naturschutz, Bau und Reaktorsicherheit [Umweltgutachterausschuss 2015]). Dieses ursprünglich für kleine Unternehmen entwickelte Methodenset wurde an die Ansprüche einer Hochschule angepasst, insbesondere für die Umweltanalyse, die prozessbegleitend erfolgt. Dabei wird objektiv gemessen (Umwelt-Controlling, Ecomapping), aber auch die von Studierenden und Mitarbeiter*innen subjektiv empfundene Umweltsituation (anonyme Onlinebefragung aller Hochschulangehörigen) erfasst. Im Umweltplan werden Ziele formuliert, die sich aus den zusammengeführten Analyseergebnissen zu den Kernindikatoren Energie (Strom und Wärme), Wasser, Abfall, Emissionen, Arbeitsschutz (insbesondere Brandschutz), Bodenschutz und Lagerung sowie indirekte Umweltaspekte (z. B. Kommunikation) ergeben. Die im Umweltplan genannten Maßnahmen sollen zu einer Verbesserung der Umweltsituation an der HNEE führen. Die Zielerreichung – negative

Umweltauswirkungen kontinuierlich zu verringern – wird in der Umwelt-erklärung dargestellt. Ein*e unabhängige*r zugelassene*r Umweltgut-achter*in validiert im Zweijahresrhythmus diese Umwelterklärung, die dann veröffentlicht wird und auch in den Nachhaltigkeitsbericht ein-fließt.

Change Process III: Umbenennung

Eine Änderung im Hochschulgesetz im Dezember 2008 erlaubte es den Fach-hochschulen, sich als »Hochschulen« zu bezeichnen. Dies wurde von der Hochschulleitung zum Anlass genommen, das Thema »Namensänderung« erneut in die interne Diskussion zu bringen, mit dem Ziel, das Thema »Nach-haltigkeit« deutlich sichtbar im Namen zu verankern. Es wurde hier eine Möglichkeit der weiteren Profilierung gesehen. Gleichzeitig bestand auch die Sorge, andere Hochschulen könnten vorher das Thema Nachhaltigkeit in ihrem Namen besetzen.

Aus Fachhoch-schule wird Hochschule

Anfang 2009 beauftragte der Senat eine kleine Arbeitsgruppe damit, die sich aus dem neuen Hochschulgesetz ergebenden Änderungsbedarfe der Grundordnung zu analysieren und Namensvorschläge zu entwickeln. Eine Vielzahl von Rückmeldungen adressierte das Wort »Nachhaltigkeit«. Die Namensvorschläge wurden im Senat heiß diskutiert. In den onlinebasierten Debatten konnten sich alle Hochschulangehörigen beteiligen, die Durchfüh-rung und Strukturierung des Prozesses der Namenssuche oblag einer kleinen vom Senat autorisierten Arbeitsgruppe.

Partizipative Namenssuche

Auf der einen Seite stand die Sorge eines Teils der Studierenden und auch der Professorenschaft, die neue Namensgebung könnte die Berufschancen der Absolvent*innen und die Attraktivität der Hochschule verschlechtern (dies wurde durch die Zusicherung ausgeräumt, dass auf Antrag noch Zeug-nisse mit dem alten Namen erstellt werden könnten; ein solcher Antrag wurde später nie gestellt). Auf der anderen Seite standen Vorhaltungen wie *Green-washing*, Größenwahn oder Unglaubwürdigkeit. Die dann gefundene Kompro-missvariante »Hochschule für nachhaltige Entwicklung Eberswalde« (HNEE) war nach intensiver Diskussion mehrheitsfähig und ist gekennzeichnet von einer stringenten und partizipativen Vorgehensweise bei der Namensfindung.

Fundierte Namensfindung

Fokussierung

Whole
Institution
Approach

Die HNEE verfolgt seitdem immer systematischer einen *Whole Institution Approach* (▷ Kapitel 4.4) in Lehre, Forschung, Transfer und Betrieb. Dabei hat sich die Umbenennung zu einem wichtigen Treiber in einem sich selbst verstärkenden Prozess entwickelt, der alle Bereiche der Hochschule durchdringt. In allen Aktivitäten wird von außen, vor allem aber auch intern die Frage nach

Nachhaltigkeitsgrundsätze der HNEE

Seit Februar 2013 bilden die Nachhaltigkeitsgrundsätze das Fundament des Handelns und der Weiterentwicklung der HNEE. Sie beschreiben das anzustrebende Handeln aller Angehörigen der Hochschule (Studierende und Mitarbeiter*innen) im Umgang miteinander und in Zusammenarbeit mit Partner*innen außerhalb der Hochschule. Dazu gehört:

- langfristiges Denken und Handeln als Maßstab aller Tätigkeiten an der Hochschule,

- achtsam und sparsam mit den natürlichen Ressourcen umzugehen,

- einen mitfühlenden Umgang miteinander zu pflegen sowie Gerechtigkeit und Fairness als Handlungsprinzipien umzusetzen,

- über unsere eigene nachhaltige Entwicklung prozessbegleitend zu informieren, zu kommunizieren und zu reflektieren.

Abbildung 2:
Nachhaltigkeits-
grundsätze der HNEE.

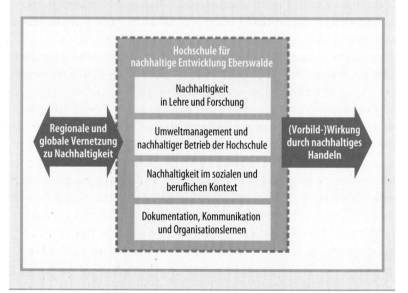

der Nachhaltigkeit gestellt. Das ist die selbst gelegte Messlatte, das Maß der Glaubwürdigkeit der Hochschule. Nachhaltigkeit darf nicht nur gelehrt werden, sondern es müssen Wege zur Umsetzung aufgezeigt und exemplarisch begangen werden. Hier wird ein Höchstmaß an Kohärenz, aber auch an Sichtbarkeit angestrebt. Die Umsetzung von Nachhaltigkeit im Sinne eines Whole Institution Approach wird vorangetrieben und spiegelt sich in den verschiedenen Bereichen der Hochschule wider. So hat sich in einem Bottom-up-Prozess der offene Runde Tisch zur nachhaltigen Entwicklung der Hochschule gegründet, an dem sich jede*r Hochschulangehörige einbringen und den Prozess der nachhaltigen Weiterentwicklung der Hochschule mitgestalten kann.

Ganz wichtig sind bei allem die Kommunikation und Partizipation innerhalb der Hochschule selbst und in der Verankerung der Gesellschaft. Dabei hat sich der Runde Tisch zu einem sehr effizienten Bottom-up-Treiber entwickelt, der das Thema Nachhaltigkeit auf allen Ebenen vorantreibt. So wurde z. B. über die Formulierung von 🔍 **Nachhaltigkeitsgrundsätzen** ein verbindlicher, mit dem Präsidium abgestimmter und dann vom Senat beschlossener Handlungsrahmen für die Hochschule entwickelt und laufend fortgeschrieben. Außerdem geht es am Runden Tisch um die konkrete Gestaltung von Nachhaltigkeit an der Hochschule auch in sozialen Handlungsfeldern (Kommunikationsformen, Wertschätzung, Gemeinwohlbilanzierung), aber auch um ganz bodenständige Dinge wie die nachhaltige Essensversorgung in den Mensen.

Partizipative Erarbeitung von Nachhaltigkeitsgrundsätzen

Das Thema Nachhaltigkeit wird systematisch in der Lehre implementiert. Dies zeigt sich u. a. in Studiengängen mit direktem Nachhaltigkeitsbezug, einer gemeinsamen obligatorischen Nachhaltigkeitsvorlesung für alle Bachelorstudiengänge und in den von Studierenden organisierten Projektwerkstätten zu Nachhaltigkeitsthemen (▷ Kapitel 4.4). In vielen Studiengängen sind Lehrveranstaltungen zum hochschuleigenen Nachhaltigkeitsmanagement integriert. Ziel ist es, Studierenden Erfahrungswissen zu vermitteln, Handlungsmöglichkeiten aufzuzeigen und sie an der Weiterentwicklung des Nachhaltigkeitsmanagements zu beteiligen (▷ Kapitel 4.4). Das große Ziel dabei ist, dass die HNEE die *Change Agents* für die »Große Transformation« ausbildet (▷ Kapitel 4.2). Für nachhaltiges Lehren und Lernen gibt es sicher keine Königswege, aber gute Beispiele für die Vielfalt der Ansätze: Im Projekt »Nägel mit Köpfchen« werden erfolgreiche Lösungen für die zunehmende Diversität der Studierenden gesucht. Das Praxismodul »Studienpartner Ökobetrieb« verbindet Lehre, Forschung und Transfer und wurde 2017 mit dem *Ars-Legendi-Preis* des Stifterverbandes und der Hochschulrektorenkonferenz ausgezeichnet. Die Hochschule wurde für ihre Aktivitäten im Bereich der »Bil-

Systematische Implementierung des Themas Nachhaltigkeit in der Lehre

dung für Nachhaltige Entwicklung« (BNE) erstmalig im Jahr 2007 ausgezeichnet und im Jahr 2017 von der Deutschen UNESCO-Kommission zum Lernort des Jahres ernannt (▷ Kapitel 4.4).

Konzentration von Forschungs- und Transfer- themen auf Nachhaltigkeit

Die Forschungsschwerpunkte *Nachhaltige Entwicklung des ländlichen Raumes*, *Nachhaltige Produktion und Nutzung von Naturstoffen* und *Nachhaltiges Management begrenzter Ressourcen* machen aus dem ursprünglichen Manko der abseitigen Lage ein Plus und stärken die direkte Kooperation mit den regionalen, nationalen und internationalen Stakeholdern. Im Verbundprojekt HOCH N – beteiligt sind elf deutsche Hochschulen, die anwendungsorientiert zum Thema Nachhaltigkeit und Transformation forschen – bearbeitet die HNEE federführend das Thema 🔍 **Transfer**.

Transferstrategie der HNEE

Transfer (oder auch »Third Mission«) ist der wechselseitige institutionalisierte Austausch zwischen Hochschulen und Gesellschaft, der sich unter dem Begriff »gesellschaftliches Engagement« subsumieren lässt (nach Berthold et al. 2011, S. 9).

In der Transferstrategie der HNEE heißt es: »Transfer an der Hochschule für nachhaltige Entwicklung Eberswalde wird in einem breiten Sinne verstanden und geht über ein enges Verständnis als Technologietransfer (vorrangig von der Wissenschaft in die Wirtschaft) hinaus. Transfer ist der wechselseitige und partnerschaftliche Austausch von Wissen, Ideen, Dienstleistungen, Technologien und Erfahrungen. Er umfasst alle Formen der Kooperationsbeziehungen zwischen der Hochschule und ihren externen Partner*innen in Lehre und Forschung – sowie darüber hinaus.« (HNEE 2016b, S. 3).

In der Transferstrategie werden das Transferverständnis der HNEE beschrieben und die Transferziele benannt. Durch einen Überblick über Strukturen und Akteure für den Transfer an der HNEE werden Transferformate befördert sowie Partner*innen und Zielgruppen direkt angesprochen. Die Zielstellungen werden im Rahmen eines separaten Maßnahmenkatalogs kontinuierlich weiterentwickelt.

Die Transferstrategie der HNEE trägt dazu bei, über die Vielfalt der Transferaktivitäten zu informieren, das Engagement zu unterstützen und wertzuschätzen sowie Kooperationen für Gesellschaft und Wirtschaft zu erleichtern. Gleichzeitig wird für die Transferaktivitäten eine strategische Orientierung gegeben, um das Profil der HNEE weiterzuentwickeln. Die Transferstrategie ist nicht statisch und endgültig, sondern wird als dynamischer Prozess verstanden, der, angestoßen durch das Transfer-Audit, unter Beteiligung von interessierten Hochschulangehörigen kontinuierlich weitergeführt werden soll.

Der Hochschulbetrieb wirtschaftet seit 2014 CO_2-neutral und betreibt ein aktives ○ **Klimaschutzmanagement**. Mit dem zweimaligen Gewinn des *European EMAS-Award* (2009 und 2017) wurde eine europaweite Führungsposition für vorbildliches Umweltmanagement bestätigt. Dieses systematisch erarbeitete Wissen und die Handlungserfahrungen werden in zahlreichen Weiterbildungs- und Vernetzungsangeboten (z. B. zu Themen wie nachhaltige Beschaffung, nachhaltiges Veranstaltungsmanagement, Nachhaltigkeitsmanagement, Umweltmanagementsystem) auch nach außen weitergegeben (HNEE 2018b). Seit September 2017 läuft, initiiert vom AStA und der Hochschulleitung gemeinsam mit Partnern vom Verkehrsverbund Berlin-Brandenburg, das deutschlandweit erste Modellprojekt »Klimaneutrales Semesterticket« für eine klimaneutrale An- und Abreise der Studierenden.

Systematische Ausrichtung des Hochschulbetriebes auf Nachhaltigkeit

Klimaschutzstrategie der HNEE

Das Klimaschutzkonzept der HNEE, wurde in einem intensiven Beteiligungsprozess erstellt und beschreibt den Weg der HNEE zu einer klimafreundlichen Hochschule. Zentrales Element sind neun Leitlinien der klimafreundlichen Hochschule:

1. **Vermeidung von CO_2-Emissionen im Hochschulbetrieb:** Ziel ist die komplette Strom- und Wärmeversorgung aus erneuerbaren Energien.

2. **Erreichung von Klimaneutralität innerhalb der Systemgrenzen:** Ab dem Jahr 2014 werden die bilanzierten Treibhausgasemissionen durch Klimaschutzprojekte, die gleichzeitig die nachhaltige Entwicklung fördern, ausgeglichen.

3. **Effizienz und Suffizienz als Leitlinien weiteren Handelns:** Trotz des Einsatzes erneuerbarer Energien und nachwachsender Rohstoffe wird mit Energie an der HNEE sparsam und bewusst umgegangen.

4. **Klimabewusstsein:** Die Themen Klimawandel, Klimaschutz und Klimaanpassung werden als Querschnittsthemen und als expliziter Bestandteil in Lehre und Forschung mitgedacht.

5. **Klimaschutz durch Ausstrahlwirkung:** Durch Interaktion mit lokalen und globalen Partnern wird Klimaschutzmanagement vernetzt.

6. **Sichtbarmachung von Klimaschutz auf dem Stadt- und Waldcampus:** Die Maßnahmen zum Klimaschutz werden z. B. in der Klimaschutzwoche dargestellt, die PV-Anlagen mit Anzeige des erzeugten Stroms versehen.

7. **Kontinuierliche Bilanzierung und ganzheitliche Betrachtung:** Innerhalb der Systemgrenzen etabliert die HNEE eine kontinuierliche Bilanzierung und berücksichtigt hierbei auch indirekte Emissionen in ihren Klimaschutzbestrebungen.

8. **Kommunikation:** Die HNEE kommuniziert ihre Klimaschutzbemühungen transparent und prozessbegleitend, z. B. in ihrem Klimaschutzkonzept, der EMAS-Umwelterklärung und im Bericht zur nachhaltigen Entwicklung der HNEE.

9. **Etablierung eines lernenden Projektes:** Klimaschutz ist ein Prozess, der eng mit Organisationslernen verbunden ist. Das Konzept »Klimafreundliche Hochschule« wird im engen Austausch mit allen Hochschulangehörigen weiterentwickelt, um existierendes Wissen einzubinden und Erfahrungen zu nutzen und weiterzugeben.

Die Bewusstseinsbildung für klimafreundliches Verhalten steht im Vordergrund. Die Ausbildung von Multiplikatoren und die Vorbildfunktion sieht die HNEE dabei als ihren größten Beitrag, den sie zum Schützen des Klimas leisten kann.

Die Weiterentwicklung der HNEE zur klimafreundlichen Hochschule (als Ziel in den Nachhaltigkeitsgrundsätzen der HNEE formuliert) hat den Anspruch einer ganzheitlichen Betrachtungsweise. Da die HNEE nicht alle Treibhausgasemissionen vermeiden kann, sollen diese in Klimaschutzprojekten ausgeglichen und so Klimaneutralität erlangt werden. Die Nutzung des Begriffs »Klimaneutralität« kann jedoch auch Kritik hervorrufen. Wie sind die Systemgrenzen für Treibhausgasbilanzierung gewählt? Welchen Stellenwert haben Effizienz und Suffizienz? Welcher Umweltnutzen wird dem Bezug von Ökostrom beigemessen? Welche Qualitätskriterien gelten für die Kompensationsprojekte?

Kritik ist dann gerechtfertigt, wenn Klimakompensation nicht am Ende dieser Prioritätenkaskade steht: Effizienz und Suffizienz vor *Greening* vor Klimakompensation (Harthan et al. 2010). Diesem Prinzip gerecht zu werden ist das Ziel des Handelns der HNEE: durch die Umsetzung eines umfassend gedachten Energiekonzeptes, durch Einsparung von Energie mittels effizienten und suffizienten Verhaltens und entsprechender organisatorischer Maßnahmen und durch die komplette Strom- und Wärmeversorgung aus erneuerbaren Energien (vgl. auch Leitlinie 1–3).

Treibhausgasbilanzierung von Organisationen und Unternehmen

Standards

Anerkannter Standard für die Bilanzierung von Treibhausgasen von Organisationen, dem *Corporate Carbon Footprint* (CCF), ist das *Greenhouse Gas Protocol* (GHG Protocol) bzw. die darauf aufbauende ISO Norm 14064. Emissionen werden in drei Bereiche unterteilt:

Scope 1: alle direkten Emissionen aus eigenen Verbrennungsprozessen sowie Emissionen des Fuhrparks

Scope 2: alle indirekten Emissionen aus bezogener Energie

Scope 3: alle weiteren indirekten Emissionen.

Emissionen aus *Scope* 1 und 2 müssen gemäß GHG Protocol bilanziert werden. Die Bilanzierung von Emissionen aus *Scope* 3 ist optional. Darüber hinaus sollen nicht nur CO_2-Emissionen, sondern alle relevanten Klimagase in CO_2-Äquivalenten berücksichtigt werden. Die Berechnung erfolgt i. d. R. über die Ermittlung von Verbrauchsdaten und die Multiplikation dieser mit anerkannten Emissionsfaktoren (WWF Deutschland & CDP 2016).

Vergleichbarkeit des Corporate Carbon Footprint

Aufgrund des Spielraums bei der Bilanzierung von *Scope*-3-Emissionen, der Wahl der Emissionsfaktoren und der Definition der zutreffenden Systemgrenzen ist es schwer, den Corporate Carbon Footprint verschiedener Organisationen miteinander zu vergleichen. Außerdem gibt es Aktivitäten einer Organisation, die unter Umständen wichtig für klimafreundliche Transformationen sind, die aber nicht bilanzierbar sind, wie z. B. Maßnahmen der Bewusstseinsbildung. Andere Aktivitäten hingegen, die sich positiv auf den CCF auswirken, führen unter Umständen nur zu Verlagerungseffekten, z. B. wenn eine klimaschädliche Aktivität outgesourct wird oder Ökostrom bezogen wird, der nicht mit einem Ausbau der Erneuerbaren Energien verbunden ist.

Der CCF ist daher nur bedingt und nicht ausschließlich als Indikator für die Bewertung der Klimafreundlichkeit einer Organisation geeignet. Die HNEE versucht dieses Dilemma aufzulösen, indem die Bilanzierung transparent dargestellt wird. Außerdem fließen neben dem CCF weitere Faktoren in Form der Leitlinien des Klimaschutzkonzeptes in die Klimastrategie der HNEE ein.

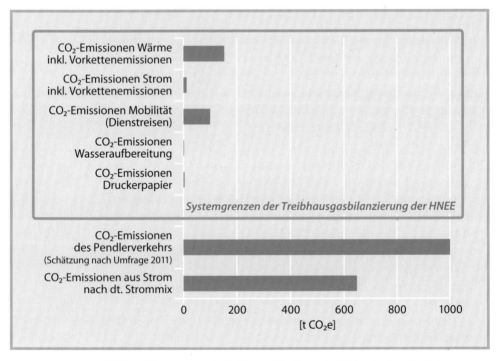

Abbildung 3: Systemgrenzen der Treibhausgasbilanzierung der HNEE sowie alternative Systemgrenzen und Emissionsfaktoren am Beispiel der Treibhausgasemissionen 2016. Die Einbeziehung des Pendelverkehrs in die Treibhausgasbilanzierung der HNEE oder die alternative Bilanzierung des Ökostromverbrauchs nach dem Bundesstrommix würde sich drastisch auf den CCF der HNEE auswirken (die HNEE bilanziert ihren Ökostrom nach dem Händlerprinzip unter Einbeziehung der Vorkettenemissionen).

4 Transformation zur Nachhaltigkeit

Die Fokussierung der Hochschule auf nachhaltige Entwicklung brachte auch die Umbenennung und fachinhaltlichen Umbau des *Fachbereichs Wirtschaft* in *Fachbereich für Nachhaltige Wirtschaft* mit sich. Hier erfolgte u. a. die Einstellung des gut nachgefragten Master-Studienganges *Marketing Management* zugunsten des neuen weiterführenden Studienangebotes *Nachhaltige Unternehmensführung*.

Umbenennung und fachinhaltlicher Umbau eines ganzen Fachbereichs

Der Whole Institution Approach findet schließlich seinen Niederschlag im zweijährig erscheinenden integrierten *Nachhaltigkeitsbericht* der Hochschule. Alle Prozesse in Lehre, Forschung, Transfer und Betrieb der Hochschule werden unter dem Aspekt der nachhaltigen Entwicklung dargestellt. Hier erfolgte eine enge Kooperation mit dem Rat für Nachhaltige Entwicklung der Bundesregierung, mit dem über die Anwendbarkeit und Anwendung des Deutschen Nachhaltigkeitskodexes auf die Hochschulberichterstattung kontrovers diskutiert wurde. Die Berichterstattung erfolgt nun anhand der Nachhaltigkeitsgrundsätze (HNEE 2018a).

Nachhaltigkeitsbericht

Die Gestaltung des Transformationsprozesses beruht auf einem Führungsverständnis, das nicht auf Vereinheitlichung, sondern auf Diversität setzt und sich an folgenden Punkten orientiert:

Transformation durch Diversität statt Vereinheitlichung

* Bei einer *Shared Vision* und bei gleichzeitigem Verzicht auf Detailsteuerung können die Akteure der Hochschule in verschiedene Richtungen laufen, aber mit einer gemeinsamen Orientierung.

* Freude und Dissens: Was gibt es Schöneres, als miteinander zu arbeiten und zu streiten!? Nur so lässt sich die Shared Vision immer wieder erneuern, das heißt, interne und externe Friktionen sind Teil des Prozesses.

* Geduld und Entschlossenheit beim Warten auf und der Nutzung von *Windows of Opportunity*: Mit einem klaren Leitbild können sich kurzfristig ergebende Möglichkeiten schnell und entschlossen umgesetzt werden.

* Angemessenheit: Der administrative und emotionale Aufwand muss für alle Studierenden, Wissenschaftler*innen und Mitarbeiter*innen der Administration so gering wie möglich sein.

Ganz wichtig ist hierbei: Präsidiale Vorgaben und Ideen sind oft per se verdächtig und rufen häufig Widerspruch um des Widerspruchs willen hervor. Führung lässt sich daher am besten in einem Bottom-up-Prozess umsetzen, in dem, überspitzt formuliert, dem formal agierenden Präsidium die Neuerungen von innovativen Stakeholdern abgerungen werden. Es gilt also, mögliche Treiber*innen zu identifizieren und zu fördern.

Bottom-up-Ansatz

Erreichtes und Ungewisses

Die Profilierung der Hochschule konnte auf Landesebene im derzeit gültigen Hochschulvertrag und im Hochschulentwicklungsprogramm festgeschrieben und abgesichert werden. Bundes- und weltweit ist die HNEE mit ihren Zielsetzungen hochaktuell; so heißt es in den Zielen nachhaltiger Entwicklung (▷ Kapitel 1.2) von 2015 (Ziel 4.7):

>> Bis 2030 sicherstellen, dass alle Lernenden die notwendigen Kenntnisse und Qualifikationen zur Förderung nachhaltiger Entwicklung erwerben, unter anderem durch Bildung für nachhaltige Entwicklung und nachhaltige Lebensweisen«.

Was das für Hochschulen heißt, wird untersetzt durch den *Nationalen Aktionsplan Bildung für Nachhaltige Entwicklung* von 2017 (an dem die HNEE mitwirkt):

>> Hochschulen sind als Forschungs- und Bildungseinrichtungen zentral für eine nachhaltige Entwicklung. Durch Forschung und Lehre erarbeiten und vermitteln Hochschulen Wissen, Kenntnisse, Kompetenzen und Werte und bilden Multiplikatorinnen und Multiplikatoren und zukünftige Führungskräfte aus.« (Nationale Plattform Bildung für nachhaltige Entwicklung 2017, S. 51).

Viel besser als in diesen Zitaten von 2015 und 2017 lassen sich die Ziele der HNEE aktuell nicht beschreiben.

Verlust des
Alleinstellungs-
merkmals –
institutionelles
Risiko oder
gesellschaft-
licher Erfolg?

Das Thema »Nachhaltige Entwicklung« ist damit deutlich in den Fokus der Bildungspolitik gerückt und wird jetzt vielerorts aufgegriffen, zum Teil mit deutlich größerer Ausstattung und finanzieller Potenz, sodass das Alleinstellungsmerkmal der HNEE verblassen könnte. Aus dem Blickwinkel der Hochschule ist das sicher ein Risiko. Aber ist ebendies aus gesamtgesellschaftlicher Sicht nicht eher anzustreben? Die nachhaltigen Entwicklungsziele der Vereinten Nationen und das oben genannte Weltaktionsprogramm fordern das zumindest.

Die Größe der Hochschule ermöglicht es derzeit nicht, das Thema Nachhaltigkeit in allen Facetten umfassend abzudecken, sodass die HNEE sich auch in Zukunft immer wieder neu erfinden und Schwerpunkte setzen muss. Ausgangspunkt für die nachhaltige Weiterentwicklung der Hochschule waren vorrangig ökologische Kriterien (z. B. Aufbau des Umweltmanagementsystems, Entwicklung entsprechender Studiengänge). Neben der selbstverständlichen Integration in den Betrieb der HNEE stehen nun vermehrt soziale Faktoren des Gestaltens nachhaltiger Entwicklung im Fokus der Transformation. So werden Themen wie Gemeinwohl, Wertschätzung und *Diversity* diskutiert und ein Gesundheitsmanagement aufgebaut. Auch der gerade von der Hochschulrektorenkonferenz genehmigte dritte Forschungsschwerpunkt *Nachhaltiges Management begrenzter Ressourcen* und neue Professuren für *Transformation Governance* bringen das zum Ausdruck.

Weiterhin ließe sich die oft ins Feld gebrachte wachsende Beliebigkeit der Verwendung des Begriffes »Nachhaltigkeit« (»Das Thema ist bald durch«) anführen. Hier ist aber in der Diskussion genau zwischen der oft falsch verwendeten Terminologie und den Inhalten zu differenzieren. Diese Diskussion wird an der Hochschule geführt, und diesen Diskurs weiterhin zu führen ist ureigene Aufgabe der HNEE.

Beständiger Diskurs zur »Nachhaltigkeit«

Schließlich kann ein gewisses Risiko darin gesehen werden, dass sich die HNEE zu einer stark auf sich bezogenen Nachhaltigkeitscommunity in ihrem eigenen Echoraum entwickelt. Dem ist zu entgegnen, dass die HNEE im ständigen Wechselspiel mit sehr vielen Stakeholdern der Gesellschaft unterwegs ist – eben nicht nur mit ihresgleichen, sondern häufig auch mit Akteur*innen, die andere Vorstellungen von Entwicklung haben und andere Prämissen setzen. Sehr wohl ist es wichtig, sich als ein (offenes) System zu verstehen, in dem sich alle gegenseitig mit Argumenten und Ressourcen stärken und für Funktionstüchtigkeit sorgen, damit alle Kolleg*innen und die Absolvent*innen außerhalb der Hochschule bestehen und als Change Agents wirken können. Durch ihre intensive Vernetzung, ihre zahlreichen Transferaktivitäten zur Gestaltung einer nachhaltigen Gesellschaft entkräftet die HNEE Vorhaltungen wie »Echokammer« oder »Green Bubble«.

Offenes System und permanenter Austausch

Der Prozess der Umbenennung und Profilierung hat einen deutlichen Schub in die Hochschulentwicklung gebracht und die Ausrichtung auf das Thema »Nachhaltigkeit« deutlich verstärkt. Dies gilt auch in der Außenwirkung und Außenwahrnehmung, in der die HNEE – gemessen an ihrer tatsächlichen Größe – national und im gewissen Umfang auch international eine weite Sichtbarkeit errungen hat und als glaubwürdige Marke wahrgenommen wird. Davon profitiert die Hochschule auf allen Ebenen, nicht zuletzt bei der Personalgewinnung, bei Studierenden, bei Mitarbeiter*innen und bei Berufungen. Immer wieder gelingt es so, neue »Treiber*innen« zu gewinnen und in den Entwicklungsprozess zu integrieren. Dieser systemische Prozess ist im Rahmen der gesetzten Leitlinien letztlich offen; der Verzicht auf Detailsteuerung und die Beschränkung auf Rahmenvorgaben soll in allen Teilbereichen der Hochschule eine Diversität der Ansätze und Emergenzen befördern. Der Name und der durch die Umbenennung ausgelöste sich selbst verstärkende Prozess der stetigen Hinterfragung (»Ist das tatsäch-

Nachhaltige Hochschulentwicklung als systemischer, sich selbst verstärkender Prozess

lich nachhaltig?«) bilden die wichtige und notwendige Klammer für diesen Verzicht auf Feinsteuerung. Ob dies auch weiterhin wirksam ist, wird die Zukunft zeigen.

Fazit

Die institutionelle Transformation in der Hochschule für nachhaltige Entwicklung war durchaus an eine Reihe spezifischer Start- und Randbedingungen geknüpft und hat bisher – manchmal nur knapp – durchaus kritische Klippen meistern müssen; ein solcher *Tipping Point* war die Umbenennung trotz eines sehr knappen Senatsbeschlusses dazu. Vorhersehbar und im Detail planbar war die Entwicklung nicht.

Diese Transformation hat sicher nur bedingt Modellcharakter für andere Einrichtungen. Zuallererst sind Hochschulen in hohem Maß autonome und demokratische Einrichtungen, und den oben dargestellten Transformations- und Profilierungsprozess hat die Landesregierung kritisch-konstruktiv begleitet und an keiner Stelle zu intervenieren versucht.

Essenziell war die frühe Definition der Zielvorstellungen in Form eines klaren, aber ergebnisoffenen Leitbildes, das dann immer wieder ermöglichte, Veränderungen wie den Bologna-Prozess, das Überlastprogramm oder Änderungen im Hochschulgesetz als Windows of Opportunity zu interpretieren und zu nutzen.

Vor dem Hintergrund eines solchen Leitbildes ist unbedingt der Faktor Zeit zu sehen. Der beschriebene *Change Process* war weder kurzfristig noch kurzatmig: So vergingen z. B. von der ersten Leitbilddiskussion im Jahr 1998 bis zur Änderungen des Namens im Jahr 2010 zwölf Jahre. Vorhaben, die nicht schnell umsetzbar waren, wurden zum passenden Zeitpunkt wieder aufgegriffen.

Am wichtigsten ist bei alledem, den Diskurs aufrechtzuerhalten und die Akteur*innen zu bestärken, die diesen Prozess vorantreiben.

Literatur

Acosta, A. (2017): Buen Vivir. Die Welt aus der Perspektive des Buen Vivir überdenken, in: Konzeptwerk Neue Ökonomie; DFG-Kolleg Postwachstumsgesellschaften (Hrsg.): Degrowth in Bewegung(en) – alternative Wege zur sozial-ökologischen Transformation, München, S. 70–83.

Aiello, L. C.; Wells, J. C. K. (2002): Energetics and the evolution of the genus Homo, in: Annual Review of Anthropology, 31, S. 323–338.

Ajzen, I. (1991): The theory of planned behavior, in: Organizational Behavior and Human Decision Processes, 50(2), S. 179–211.

Alamgir, M., et al. (2017): Economic, socio-political and environmental risks of road development in the Tropics, in: Current Biology, 27(20), R1130–R1140.

Alcántara, S., et al. (2016): Demokratietheorie und Partizipationspraxis. Analyse und Anwendungspotentiale deliberativer Verfahren. Erschienen in der Reihe: Bürgergesellschaft und Demokratie, Wiesbaden.

Alcántara, S.; Kuhn, R.; Renn, O. (2014): DELIKAT – Fachdialoge Deliberative Demokratie. Analyse Partizipativer Verfahren für den Transformationsprozess – Anhang: Verfahren in der Partizipationsmatrix, Dessau-Roßlau.

Althaus, D. (2007): Zeitenwende. Die postfossile Epoche; weiterleben auf dem Blauen Planeten. 1. Auflage, Mankau, Murnau a. Staffelsee.

Altvater, E. (2005): Das Ende des Kapitalismus, wie wir ihn kennen, Münster.

Alvaredo, F., et al. (2018): World Inequality Report [http://wir2018.wid.world/files/download/wir2018-full-report-english.pdf; 25. 01. 2018].

Andrae, A.; Edler, T. (2015): On global electricity usage of communication technology: Trends to 2030, in: Challenges, 6(1), S. 117–157.

Andreoni, V. (2017): Energy metabolism of 28 world countries: A multi-scale integrated analysis, in: Ecological Economics, 142, S. 56–69.

APA (American Psychological Association) (2016): Stress in America: The impact of discrimination. Stress in America™ Survey [http://www.apa.org/news/press/releases/stress/2015/impact-of-discrimination.pdf; 21. 02. 2018].

APA (American Psychological Association) (2017a): Stress in America: Coping with change. Stress in America™ Survey. Part 1 [http://www.apa.org/news/press/releases/stress/2016/coping-with-change.PDF; 21. 02. 2018].

APA (American Psychological Association) (2017b): Stress in America: Coping with change. Stress in America™ Survey. Part 2: Technology and social media [http://www.apa.org/news/press/releases/stress/2016/coping-with-change.PDF; 21. 02. 2018].

Arepo Consult (2017): Kurzanalyse der nationalen Treibhausgasemissionen für das Jahr 2016. Kurzstudie für die Bundestagsfraktion Bündnis 90/Die Grünen, Berlin.

Arnold, A., et al. (Hrsg.) (2015): Innovation – Exnovation. Über Prozesse des Abschaffens und Erneuerns in der Nachhaltigkeitstransformation, Marburg.

Arnstein, S. (1969): A ladder of citizen participation, in: Journal of the American Institute of Planners, 35(4), S. 216–224.

Atmaca, D. (2014): Genossenschaften in Zeiten raschen Wandels. Chancen einer nachhaltigen Organisationsform, in: C. Schröder; H. Walk (Hrsg.): Genossenschaften und Klimaschutz. Akteure für zukunftsfähige solidarische Städte, Wiesbaden, S. 49–72.

Bandura, A. (1991): Social cognitive theory of self-regulation, in: Organizational Behavior and Human Decision Processes, 50(2), S. 248–287.

Barclay, P.; Stoller, B. (2014): Local competition sparks concerns for fairness in the ultimatum game, in: Biology Letters, 10(5), 20140213.

Barne, D.; Khokhar, T. (2017): Year in review: 2017 in 12 charts [http://www.worldbank.org/en/news/feature/2017/12/15/year-in-review-2017-in-12-charts; 25.01.2018].

Barnosky, A. D., et al. (2004): Assessing the causes of late Pleistocene extinctions on the continents, in: Science, 306(5693), S. 70–75.

Bateson, G. (1970): Die Wurzeln ökologischer Krisen, in: G. Bateson (Hrsg.): Ökologie des Geistes. Anthropologische, psychologische, biologische und epistemologische Perspektiven (1985 [1972]), Frankfurt/Main, S. 627–633.

Bateson, G. (1985 [1972]): Ökologie des Geistes. Anthropologische, psychologische, biologische und epistemologische Perspektiven, Frankfurt/Main.

Beck, K.; Ziekow, J. (2011): Mehr Bürgerbeteiligung wagen, Wiesbaden.

Beckerman, W.; Hepburn, C. (2007): Ethics of the discount rate in the Stern Review on the economics of climate change, in: World Economics, 8(1), S. 187–210.

Benyus, J. M. (1997): Biomimicry: Innovation inspired by nature, New York.

Benz, A.; Dose, N. (2010): Governance – Modebegriff oder nützliches sozialwissenschaftliches Konzept?, in: A. Benz; N. Dose (Hrsg.): Governance – Regieren in komplexen Regelsystemen. Eine Einführung. 2., aktualisierte und veränderte Auflage, Wiesbaden, S. 13–36.

Bertalanffy, K. L. von (1928): Kritische Theorie der Formbildung, Berlin.

Bertalanffy, K. L. von (1940): Vom Molekül zur Organismenwelt, Potsdam.

Bertalanffy, K. L. von (1949): Das biologische Weltbild, Bern.

Bertalanffy, K. L. von (1950): The theory of open systems in physics and biology, in: Science, 111 (2872), S. 23–29.

Bertalanffy, K. L. von (1953): Biophysik des Fließgleichgewichts, Braunschweig.

Bertalanffy, K. L. von (1962): Modern theories of development, New York.

Bertalanffy, K. L. von (1968a): General system theory: foundations, development, applications, New York.

Bertalanffy, L. von (1968b): The organismic psychology and systems theory, Heinz Werner lectures, Worcester.

Bertanlanffy, K. L. von (1937): Das Gefüge des Lebens, Leipzig.

Berthold, C.; Meyer-Guckel, V.; Rohe, W. (Hrsg.) (2011): Mission Gesellschaft – Engagement und Selbstverständnis der Hochschulen. Ziele, Konzepte, internationale Praxis [https://www.stifterverband.org/mission-gesellschaft; 26.01.2018], Essen.

BGBl (Grundgesetz für die Bundesrepublik Deutschland in der im Bundesgesetzblatt Teil III, Gliederungsnummer 100-1, veröffentlichten bereinigten Fassung, das zuletzt durch Artikel 1 des Gesetzes vom 13. Juli 2017 [BGBl. I S. 2347] geändert wurde).

Biggs, D., et al. (2011): Are we entering an era of concatenated global crises?, in: Ecology and Society, 16(2), Art. 27.

Binswangen, M. (2015): Geld aus dem Nichts. Wie Banken Wachstum ermöglichen und Krisen verursachen, Weinheim.

BIZ (Bank für Internationalen Zahlungsausgleich) (2004): BIZ-Quartalsbericht, Dezember 2004, Internationales Bankgeschäft und internationale Finanzmärkte [http://www.bis.org/publ/qtrpdf/r_qt0412ger.pdf; 29.05.2017].

BIZ (Bank für Internationalen Zahlungsausgleich) (2008): 78. Jahresbericht [https://www.bis.org/publ/arpdf/ar2008_de.pdf; 29.05.2017].

Blanchard, O.; Illing, G. (2004): Makroökonomie, 3. Auflage, München.

Blohm, P. (2010): Wie die Moral zur Welt kam, in: Psychololgie heute, 37(11), S. 59–64.

BMBF (Bundesministerium für Bildung und Forschung) (2002): Bericht der Bundesregierung zur Bildung für nachhaltige Entwicklung, Bonn.

BMEL (Bundesministerium für Ernährung und Landwirtschaft) (Hrsg.) (2014): Der Wald in Deutschland. Ausgewählte Ergebnisse der dritten Bundeswaldinventur, 1. Auflage, Berlin.

BMELV (Bundesministerium für Ernährung, Landwirtschaft und Verbraucherschutz (Hrsg.) (2011): Waldstrategie 2020: Nachhaltige Waldbewirtschaftung – eine gesellschaftliche Chance und Herausforderung, Bonn.

BMFSFJ (Bundesministerium für Familie, Senioren, Frauen und Jugend) (2017): Zweiter Bericht über die Entwicklung des bürgerschaftlichen Engagements in der Bundesrepublik Deutschland. Demografischer Wandel und bürgerschaftliches Engagement. Der Beitrag des Engagements zur lokalen Entwicklung. Bundestags-Drucksache 18/1180.

BMU (Bundesministerium für Umwelt, Naturschutz und Reaktorsicherheit (o. J.): Konferenz der Vereinten Nationen für Umwelt und Entwicklung im Juni 1992 in Rio de Janeiro. Dokumente: Agenda 21, Bonn [http://www.bmub.bund.de/fileadmin/bmu-import/files/pdfs/allgemein/application/pdf/agenda21.pdf: 15.11.2017].

BMUB (Bundesministerium für Umwelt, Naturschutz, Bau und Reaktorsicherheit) (2015): Umweltpolitik in der DDR [http://www.umwelt-im-unterricht.de/hintergrund/umwelt politik-in-der-ddr/; 21.08.2017].

BMUB (Bundesministerium für Umwelt, Naturschutz, Bau und Reaktorsicherheit) (2017): Die Endlagerung radioaktiver Abfälle [https://www.umwelt-im-unterricht.de/hintergrund/die-endlagerung-radioaktiver-abfaelle/; 20.02.2018].

BMUB (Bundesministerium für Umwelt, Naturschutz, Bau und Reaktorsicherheit) (2007): Nationale Strategie zur biologischen Vielfalt. Kabinettsbeschluss vom 7. November 2007, Berlin.

BMWi (Bundesministerium für Wirtschaft und Energie) (2018): Gesamtausgabe der Energiedaten – Datensammlung des BMWi. Energiedaten und -szenarien [http://www.bmwi.de/Redaktion/DE/Artikel/Energie/energiedaten-gesamtausgabe.html; 20.03.2018].

BMZ (Bundesministerium für wirtschaftliche Zusammenarbeit und Entwicklung) (2017): Die Agenda 2030 für nachhaltige Entwicklung [http://www.bmz.de/de/ministerium/ziele/2030_agenda/index.html; 08.11.2017].

BNatSchG (Bundesnaturschutzgesetz vom 29. Juli 2009 [BGBl. I S. 2542], das zuletzt durch Artikel 1 des Gesetzes vom 15. September 2017 [BGBl. I S. 3434] geändert wurde).

Boesch, C.; Hohmann, G.; Marchant, L. (2002): Behavioural diversity in Chimpanzees and Bonobos, Cambridge.

Bojanowski, A. (2014): Verwirrende Werbefloskel, in: Bundeszentrale für Politische Bildung (Hrsg.): Nachhaltigkeit. Aus Politik und Zeitgeschichte (APuZ), 31–32/2014 [http://www.bpb.de/apuz/188659/verwirrende-werbefloskel; 22.03.2018].

Bonjean, V., et al. (2018): Gas and galaxies in filament between clusters of galaxies: The study of A399-A401, in: Astronomy & Astrophysics, 609, Art. 49.

Bonneuil, C.; Fressoz, J.-B. (2015): The shock of the Anthropocene, London, New York.

Bottenberg, E. H. (1996): Eine Einführung in die Sozialpsychologie, geeignet für humanistische und ökologische Fragen, Regensburg.

BP (British Petroleum) (2017): BP Statistical Review of World Energy 2017, London.

BP (British Petroleum) (2018): BP Energy Outlook – Edition 2018. Statistical review of world energy 2018; Zusammenstellung von Trends und Zahlen ausgewählter Charts: 1990–2016 [https://www.bp.com/en/global/corporate/energy-economics/energy-outlook.html; 23.03.2018].

BPB (Bundeszentrale für politische Bildung) (2017): Das Bretton-Woods-System [http://www.bpb.de/politik/wirtschaft/finanzmaerkte/54851/bretton-woods-system?p=1; 29.05.2017].

Brand, K.-W. (Hrsg.) (2002): Politik der Nachhaltigkeit. Voraussetzungen, Probleme, Chancen – eine kritische Diskussion, Berlin.

Brand, K.-W.; Warsewa, G. (2003): Lokale Agenda 21. Zukunftsperspektiven eines neuen Politiktypus, in: GAIA Ecological Perspectives for Science and Society, 12(1), S. 15–23.

Brang, P., et al. (2014): Suitability of close-to-nature silviculture for adapting temperate European forests to climate change, in: Forestry, 87(4), S. 492–503.

Brauer, M., et al. (2016): Ambient air pollution exposure estimation for the Global Burden of Disease 2013, in: Environmental Science & Technology, 50(1), S. 79–88.

Breit, H.; Eckensberger, L. H. (1998): Moral, Alltag und Umwelt, in: G. de Haan; U. Kuckartz (Hrsg.): Umweltbildung und Umweltbewußtsein. Forschungsperspektiven im Kontext nachhaltiger Entwicklung, S. 69–89.

Brosnan, S. F.; de Waal, F. B. M. (2014): Evolution of responses to (un)fairness, in: Science, 346(6207), 1251776.

Brown, N. J.; Quiblier, P. (Hrsg.) (1994): Ethics and Agenda 21: Moral implications of a global consensus, New York.

Brümmerhoff, D.; Lützel, H. (2002): Lexikon der Volkswirtschaftlichen Gesamtrechnung, 3. Auflage, München.

Bruner, A. G., et al. (2001): Effectiveness of parks in protecting tropical biodiversity, in: Science, 291(5501), S. 125–128.

Brunnengräber, A.; Klein, A.; Walk, H. (2005): NGOs im Globalisierungsprozess. Mächtige Zwerge – umstrittene Riesen, Bonn und Wiesbaden.

BUND; MISEREOR (Hrsg.) (1996): Zukunftsfähiges Deutschland. Ein Beitrag zu einer global nachhaltigen Entwicklung. Studie des Wuppertal Instituts für Klima, Umwelt, Energie GmbH, Basel, Boston, Berlin.

BUND (Bund für Umwelt und Naturschutz Deutschland e.V.) (Hrsg.) (2009): Deutschlands Forstwirtschaft auf dem Holzweg – BUND-Schwarzbuch Wald, Berlin.

BUND (Bund für Umwelt und Naturschutz Deutschland e.V.) (2011): Zukunftsfähige Energiepolitik, BUNDpositionen Nr. 48, September 2011, Berlin.

Bundesregierung (2013): Koalitionsvertrag der Bundesregierung, 18. Legislaturperiode [https://www.bundesregierung.de/Content/DE/StatischeSeiten/Breg/koalitionsvertrag-inhaltsverzeichnis.html; 22.05.2017].

Bundesregierung (2017): Deutsche Nachhaltigkeitsstrategie. Neuauflage 2016, Berlin.

BWaldG (Bundeswaldgesetz vom 2. Mai 1975 [BGBl. I S. 1037], das zuletzt durch Artikel 1 des Gesetzes vom 17. Januar 2017 [BGBl. I S. 75] geändert wurde).

Campact e.V. (2016): Transparenz-Bericht 2016. So wirkt das politische Engagement der Campact-Aktiven, Verden.

Carbon Brief (2015): Die Geschichte der Energiewende [https://www.carbonbrief.org/zeitliste-vergangenheit-gegenwart-zukunft-deutschen-energiewende; 01.02.2018].

Carlowitz, H. C. von (1713): Sylvicultura Oeconomica, oder Haußwirthliche Nachricht und Naturmäßige Anweisung zur Wilden Baum=Zucht, Leipzig.

Carson, R. (2007): Der stumme Frühling. 127.–130. Auflage, Nördlingen.

CBD (Convention on Biological Diversity) (2000): COP 5 Decision V/6. Ecosystem Approach, Nairobi.

Cerman, Z.; Barthlott, W.; Nieder, J. (2005): Erfindungen der Natur. Bionik – Was wir von Pflanzen und Tieren lernen können, 3. Auflage, Reinbek bei Hamburg.

Ciompi, L. (1999): Die emotionalen Grundlagen des Denkens. Entwurf einer fraktalen Affektlogik, 2. durchgesehene Auflage, Göttingen.

Clement, R.; Terlau, W.; Kiy, M. (2013): Angewandte Makroökonomie, 5. Auflage, München.

Coetzer, K. L.; Witkowski, E. T. F.; Erasmus, B. F. N. (2014): Reviewing Biosphere Reserves globally: effective conservation action or bureaucratic label?, in: Biological Reviews, 89(1), S. 82–104.

Colditz, G. (1994): Auen, Moore, Feuchtwiesen. Gefährdung und Schutz von Feuchgebieten, Basel.

Core Project (2015): The Capitalist Revolution, Unit 1 [http://www.core-econ.org; 14.02.2018].

Corneo, G. (2014): Bessere Welt. Hat der Kapitalismus ausgedient? Eine Reise durch alternative Wirtschaftssysteme, Berlin, Wien.

Costanza, R., et al. (1997): The value of the world's ecosystem services and natural capital, in: Nature, 387, S. 253–260.

Council of Europe (2017): European Landscape Convention [https://www.coe.int/en/web/landscape/home; 18.01.2018].

Cross, T. (2017): Human obsolescence, in: The World in 2018. The Economist, 144.

Crutzen, P. J. (2002): Geology of mankind, in: Nature, 415(6867), S. 23.

Dalai-Lama XIV (2015): Der Appell des Dalai-Lama an die Welt mit Franz Alt. Ethik ist wichtiger als Religion, Wals bei Salzburg.

Daly, H. E. (1974): The Economics of the Steady State, in: American Economic Review, 64(2), S. 15–21.

David, A., et al. (2017): Heat roadmap Europe: Large-ccale electric heat pumps in district heating systems, in: Energies, 10(4), Art. 578.

David, M.; Leggewie, C. (2015): Kultureller Wandel in Richtung gesellschaftliche Nachhaltigkeit. Arbeitspapier, Essen.

De Florio, V. (2015): Reflections on organization, emergence, and control in socio-technical systems, in: R. MacDougall (Hrsg.): Communication and control: Tools, systems, and new dimensions, Lanham, S. 189–200.

DESA (United Nations, Department of Economic and Social Affairs, Population Division) (2015): World population prospects: The 2015 revision, key findings and advance tables. Working Paper No. ESA/P/WP.241, New York.

Deutsche UNESCO-Kommission (1996/2018): Die Sevilla-Strategie für Biosphärenreservate [http://www.unesco.de/infothek/dokumente/konferenzbeschluesse/sevilla-strategie.html; 12.03.2018].

Deutsche UNESCO-Kommission (2016): UNESCO-Roadmap zur Umsetzung des Weltaktionsprogramms »Bildung für nachhaltige Entwicklung«, 4. Auflage, Bonn.

Deutsche UNESCO-Kommission (2017): Die Gremien der deutschen Umsetzung [www.bne-portal.de/de/bundesweit/gremien-der-deutschen-umsetzung; 03.01.2018].

Deutscher Bundestag (Hrsg.) (1998): Konzept Nachhaltigkeit. Vom Leitbild zur Umsetzung. Abschlussbericht der Enquete-Kommission »Schutz des Menschen und der Umwelt« des 13. Deutschen Bundestages, Bonn.

Deutscher Bundestag (2013): Bericht der Enquete-Kommission Wachstum, Wohlstand, Lebensqualität – Wege zu nachhaltigem Wirtschaften und gesellschaftlichem Fortschritt in der Sozialen Marktwirtschaft, Bundestag Drucksache 17/13300.

Deutscher Bundestag (2016): Neuregelung beim Fracking-Einsatz. Parlamentsnachrichten (hib 385/2016) [https://www.bundestag.de/presse/hib/201606/-/429076; 15.03.2018].

Deutscher Bundestag (2017): Bericht der Bundesregierung zur Bildung für nachhaltige Entwicklung. 18. Legislaturperiode. Drucksache 18/13665, Berlin.

DGVN (Deutsche Gesellschaft für die Vereinten Nationen e.V.) (2018): Nachhaltig entwickeln. Agenda 20130 für nachhaltige Entwicklung [http://nachhaltig-entwickeln.dgvn.de/agenda-2030-sdgs/agenda-2030-fuer-nachhaltige-entwicklung/; 03.01.2018].

Diamond, J. (2006): Kollaps. Warum Gesellschaften überleben oder untergehen, Frankfurt/Main.

Diefenbacher, H.; Zieschank, R. (2011): Woran sich Wohlstand wirklich messen lässt. Alternativen zum Bruttoinlandsprodukt, München.

Diekmann, P.; Preisendörfer, P. (2001): Umweltsoziologie, Reinbek bei Hamburg.

Dijk, A. I. J. M. van, et al. (2013): The Millennium Drought in southeast Australia (2001–2009): Natural and human causes and implications for water resources, ecosystems, economy, and society, in: Water Resources Research, 49(2), S. 1040–1057.

Dohmann, J. (2016): Thermodynamik der Kälteanlagen und Wärmepumpen. Grundlagen und Anwendungen der Kältetechnik, Berlin, Heidelberg.

Dorsch, F.; Häcker, H.; Stapf, K.-H. (Hrsg.) (1987): Dorsch Psychologisches Wörterbuch, 11., ergänzte Auflage, Bern, Stuttgart, Toronto.

Doswald, N.; Osti, M. (2011): Ecosystem-based approaches to adaptation and mitigation – good practice examples and lessons learned in Europe. BfN-Skripten 306, Bonn.

Duden (2014): Das Herkunftswörterbuch. Entymologie der deutschen Sprache. Duden Band 7, Bibliographisches Institut Berlin, Berlin.

Dunsworth, H. M., et al. (2012): Metabolic hypothesis for human altriciality, in: Proceedings of the National Academy of Sciences, 109(38), S. 15212–15216.

Džihić, V. (2017): Neue Formen autoritärer Gouvernementalität. Serbien, Mazedonien und die Türkei als Beispiele, in: Südosteuropa Mitteilungen, 57(02/2017), S. 6-17.

Ecogood (2017): Community – Eine weltweite Community entsteht [https://www.ecogood.org/de/community/; 02.01.2018].

EEG (2012) (Gesetz für den Vorrang Erneuerbarer Energien – Erneuerbare-Energien-Gesetz (EEG), 2012, Beschluss des Deutschen Bundestages vom 30. Juni 2011 – BT-Druck. 17/6363).

EEG (2014) (Erneuerbare-Energien-Gesetz vom 21. Juli 2014 (BGBl. I S. 1066), das zuletzt durch Artikel 1 des Gesetzes vom 17. Juli 2017 (BGBl. I S. 2532) geändert wurde).

Ehrlich, P. R.; Ehrlich, A. H. (1981): Extinction: The causes and consequences of the disappearance of species, New York.

Ehrlich, P. R.; Mooney, H. A. (1983): Extinction, substitution, and ecosystem services, in: Bioscience, 33(4), S. 248–254.

Eibl-Eibesfeldt, I. (1997): Die Biologie des menschlichen Verhaltens. Grundriss der Humanethologie, 3. überarbeitete und erweiterte Auflage, Weyarn.

Eichhorn, J.; Guericke, M.; Eisenhauer, R. (2016): Waldbauliche Klimaanpassung im regionalen Fokus, München.

Ellis, E. C. (2015): Ecology in an anthropogenic biosphere, in: Ecological Monographs, 85(3), S. 287–331.

Ellis, E. C., et al. (2013): Used planet: A global history, in: Proceedings of the National Academy of Sciences, 110(20), S. 7978–7985.

Ellis, E. C.; Ramankutty, N. (2008): Putting people in the map: anthropogenic biomes of the world, in: Frontiers in Ecology and the Environment, 6(8), S. 439–447.

Embacher, S. (2009): Demokratie! Nein danke? Demokratieverdruss in Deutschland, Berlin.

Embshoff, D.; Müller-Plantenberg, C.; Giorgi, G. (2017): Solidarische Ökonomie. Initiativen, Ketten und Vernetzung zur Transformation, in: Konzeptwerk Neue Ökonomie; DFG-Kolleg Postwachstumsgesellschaften (Hrsg.): Degrowth in Bewegung(en) – alternative Wege zur sozial-ökologischen Transformation, München, S. 344–355.

End Ecocide on Earth (2017): Ökozid [https://www.endecocide.org/de/ecocide/; 12.03.2018].

Engagement Global (Hrsg.) (2016): Orientierungsrahmen für den Lernbereich Globale Entwicklung im Rahmen einer Bildung für nachhaltige Entwicklung. Ein Beitrag zum Weltaktionsprogramm »Bildung für nachhaltige Entwicklung«, 2. aktualisierte und erweiterte Auflage, Bonn.

Engagement Global (Hrsg.) (2017): ESD Expert Net. Teaching the Sustainable Development Goals, Bonn.

Engelmann, J. M., et al. (2017): Social disappointment explains chimpanzees‹ behaviour in the inequity aversion task, in: Proceedings of the Royal Society B – Biological Sciences, 284(1861), 20171502.

Engl, E.; Attwell, D. (2015): Non-signalling energy use in the brain, in: The Journal of Physiology, 593(16), S. 3417–3429.

Erb, K.-H., et al. (2018): Unexpectedly large impact of forest management and grazing on global vegetation biomass, in: Nature, 553, S. 73–76.

Erben, F.; Haan, G.d. (2014): Nachhaltigkeit und politische Bildung, in: Bundeszentrale für politische Bildung (Hrsg.): Nachhaltigkeit. Aus Politik und Zeitgeschichte (APuZ), 31–32 [http://www.bpb.de/apuz/188665/nachhaltigkeit-und-politische-bildung?p=all; 26.1.2018].

Eser, U. (2012): Naturerfahrung, -erleben und -beziehung aus naturschutzethischer Sicht, in: N. Jung; H. Molitor; A. Schilling (Hrsg.): Natur, Emotion, Bildung – vergessene Leidenschaft? Zum Spannungsfeld von Naturschutz und Umweltbildung. Eberswalder Beiträge zu Bildung und Nachhaltigkeit 4, Opladen, S. 33–52.

Estrada, A., et al. (2017): Impending extinction crisis of the world's primates: Why primates matter, in: Science Advances, 3(1), e1600946.

Europäische Kommission (2013): Mitteilung der Kommission an das Europäische Parlament, den Rat, den Europäischen Wirtschafts- und Sozialausschuss und den Ausschuss der Regionen: Grüne Infrastruktur (GI) – Aufwertung des europäischen Naturkapitals. COM(2013) 249 final, 6. Mai 2013, Brüssel.

Europäische Kommission (2015a): Paket zur Energieunion. Mitteilung der Kommission an das Europäische Parlament, den Rat, den Europäischen Wirtschafts- und Sozialausschuss, den Ausschuss der Regionen und die Europäische Investitionsbank. Rahmenstrategie für eine krisenfeste Energieunion mit einer zukunftsorientierten Klimaschutzstrategie. COM(205) 80 final, 25. Februar 2015, Brüssel.

Europäische Kommission (2015b): Towards an EU research and innovation policy agenda for nature-based solutions & re-naturing cities. Final report of the Horizon 2020 expert group on ›Nature-based solutions and re-naturing cities‹, Brüssel.

Europäische Kommission (2017): Nature-based solutions [https://ec.europa.eu/research/environment/index.cfm?pg=nbs; 02.02.2018].

Evelyn, J. (1664): Sylva: or, A discourse of forest-trees, and the propagation of timber in His Majesty's dominions: as it was deliver'd in the Royal Society the XVth of October, [MDCLXII], London [https://openlibrary.org/books/OL13518723M/Sylva; 26.02.2018].

Felber, C. (2012): Gemeinwohl-Ökonomie. Eine demokratische Alternative wächst, Deutike E-Book, Wien.

Felber, C. (2014): Geld: Die neuen Spielregeln. Deuticke E-Book, Wien.

finanzen.net (2017): Historische Kursdaten für NASDAQ Composite Index [https://www.finanzen.net/index/Nasdaq_Composite/Historisch; 09.12.2017].

Fiorino, D. J. (2018): A good life on a finite Earth – The political economoy of green growth, New York.

Fisher, B. (2008): Review and analysis of the peak oil debate. Institut of Defence Analysis, IDA Document D-3542, Alexandria.

Flaxman, S.; Goel, S.; Rao, J. M. (2016): Filter bubbles, echo chambers, and online news consumption in: Public Opinion Quarterly, 80(S1), S. 298–320.

FNR (Fachagentur Nachwachsende Rohstollfe e.V.) (2016): Basisdaten Bioenergie Deutschland 2016, Gülzow-Prüzen.

Folke, C. (2006): Resilience: The emergence of a perspective for social-ecological systems analysis, in: Global Environmental Change, 16(3), S. 253–267.

François, C. (1999): Systemics and cybernetics in a historical perspective, in: Systems Research and Behavioral Science, 16(3), S. 203–219.

Freedom House (2017): Freedom in the world 2018 [https://freedomhouse.org/report/freedom-world/freedom-world-2018; 25.01.2018].

Freudenberger, L., et al. (2012): A global map of the functionality of terrestrial ecosystems, in: Ecological Complexity, 12, S. 13–22.

Freudenberger, L., et al. (2013): Nature conservation: priority-setting needs a global change, in: Biodiversity and Conservation, 22(5), S. 1255–1281.

Fritzsch, H. (2004): Elementarteilchen: Bausteine der Materie (Beck'sche Reihe), München.

Fromm, M. (2015): Einführung in die Pädagogik. Grundfragen, Zugänge, Leistungsmöglichkeiten, Münster.

Frorip, J., et al. (2012): Energy consumption in animal production – case farm study, in: Agronomy Research Biosystem Engineering Special Issue 1, S. 39–48.

Fuhrer, U. (2010): Freizeitumwelten für Kinder und Jugendliche, in: V. Linneweber; E.-D. Lantermann; E. Kals (Hrsg.): Spezifische Umwelten und umweltbezogenes Handeln, Göttingen, Bern, Toronto, Seattle, S. 209–234.

Fuhrer, U.; Wölfing, S. (1997): Von den sozialen Grundlagen des Umweltbewußtseins zum verantwortlichen Umwelthandeln. Die sozialpsychologische Dimension globaler Umweltproblematik, Bern.

Fukuyama, F. (2012): The origins of political order. From prehuman times to the French revolution, London.

Furuichi, T. (2011): Female contributions to the peaceful nature of bonobo society, in: Evolutionary Anthropology, 20(4), S. 131–142.

Gabler Wirtschaftslexikon (2017): Springer Gabler Verlag (Hrsg.) Gabler Wirtschaftslexikon, Stichwort: Nutzen, [http://wirtschaftslexikon.gabler.de/Archiv/2440/nutzen-v10.html; 22.05.2017].

Gebhard, U. (2009): Kind und Natur. Die Bedeutung der Natur für die psychische Entwicklung, 3. überarbeitete und erweiterte Auflage, Wiesbaden.

Geels, F. W.; Schot, J. (2007): Typology of sociotechnical transition pathways, in: Research Policy, 36(3), S. 399–417.

Gehlen, A. (2004 [1950]): Der Mensch. Seine Natur und seine Stellung in der Welt, Wiebelsheim.

Generalversammlung der Vereinten Nationen (2015): Entwurf des Ergebnisdokuments des Gipfeltreffens der Vereinten Nationen zur Verabschiedung der Post-2015-Entwicklungsagenda. A/Res/69/315. Resolution der Generalversammlung, verabschiedet am 1. September 2015 [http://www.un.org/depts/german/gv-69/band3/ar69315.pdf; 02.01.2018].

Gerlach, C. (2015): Hunger in der Geschichte des 20. Jahrhunderts, in: Bundeszentrale für politische Bildung (Hrsg.): Aus Politik und Zeitgeschichte (APuZ), 49 [http://www.bpb.de/apuz/216231/hunger-in-der-geschichte-des-20-jahrhunderts?p=0; 15.08.2017].

Geyer, J., et al. (2017a): Assessing climate change-robustness of protected area management plans – The case of Germany, in: PLoS ONE, 12(10), e0185972.

Geyer, R.; Jambeck, J. J.; Law, K. L. (2017b): Production, use, and fate of all plastics ever made, in: Science Advances, 3(7), e1700782.

Gilbert, D. T.; Wilson, T. D. (2007): Prospection: Experiencing the Future, in: Science, 317, S. 1351–1354.

Global Footprint Network (2017): Ecological wealth of nations. Ecological footprint per capita [http://www.footprintnetwork.org/content/documents/ecological_footprint_nations/ecological_per_capita.html; 08.03.2018].

Global Water Partnership (2017): Bolivia: The water war to resist privatisation of water in Cochabamba (#157) [http://www.gwp.org/en/learn/KNOWLEDGE_RESOURCES/Case_Studies/Americas--Caribbean/bolivia-the-water-war-to-resist-privatisation-of-water-in-cochabamba-157/; 31.01.2018].

Gómez-Baggethun, E., et al. (2010): The history of ecosystem services in economic theory and practice: From early notions to markets and payment schemes, in: Ecological Economics, 69(6), S. 1209–1218.

Gómez, J. M., et al. (2016): The phylogenetic roots of human lethal violence, in: Nature, 538, S. 233.

Goodwin, N., et al. (2014): Macroeconomics in context, 2. Auflage, New York.

Göpel, M. (2016): The great mindshift. How a new economic paradigm and sustainability transformations go hand in hand, Berlin.

Gorke, M. (2000): Die ethische Dimension des Artensterbens, in: K. Ott; M. Gorke (Hrsg.): Spektrum der Umweltethik, Marburg, S. 81–99.

Gorke, M. (2010): Eigenwert der Natur. Ethische Begründung und Konsequenzen, Stuttgart.

Gotts, N. M. (2007): Resilience, panarchy, and world-systems analysis, in: Ecology and Society, 12(1), Art. 24.

Gramelsberger, G.; Feichter, J. (2011): Modelling the Climate System: An Overview, in: G. Gramelsberger; J. Feichter (Hrsg.): Climate Change and Policy: The Calculability of Climate Change and the Challenge of Uncertainty, Berlin, Heidelberg, S. 9-90.

Gran, C. (2017): Perspektiven einer Wirtschaft ohne Wachstum. Adaption des kanadischen Modells LowGrow an die deutsche Volkswirtschaft, Hochschulschriften Band 155, Marburg.

Graumann, C. F.; Kruse, L. (2008): Umweltpsychologie – Ort, Gegenstand, Herkünfte, Trends, in: E.-D. Lantermann; V. Linneweber (Hrsg.): Grundlagen, Paradigmen und Methoden der Umweltpsychologie, Bern, Toronto, Seattle, S. 3–65.

Griffin, D. R. (Hrsg.) (1988): Spirituality and society: Postmodern visions (Suny Series in Constructive Postmodern Thought), Albany.

Gritschneder, M. (2005): Der Einfluss der Philosophie Max Schelers auf die Logotherapie Viktor E. Frankls, in: D. Batthyány; O. Zsok (Hrsg.): Viktor Frankl und die Philosophie, Wien, New York, S. 109–124.

Grober, U. (2010): Die Entdeckung der Nachhaltigkeit, München.

Grunwald, A.; Kopfmüller, J. (2012): Nachhaltigkeit, 2., aktualisierte Auflage, Frankfurt/Main.

GtV-Bundesverband Geothermie (2012): Hintergrundpapier zur Stimulation geothermischer Reservoire, Berlin.

Gudynas, E. (2009): Politische Ökologie. Natur in den Verfassungen von Bolivien und Ecuador, in: Juridikum, 2009(4), S. 214–219.

Gunderson, L. H.; Holling, C. S. (Hrsg.) (2002): Panarchy: understanding transformations in human and natural systems, Washington, D.C.

Gutzeit, W. (2006): Wirtschaftssyteme in der Entwicklung – Theorieansatz für die gesamtwirtschaftliche Organisation einer Volkswirtschaft, Volkswirtschaftliche Schriften Heft 546, Berlin.

Haan, G. de (2008): Gestaltungskompetenz als Kompetenzkonzept für Bildung für nachhaltige Entwicklung, in: I. Bormann; G. de Haan (Hrsg.): Kompetenzen der Bildung für nachhaltige Entwicklung. Operationalisierung, Messung, Rahmenbedingungen, Befunde, Wiesbaden, S. 23–43.

Haan, G. de; Harenberg, D. (1999): Bildung für eine nachhaltige Entwicklung: Materialien zur Bildungsplanung und zur Forschungsförderung. Bund-Länder-Kommission für Bildungsplanung und Forschungsförderung (BLK), Heft 72, Bonn.

Haberl, H., et al. (2007): Quantifying and mapping the human appropriation of net primary production in earth‹s terrestrial ecosystems, in: Proceedings of the National Academy of Sciences, 104(3), S. 12942–12947.

Habermas, J. (1992): Faktizität und Geltung. Beiträge zur Diskurstheorie des Rechts und des demokratischen Rechtsstaates, Frankfurt/Main.

Haderlapp, T.; Trattnigg, R. (2013): Zukunftsfähigkeit ist eine Frage der Kultur. Hemmnisse, Widersprüche und Gelingensfaktoren des kulturellen Wandels, München.

Haeckel, E. (1866): Generelle Morphologie der Organismen. Band 1: Allgemeine Anatomie der Organismen, Berlin.

Haidt, J. (2001): The emotional dog and its rational: A social intuitionist approach to moral judgement, in: Psychological Review, 108(4), S. 814–834.

Haila, Y. (2000): Beyond the nature-culture dualism, in: Biology and Philosophy, 15(2), S. 155–175.

Haines-Young, R.; Potschin, M. B. (2017): Common International Classification of Ecosystem Services (CICES) V5.1 and guidance on the application of the revised structure [https://cices.eu/; 18.01.2018].

Hallmann, C. A., et al. (2017): More than 75 percent decline over 27 years in total flying insect biomass in protected areas, in: PLoS ONE, 12(10), e0185809.

Hamann, K.; Baumann, A.; Löschinger, D. (2016): Psychologie im Umweltschutz. Handbuch zur Förderung nachhaltigen Handelns, München.

Hamilton, W. D. (1975): Innate social aptitudes of man: an approach from evolutionary genetics, in: R. Fox (Hrsg.): Biosocial anthropology, London, S. 133–153.

Handelsblatt (2015): Umstrittene Technik CCS. So wird die Kohle nicht sauber [http://www.handelsblatt.com/technik/zukunftderenergie/umstrittene-technik-ccs-lippenbekenntnisse-der-kohleindustrie/12687956-2.html; 20.03.2018], in: Handelsblatt, 07.12.2015.

Hare, B.; Wobber, V.; Wranghamb, R. (2012): The self-domestication hypothesis: evolution of bonobo psychology is due to selection against aggression, in: Animal Behaviour, 83(3), S. 573–585.

Hart, R. A. (1992): Children's participation. From tokenism to citizenship. UNICEF Innocenti Essays No. 4, (Hrsg.), Florence.

Hartig, G. L. (1804): Anweisung zur Taxation der Forsten, 2. Auflage, Gießen und Darmstadt.

Hartje, V.; Klaphake, A. (2006): Implementing the Ecosystem Approach for freshwater ecosystems – A case study on the Water Framework Directive of the European Union. BfN-Skripten 183, Bonn.

Hartmann, K. (2015): Nachhaltigkeits-Blabla, in: DER SPIEGEL Nr. 38, 12.09.2015, S. 70.

Hasenbein, S., et al. (2016): A long-term assessment of pesticide mixture effects on aquatic invertebrate communities, in: Environmental Toxicology and Chemistry, 35(1), S. 218–232.

Haskell, D. G. (2017): Der Gesang der Bäume. Die verborgenen Netzwerke der Natur, München.

Hauff, M. von; Jörg, A. (2013): Nachhaltiges Wachstum, 1. Auflage, München.

Hauff, V. (Hrsg.) (1987): Unsere gemeinsame Zukunft. Der Brundtland-Bericht der Weltkommission für Umwelt und Entwicklung, Greven.

Hayek, F. A. von (1979): Die drei Quellen menschlicher Werte, Tübingen.

Heinrichs, J. (2007): Öko-Logik. Geistige Wege aus der Klima- und Umweltkatastrophe, 2. überarbeitete Auflage, München.

Heiss, K. (2014): Finanz- und Realwirtschaft – Gemeinsame Zukunft oder getrennte Wege?, in: Akademisches Forum für Außenpolitik – AFA (Hrsg.): GAP-Journal 2013/14 [http://afa.at/gap/GAP-Journal-2013-2014.pdf; 29.05.2017], Wien, S. 105–113.

Hellbrück, J.; Kals, E. (2012): Umweltpsychologie, Wiesbaden.

Henning, H.-M.; Palzer, A. (2013): Energiesystem Deutschland 2050. Sektor- und Energieträgerübergreifende, modellbasierte, ganzheitliche Untersuchung zur langfristigen Reduktion energiebedingter CO_2-Emissionen durch Energieeffizienz und den Einsatz Erneuerbarer Energien. Eine Studie des Fraunhofer-Instituts für Solare Energiesysteme (ISE), Freiburg.

Hentig, H. von (1999): Bildung, Weinheim und Basel.

Hepach, R.; Vaish, A.; Tomasello, M. (2012): Young children are intrinsically motivated to see others helped in: Psychological Science, 23(9), S. 967–972.

Herkner, W. (1993): Lehrbuch Sozialpsychologie, 5. korrigierte und stark erweiterte Auflage der »Einführung in die Sozialpsychologie«, Bern, Stuttgart, Toronto.

Hinterberger, F., et al. (2009): Welches Wachstum ist nachhaltig? Ein Argumentarium, in: F. Hinterberger, et al. (Hrsg.): Welches Wachstum ist nachhaltig? Ein Argumentarium, Budapest, S. 29–94.

HNEE (Hochschule für nachhaltige Entwicklung Eberswalde) (2016a): Grundsätze zur nachhaltigen Entwicklung an der Hochschule für nachhaltige Entwicklung Eberswalde [http://www.hnee.de/_obj/8BC45754-A5A8-47A9-A6BE-24BE804CFCAC/outline/Nachhaltigkeitsgrundsaetze-2016final.pdf; 08.03.2018].

HNEE (Hochschule für nachhaltige Entwicklung Eberswalde) (2016b): Ideen- und Wissenstransfer für eine nachhaltige Entwicklung. Transferstrategie der Hochschule für nachhaltige Entwicklung Eberswalde [http://www.hnee.de/de/Forschung/Forschung-Transfer-E1033.htm; 29.01.2018].

HNEE (Hochschule für nachhaltige Entwicklung Eberswalde) (2018a): Nachhaltigkeitsbericht [http://www.hnee.de/de/nachhaltigkeit/Nachhaltigkeitsbericht; 09.02.2018].

HNEE (Hochschule für nachhaltige Entwicklung Eberswalde) (2018b): Nachhaltigkeitsmanagement [http://hnee.de/nachhaltigkeit; 09.02.2018].

Hohmann, G.; Fruth, B. (2008): New records on prey capture and meat eating by bonobos at Lui Kotale, Salonga National Park, Democratic Republic of Congo, in: Folia Primatologica, 79(2), S. 103–110.

HolacracyOne (2017): Holacracy: How it works [https://www.holacracy.org/how-it-works/; 18.12.2017].

Holling, C. S. (Hrsg.) (1978): Adaptive environmental assessment and management, London.

Homburg, M.; Matthies, E. (1998): Umweltpsychologie. Umweltkrise, Gesellschaft und Individuum, Weinheim, München.

Huber, J. (1995): Nachhaltige Entwicklung durch Suffizienz, Effizienz und Konsistenz, in: P. Fritz; J. Huber; H. W. Levi (Hrsg.): Nachhaltigkeit in naturwissenschaftlicher und sozialwissenschaftlicher Perspektive, Stuttgart, S. 31–46.

Hublin, J.-J., et al. (2017): New fossils from Jebel Irhoud, Morocco and the pan-African origin of Homo sapiens, in: Nature, 546(7657), S. 289–292.

Hunecke, M. (2013): Psychologie der Nachhaltigkeit. Psychische Ressourcen für Postwachstumsgesellschaften, München.

Ibisch, P. L. (2015): Bürgerbeteiligung im Ökosystemmanagement, in: J. Sommer (Hrsg.): Kursbuch Bürgerbeteiligung, Berlin, S. 245–268.

Ibisch, P. L. (2016a): Karbonisierung der Weltumweltpolitik oder ökosystembasierte Nachhaltigkeit?, in: J. Sommer; M. Müller (Hrsg.): Unter 2 Grad? Was der Weltklimavertrag wirklich bringt, Stuttgart, S. 89–103.

Ibisch, P. L. (2016b): Ökologie und Politik. Die Wachstumskrise entfaltet sich weiterhin, in: M. Richter; I. Thunecke (Hrsg.): Paradies now. André Gorz – Utopie als Lebensentwurf und Gesellschaftskritik. Sammlung Kritisches Wissen Band 70, Mössingen-Talheim, S. 83–102.

Ibisch, P. L.; Hobson, P. R.; Vega E., A. (2010a): The integrated anthroposystem: globalizing human evolution and development within the global ecosystem, in: P. L. Ibisch; A. Vega E.; T. M. Herrmann (Hrsg.): Interdependence of biodiversity and development under global change. CBD Technical Series Nr. 54., Montreal, S. 149–183.

Ibisch, P. L.; Hobson, P. R.; Vega E., A. (2010b): Mutual mainstreaming of biodiversity conservation and human development: towards a more radical ecosystem approach, in: P. L. Ibisch; A. Vega E.; T. M. Herrmann (Hrsg.): Interdependence of biodiversity and development under global change. CBD Technical Series Nr. 54., Montreal, S. 15–34.

Ibisch, P. L., et al. (2016): A global map of roadless areas and their conservation status, in: Science, 354(6318), S. 1423–1427.

Ibisch, P. L.; Kreft, S.; Luthardt, V. (Hrsg.) (2012): Regionale Anpassung des Naturschutzes an den Klimawandel. Strategien und methodische Ansätze zur Erhaltung der Biodiversität und Ökosystemdienstleistungen in Brandenburg, Eberswalde.

ICIDI (Independent Commission on International Development Issues) (1980): Das Überleben sichern [North-South. A programme for survival, dt.]. Gemeinsame Interessen der Industrie- und Entwicklungsländer. Bericht der Nord-Süd-Kommission, Köln.

IfD Allensbach (Institut für Demoskopie Allensbach) (2013): Motive des bürgerschaftlichen Engagements. Ergebnisse einer bevölkerungsrepräsentativen Befragung. Untersuchung im Auftrag des Bundesministeriums für Familie, Senioren, Frauen und Jugend, Allensbach.

IFPRI (International Food Policy Research Institute) (2017): 2017 Global food policy report, Washington, D.C.

Ilten, C. (2009): Strategisches und Soziales Nischenmanagement. Zur Analyse gesellschaftspolitisch motivierter Innovation, Wiesbaden.

Institut für ökologische Wirtschaftsforschung (o. J.): Toolbox für Unternehmen, Zivilgesellschaft und Politik [http://www.partizipativ-innovativ.de/; 01.06.2017].

Issing, O. (1993): Einführung in die Geldtheorie, 9. Auflage, München.

Jank, W.; Meyer, H. (2005): Didaktische Modelle. 7. Auflage, Berlin.

Jasanoff, S. (2006): Ordering knowledge, ordering society, in: S. Jasanoff (Hrsg.): States of Knowledge – The co-production of science and social order, New York, S. 13–45.

Jensen, K.; Call, J.; Tomasello, M. (2007): Chimpanzees are rational maximizers in an ultimatum game, in: Science, 318(5847), S. 107–109.

Jhingan, M. L.; Girija, M.; Sasikala, L. (2012): History of economic thought, 3. Auflage, Delhi.

Joas, H. (1999): Die Entstehung der Werte, Frankfurt/Main.

Joas, H. (2006): Wie entstehen Werte? Wertebildung und Wertevermittlung in pluralistischen Gesellschaften. Gedruckter Vortrag, in: tv impuls: Gute Werte, schlechte Werte. Gesellschaftliche Ethik und die Rolle der Medien. Freiwillige Selbstkontrolle Fernsehen e. V., Berlin, 15.9.06 [http://fsf.de/data/hefte/pdf/Veranstaltungen/tv_impuls/2006_Ethik/Vortrag_Joas_authorisiert_061017.pdf; 06.12.2017].

Jochem, D., et al. (2015): Der Holzeinschlag – eine Neuberechnung: Ergebnisse der verwendungsseitigen Abschätzung des Holzeinschlags in Deutschland für 1995 bis 2013, in: Holz-Zentralblatt, 141(30), S. 752–753.

Jonas, H. (2003 [1979]): Das Prinzip Verantwortung: Versuch einer Ethik für die technologische Zivilisation, Frankfurt/Main.

Jørgensen, S. E. (2007): An integrated ecosystem theory, in: Annals of the European Academy of Sciences (2006/07), S. 19–33.

Jørgensen, S. E.; Fath, B. D. (2004): Application of thermodynamic principles in ecology, in: Ecological Complexity, 1(4), S. 267–280.

Jørgensen, S. E.; Fath, B. D. (2006): Examination of ecological networks, in: Ecological Modelling, 196(3), S. 283–288.

Jørgensen, S. E.; Müller, F. (Hrsg.) (2000): Handbook of ecosystem theories and management, Boca Raton, London, New York, Washington, D.C.

Jørgensen, S. E.; Nielsen, S. N.; Fath, B. D. (2016): Recent progress in systems ecology, in: Ecological Modelling, 319, S. 112–118.

Juffe-Bignoli, D., et al. (2014): Protected Planet Report 2014, Cambridge.

Jung, N. (2006): Steine und Brücken auf dem Weg zu ganzheitlicher, nachhaltiger Umweltbildung, in: B. Hiller; M. Lange (Hrsg.): Bildung für nachhaltige Entwicklung – Perspektiven für die Umweltbildung. Vorträge und Studien, Heft 16, Münster, S. 179–192.

Jung, N. (2012): Natur und Entstehung von Werten, in: N. Jung; H. Molitor; A. Schilling (Hrsg.): Auf dem Weg zu gutem Leben. Die Bedeutung der Natur für seelische Gesundheit und Werteentwicklung. Eberswalder Beiträge zu Bildung und Nachhaltigkeit 2, Opladen, S. 113–136.

Jung, N. (2015): Reichen kluge Argumente für kluges Handeln?, in: U. Eser; H. Seyfang; A. Müller (Hrsg.): Klugheit, Glück, Gerechtigkeit – Warum Ethik für die konkrete Naturschutzarbeit wichtig ist. BfN-Skripten 414, Bonn, S. 53–70.

Kaiser, I., et al. (2012): Theft in an ultimatum game: chimpanzees and bonobos are insensitive to unfairness, in: Biology Letters, 8(6), S. 942–945.

Kant, I. (2011 [1788]): Kritik der praktischen Vernunft, Köln.

Kay, J. J. (2008): Framing the situation, in: D. Waltner-Toews (Hrsg.): The ecosystem approach, New York, S. 15–34.

Kay, J. J.; Boyle, M. (2008): Self-Organizing, Holarchic, Open Systems (SOHOs), in: D. Waltner-Toews (Hrsg.): The ecosystem approach, New York, S. 51–78.

Kay, J. J.; Schneider, E. D. (1992): Thermodynamics and measures of ecosystem integrity, in: D. H. McKenzie; D. E. Hyatt; V. J. McDonals (Hrsg.): Ecological Indicators, Volume 1: Proceedings of the international Symposium on Ecological Indicators., Fort Lauderdale.

Kern, K.; Knoll, C.; Schophaus, M. (2002): Die lokale Agenda 21. Ein innerdeutscher und internationaler Vergleich, in: Forschungsjournal Neue Soziale Bewegungen, 15(4), S. 40–48.

Kerr, R. A. (2011): Peak oil production may already be here, in: Science, 331(6024), S. 1510–1511.

Kindleberger, C. P.; Aliber, R. Z. (2011): Manias, panics and crashes – A history of financial crises, 6. Auflage, Hampshire.

Kivinen, O.; Piiroinen, T. (2018): The evolution of Homo discens: natural selection and human learning, in: Journal for the Theory of Social Behaviour, 48, S. 117–133.

Klafki, W. (1991): Neue Studien zur Bildungstheorie und Didaktik. Zeitgemäße Allgemeinbildung und kritisch-konstruktive Didaktik, 2. erweiterte Auflage, Weinheim.

Kneer, R., et al. (2006): Entwicklung eines CO_2-emissionsfreien Kohleverbrennungsprozesses zur Stromerzeugung. Kongressbeitrag zum 22. Deutschen Flammentag, Verbrennung und Feuerungen, VDI-Gesellschaft Energietechnik (VDI-GET), Braunschweig, 21.–22. September 2005, in: VDI-Berichte, 1888, S. 5–15.

Knoke, T., et al. (2008): Admixing broadleaved to coniferous tree species: a review on yield, ecological stability and economics, in: European Journal of Forest Research, 127(2), S. 89–101.

Knorr, K., et al. (Hrsg.) (2017): Energiewirtschaftliche Bedeutung der Offshore-Windenergie für die Energiewende, Update 2017. Eine Studie des Fraunhofer-Instituts für Windenergie und Energiesystemtechnik (IWES) im Auftrag der Stiftung Offshore Windenergie, Varel, Berlin.

Knutsson, B. (2009): The intellectual history of development – Towards a widening potential repertoire. Perpectives no. 13. School of Global Studies (Centre for African Studies) at Göteborg University, Göteborg.

Kocka, J. (2003): Zivilgesellschaft in historischer Perspektive, in: Forschungsjournal Neue Soziale Bewegungen, 16(2), S. 29–37.

Koestler, A. (1967): The ghost in the machine, London.

Koestler, A. (1970): Beyond atomism and holism – the concept of the holon, in: Perspectives in Biology and Medicine, 13(2), S. 131–154.

Koestler, A.; Smythies, J. R. (Hrsg.) (1969): Beyond reductionism: New perspectives in the life sciences, London.

Kooiman, J. (2003): Governing as governance, London.

Kordkheili, P. Q., et al. (2013): Energy input-output and economic analysis for soybean production in Mazandaran province of Iran, in: Elixir Agriculture, 56, S. 13246–13251.

Koska, I. (2001): Ökohydrologische Kennzeichnung. Standortskundliche Kennzeichnung und Bioindikation, in: M. Succow; H. Joosten (Hrsg.): Landschaftsökologische Moorkunde, Stuttgart, S. 92–111.

Kösters, W. (1993): Ökologische Zivilisierung. Verhalten in der Umweltkrise, Darmstadt.

Krausmann, F., et al. (2013): Global human appropriation of net primary production doubled in the 20th century, in: Proceedings of the National Academy of Sciences, 110(25), S. 10324–10329.

Kreft, S., et al. (2012): Warum gibt es Naturschutz?, in: P. L. Ibisch; S. Kreft; V. Luthardt (Hrsg.): Regionale Anpassung des Naturschutzes an den Klimawandel. Strategien und methodische Ansätze zur Erhaltung der Biodiversität und Ökosystemdienstleistungen in Brandenburg, Eberswalde, S. 32–37.

Krippner, R. (Hrsg.) (2016): Gebäudeintegrierte Solartechnik. Photovoltaik und Solarthermie – Schlüsseltechnologien für das zukunftsfähige Bauen. DETAIL Green Books, München.

Krol, G.-J. (2000): Ökonomische Verhaltenstheorie, in: H. May (Hrsg.): Handbuch zur ökonomischen Bildung, 4. unwesentlich veränderte Auflage, München, Wien.

Kross, E., et al. (2013): Facebook use predicts declines in subjective well-being in young adults, in: PLoS ONE, 8(8), e69841.

Krupenye, C.; Hare, B. (2018): Bonobos prefer individuals that hinder others over those that help, in: Current Biology, 28(2), S. 280–286. e285.

Kuckshinrichs, W.; Hake, J.-F. (Hrsg.) (2012): CO$_2$-Abscheidung, -Speicherung und -Nutzung. Technische, wirtschaftliche, umweltseitige und gesellschaftliche Perspektive. Advances in Systems Analysis 2. Schriften des Forschungszentrums Jülich, Reihe Energie & Umwelt Band 164 [http://juser.fz-juelich.de/record/131987/files/FZJ-131987.pdf; 20.03.2018], Jülich.

Küppers, E. W. U. (2015): Systemische Bionik. Impulse für eine nachhaltige gesellschaftliche Weiterentwicklung, Wiesbaden.

Kurz, H. D. (2017): Geschichte des ökonomischen Denkens, 2. Auflage, München.

Landesbetrieb Hessen Forst (2016): Hessische Waldbaufibel – Grundsätze und Leitlinien zur naturnahen Wirtschaftsweise im hessischen Staatswald, Kassel.

Laszlo, A.; Krippner, S. (1998): Systems theories. Their origins, foundations, and development, in: J. S. Jordan (Hrsg.): Systems theories and a priori aspects of perception, Amsterdam, S. 47–74.

Laszlo, E. (1975): The meaning and significance of general sytem theory, in: Behavioral Science, 20(1), S. 9-24.

Le Monde diplomatique (Hrsg.) (2012): Atlas der Globalisierung. Die Welt von morgen, Berlin.

Lebensministerium (2012): Zukunftsdossier – Alternative Wirtschafts- und Gesellschaftskonzepte, in Österreichisches Bundesministerium für Land- und Forstwirtschaft, Umwelt und Wasserwirtschaft (Lebensministerium) (Hrsg.): Reihe Zukunftsdossier Nr. 3, Wien.

Lechner, A. M.; Chan, F. K. S.; Campos-Arceiz, A. (2018): Biodiversity conservation should be a core value of China's Belt and Road Initiative, in: Nature Ecology & Evolution, 2(3), S. 408–409.

Lehmann, A. (2010): Der deutsche Wald, in: Depenheuer, O.; Möhring, B. (Hrsg.): Waldeigentum – Dimensionen und Perspektiven. Bibliothek des Eigentums Band 8 (Im Auftrag der Deutschen Stiftung Eigentum), Berlin, Heidelberg.

Lehner, M. (2009): Allgemeine Didaktik. UTB-basics, 3245, Bern.

Leopold, A. (1949): A Sand County Almanac, New York.

Leschke, M. (2015): Alternativen zur Marktwirtschaft. Ein kritischer Blick auf die Ansätze von Niko Paech und Christian Felber aus Sicht der konstitutionellen Ökonomie, in: Beiträge zur Jahrestagung des Ausschusses für Wirtschaftssysteme und Institutionenökonomik im Verein für Socialpolitik:»Marktwirtschaft im Lichte möglicher Alternativen«, September 2015, Bayreuth [http://hdl.handle.net/10419/140887; 08.03.2018].

Lexikon der Nachhaltigkeit (2015): Schutz des Menschen und der Umwelt. Ziele und Rahmenbedingungen, in: IHK Nürnberg für Mittelfranken (Hrsg.): Lexikon der Nachhaltigkeit [https://www.nachhaltigkeit.info/artikel/13_bt_ek_mensch_umwelt_664.htm; 08.03.2018].

Li, H.; Sakamoto, Y. (2014): Social impacts in social media: An examination of perceived truthfulness and sharing of information, in: Computers in Human Behavior, 41, S. 278–287.

Liang, J., et al. (2016): Positive biodiversity-productivity relationship predominant in global forests, in: Science, 354(6309), aaf8957.

Libreria Editrice Vaticana (Hrsg.) (2015): Enzyklia Laudato Si von Papst Franziskus über die Sorge für das gemeinsame Haus. Herausgegeben vom Sekretariat der Deutschen Bischofskonferenz in der Reihe: Verlautbarungen des Apostolischen Stuhls Nr. 202, Bonn.

Lietaer, B., et al. (2013): Geld und Nachhaltigkeit. Von einem überholten Finanzsystem zu einem monetären Ökosystem, E-Book-Version, Berlin.

Lima Action Plan as endorsed by the 4th World Congress of Biosphere Reserves on 17 March 2016, and as adopted by the 28th MAB ICC on 19 March 2016, Lima, Peru.

Loorbach, D. (2010): Transition management for sustainable development: A prescriptive, complexity-based governance framework, in: Governance, 23(1), S. 161–183.

Lorenz, K. (1973): Die acht Todsünden der zivilisierten Menschheit, München.

Lorenzen, E. D., et al. (2011): Species-specific responses of Late Quaternary megafauna to climate and humans, in: Nature, 479(7373), S. 359–364.

Loske, R. (2016): Politik der Zukunftsfähigkeit. Konturen einer Nachhaltigkeitswende, Frankfurt/Main.

Loske, R.; Bleischwitz, R. (1997): Zukunftsfähiges Deutschland. Ein Beitrag zu einer global nachhaltigen Entwicklung, Basel.

Luhmann, N. (1986): Ökologische Kommunikation, 1. Auflage, Opladen.

Luhmann, N. (1987): Soziale Systeme. Grundriß einer allgemeinen Theorie, Frankfurt/Main.

Luthardt, V.; Wichmann, S. (2016): Ökosystemdienstleistungen von Mooren, in: W. Wichtmann; S. C.; H. Joosten (Hrsg.): Paludikultur – Bewirtschaftung nasser Moore für regionale Wertschöpfung, Klimaschutz und Biodiversität, Stuttgart, S. 15–20.

Malik, F. (2006): Strategie des Managements komplexer Systeme, 9. Auflage, Bern, Stuttgart, Wien.

Maloney, M. P.; Ward, M. P. (1973): Ecology: let's hear from the people. An objective scale for the measurement of ecological attitudes and knowledge, in: American Psychologist, 28(7), S. 583–586.

Malthus, T. R. (1798): An essay on the principle of population, London.

Martin, W.; Russell, M. J. (2007): On the origin of biochemistry at an alkaline hydrothermal vent, in: Philosophical Transactions of the Royal Society B – Biological Sciences, 362(1486), S. 1887–1925.

Marx, K. (1844): Ökonomisch-philosophische Manuskripte.

Marx, K.; Engels, F. (1964): Werke. Herausgegeben vom Institut für Marxismus-Leninismus beim ZK der SED, 43 Bände, Band 25, Berlin.

Maschkowski, G., et al. (2017): Transition-Initiativen. Vom Träumen, Planen, Machen und Feiern des Wandels, den wir selbst gestalten, in: Konzeptwerk Neue Ökonomie; DFG-Kolleg Postwachstumsgesellschaften (Hrsg.): Degrowth in Bewegung(en) – alternative Wege zur sozial-ökologischen Transformation, München, S. 368–379.

Maslow, A. H. (2016 [1954]): Motivation und Persönlichkeit, 14. Auflage, Reinbek.

Mathar, R. (2014): Der »Whole Institution Approach«. Zentrale Elemente der Gestaltung des Weltaktionsprogramms Bildung für nachhaltige Entwicklung. Transformation und Neuorientierung von Bildung – Workshop auf der Nationalen Konferenz zum Abschluss der UN-Dekade, 29.–30. September 2014, Bonn [http://www.bnekonferenz2014.de/fileadmin/bnekonferenz/Dateien/Dokumente/Der_whole_institution_approach.pdf; 04.01.2018].

McCloskey, D. N. (2013): Tunzelmann, Schumpeter, and the Hockey Stick, in: Research Policy, 42(10), S. 1706–1715.

McHenry, H. M. (2004): Origin of human bipedality, in: Evolutionary Anthropology, 13(3), S. 116–119.

Meadows, D. (2010): Die Grenzen des Denkens – wie wir sie mit System erkennen und überwinden können, neu bearb. von Diana Wright unter Mitwirkung von Stephanie Weis-Gerhardt, München.

Meadows, D., et al. (1972): Die Grenzen des Wachstums. Bericht des Club of Rome zur Lage der Menschheit, Stuttgart.

Meadows, D.; Seiler, T. (2005): Jenseits der ökologischen Grenzen gibt es keine nachhaltige Entwicklung [http://www.umweltethik.at/wp/wp-content/uploads/MeadowsSeiler Gespraech.pdf; 06.12.17], in: Natur und Kultur: transdisziplinäre Zeitschrift für ökologische Nachhaltigkeit, 6(2), S. 19–37.

Meyer-Abich, K. (2012): Was hindert uns daran, nachhaltig zu wirtschaften?, in: N. Jung; H. Molitor; A. Schilling (Hrsg.): Auf dem Weg zu gutem Leben. Die Bedeutung der Natur für seelische Gesundheit und Werteentwicklung. Eberswalder Beiträge zu Bildung und Nachhaltigkeit 2, Opladen, S. 93–112.

Meyer-Abich, K. M. (1987): Naturphilosophie auf neuen Wegen, in: O. Schwemmer (Hrsg.): Über Natur. Philosophische Beiträge zum Naturverständnis, Frankfurt/Main, S. 63–74.

Michelsen, G. (2009): Kompetenzen und Bildung für nachhaltige Entwicklung, in: B. Overwien; H.-F. Rathenow (Hrsg.): Globalisierung fordert politische Bildung. Politisches Lernen im globalen Kontext, Opladen, Farmington Hills, S. 75–86.

Michelsen, G.; Siebert, H.; Lilje, J. (2011): Nachhaltigkeit lernen – Ein Lesebuch, Bad Homburg.

Miersch, M. (2009): Warum der Kapitalismus beibehalten werden muss [https://www.welt.de/wirtschaft/article4017664/Warum-der-Kapitalismus-beibehalten-werden-muss.html; 28.01.2018], in: Welt, 28.06.2009.

Miller, S. A.; Horvath, A.; Monteiro, P. J. M. (2018): Impacts of booming concrete production on water resources worldwide, in: Nature Sustainability, 1(1), S. 69–76.

Mohammed, M.; Thomas, K. (2014): Enabling community and trust: shared leadership for collective creativity, in: The Foundation Review, 6(4), S. 96–105.

Mohrs, T. (2002): Unfit für Nachhaltigkeit? »Bildung für nachhaltige Entwicklung« und die »Erblast der Gene«, in: A. Beyer (Hrsg.): Fit für Nachhaltigkeit? Biologisch-anthropologische Grundlagen einer Bildung für nachhaltige Entwicklung, Opladen, S. 47–68.

Morriss-Kay, G. M. (2010): The evolution of human artistic creativity, in: Journal of Anatomy, 216(2), S. 158–176.

MUGV (Ministerium für Umwelt, Gesundheit und Verbraucherschutz des Landes Brandenburg) (Hrsg.) (2014): Nachhaltigkeitsstrategie des Landes Brandenburg. Natürlich. Nachhaltig. Brandenburg, Potsdam.

Müller-Christ, G. (2014): Nachhaltiges Management. Eine Einführung in Ressourcenorientierung und widersprüchliche Managementrationalitäten, 2., überarbeitete und erweiterte Auflage, Baden-Baden.

Müller, G. (1977): Zur Geschichte des Wortes Landschaft, in: A. von Wallthor; H. Quirin (Hrsg.): »Landschaft« als interdisziplinäres Forschungsproblem. Vorträge und Diskussionen des Kolloquiums am 7./8. November 1975 in Münster, Münster, S. 4–13.

Müller, R. A. E.; Clasen, M. (2008): Der Stern-Review. Klimapolitische Beratung im Grenzbereich von Ethik und Ökonomie, Kiel.

Münk, H. J. (2006): Von der Umweltproblematik zur nachhaltigen Entwicklung. Das Schöpfungsargument in der Umweltethik-Diskussion der (deutsch-sprachigen) Katholisch-Theologischen Ethik, in: M. Durst; H. J. Münk (Hrsg.): Schöpfung, Theologie und Wissenschaft. Theologische Berichte, Band 29, Freiburg, S. 115–194.

Murphy, J.; Roser, M. (2017): Internet. Online veröffentlicht bei OurWorldInData.org [https://ourworldindata.org/internet; 15.01.2018].

NABU (Naturschutzbund Deutschland e.V.) (2010): Natürliche Waldentwicklung bis 2020 – Positionspapier [https://www.nabu.de/imperia/md/content/nabude/wald/nabu-positionspapier_nat__rliche_waldentwicklung_bis_2020.pdf; 29.08.2017].

Nanz, P.; Fritsche, M. (2012): Handbuch Bürgerbeteiligung. Bundeszentrale für politische Bildung. Schriftenreihe Band 1200, Bonn.

Nanz, P.; Leggewie, C. (2016): Die Konsultative. Mehr Demokratie durch Bürgerbeteiligung, Berlin.

Nationale Plattform Bildung für nachhaltige Entwicklung (2017): Nationaler Aktionsplan Bildung für nachhaltige Entwicklung. Der deutsche Beitrag zum UNESCO-Weltaktionsprogramm, Berlin.

Naturkapital Deutschland – TEEB DE (2015): Naturkapital und Klimapolitik – Synergien und Konflikte. Hrsg. von V. Hartje, H. Wüstemann und A. Bonn. Technische Universität Berlin, Helmholtz-Zentrum für Umweltforschung – UFZ, Berlin, Leipzig.

Netzwerk Plurale Ökonomik (2018): Ziele des Netzwerks [https://www.plurale-oekonomik.de/das-netzwerk/ziele-und-aktivitaeten/; 02.01.2018].

Neuberger, D. (1997): Mikroökonomie der Bank – eine industrieökonomische Perspektive, München.

Nicolis, G.; Prigogine (1977): Self-organization in nonequilibrium systems. From dissipative structures to order through fluctuations, New York, London, Sydney, Toronto.

NOAA (National Oceanic and Atmospheric Administration) (2018): Ecosystem-Based Management [http://ecosystems.noaa.gov/Home.aspx; 02.02.2018].

NOAA National Centers for Environmental Information (2018): State of the Climate: Global Climate Report for Annual 2017 [https://www.ncdc.noaa.gov/sotc/global/201713; 25.01.2018].

Nussbaum, M. (2014 [1999]): Gerechtigkeit oder Das gute Leben, Frankfurt/Main.

Obergassel, W., et al. (2015): Phoenix from the ashes – an analysis of the Paris Agreement to the United Nations Framework Convention on Climate Change – Part I, in: Environmental Law & Management, 27(6), S. 243–262.

Obergassel, W., et al. (2016): Phoenix from the ashes – an analysis of the Paris Agreement to the United Nations Framework Convention on Climate Change – Part II, in: Environmental Law & Management, 28(1), S. 3–12.

Odum, E. P. (1964): The new ecology, in: Bioscience, 14(7), S. 14–16.

Odum, E. P. (1968): Energy flow in ecosystems: A historical review, in: American Zoologist, 8(1), S. 11–18.

OECD (Organisation für wirtschaftliche Zusammenarbeit und Entwicklung) (2016): Stromerzeugung, in: OECD (Hrsg.): Die OECD in Zahlen und Fakten 2015–2016: Wirtschaft, Umwelt, Gesellschaft, Paris, S. 102–103.

OECD (Organisation für wirtschaftliche Zusammenarbeit und Entwicklung) (2017a): OECD Data: Gross Domestic Product (GDP) [https://data.oecd.org/gdp/gross-domestic-product-gdp.htm; 22.05.2017].

OECD (Organisation für wirtschaftliche Zusammenarbeit und Entwicklung) (2017b): OECD Data: Household financial assets [https://data.oecd.org/hha/household-financial-assets.htm; 29.05.2017].

Olk, T.; Klein, A.; Hartnuß, B. (2010): Engagementpolitik. Die Entwicklung der Zivilgesellschaft als politische Aufgabe, Wiesbaden.

Olson, D. M., et al. (2001): Terrestrial ecoregions of the world: a new map of life on Earth, in: Bioscience, 51(11), S. 933–938.

Onishi, N.; Senguptajan, S. (2018): Dangerously low on water, Cape Town now faces ›Day Zero‹ [https://www.nytimes.com/2018/01/30/world/africa/cape-town-day-zero.html; 31.01.2018], in: The New York Times, 30.01.2018.

Ott, H. E. (2013): Theoretischer Nachhaltigkeitsdiskurs trifft Politik. Ein Erfahrungsbericht, in: H. Rogall, et al. (Hrsg.): 3. Jahrbuch Nachhaltige Ökonomie 2013/2014. Im Brennpunkt: Nachhaltigkeitsmanagement, Marburg, S. 115–134.

Ott, K.; Döring, R. (2001): Nachhaltigkeitskonzepte, in: Zeitschrift für Wirtschafts- und Unternehmensethik (zfwu), 2(3), S. 315–339.

Overwien, B.; Rathenow, H.-F. (Hrsg.) (2009): Globalisierung fordert politische Bildung. Politisches Lernen im globalen Kontext, Opladen, Farmington Hills.

Paech, N. (2011): Befreiung vom Überfluss. Auf dem Weg in die Postwachstumsökonomie, München.

Paech, N. (2015): Gesellschaft an der Wachstumswende. Vom Wachstumsdogma zur Postwachstumsökonomie, in: S. Elsen, et al. (Hrsg.): Die Kunst des Wandels, München, S. 25–44.

Pagel, L. (2013): Information ist Energie. Definition eines physikalisch begründeten Informationsbegriffs, Berlin, Heidelberg, New York.

Partzsch, L. (2015): Kein Wandel ohne Macht. Nachhaltigkeitsforschung braucht ein mehrdimensionales Machtverständnis, in: GAIA, 24(1), S. 48–56.

Patten, B. C. (2013): Systems ecology and environmentalism: Getting the science right, in: Ecological Engineering, 61(Part A), S. 446–455.

Patten, B. C. (2014): Systems ecology and environmentalism: getting the science right. Part I: Facets for a more holistic Nature Book of ecology, in: Ecological Modelling, 293(10), S. 4-21.

Pauli, G. (2017): The Blue Economoy 3.0: The marriage of science, innovation and entrepreneurship creates a new business model that transforms society.

Pecl, G. T., et al. (2017): Biodiversity redistribution under climate change: Impacts on ecosystems and human well-being, in: Science, 355(6332), eaai9214.

Pfeiffer, D. A. (2006): Eating fossil fuels: Oil, food, and the coming crisis in agriculture, Gabriola.

Pfeil, W. (Hrsg.) (1822–1859): Kritische Blätter für Forst- und Jagdwissenschaft in Verbindung mit mehreren Forstmännern und Gelehrten, Leipzig.

Piantadosi, S. T.; Kidd, C. (2016): Extraordinary intelligence and the care of infants, in: Proceedings of the National Academy of Sciences of the United States of America, 113(25), S. 6874–6879.

Pimentel, D. (2009): Energy inputs in food crop production in developing and developed nations, in: Energies, 2(1), S. 1–24.

Pindyck, R. S.; Rubinfeld, D. L. (2015): Mikroökonomie, 8. Auflage, Hallbergmoos.

Plumpe, W. (2010): Wirtschaftskrisen. Geschichte und Gegenwart, München.

Pohl, H.-J. (1970): Kritik der Drei-Sektoren-Theorie, in: Mitteilungen aus der Arbeitsmarkt- und Berufsforschung, 4, S. 313–325.

Polanyi, K. (1944): The Great Transformation, New York [deutsche Übersetzung: Heinrich Jelinek (2013 [1978]): The Great Transformation. Politische und Ökonomische Ursprünge von Gesellschaften und Wirtschaftssystemen. 10. Auflage, Frankfurt/Main].

Potapov, P., et al. (2017): The last frontiers of wilderness: Tracking loss of intact forest landscapes from 2000 to 2013, in: Science Advances, 3(1), e1600821.

Potts, R. (2013): Hominin evolution in settings of strong environmental variability, in: Quaternary Science Reviews, 73, S. 1–13.

Prammer, H. K. (2009): Integriertes Umweltkostenmanagement. Bezugsrahmen und Konzeption für eine ökologisch-nachhaltige Unternehmensführung, Wiesbaden.

Preisendörfer, P. (2000): Umwelteinstellungen und Umweltverhalten in Deutschland. Empirische Befunde und Analysen auf der Grundlage der Bevölkerungsumfragen »Umweltbewußtsein in Deutschland 1991–1998«. Herausgegeben vom Umweltbundesamt, Opladen.

Pretzsch, H. (2003): Diversität und Produktivität von Wäldern, in: Allgemeine Forst-und Jagdzeitung, 174(5-6), S. 88–98.

Prognos AG; Öko-Institut; Ziesing, H.-J. (2017): Modell Deutschland – Klimaschutz bis 2050. Vom Ziel her denken. Eine Studie im Auftrag des WWF Deutschland [http://www.wwf.de/themen-projekte/klima-energie/modell-deutschland/klimaschutz-2050/; 21.03.2018].

Programm Transfer-21 (FU Berlin) (o.J.): Gestaltungskompetenz. Lernen für die Zukunft – Definition von Gestaltungskompetenz und ihrer Teilkompetenzen [www.institutfutur.de/transfer-21/index.php?p=222; 16.03.2018].

Projektwerkstättenrat an der HNEE (2016): Satzung des Projektwerkstättenrat vom 7. Januar 2016 [https://www.hnee.de/de/Studium/Infos-zum-Studium/Fuer-Studierende/Projekt werkstaetten/Projektwerkstaetten-Von-Studis-fuer-Studis-E8439.htm; 26.01.2018].

Prüfer, K., et al. (2012): The bonobo genome compared with the chimpanzee and human genomes, in: Nature, 486(7404), S. 527–531.

Quaschning, V. (2015): Regenerative Energiesysteme. Technologie – Berechnung – Simulation, 9. aktualisierte und erweiterte Auflage, München.

Randers, J.; Maxton, G. (2016): Ein Prozent ist genug. Mit wenig Wachstum soziale Ungleichheit, Arbeitslosigkeit und Klimawandel bekämpfen, München.

Rat der Europäischen Union (Hrsg.) (2006): Die neue EU-Strategie für nachhaltige Entwicklung, 10117/06, Brüssel.

Reif, A., et al. (2010): Waldbewirtschaftung in Zeiten des Klimawandels. Synergien und Konfliktpotenziale zwischen Forstwirtschaft und Naturschutz, in: Naturschutz und Landschaftsplanung, 42(9), S. 261–266.

Rieckmann, M. (2018a): Key themes in Education for Sustainable Development, in: UNESCO (Hrsg.): Issus and trends in Education for Sustainable Development, Paris, S. 61–84.

Rieckmann, M. (2018b): Learning to transform the world: key competencies in Education for Sustainable Development, in: UNESCO (Hrsg.): Issus and trends in education for sustainable Development, Paris, S. 39–59.

Ripl, W.; Wolter, K.-D. (2002): Ecosystem function and degradation: Carbon assimilation in marine and freshwater ecosystems, in: P. J. le B. Williams; D. N. Thomas; C. S. Reynolds (Hrsg.): Phytoplankton productivity, Oxford, S. 291–317.

Ripple, W. J., et al. (2015): Collapse of the world's largest herbivores, in: Science Advances, 1(4), e1400103.

Ripple, W. J., et al. (2017): World scientists' warning to humanity: a second notice, in: Bioscience, 67(12), S. 1026–1028.

Ritchie, H.; Roser, M. (2017): CO_2 and other Greenhouse Gas Emissions. Online veröffentlicht bei OurWorldInData.org [https://ourworldindata.org/co2-and-other-greenhouse-gas-emissions; 15.01.2018].

Robertson, B. J. (2016): Holacracy. Ein revolutionäres Management-System für eine volatile Welt, München.

Röchert, R. (2008): Aufklären oder verführen? Zur Bedeutung der Faktoren »Emotionalität« und »Integrierte Kommunikation« für Besucherzentren und Ausstellungen, in: K.-H. Erdmann; T. Hopf; C. Schell (Hrsg.): Informieren und faszinieren – Kommunikation in Natur-Infozentren. Naturschutz und biologische Vielfalt Band 54, Bonn, S. 7–24.

Rockström, J. (2009): A safe operating space for humanity, in: Nature, 461, S. 472–475.

Rodrigues Mororó, R. (2014): Der demokratische Mythos Porto Alegre. Widersprüche und Wirklichkeit eines partizipativen »Planungsmodells«, Wiesbaden.

Rogall, H. (2012): Nachhaltige Ökonomie. Ökonomische Theorie und Praxis einer nachhaltigen Entwicklung, 2. überarbeitete und stark erweiterte Auflage, Marburg.

Rogall, H. (2013): Volkswirtschaftslehre für Sozialwissenschaftler. Einführung in eine zukunftsfähige Wirtschaftslehre, 2. Auflage, Wiesbaden.

Rohr, von C. R., et al. (2015): Chimpanzees' bystander reactions to infanticide, in: Human Nature, 26(2), S. 143–160.

Rosch, M.; Frey, D. (1994): Soziale Einstellungen, in: D. Frey; S. Greif (Hrsg.): Sozialpsychologie. Ein Handbuch in Schlüsselbegriffen, 3. Auflage, Weinheim, S. 296–306.

Rosenberg, K.; Trevathan, W. (1995): Bipedalism and human birth: The obstetrical dilemma revisited, in: Evol Anthropol, 4(5), S. 161–168.

Rosenkranz, L., et al. (2017): Verbundforschungsbericht WEHAM-Szenarien: Stakeholderbeteiligung bei der Entwicklung und Bewertung von Waldbehandlungs- und Holzverwendungsszenarien. Thünen Working Paper 73, Braunschweig.

Roser, M. (2018a): Economic growth. Online veröffentlicht bei OurWorldInData.org [https://ourworldindata.org/economic-growth; 25.01.2018].

Roser, M. (2018b): Tourism. Online veröffentlicht bei OurWorldInData.org [https://ourworldindata.org/tourism; 25.01.2018].

Roser, M.; Ortiz-Ospina, E. (2018): World Population Growth. Online veröffentlicht bei OurWorldInData.org [https://ourworldindata.org/world-population-growth; 25.01.2018].

Rösler, C., et al. (1999): Lokale Agenda im europäischen Vergleich, herausgegeben vom Bundesministerium für Umwelt, Naturschutz und Reaktorsicherheit und vom Umweltbundesamt, Bonn.

Rostow, W. W. (1956): The take-off into self-sustained growth, in: The Economic Journal, 66(261), S. 25–48.

Roszak, T. (1994): Ökopsychologie. Der entwurzelte Mensch und der Ruf der Erde, Stuttgart.

Rotmans, J.; Kemp, R.; van Asselt, M. (2001): More evolution than revolution: transition management in public policy, in: Foresight, 3(1), S. 15–31.

Sachs, W. (1997): Sustainable Development. Zur politischen Anatomie eines internationalen Leitbilds, in: K.-W. Brandt (Hrsg.): Nachhaltige Entwicklung. Eine Herausforderung an die Soziologie, Opladen, S. 93–110.

Salafsky, N., et al. (2008): A standard lexicon for biodiversity conservation: unified classifications of threats and actions, in: Conservation Biology, 22(4), S. 897–911.

Sandström, U. F. (2002): Green Infrastructure planning in urban Sweden, in: Planning Practice and Research, 17(4), S. 373–338.

Schahn, J. (1993): Die Kluft zwischen Einstellung und Verhalten beim individuellen Umweltschutz, in: J. Schahn; T. Giesinger (Hrsg.): Psychologie für den Umweltschutz, München, S. 29–49.

Schahn, J.; Matthies, E. (2008): Moral, Umweltbewusstsein und umweltbewusstes Handeln, in: E.-D. Lantermann; V. Linneweber (Hrsg.): Grundlagen, Paradigmen und Methoden der Umweltpsychologie, Göttingen, Bern, Toronto, Seattle, S. 663–689.

Schäpke, N., et al. (2017): Reallabore im Kontext transformativer Forschung. Ansatzpunkte zur Konzeption und Einbettung in den internationalen Forschungsstand. IETSR discussion papers in Transdisciplinary Sustainability Research Nr. 1/2017, Lüneburg.

Scheer, H. (2010): Der energethische Imperativ. 100 Prozent jetzt. Wie der vollständige Wechsel zu erneuerbaren Energien zu realisieren ist, München.

Scheler, M. (1978): Die Stellung des Menschen im Kosmos (Erstveröffentlichung 1927; online verfügbar unter: http://gutenberg.spiegel.de/buch/die-stellung-des-menschen-im-kosmos-8160/1), Bern, München.

Scheuthle, H.; Frick, J.; Kaiser, F. G. (2010): Personenzentrierte Intervention zur Veränderung von Umweltverhalten, in: V. Linneweber; E.-D. Lantermann; E. Kals (Hrsg.): Spezifische Umwelten und umweltbezogenes Handeln, Göttingen, Bern, Toronto, Seattle, S. 643–667.

Schmidt, M. (2008): Die Bedeutung der Effizienz für Nachhaltigkeit. Chancen und Grenzen, in: S. Hartard; A. Schaffer; J. Giegrich (Hrsg.): Ressourceneffizienz im Kontext der Nachhaltigkeitsdebatte, Baden-Baden, S. 31–46.

Schneider, E. D.; Kay, J. J. (1994): Complexity and thermodynamics: Towards a new ecology, in: Futures, 26(6), S. 626–647.

Schneidewind, U.; Scheck, H. (2012): Zur Transformation des Energiesektors. Ein Blick aus der Perspektive der Transition-Forschung, in: U.S. H.-G. Servatius, D. Rohlfing (Hrsg.): Smart Energy, Berlin, Heidelberg, S. 45–61.

Schneidewind, U.; Singer-Brodowski, M. (2013): Transformative Wissenschaft. Klimawandel im deutschen Wissenschafts- und Hochschulsystem, Marburg.

Schraml, U. (2016): Peter und der Wald oder: Woher kommt die Begeisterung für die Geheimnisse von Bäumen?, in: Holz-Zentralblatt, 17, S. 437–438.

Schröder, C., et al. (2015): Steckbriefe für Niedermoorbewirtschaftung bei unterschiedlichen Wasserverhältnissen, Müncheberg.

Schumpeter, J. A. (1942): Capitalism, socialism and democracy, New York.

Schwartz, S. H.; Howard, J. A. (1981): A normative decision-making model of altruism, in: J. P. Rushton; R. M. Sorrentino (Hrsg.): Altruism and Helping Behavior, Hillsdale, S. 189–211.

Shultz, S.; Nelson, E.; Dunbar, R. I. M. (2012): Hominin cognitive evolution: identifying patterns and processes in the fossil and archaeological record, in: Philosophical Transactions of the Royal Society – Biological Sciences, 367(1599), S. 2130–2140.

Sik, O. (1987): Wirtschaftssysteme: Vergleiche – Theorie – Kritik, Berlin, Heidelberg.

Simonis, U. (1989): Wir müssen anders wirtschaften. Ansatzpunkte einer ökologischen Umorientierung der Industriegesellschaft, Frankfurt/Main.

Sintomer, Y., et al. (Hrsg.) (2013): Participatory Budgeting in Asia and Europe. Key Challenges of Participation, Basingstoke.

Skidelsky, R.; Skidelsky, E. (2013): Wie viel ist genug? Vom Wachstumswahn zu einer Ökonomie des guten Lebens, München.

Smith, A. (1776): Inquiry into the nature and causes of the wealth of nations, Oxford.

Smuts, J. (1926): Holism and evolution, London.

Solow, R. M. (1974): The economics of resources or the resources of economics, in: American Economic Review, 64(2), S. 1–14.

Sommer, J. (2015a): Die vier Dimensionen gelingender Bürgerbeteiligung, in: J. Sommer (Hrsg.): Kursbuch Bürgerbeteiligung, Berlin, S. 11–21.

Sommer, J. (Hrsg.) (2015b): Kursbuch Bürgerbeteiligung, Berlin.

Spada, H. (1990): Umweltbewußtsein. Einstellung und Verhalten, in: L. Kruse; C.-F. Graumann; E.-D. Lantermann (Hrsg.): Ökologische Psychologie. Ein Handbuch in Schlüsselbegriffen, München, S. 623–631.

Spanier, H. (2008): Was kann die Naturschutzkommunikation von der Werbung lernen?, in: K.-H. Erdmann; T. Hopf; C. Schell (Hrsg.): Informieren und faszinieren – Kommunikation in Natur-Infozentren. Naturschutz und biologische Vielfalt, Band 54, S. 25–48.

Spathelf, P. (1997): Seminatural silviculture in southwest Germany, in: Forestry Chronicle, 73(6), S. 715–722.

Spathelf, P.; Bolte, A.; van der Maaten, E. (2015): Is Close-to-Nature Silviculture (CNS) an adequate concept to adapt forests to climate change?, in: Landbauforschung, 65(3/4), S. 161–170.

Spathelf, P., et al. (2014): Climate change impacts in European forests: the expert-views of local observers, in: Annals of Forest Science, 71(2), S. 131–137.

Spitzer, M. (2009): Lernen. Gehirnforschung und die Schule des Lebens, Heidelberg.

SRU (Sachverständigenrat für Umweltfragen) (2002): Für eine neue Vorreiterrolle, Umweltgutachten 2002, Deutscher Bundestag Drucksache 14/8792.

SRU (Sachverständigenrat für Umweltfragen) (2008): Umweltschutz im Zeichen des Klimawandels. Umweltgutachten 2008, Berlin.

SRU (Sachverständigenrat für Umweltfragen) (2012): Umweltgerechte Waldnutzung (Kapitel 6), in: SRU (Hrsg.): Umweltgutachten 2012: Verantwortung in einer begrenzten Welt, Berlin, S. 211–239.

SRU (Sachverständigenrat für Umweltfragen) (2016): Zur Neuauflage der deutschen Nachhaltigkeitsstrategie, Stellungnahme Nr. 21, Berlin.

Stadt Freiburg i.B. (Hrsg.) (2016): 2. Freiburger Nachhaltigkeitsbericht 2016. Beispielhafter Ausschnitt zur Darstellung des Nachhaltigkeitsprozesses, Freiburg i. B.

Statista (2017a): Bruttoinlandsprodukt (BIP) in Deutschland von 1991 bis 2016 [https://de.statista.com/statistik/daten/studie/1251/umfrage/entwicklung-des-bruttoinlandsprodukts-seit-dem-jahr-1991/; 22.05.2017].

Statista (2017b): Entwicklung des durchschnittlichen Umsatzes pro Handelstag am weltweiten Devisenmarkt von 1995 bis 2016 (in Milliarden US-Dollar) [https://de.statista.com/statistik/daten/studie/239512/umfrage/umsaetze-pro-handelstag-am-weltweiten-devisenmarkt/; 29.05.2017].

Statista (2018): Facebook: number of monthly active users worldwide 2008- 2017 [https://www.statista.com/statistics/264810/number-of-monthly-active-facebook-users-worldwide/; 25.01.2018].

Steffen, W., et al. (2015): Planetary boundaries: Guiding human development on a changing planet, in: Science, 347(6223), 1259855.

Stern, N. (2007): The economics of climate change. The Stern Review, Cambridge.

Stevens, M. (2015): Drought update: Dry wells, debate over water cutbacks [http://www.latimes.com/local/lanow/la-me-ln-drought-hearing-20150512-story.html; 31.01.2018], in: Los Angeles Times, 12.05.2015.

Stiglitz, J. (2010): Im freien Fall. Vom Versagen der Märkte zur Neuordnung der Weltwirtschaft, Übersetzung von T. Schmidt, München.

Stiner, M. C. (2002): Carnivory, coevolution, and the geographic spread of the genus Homo, in: Journal of Archaeological Research, 10(1), S. 1–63.

Stober, I.; Bucher, K. (2014): Geothermie. 2. Auflage, Berlin, Heidelberg.

Stokstad, E. (2014): More than twice as much mercury in environment as thought [http://www.sciencemag.org/news/2014/09/more-twice-much-mercury-environment-thought; 25.01.2018], in: Science, 04.09.2014.

Stoll-Kleemann, S.; Welp, M. (Hrsg.) (2006): Stakeholder dialogues in natural resources management – Theory and practice, Berlin, Heidelberg.

Stoltenberg, U. (2009): Mensch und Wald. Theorie und Praxis einer Bildung für eine nachhaltige Entwicklung am Beispiel des Themenfelds Wald, München.

Stroeve, J., et al. (2007): Arctic sea ice decline: Faster than forecast, in: Geophysical Research Letters, 34(9), L09501.

Sumser, E. (2016): Evolution der Ethik: Der menschliche Sinn für Moral im Licht der modernen Evolutionsbiologie, Berlin.

Swanson, A. (2015): How China used more cement in 3 years than the U.S. did in the entire 20th Century [https://www.washingtonpost.com/news/wonk/wp/2015/03/24/how-china-used-more-cement-in-3-years-than-the-u-s-did-in-the-entire-20th-century/?utm_term=.a5e062fc998c; 25.01.2018], in: The Washington Post, 24.03.2015.

Tansley, A. G. (1935): The use and abuse of vegetational concepts and terms, in: Ecology, 16(3), S. 284–307.

Taylor, B. (2001): Earth and nature-based spirituality (Part II): From Earth First! and Bioregionalism to scientific paganism and the New Age, in: Religion, 31(3), S. 225–245.

TEEB (2010): The Economics of Ecosystems and Biodiversity – Ecological and Economic Foundations, London.

The World Bank (2017a): Agricultural land (sq km). World Bank Open Data [https://data.worldbank.org/; 25.01.2018].

The World Bank (2017b): Land under cereal production (hectares). World Bank Open Data [https://data.worldbank.org/; 25.01.2018].

The World Bank (2017c): Population density (people per sq. km of land area). Food and Agriculture Organization and World Bank population estimates. World Bank Open Data [https://data.worldbank.org/; 26.01.2018].

The World Bank (2017d): Population in urban agglomerations of more than 1 million. World Bank Open Data [https://data.worldbank.org/; 26.01.2018].

The World Bank (2017e): Urban population. World Bank staff estimates based on the United Nations Population Division‹s World Urbanization Prospects. World Bank Open Data [https://data.worldbank.org/; 26.01.2018].

The World Bank (2017f): World Development Report 2017: Governance and the law [http://www.worldbank.org/en/publication/wdr2017#; 25.01.2018], Lizenz: Creative Commons Attribution CC BY 3.0 IGO, Washington, DC.

Thrash, J. C., et al. (2011): Phylogenomic evidence for a common ancestor of mitochondria and the SAR11 clade, in: Scientific Reports, 1, Art. 13.

Tingley, D.; Wagner, G. (2017): Solar geoengineering and the chemtrails conspiracy on social media, in: Palgrave Communications, 3(1), Art. 12.

Torres, A., et al. (2017): A looming tragedy of the sand commons, in: Science, 357(6355), S. 970–971.

Trevathan, W. R. (1996): The evolution of bipedalism and assisted birth, in: Medical Anthropology Quarterly, 10(2), S. 287–290.

Tzoulas, K., et al. (2007): Promoting ecosystem and human health in urban areas using Green Infrastructure: A literature review, in: Landscape and Urban Planning, 81(3), S. 167–178.

Uchiyama, K. (2016): Environmental Kuznets Curve hypothesis and carbon dioxide emissions, Springer Briefs in Economics, Development Bank of Japan Research Series, Tokyo.

UIG (Umweltinformationsgesetz in der Fassung der Bekanntmachung vom 27. Oktober 2014 [BGBl. I S. 1643], das zuletzt durch Artikel 2 Absatz 17 des Gesetzes vom 20. Juli 2017 [BGBl. I S. 2808] geändert wurde).

Umweltbundesamt (2010): Energieziel 2050. 100% Strom aus erneuerbaren Quellen, Dessau.

Umweltbundesamt (2014): Rebound-Effekte [https://www.umweltbundesamt.de/themen/abfall-ressourcen/oekonomische-rechtliche-aspekte-der/rebound-effekte; 02.01.2018].

Umweltbundesamt (Hrsg.) (2015a): Umweltbewusstsein in Deutschland 2014. Ergebnisse einer repräsentativen Bevölkerungsumfrage, Reinheim.

Umweltbundesamt (2015b): Vorsorgeprinzip [https://www.umweltbundesamt.de/themen/nachhaltigkeit-strategien-internationales/umweltrecht/umweltverfassungsrecht/vorsorgeprinzip; 12.03.2018].

Umweltbundesamt (Hrsg.) (2015c): Wie Transformationen und gesellschaftliche Innovationen gelingen können, Dessau.

Umweltbundesamt (2016a): Berichterstattung unter der Klimarahmenkonvention der Vereinten Nationen und dem Kyoto-Protokoll 2016. Nationaler Inventarbericht zum Deutschen Treibhausgasinventar 1990–2014. Climate Change 23/2016.

Umweltbundesamt (2016b): Faktor X – Die Idee Faktor X [https://www.umweltbundesamt.de/themen/abfall-ressourcen/ressourcenschonung-in-produktion-konsum/faktor-x; 02.01.2018].

Umweltbundesamt (2017a): Abfallaufkommen der Kategorie Siedlungsabfälle [http://www.umweltbundesamt.de/indikator-abfallmenge-siedlungsabfaelle; 22.05.2017].

Umweltbundesamt (2017b): Luftqualität in Ballungsräumen [http://www.umweltbundesamt.de/indikator-luftqualitaet-in-ballungsraeumen; 22.05.2017].

Umweltbundesamt (Hrsg.) (2017c): Umweltbewusstsein in Deutschland 2016. Ergebnisse einer repräsentativen Bevölkerungsumfrage, Reinheim.

Umweltbundesamt (2018): Treibhausgas-Emissionen [https://www.umweltbundesamt.de/themen/klima-energie/treibhausgas-emissionen; 01.02.2018].

Umweltgutachterausschuss (2015): In 10 Schritten zu EMAS. Ein Leitfaden für Umweltmanagementbeauftragte, 2. Auflage [http://www.emas.de/fileadmin/user_upload/06_service/PDF-Dateien/EMAS-Leitfaden-Umweltmangementbeauftragte.pdf; 29.01.2018].

UN-Dekade Biologische Vielfalt Geschäftsstelle (2017): UN-Dekade Botschafter/innen [https://www.undekade-biologischevielfalt.de/un-dekade/die-botschafterinnen-der-un-dekade/; 07.06.2017].

UNCTADSTAT (2017): GDP at current prices [http://unctadstat.unctad.org/wds/TableViewer/tableView.aspx?ReportId=96; 29.05.2017].

UNECE (United Nations Economic Commission for Europe) (1998): Übereinkommen über den Zugang zu Informationen, die Öffentlichkeitsbeteiligung an Entscheidungsverfahren und den Zugang zu gerichtlichen Umweltangelegenheiten (Aarhus-Konvention), Aarhus.

UNESCO (Organisation der Vereinten Nationen für Bildung, Wissenschaft und Kultur) (2006): Framework for the UN DESD International Implementation Scheme. ED/DESD/2006/PI/1, Paris.

UNESCO (Organisation der Vereinten Nationen für Bildung, Wissenschaft und Kultur) (2014): Shaping the future we want. UN Decade of Education für Sustainable Development (2005–2014). Final Report, Paris.

United Nations Statistics Division (2015): Slum population as percentage of urban. United Nations Millennium Development Goals database http://mdgs.un.org; 26.01.2018].

Ura, K., et al. (2012): A short guide to Gross National Happiness Index, Centre for Bhutan Studies [http://www.grossnationalhappiness.com/wp-content/uploads/2012/04/Short-GNH-Index-edited.pdf; 02.01.2018].

Vallée, R. (1993): Systems theory, a historical presentation, in: R. Rodriguez Delgado; B. Banathy (Hrsg.): International Systems Science Handbook, Madrid, S. 84–104.

Vereinte Nationen (1948): Allgemeine Erklärung der Menschenrechte. Resolution 217 A (III) der Generalversammlung der Vereinten Nationen am 10. Dezember 1948.

Vereinte Nationen (1962): The United Nations Development Decade, Proposals for Action: Report of the Secretary-General. Teil 49, New York.

Vereinte Nationen (1992a): Agenda 21: Earth Summit: the United Nations Programme of Action from Rio [dt. Übersetzung unter http://www.un.org/depts/german/conf/agenda21/agenda_21.pdf; 08.11.2017].

Vereinte Nationen (1992b): Agenda 21: Earth Summit: the United Nations Programme of Action from Rio [https://sustainabledevelopment.un.org/content/documents/Agenda21.pdf; 08.11.2017].

Vereinte Nationen (1992c): Convention on Biological Diversity. United Nations Conference on Environment and Development (UNCED), 5. Juni 1992 in Rio de Janeiro [https://www.cbd.int/doc/legal/cbd-en.pdf; 07.03.2018].

Vereinte Nationen (2000): United Nations Millennium Declaration. Resolution adopted by the General Assembly 55/2 [http://www.un.org/millennium/declaration/ares552e.pdf; 08.11.2017].

Vereinte Nationen (2002): General Framework of the Islamic agenda for sustainable development. Islamic Declaration on Sustainable Development: Background Paper No. 5 submitted by the First Islamic Conference of Environment Ministers to the World Summit on Sustainable Development 2002 in Johannesburg.

Vereinte Nationen (2012): The future we want. Outcome document of the United Nations Conference on Sustainable Development in Rio de Janeiro, Brazil [https://sustainable development.un.org/content/documents/733FutureWeWant.pdf; 08.11.2017].

Vereinte Nationen (2013): Intergenerational solidarity and the needs of future generations. Report of the Secretary-General. A/68/100 [https://sustainabledevelopment.un.org/content/documents/2006future.pdf; 17.12.2017].

Vereinte Nationen (2015a): Transformation unserer Welt. Die Agenda 30 für nachhaltige Entwicklung A/70/L.1. Siebzigste Tagung, Tagesordnungspunkte 15 und 116, Generalversammlung der Vereinten Nationen, 18. September 2015, New York [http://www.un.org/depts/german/gv-70/a70-l1.pdf; 08.11.2017].

Vereinte Nationen (2015b): Transforming our World: The 2030 Agenda for Sustainable Development A/RES/70/1 [https://sustainabledevelopment.un.org/post2015/transfor mingourworld/publication; 08.11.2017].

Vereinte Nationen (2017): Sustainable Development Goals. 17 goals to transform our world [http://www.un.org/sustainabledevelopment/news/communications-material/; 08.11.2017].

Vincent, K.; Davidson, C. (2015): The toxicity of glyphosate alone and glyphosate-surfactant mixtures to western toad (Anaxyrus boreas) tadpoles, in: Environmental Toxicology and Chemistry, 34(12), S. 2791–2795.

Voland, E. (2006): Anthropologische Hürden auf dem Weg zu einer erfolgreichen Umweltbildung, in: B. Hiller; M. Lange (Hrsg.): Bildung für nachhaltige Entwicklung – Perspektiven für die Umweltbildung. Vorträge und Studien, Heft 16, Münster, S. 45–54.

Voland, E. (2007): Die Natur des Menschen. Grundkurs Soziobiologie, München.

Vor, T. et al. (Hrsg.) (2015): Potenziale und Risiken eingeführter Baumarten. Baumartenportraits mit naturschutzfachlicher Bewertung. Göttinger Forstwissenschaften Band 7, Göttingen.

Vörösmarty, C. J., et al. (2010): Global threats to human water security and river biodiversity, in: Nature, 467, S. 555–561.

Voß, J.-P.; Bauknecht, D.; Kemp, R. (Hrsg.) (2006): Reflexive governance for sustainable development, Cheltenham.

Voß, J.-P., et al. (2007): Steering for sustainable development: A typology of problems and strategies with respect to ambivalence, uncertainty and distributed power, in: Journal of Environmental Policy & Planning, 9(3/4), S. 193–212.

Voss, K. (2014): Internet und Partizipation. Bottom-up oder Top-down? Politische Beteiligungsmöglichkeiten im Internet, Wiesbaden.

Wagner, M.; Oehlmann, J. (2009): Endocrine disruptors in bottled mineral water: total estrogenic burden and migration from plastic bottles, in: Environmental Science and Pollution Research, 16(3), S. 278–286.

Walk, H. (2008): Partizipative Governance. Beteiligungsrechte und Beteiligungsformen im Mehrebenensystem der Klimapolitik, Wiesbaden.

Wand, G. (2008): The influence of stress on the transition from drug use to addiction in: Alcohol Research and Health, 31(2), S. 119–136.

wandelBar (2015): Wandelbar, Transition Charta 1.0 vom 04.09.2015 [http://stadt-und-land-im-wandel.de/transition-charta/; 02.01.2018].

WBGU (Wissenschaftlicher Beirat der Bundesregierung Globale Umweltveränderungen) (2011): Welt im Wandel. Gesellschaftsvertrag für eine Große Transformation. Hauptgutachten 2011, Berlin.

WBGU (Wissenschaftlicher Beirat der Bundesregierung Globale Umweltveränderungen) (Hrsg.) (1993). Welt im Wandel: Grundstruktur globaler Mensch-Umwelt-Beziehungen. Jahresgutachten 1993, Bonn.

Weber, M. (1919): Politik als Beruf, München, Leipzig.

WEC (World Energy Council) (2013): World Energy Scenarios – Composing energy futures to 2050, London.

Weizsäcker, E. U. von (1994): Erdpolitik. Ökologische Realpolitik an der Schwelle zum Jahrhundert der Umwelt. 4. aktualisierte Ausgabe, Darmstadt.

Welp, M.; Kasemir, B.; Jaeger, C. C. (2009): Citizens' voices in environmental policy: The contribution of integrated assessment focus groups to accountable decision-making, in: F. H. J. M. Coenen (Hrsg.): Public participation and better environmental decisions: The promise and limits of participatory processes for the quality of environmentally related decision-making, Dordrecht, S. 21–34.

Weltkommission für Umwelt und Entwicklung (1988): Unsere gemeinsame Zukunft – Bericht der Weltkommission für Umwelt und Entwicklung. Deutsche Übersetzung vom Staatsverlag der DDR, Berlin.

Welzer, H. (2008): Klimakriege. Wofür im 21. Jahrhundert getötet wird, Frankfurt/Main.

Wessel, K.-F. (2015): Der ganze Mensch. Eine Einführung in die Humanontogenetik oder Die biopsychosoziale Einheit Mensch von der Konzeption bis zum Tode, Berlin.

Westman, W. E. (1977): How much are nature's services worth?, in: Science, 197(4307), S. 960–964.

Wichtmann, W.; C., S.; Joosten, H. (Hrsg.) (2016): Paludikultur – Bewirtschaftung nasser Moore für regionale Wertschöpfung, Klimaschutz und Biodiversität, Stuttgart.

Williams, H. T. P., et al. (2015): Network analysis reveals open forums and echo chambers in social media discussions of climate change, in: Global Environmental Change, 32, S. 126–138.

Williams, J. M., et al. (2008): Causes of death in the Kasekela chimpanzees of Gombe National Park, Tanzania, in: American Journal of Primatology, 70(8), S. 766–777.

Williams, M. (2006): Deforesting the earth: From prehistory to global crisis. An abridgment, Chicago, London.

Willner, S. N., et al. (2018): Adaptation required to preserve future high-end river flood risk at present levels, in: Science Advances, 4(1), eaao1914.

Wilson, M. L., et al. (2014): Lethal aggression in Pan is better explained by adaptive strategies than human impacts, in: Nature, 513(7518), S. 414–417.

Winkelmann, R., et al. (2015): Combustion of available fossil fuel resources sufficient to eliminate the Antarctic Ice Sheet, in: Science Advances, 1(8), e1500589.

Wittchen, H. U., et al. (2011): The size and burden of mental disorders and other disorders of the brain in Europe 2010, in: European Neuropsychopharmacology, 21(9), S. 655–679.

Wöhe, G.; Döhring, U. (2013): Einführung in die Allgemeine Betriebswirtschaftslehre, 25. Auflage, München.

Wohlleben, P. (2015): Das geheime Leben der Bäume, München.

World Commission on Environment and Development (1987): Our Common Future, Oxford.

WWF (World Wildlife Fund) (2018): Ecoregions [https://www.worldwildlife.org/biomes; 18.01.2018].

WWF Deutschland; CDP (Carbon Disclosure Project) (2016). Vom Emissionsbericht zur Klimastrategie. Grundlagen für ein einheitliches Emissions- und Klimastrategieberichtswesen [http://klimareporting.de/sites/default/files/klimareporting.de_leitfaden_0.pdf; 15.05.2017].

Yang, C. Z., et al. (2011): Most plastic products release estrogenic chemicals: a potential health problem that can be solved, in: Environmental Health Perspectives, 119(7), S. 989–996.

Zarfl, C., et al. (2015): A global boom in hydropower dam construction, in: Aquatic Sciences, 77(1), S. 161–170.

ZEIT ONLINE (2017): Klimaschutz-Index 2018. Staaten halten sich kaum an Pariser Klimavertrag [http://www.zeit.de/wirtschaft/2017-11/klimaschutz-index-2018-klimaziele-pariser-abkommen; 21.03.2018], in: ZEIT ONLINE, 15.11.2017.

Zeitz, J.; Luthardt, V. (2018): DSS-TORBOS. Ein Entscheidungsunterstützungssystem zur torfschonenden Bewirtschaftung organischer Böden [http://www.dss-torbos.de/index.html; 02.02.2018].

Ziaei, S. M.; Mazloumzadeh, S. M.; Jabbary, M. (2015): A comparison of energy use and productivity of wheat and barley (case study), in: Journal of the Saudi Society of Agricultural Sciences, 14(1), S. 19–25.

Zuckerman, B., et al. (2008): Planetary systems around close binary stars: The case of the very dusty, sun-like, spectroscopic Binary BD+20 307, in: The Astrophysical Journal, 688(2), S. 1345–1351.

Register

Verzeichnis der Herausgeber*innen, Autor*innen und Fachgutachter*innen

Herausgeber*innen und Co-Autor*innen

Pierre L. Ibisch ist habilitierter Biologe und nach langjähriger Tätigkeit in der Entwicklungszusammenarbeit seit 2004 Professor für *Nature Conservation* an der Hochschule für nachhaltige Entwicklung Eberswalde, wo er in Kooperation mit einem britischen Kollegen das *Centre for Econics and Ecosystem Management* leitet. Seit 2009 ist er Inhaber verschiedener Forschungsprofessuren (Biodiversität und Naturressourcenmanagement im globalen Wandel, bis 2015; Ökosystembasierte nachhaltige Entwicklung, seit 2015). Er ist Mitglied des Vorstands der Deutschen Umweltstiftung.

Heike Molitor ist seit 2009 Professorin für Umweltbildung und Bildung für nachhaltige Entwicklung an der Hochschule für nachhaltige Entwicklung Eberswalde und Forschungsprofessorin (2018–2020). Sie war und ist Mitglied in diversen Beiräten (Beirat für nachhaltige Entwicklung des Landes Brandenburg 2010–2014, Sachverständigenbeirat für Naturschutz und Landschaftspflege Berlin 2017–2021, Fachforum Hochschule des Weltaktionsprogramms Bildung für nachhaltige Entwicklung 2015–2019).

Alexander Conrad ist seit 2014 Professor für Volkswirtschaftslehre, insbesondere nachhaltiges Regionalmanagement und Kommunalfinanzen, an der Hochschule für nachhaltige Entwicklung Eberswalde. Er leitet den Studiengang Regionalmanagement und hat seinen Forschungsschwerpunkt im Bereich nachhaltige Versorgungssysteme im ländlichen Raum.

Heike Walk ist habilitierte Politikwissenschaftlerin und Professorin für *Transformation Governance* an der Hochschule für nachhaltige Entwicklung Eberswalde. Seit 2003 ist sie Mitherausgeberin der Buchreihe »Bürgergesellschaft und Demokratie« im Verlag Springer Fachmedien. Darüber hinaus ist sie Sprecherin des Arbeitskreises »Zivilgesellschaftsforschung« des Bundesnetzwerks Bürgerschaftliches Engagement.

Vanja Mihotovic ist Professor für Technische Mechanik, Physik und Elektrotechnik an der Hochschule für nachhaltige Entwicklung Eberswalde. Er promovierte im Bereich Fertigungstechnik/Produktionstechnik und war langjähriger Mitarbeiter bei Siemens Energy, Bereich Gasturbine.

Juliane Geyer promovierte zur Anpassung von Naturschutzmanagement an den Klimawandel und war seit 2009 als freie und akademische Mitarbeiterin in diversen Projekten des *Centre for Econics and Ecosystem Management* an der Hochschule für nachhaltige Entwicklung Eberswalde vor allem zu Schutzgebietsmanagement tätig. Außerdem engagiert sie sich in lokalen Initiativen für eine nachhaltige Entwicklung.

Co-Autor*innen und Fachgutachter*innen einzelner Kapitel

Kerstin Kräusche ist Diplomchemikerin und leitet seit 2007 den Umweltmanagementprozess an der Hochschule für nachhaltige Entwicklung Eberswalde. Seit 2014 ist sie für den Aufbau, die Weiterentwicklung und Vernetzung des internen Nachhaltigkeitsmanagements verantwortlich und verknüpft Aspekte nachhaltiger Entwicklung mit Prozessen des Managements sowie der Lehre und Forschung.

Benjamin Nölting ist Politikwissenschaftler und Professor für Governance regionaler Nachhaltigkeitstransformation an der Hochschule für nachhaltige Entwicklung Eberswalde. Er lehrt und forscht zu nachhaltiger Entwicklung von Regionen und Organisationen, leitet den Weiterbildungsstudiengang »Strategisches Nachhaltigkeitsmanagement« und entwickelt Konzepte für den Nachhaltigkeitstransfer an Hochschulen.

Vera Luthardt ist promovierte Biologin und Professorin für Vegetationskunde und Angewandte Pflanzenökologie der Hochschule für nachhaltige Entwicklung Eberswalde. Zwischen 2009 und 2015 und ab 2018 war und ist sie Inhaberin einer Forschungsprofessur mit Schwerpunkt Moormanagement. Seit 2011 leitet sie den Landesnaturschutzbeirat am Brandenburgischen Umweltministerium und ist seit 2018 berufenes Mitglied des MAB-Nationalkomitees Deutschland.

Martin Welp ist Professor für *Socioeconomics and Communication* an der Hochschule für nachhaltige Entwicklung Eberswalde. Er promovierte an der TU Berlin und war langjähriger Mitarbeiter am Potsdam Institut für Klimafolgenforschung (PIK). Als Forschungsprofessor war sein Schwerpunkt Transformation und Change Management in urbanen und periurbanen Räumen (2015–2018). Er ist Mitglied des *Centre for Econics and Ecosystem Management*.

Weitere Autor*innen

Hans-Peter Benedikt ist Professor für *Entrepreneurship and Human Resource Management* an der Hochschule für nachhaltige Entwicklung Eberswalde, war Vorsitzender des Beirats Netzwerk für Studienqualität der Universitäten und Hochschulen Brandenburgs (2008–2010), war Mitglied des Beirats des Instituts für Entrepreneurship und KMUs in Brandenburg (2007–2011) und Hochschulberater für SIFE (Students in Free Enterprises) (2009–2012).

Martin Guericke ist Forstwissenschaftler und seit 2006 Professor für Waldwachstumskunde der Hochschule für nachhaltige Entwicklung Eberswalde. Neben Tätigkeiten in Lehre und praxisnaher Forschung ist er als Studiengangsleiter für den Studiengang *Forstwirtschaft* verantwortlich.

Norbert Jung ist Biologe, Psychotherapeut, Gruppentrainer und Supervisor (stationäre Psychotherapie, Tiefenpsychologie) und war 2000–2008 Professor für Umweltbildung der Fachhochschule Eberswalde. Er ist Mitbegründer des interdisziplinären »Eberswalder Symposiums für Umweltbildung« und Mitherausgeber der Buchreihe »Eberswalder Beiträge für Bildung und Nachhaltigkeit«. 1990 war er für das Neue Forum, das später in Bündnis 90/Die Grünen aufging, Abgeordneter der ersten frei gewählten Ostberliner Stadtverordnetenversammlung.

Jan König ist promovierter Volkswirt, Dezernent für Soziales in der Stadt Eberswalde und Honorarprofessor für kommunale Wirtschaftsförderung an der Hochschule für nachhaltige Entwicklung Eberswalde.

Hermann E. Ott ist promovierter Jurist, Senior Advisor am Wuppertal Institut für Klima, Umwelt, Energie und Honorarprofessor für *Sustainability strategies and governance* an der Hochschule für nachhaltige Entwicklung Eberswalde. Von 2009–2013 war er Mitglied des Deutschen Bundestages. Er ist Autor zahlreicher Bücher und Artikel zu Umwelt- und Klimaschutz, Nachhaltigkeit und Global Governance. Ehrenamtlich ist er im Präsidium des Deutschen Naturschutzrings (DNR) tätig.

Peter Spathelf ist Forstwissenschaftler und Professor für Angewandten Waldbau an der Hochschule für nachhaltige Entwicklung Eberswalde. Seine Arbeitsschwerpunkte liegen in den Bereichen Naturnaher Waldbau, Waldanpassung im Klimawandel, *Forest Restoration*. Er ist Beauftragter für Klimawandel beim Deutschen Forstverein.

Wilhelm-Günther Vahrson – habilitierter Geograf – ist Inhaber der Professur für Landschaftskunde und leitet seit 1998 die Fachhochschule Eberswalde bzw. Hochschule für nachhaltige Entwicklung Eberswalde, erst als Rektor, dann als Präsident. Er war mehrfach Sprecher der Brandenburgischen Landesrektorenkonferenz. Außerdem ist er Mitglied in diversen Gremien wie z. B. dem Naturschutzbeirat des Landes Brandenburg (2005–2010, Vorsitz), dem Beirat für nachhaltige Entwicklung des Landes Brandenburg (2010–2014) oder der Nationalen Plattform des Weltaktionsprogramms Bildung für nachhaltige Entwicklung (2015–2019).

Weitere Fachgutachter*innen

Hartmut Ihne – Politikwissenschaftler und Philosoph – ist seit 2008 Honorarprofessor für Ethik und Politikberatung der Hochschule für nachhaltige Entwicklung Eberswalde und Präsident der Hochschule Bonn-Rhein-Sieg. Der Autor eines Standardwerks zur Entwicklungspolitik war zuvor u. a. Geschäftsführer des Zentrums für Entwicklungsforschung (ZEF) und des Zentrums für Europäische Integrationsforschung (ZEI) an der Universität Bonn.

Carsten Mann ist Professor für nachhaltige Waldressourcenökonomie der Hochschule für nachhaltige Entwicklung Eberswalde. Er promovierte über Konflikte in Schutzgebieten am Institut für Forst und Umweltpolitik Freiburg und habilitierte über die Anpassung von Institutionen an sozialökologische Systeme an der Humboldt-Universität zu Berlin. Sein Arbeitsfokus liegt auf der Analyse politischer und ökonomischer Gestaltungsmöglichkeiten des natürlichen Ressourcenmanagements sowie der inter- und transdisziplinären Nachhaltigkeitsforschung.

Dörte Martens ist promovierte Psychologin. Sie ist wissenschaftliche Mitarbeiterin an der Hochschule für nachhaltige Entwicklung Eberswalde, Fachbereich Landschaftsnutzung und Naturschutz im Projekt Naturerfahrungsräume in Großstädten am Beispiel Berlin. Ihr Forschungsschwerpunkt ist die Wirkung von Natur und Naturerfahrungen auf die kindliche Entwicklung und Gesundheit.

Udo E. Simonis ist ehemaliger Professor für Ökonomie der Technischen Universität Berlin sowie emeritierter Professor für Umweltpolitik und Direktor des Internationalen Instituts für Umwelt und Gesellschaft am Wissenschaftszentrum Berlin für Sozialforschung. Dem Mitglied zahlloser Gremien (u. a. WBGU, Beirat des Studiengangs Global Change Management) sowie Redakteur und Mitherausgeber des *Jahrbuchs Ökologie* wurde 2017 das Bundesverdienstkreuz verliehen.

Fabian Wulf ist Diplomingenieur für Holztechnik und arbeitet am Fachbereich Holzingenieurwesen der Hochschule für nachhaltige Entwicklung Eberswalde in der Arbeitsgruppe Chemie und Physik des Holzes im Bereich der Material- und Verfahrensentwicklung für Holz- und -verbundwerkstoffe. Ehrenamtlich befasst er sich – u. a. in der örtlichen Transition-Town-Gruppe »wandelBar« – mit den Themen zukunftsfähige Mobilität und Energiewende sowie deren Umsetzung in kleinen Projekten vor Ort.

Nachhaltigkeit bei oekom: Wir unternehmen was!

Die Publikationen des oekom verlags ermutigen zu nachhaltigerem Handeln – glaubwürdig und konsequent. Auch als Unternehmen sind wir Vorreiter: Ein umweltbewusster Büroalltag sowie umweltschonende Geschäftsreisen sind für uns ebenso selbstverständlich wie eine nachhaltige Ausstattung und Produktion unserer Publikationen.

Für den Druck unserer Bücher und Zeitschriften verwenden wir fast ausschließlich Recyclingpapiere, überwiegend mit dem Blauen Engel zertifiziert, und drucken wann immer möglich mineralölfrei und lösungsmittelreduziert. Unsere Druckereien und Dienstleister wählen wir im Hinblick auf ihr Umweltmanagement und möglichst kurze Transportwege aus. Dadurch liegen unsere CO_2-Emissionen um 25 Prozent unter denen vergleichbar großer Verlage. Unvermeidbare Emissionen kompensieren wir zudem durch Investitionen in ein Gold-Standard-Projekt zum Schutz des Klimas und zur Förderung der Artenvielfalt.

Als Ideengeber beteiligt sich oekom an zahlreichen Projekten, um in der Branche und darüber hinaus einen hohen ökologischen Standard zu verankern. Über unser Nachhaltigkeitsengagement berichten wir ausführlich im Deutschen Nachhaltigkeitskodex (www.deutscher-nachhaltigkeitskodex.de).

Schritt für Schritt folgen wir so den Ideen unserer Publikationen – für eine nachhaltigere Zukunft.

Jacob Radloff
Verleger

Dr. Christoph Hirsch
Leitung Buch

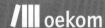